Rolf L. Temming · Die Geschichte der Eisenbahn

»Eine Eisenbahn ist ein Unternehmen, gerichtet auf wiederholte Fortbewegung von Personen oder Sachen über nicht ganz unbedeutende Raumstrecken auf metallener Grundlage, welche durch ihre Konsistenz, Konstruktion und Glätte den Transport großer Gewichtsmassen bzw. die Erzielung einer verhältnismäßig bedeutenden Schnelligkeit der Transportbewegung zu ermöglichen bestimmt ist und durch diese Eigenart in Verbindung mit dem außerdem zur Erzeugung der Transportbewegung benutzten Naturkräften wie Dampf, Elektrizität, tierische, menschliche Muskelkraft, bei geneigter Bahn auch schon der eigenen Schwere der Transportgefäße und deren Ladung usw. bei dem Betriebe des Unternehmens auf derselben eine verhältnismäßig gewaltige, je nach den Umständen nur in bezweckter Weise oder auch Menschenleben vernichtende und die menschliche Gesundheit verletzende Wirkung zu erzeugen fähig ist.«

Aus einem Urteil des deutschen Reichsgerichts in Leipzig aus dem Jahre 1879

Einband vorn:
Oben rechts – Ausschnitt einer Diesellok von General Motors
Darunter – Lokomotive Crampton, 1853 von Maffei für die Pfalzbahn gebaut
Mitte links – C5/6 als Lokomotivdenkmal in Erstfeld
Mitte rechts – Lokomotive Nr. 3 der Zillertalbahn
Unten – ICE, Prototyp
Einband hinten:
Oben – Lokomotive Baureihe 41 der DB
Mitte rechts – Zahnradbahnlok Nr. 3 der Achenseebahn für Zahnstangen, System Riggenbach
Unten links – Universallokomotive DB 120
Unten rechts – Stromlinienlok 05001 der Deutschen Reichsbahn

Neuauflage: 2002
email: office@kaiserverlag.com
Einband: Volkmar Reiter
Satz: Context Type & Sign Pink, St. Veit/Glan
Druck und Bindearbeit: Gorenjski Tisk, Kranj – Slowenien

Das Buch wurde unter dem Titel »Illustrierte Geschichte der Eisenbahn« 1976 vom Manfred Pawlak-Verlag, Herrsching, herausgebracht. Die vorliegende Form ist eine erweiterte und aktualisierte. Dabei wurde auch der größte Teil der Bilder wiederverwendet.
Albtal-Verkehrs-Gesellschaft, Karlsruhe S. 138
Angelner Dampfeisenbahn, Flensburg S. 139
Archiv für Deutsche Postgeschichte, Frankfurt S. 165 (2)
Arth-Rigi-Bahn, Arth-Goldau S. 191
Asmus, Weilheim S. 81, 85, 100, 103, 104, 184
Bombardier Transportation S. 154 (2), 190 (2)
British Railways, London S. 170
Bundesarchiv, Koblenz S. 181
Compagnie Internationale de Wagon-Lits et du Tourisme, Paris S. 4, 196, 200, 201, 204, 205, 212/213
Deutsche Bahn AG (Deutsche Bundesbahn, Verkehrsmuseum Nürnberg) S. 1, 7, 8, 13, 14, 15 (2), 16, 17, 18, 20, 21 (2), 22, 23 (2), 34, 38, 39 (2), 41, 45, 55, 56, 60, 61, 63, 65, 77, 78, 79 (3), 80 (2), 95, 101, 118 (2), 120, 121 (2), 123 (2), 129, 130 (2), 134, 148, 151 (2), 152, 154, 155, 157, 160 (4), 162, 163 (2), 164 (3), 172 (3), 173 (2), 174, 175, 178, 182, 188, 189 (2), 196 (2), 197, 206 (2)
Deutsches Museum, München S. 11, 15, 16 (2), 20, 21, 22, 23, 24, 25 (2), 31, 32, 33, 36, 40 (2), 43, 44, 47, 49, 54, 55, 64, 73 (2), 79, 84, 87 (2), 92, 94 (2), 97, 110, 115, 125, 166, 167, 176, 186, 200, 208/209
Faust, Wildberg S. 86, 133, 140/141, 143 (2), 144, 149, 158/159, 210/211, 214/215
Furka-Oberalp-Bahn, Brig S. 195
Harenberg, Dortmund S. 50/51, 107, 192
Interessengemeinschaft Historischer Schienenverkehr, Aachen S. 177
Isenberg, Fellbach S. 74/75, 168/169
Italienische Staatsbahn (Relazioni Aziendali), Rom 69 (2)
Klöckner-Humboldt-Deutz AG, Köln S. 111, 139, 146, 147, 148 (2), 150 (2), 152, 157 (4), 165, 176, 206
Latten, Rotterdam S. 9
Linke-Hofmann-Busch, Salzgitter S. 178, 181 (2)
Matzander, Osterode S. 98/99
Navé, Egg b. Zürich S. 89, 113, 153 (2), 155, 156, 160/161, 207, 211
NOCH, Spielwarenfabrik, Wangen/Allgäu S. 202 (2), 203 (2)
Pilatus-Bahnen, Luzern S. 194 (3)
Reichert, Offenburg S. 138
Reise- und Verkehrsbüro am Böhmepark, Soltau S. 178
Rhätische Bahn, Chur S. 126, 127
Rheinstahl, Düsseldorf S. 101, 139
Santa Fé Railway S. 100
Schweizerische Bundesbahnen (SBB), Bern S. 66, 104
SCNF (Französische Eisenbahnen) Paris S. 119, 132, 184/185, 186, 187
Siemens, München S. 116/117, 131, 183, 217
Sikorsky Aircraft S. 173
SJ (Schwedische Staatsbahn), Stockholm S. 128/129, 186
Southern Pacific Transportation Company S. 163
Städt. Museum, Braunschweig S. 34
Staub, Zürich S. 67
Süddeutscher Verlag, München S. 132, 133
The Science Museum, London S. 53, 76
The Library of Congress, Washington S. 88
Verkehrshaus der Schweiz, Luzern S. 105, 106, 109, 181, 182
Wunschel, München S. 82, 90/91
Alle übrigen aus dem Archiv des Verfassers

Rolf L. Temming

DAS GROSSE EISENBAHNBUCH

Eine illustrierte Geschichte der Eisenbahn
von der Dampflokomotive bis heute

VERLEGT BEI
KAISER

Inhalt

7 Einführung: Warum die Eisenbahn nicht stirbt – im Gegenteil
10 Rad – Schiene – Antrieb
13 Die Dampfmaschine macht das Rennen
17 George Stephenson
24 Weltweites Echo
28 Die erste Eisenbahn in Deutschland
35 Ein Netz wird geknüpft
48 Die Eroberung der Ebene
52 Brunel und die breite Spur
54 Recht, Gesetz und Strategie
63 Die Eroberung des Gebirges
72 Der goldene Nagel
77 Das Dampfross
102 Gotthard – Simplon – Lötschberg
110 Es geht um die Sicherheit
120 Unter dem Fahrdraht
135 Neben-, Klein- und Schmalspurbahnen
145 Die Wagen
166 Diesellokomotiven
174 Triebwagen, Triebzüge
191 Berg- und Zahnradbahnen
198 Essen, Schlafen, Repräsentieren
209 Die Transsib und die Zukunft der Eisenbahn
218 Zeittafel

Oben: Ostende-Vienne-Express 1910.

Seite 1: Zug mit Viehwagen bei der Eisenbahn Liverpool – Manchester, 1830.

Seite 4: Zweistöckiger Triebwagenzug in der Stadt von morgen.

Einführung

Warum die Eisenbahn nicht stirbt – im Gegenteil

Die Eisenbahn ist 175 Jahre alt. Das Jubiläum ist willkürlich gewählt, ausgelöst durch die Tatsache, dass man die 1825 erfolgte Eröffnung der Eisenbahnlinie von Stockton nach Darlington als Beginn des »Eisenbahnzeitalters« ansieht. Es war die erste öffentliche, mit Dampflokomotiven betriebene Strecke. Man hätte fast ebenso gut ein anderes markantes Datum aus der Geschichte der Eisenbahn heranziehen können, etwa den ersten Transport auf eisernen Schienen oder die Eröffnung der ersten öffentlichen Schienenbahn (die eine Pferdebahn war).

Die Jubilarin ist in einer Krise, doch scheint die Talsohle erreicht zu sein, nach einer Phase der Besinnung eröffnen sich nun neue Perspektiven. Die jahrelang um die Schienenverkehrsmittel, die Massenverkehrsmittel und das Gegen- und Miteinander verschiedener Verkehrssysteme geführte Diskussion hat Klarheit erbracht und einen gewissen Abschluss erreicht. Die Verkehrsplaner schauen wieder voraus auf die vor ihnen liegenden Aufgaben. Jeder, so scheint es, hat seine Rolle gefunden. Und der Eisenbahn bläst nach langen Jahren der Wind der öffentlichen Meinung jetzt hilfreich in den Rücken. Man beginnt, die Eisenbahn wieder zu schätzen.

Zum Verständnis dieser Situation ist ein kurzer Rückblick notwendig. Es schien alles anders zu werden, als in den 50er- und 60er-Jahren die große Autowelle auf uns zuschwappte. Die extreme Bevorzugung des Individualverkehrs verschob die Gewichte zu Ungunsten der Bahn. Mancher meinte, ihr Totenglöcklein schon läuten zu hören. Tatsächlich war die Favorisierung des privaten Kraftwagens die einfachste und schnellste Lösung der durch die Kriegsfolgen bedingten Verkehrsmisere.
Die Kosten für die Bereitstellung der Verkehrsmittel und den Aufbau eines blühenden Industriezweiges mit mehreren hunderttausend Beschäftigten und Millionen Zulieferern wurden ohne Engagement des Staatssäckels von Privatleuten getragen. Das dicke Ende kam dann allerdings nach, als die von den Wählern erzwungenen teuren Straßenbauprogramme die öffentliche Hand belasteten. Aber da war es zu spät, die Entwicklung konnte nicht mehr zurückgedreht werden. Dass der Bürger diese

Mit der Bahn morgens in die Stadt zur Arbeit. Das wird wieder normal, denn der Pkw steht, wo die Bahn fährt, und ein Parkplatz ist auch kaum zu bekommen. Frankfurt/Main Hauptbahnhof.

Das S-Bahn Netz »Rhein-Ruhr« ist das größte der DB. Die Triebwagen sind verschwunden. Heute ist der lokbespannte Zug mit einigen zweistöckigen Wagen das Normale. Übrigens ist die Wiederentdeckung des zweistöckigen Wagens ein Verdienst der Zürcher.

Art der Finanzierung klaglos übernahm, hatte wohl zwei Gründe: Nach der Zeit unfreiwilliger Kollektivierung waren Freiheit und Ungebundenheit Trumpf; und die Werbung tat das ihre, diese beiden Begriffe als Synonyme für das eigene Auto hinzustellen. Der »fahrbare Untersatz« wurde zunächst das Symbol persönlichen Erfolges, später, als er allgemein eingeführt war, des »Wirtschaftswunders« schlechthin. Derweilen waren die Massenverkehrsmittel Stiefkind der Nation, geduldet, weil man nicht ganz auf sie verzichten konnte, aber ungeliebt, weil sie sich zu Kostgängern der öffentlichen Haushalte entwickelten, und alle Bemühungen, sie aus den roten Zahlen herauszubringen, sich als erfolglos erwiesen.

Das Jahr 1973 brachte – um ein modisches Wort zu gebrauchen – die Tendenzwende. Die Erkenntnis, dass die Entwicklung unseres Verkehrswesens nicht gradlinig weiterlaufen könnte, brachten die sich immer mehr zuspitzende Diskussion um die Umweltverschmutzung und die wie ein Gewitter über die Industriestaaten hereinbrechende Ölkrise, obschon sich Letztere wenig später als ein gigantischer Bluff entpuppte, uns von der Notwendigkeit zu überzeugen, tiefer in die Tasche zu greifen. Überfüllte Autobahnen hatten schon vorher die Gefahr heraufbeschworen, uns zu »Automuffeln« zu machen.

Man spricht heute davon, dass 1973 das Auto »verketzert« wurde. Selbstverständlich können wir uns von ihm ebenso wenig trennen wie von der Eisenbahn. Welche katastrophalen Folgen die Vernachlässigung der schienengebundenen Verkehrsmittel aber hat, dafür sind die USA ein warnendes Beispiel. Hinzu kommt, dass jeder sechste (oder gar fünfte) Deutsche wirtschaftlich vom Auto abhängt. Es geht also darum, ein Konzept der Zusammenarbeit zu finden. Dazu war es notwendig, Illusionen über Bord zu werfen und realistisch zu planen. Reformen sind im Zeichen überstrapazierter Haushalte umso beliebter, je weniger Geld sie die verarmten öffentlichen Hände kosten. Magnetschnellbahn und computergesteuerte Nahverkehrssysteme sind deshalb weitgehend außerhalb der Diskussion. Es gibt einfach niemanden, der so etwas in absehbarer Zeit finanzieren könnte.

Es waren glückliche Zeiten, als die Eisenbahnen in Deutschland, voran die Preußische Staatsbahn, jährlich mehrere hundert Millionen Mark Gewinn an die Staatskassen abliefern konnten. Bei der Deutschen Bundesbahn standen Einnahmen in Höhe von 14 Milliarden Ausgaben von 24 Milliarden gegenüber. Es entsteht also ein Verlust von jährlich 10 Milliarden Mark. Das größte Loch reißt der Nahverkehr. So betrugen die Einnahmen im Berufs- und Schülernahverkehr nur 25,7 %. Dabei werden in diesem Zweig des »Bahngeschäfts« 70 % aller Reisezugplätze benötigt und – das macht den Zustand so unbefriedigend – sie sind nur für wenige Stunden des Tages mit Passagieren besetzt, die ohnehin zu stark ermäßigten Preisen auf Zeitkarten fahren. Dabei handelt es sich, so argumentiert die Bundesbahn, um Sozialtarife, also politische Lasten, die dem Unternehmen von eben jenen Organen zu vergüten seien, die ihnen diese Lasten auferlegen.

Ein Blick nach den USA beweist zur Genüge, dass in einem modernen Industriestaat die Eisenbahn nicht als Privatunternehmen, ja nicht einmal nach privatwirtschaftlichen Grundsätzen betrieben werden kann. Leidet doch dort die gesamte Wirtschaft unter der Verschlechterung der für die Eisenbahnen »unrentablen« Dienste. Die Regierung muss deren Fortführung erzwingen und erkaufen, um nicht vor einem Chaos zu stehen. Der Personenverkehr wird weitgehend mit veraltetem Material unter Verzicht auf Investitionen und unter Verhältnissen abgewickelt, die für den Fahrgast oft unzumutbar sind. Das soll abschreckend auf die verbliebenen Fahrgäste wirken, man will sie vergraulen und sich allein auf den auf einigen Strecken noch rentablen Güterverkehr beschränken. Großbritannien hat die gesamte in Staatsbesitz befindliche Eisenbahn privatisiert. Das Ergebnis ist nicht befriedigend. Verspätungen, Ausfälle, Zugunglücke – sie werden

von bestimmter Seite darauf zurückgeführt, dass der Beruf des Eisenbahners zum Job geworden ist, dass die sozialen Leistungen fortfielen und die Bezahlung geringer ist. Hetze und Überlastung wären tägliche Sache.
In Deutschland wurde die Deutsche Bundesbahn zerschlagen (wie, darüber ist man sich nicht ganz einig. Vorerst besteht eine Holding und die DB Reise- & Touristik AG = Fernverkehr, DB Regio AG = Nahverkehr, DB Cargo AG, DB Netz AG = Infrastruktur und DB Station & Service = Personenbahnhöfe. Die Teile werden »börsenreif« getrimmt). Jedenfalls betreut ein Unternehmen das Netz. Gegen Entschädigung dürfen auch Fremde die Schienenstränge benutzen. Der Nahverkehr ist Sache der Länder, die vom Bund dafür eine Entschädigung bekommen. Die Strecken werden ausgeschrieben und die Leistung von den Ländern »bestellt« (oder auch nicht). Die neuen Betreiber erhalten zum einen Teil neue Triebwagen, zum anderen Zuschüsse zu deren Beschaffung oder sie arbeiten mit Leasingfirmen zusammen. Die meisten haben gegenüber der Planung ihrer Zwecke, auch Stunden, gemietet werden können, eingesetzt. Billig ist die große Masche.
In der EG ist die Trennung von Netz und Transportleistung heute schon durchgeführt. Dort und in anderen Ländern werden – im Zuge der Privatisierung und der Globalisierung – fast überall die Monopolstellungen der Staatsbahnen geknackt. Im Zuge der Modernisierung der Bahn ist ihr auch ein Quantensprung in technischer Hinsicht gelungen. Der Fernverkehr wird durch moderne Triebzüge betrieben werden. ICE und TGV kennen wir alle, die anderen Länder haben auch ihre Pendolino, ihre ETR 500, X 2 und X 3, Eurostar und wie sie alle heißen. Im Nahverkehr werden ebenfalls künftig die Triebwagen dominieren, bei mancher S-Bahn lokbespannte Wendezüge. Das immerhin im Durchschnitt gut 100 Jahre alte Netz wird durch Korrekturen und auch völlig neue Strecken den modernen Erfordernissen angeglichen. Man kann 250 km in der Stunde und noch mehr fahren – wenn es die Gleise zulassen. Dazu kommen neue Sicherheitsprobleme, zentrale Zugleitstellen mit Durchgriff auf die Lokomotive.

Der TGV-Duplex: zweistöckig. Das ist die neueste Form des französischen Schnellverkehrs.

Geschäftstätigkeit Verspätung, da die Industrie nicht pünktlich liefert. In anderen Fällen sind ganze Serien zurückgegeben worden, weil sie nicht den Anforderungen entsprachen. Auf dem Gebiet der Frachtbeförderung haben sich sowohl Verfrachter als auch einzelne Spediteure eingeschaltet und fahren bestimmte Ganzzüge. Bunt durcheinander werden von diesen »Betreibern« deutsche und ausländische, von der Bundesbahn ausrangierte und neue Loks, die von Leasingfirmen für alle

Gleichzeitig werden viele Dinge aus der langen Geschichte der Eisenbahn überflüssig. Die großen Verschiebe- und Güterbahnhöfe, die vielen Gleise und Weichen auf jedem Bahnhof, die die Wagen zu ihrem Entladeplatz bringen; die großen runden Remisen für die Dampflokomotiven. Manche Strecke wird nur eingleisig weitergeführt, da die Unterhaltung ungleich teurer ist als der Einsatz eines Stellwerks. Die moderne Bahn ist »schlank«, wenn wir das Modewort hier gebrauchen dürfen, und leistungsfähig.

Rad – Schiene – Antrieb

Am Anfang war das Rad. Irgendwann im 5. oder 4. vorchristlichen Jahrtausend wurde es in Vorderasien erfunden. Das war einer der großen Schritte in der zivilisatorischen Entwicklung der Menschheit, machte dieses neue, so einfache runde Ding es doch überflüssig, Waren, Materialien und Werkzeuge mühsam auf dem eigenen Rücken zu schleppen oder auf Tragtiere zu verladen; es vervielfachte den Effekt der aufgewendeten Kraft. Über die Entstehung des Rades gibt es mehrere Theorien.

Falsch ist, das wissen wir heute genau, die im 19. Jahrhundert weit verbreitete Ansicht, dass die ersten Räder aus Scheiben eben jener Stämme bestanden, die man vor der Erfindung des Rades unter schwere Lasten legte, um sie fortzurollen. Solche Scheiben können höchstens für kurze Zeit als Übergangslösung gedient haben, ein praktischer Versuch erweist nämlich deutlich ihre unübersehbaren Mängel:
Es ist ohne eine moderne Säge außerordentlich schwierig und zeitraubend, von einem entsprechend dicken Stamm eine Scheibe abzutrennen, und diese Scheibe mit quer laufender Holzfaser zerbricht bei Belastungen, ist wenig widerstandsfähig und dauerhaft.

Bald lernte man, die frühesten Abbildungen beweisen es, aus zwei oder drei Brettern, die Kreissegmenten entsprachen, runde Räder zusammenzusetzen, wobei die Holzfaser quer zur Achsrichtung verlief. Ähnliche Wege geht man auch noch in unserer Zeit beim Bau von Karren und Wagen in unterentwickelten Gebieten. Die »Standarte von Ur«, ein mit Einlegearbeiten verziertes Kästchen aus der Zeit der Sumerer, enthält eine der ältesten Darstellungen von Rad und Wagen und zeigt Räder aus zwei sichelförmigen halbrunden Außenteilen und einem mandelförmigen Innenteil. Andere Bilder zeigen drei parallel angeordnete Bretter. Das Ganze ist durch Dübel oder aufgesetzte Querleisten zusammengehalten.

Die ersten Wagen werden um 3300 v. Chr. im Zweistromland entstanden sein. Sie dienten zunächst den Zwecken des Krieges und des religiösen Brauchtums. Zum Warentransport ließen sich diese ungefügen Kästen ohnehin nicht verwenden, denn es gab keine brauchbaren Straßen. Einen schweren Wagen über Stock und Stein fortzuzerren, ist letztendlich schwieriger als der Warentransport auf dem Rücken von Mensch und Tier. Schon jetzt wird deutlich, dass alle Transportarten aus Systemen bestehen, die sich aus vielen einzelnen Erfindungen zusammensetzen, dass ein Transportsystem also nicht über Nacht erfunden oder gar entdeckt werden kann, sondern sich über lange Zeit entwickelt – sei es der Transport zu Wasser, zu Lande oder in der Luft, auf der Straße oder auf der Schiene.

In Vorderasien begegnen wir auch den ersten Gleisen. Im Unterschied zur Schiene erheben sie sich nicht über den Erdboden, sondern sind in diesen eingearbeitet, als Vertiefungen, die die Wagenräder zwangsläufig führen. Und diese Zwangsläufigkeit ist der Grund, dass wir hier diese Gleise als Vorläufer unserer Stahlschienen erwähnen. Als Erster soll der Assyrerkönig Sargon II. (721–705 v. Chr.) solche Gleise in die Prozessionsstraße vor seinem Tempel eingelassen haben. Sie gaben den heiligen Wagen optimale Sicherheit – wäre doch ein Unfall während der Prozession ein schlimmes Vorzeichen gewesen, das es zu verhüten galt. Drei solcher Tempelzufahrten sind uns bekannt. Die Bahn zum Sin- und Schamaschtempel in Assur hat 70 cm tiefe Rillen; man nimmt allerdings an, dass die Gleise – zumindest teilweise – mit Streumaterial oder einer Art Estrich gefüllt waren: aus kultischen Gründen durften die heiligen Wagen den Erdboden nicht berühren.

Profanen Zwecken dagegen diente ein ganzes System von etwa 30 cm tiefen und 10 cm breiten Gleisen, die man auf Malta fand – einheitlich etwa 137 cm breit und oft zu mehreren Gleispaaren nebeneinander, sodass man unwillkürlich an einen steinzeitlichen Verschiebebahnhof denkt. Man nimmt an, dass mit Hilfe schwerer Karren, die in diesen Gleisen fortbewegt wurden, maltesische Bauern die Erde wieder auf die Berghänge hinaufgeschafft haben, die von Unwettern abgeschwemmt worden war. Als Teile einer alten vorrömischen Handelsstraße wurden Gleise auch am Federauner Sattel bei Villach (Kärnten) und am Fernpass bei Imst im Inntal gefunden. Dabei ergibt sich die Frage, ob die zwangsläufige Räderführung in gefährlichem Gelände nicht unerlässlich war, um die vierrädrigen Frachtkarren, die ja noch keine bewegliche Vorderachse hatten, überhaupt unter Kontrolle zu halten.

Natürlich ist es in felsigem Gelände immer wesentlich einfacher, zwei befahrbare Gleisrinnen in den Stein zu schlagen, als eine ebene Straßenfläche, einen oder zwei Wagen breit, herauszuarbeiten; allerdings ist die Voraussetzung, dass man sich vorher auf eine einheitliche Spurbreite festlegt. Das Fehlen von Weichen kann dabei zu verhängnisvollen Verkehrsstockungen führen.
Es erwies sich als zweckmäßig, Gleissysteme umfangreicher auszustatten, ging es doch oft nicht nur darum, dass ein widerborstiger Fußgänger nicht zur Seite treten wollte. Begegneten sich zwei Wagen, so musste einer aus den Gleisen gehoben, weggetragen und später wieder in die Rillen eingesetzt werden, was bei Frachtwagen sicher eine arge Schinderei war. Im Nordwesten der Balkanhalbinsel fand man – angelegt von den Illyriern oder den Römern, die das Gleissystem später übernahmen – neben einem älteren ersten Gleis weitere, die danach ausgearbeitet wurden. Man entdeckte an Berghängen Steilstrecken mit engen Kurven und daneben andere Gleise mit weit sich schwingendem gemächlichem Anstieg. Sollten es Einbahnstraßen für die Auf- und Abfahrt sein, oder wurde hier, wie an so vielen Stellen im

Alpengebiet, eine alte steile Straße durch jüngere, leichter befahrbare, dafür aber auch aufwändigere abgelöst?

Zwischen diesen ersten Bemühungen der frühen Antike um eine gebahnte Spur und der Eisenbahnschiene unserer Jahrhunderte gibt es jedoch keine direkte Verbindung. Die von den Römern gebauten und nach ihnen benannten Römerstraßen, die weite Teile Europas erstmalig erschlossen, waren keine Gleise, sondern Wege mit einer befestigten Oberfläche.
Damit entfielen alle Versuche um die Führung der Räder in einer festen Spur.

Mit dem Zusammenbruch des Römerreiches im 5. Jahrhundert verfielen auch seine Straßen – die neuen Herren im Lande benutzten sie merkwürdigerweise nicht. Vom 5. bis zum 18. Jahrhundert bewegten sich in Deutschland die Wagen auf ausgefahrenen, unbefestigten »Straßen«. Aber gerade unter diesen primitiven Bedingungen entwickelten sich Vorstellungen, die viel später im Zeitalter der Eisenbahn zum Tragen kamen, nämlich das Wissen um die Bedeutung der Spurweiten und der dafür notwendigen Verkehrsregeln. Für alle normalen Straßen konnten und durften nur Wagen mit einer üblichen Spurweite benutzt werden.
Für die Karren der hessischen Händler, für die man eine geringere Spurbreite aus Ersparnisgründen geschaffen hatte, gab es ein ganzes Netz von besonderen Schmalspurwegen (»Hessenwegen«). Und man lernte, den Verkehr auf schwierigen Gebirgsstrecken im Sinne unserer Einbahnstraßen zu regeln: Auf der großen Straße Nürnberg – Leipzig musste der Abschnitt über den Thüringer Wald schon am Ende des Mittelalters reglementiert werden. Von der Dämmerung bis Mittag durfte nur aufwärts, von Mittag bis zur Abenddämmerung nur talwärts gefahren werden.

Schon im ausgehenden Mittelalter erschienen in deutschen Bergwerken auf hölzernen Schienen laufende Wagen zum Transport des Erzes. Ausschnitt aus der Darstellung einer Silbermine aus der »Cosmographia Universalis« von Sebastian Münster, 1550.

Erst im 16. Jahrhundert wurde wieder von Gleisen berichtet.
In Deutschland hatte man in Bergwerken zur Förderung des Erzes kleine Wagen – Hunte, Hunde oder Loren genannt – gebaut und diese auf hölzernen Schienen laufen lassen. In zeitgenössischen Beschreibungen ist von Spurnägeln die Rede: In der Mitte zwischen den Rädern war unter dem Wagenkasten ein langer Nagel angebracht, der unter das Niveau der Schienen reichte, also zwischen die beiden recht breiten Laufflächen fasste. Er hielt den Wagen in der Spur, sodass die Räder, die noch keinen Spurkranz besaßen, auf den Laufflächen der Schienen aufsetzten.

Frühe Pferdeeisenbahn »auf« einem englischen Kohlenbergwerk um 1767. Die Wagen haben keine Bremsvorrichtung.

Es war nur eine Frage der Zeit, bis solche Bahnen auch in anderen Ländern gebaut wurden, und dort nicht nur innerhalb der Erz- und Kohlenbergwerke, sondern auch in deren Umgebung »über Tage«. Man führte sie bis zum nächsten großen Verladepunkt. Früh gab es solche Bahnen in England, das zu Beginn der Industrialisierung allen seinen Konkurrenten weit voraus war, aber auch in den russischen Erzgruben im Ural. Neben breiten Schienen mit Spurnägeln konstruierte man solche, die außen neben der eigentlichen Lauffläche ein senkrecht stehendes und die Fläche überragendes Begrenzungsbrett hatten, sodass beide Räder in jeweils rechtwinkligen Betten liefen. Das hatte den Vorteil, dass die hier verwendeten Wagen auch auf Wegen und Straßen fahren konnten.

Früher oder später wird man auf das Spurkranzrad als die einfachste und im Hinblick auf die Konstruktion der Schienen billigste Lösung des Problems gekommen sein. Aus der Beschreibung eines englischen Grubenbahnsystems von 1765 erfahren wir: Die Schienen waren Eichenbohlen von abgewrackten Schiffen, 18 cm hoch und 12 cm breit, und sie lagen auf Schwellen, die, ebenfalls aus Holz, 60 bis 90 cm voneinander entfernt waren. Das Gefälle war durch Dämme, Tunnel und Brücken ausgeglichen, und so konnte ein Pferd einen Wagen mit 2,25 t Kohle fortbewegen, während auf der Straße seine Leistung auf einen Wagen mit 16 Zentnern (0,8 t) beschränkt war. Ging es allerdings steil bergab – die beschriebenen Strecken hatten Gefälle bis zu 5 und 7 % – dann wurde das Pferd ausgespannt und der Wagen fuhr allein, nur von einer Bremse gehalten, die der oben sitzende Fuhrmann betätigte und die auf zwei Räder wirkte. Alte Stiche zeigen, dass das Pferd auf einen leeren Wagen aufstieg und somit gefahren wurde.

Um eben diese Zeit, kurz nach 1760, wurden statt der Räder aus Holz allgemein gusseiserne eingeführt, die neben ihren Vorteilen einen Nachteil brachten: die hölzernen Schienen nutzten sich ungemein schnell ab. So belegte man diese mit auswechselbaren Holzleisten und später mit Eisenbändern, die sich allerdings leicht ablösten. Die flatternden eisernen Bänder waren ein großes Unfallrisiko – es gab die hässlichsten Unfälle, wenn ein Rad unter das hervorstehende Ende eines Eisenbandes geriet und damit oft eine ganze Wagenreihe zum Entgleisen brachte. Um 1767 wurden – vermutlich von Richard Reynolds in Coalbrookdale – die ersten gusseisernen Schienen hergestellt, die gegenüber den bisherigen zwar wesentlich teurer waren, durch ihre geringen Reparaturkosten die Mehrausgaben aber vielfach wieder einbrachten. Reynolds, so erzählt man, habe keine Aufträge für seine Schmelzöfen gehabt und sie nicht ausblasen wollen. So sei er darauf verfallen, die schlechten Zeiten durch den Guss von Schienen für den eigenen Bedarf zu überbrücken.

Damit war die Eisenbahn, im wörtlichen Sinne die »eiserne Bahn«, entwickelt und eingeführt. Es war noch die Frage des Antriebs zu lösen. Vorerst begnügte man sich mit jeweils einer Pferdestärke. Und wenn man immer wieder von »Eisenbahnzügen« sprach und noch heute spricht, so geht dieser Sprachgebrauch davon aus, dass Wagen, die über keinen eigenen Antrieb verfügen, gezogen werden. Ein »Triebwagenzug« ist somit sprachlicher Unsinn.

Es war keineswegs von vornherein unumstritten, dass die damals noch junge Dampfmaschine, auf Räder montiert und Lokomotive genannt, das einzige in Frage kommende Zugfördergerät sei. Die Zahl ihrer Gegner war unübersehbar. Man sprach von feststehenden Dampfmaschinen, die mittels Seilen die Züge bewegen sollten; ein pneumatischer Antrieb wurde erfunden; nicht zuletzt war immer noch die zuverlässige Pferdekraft im Gespräch. Die ersten öffentlichen Bahnlinien, die mit Dampflokomotiven betrieben wurden, hatten daneben für Fälle geringen Verkehrsaufkommens Pferde in Reserve, und die erste auf dem europäischen Kontinent erbaute und in Betrieb genommene öffentliche Eisenbahn war eine Pferdebahn, nämlich die Linie Budweis – Linz.

Aufnahmen aus jüngster Zeit von Doppelspurkranzrädern in englischen Industriebetrieben. Die Weichen müssen so kompliziert sein, dass die weitere Verbreitung sich verbot.

Die Dampfmaschine macht das Rennen

Die erste Anregung, einen Wagen durch Dampf anzutreiben, hatte der Physiker Newton bereits 1680 gegeben: Nach seinem Plan sollte ein kugelförmiger Kessel über Feuer auf Räder gestellt und durch ein Rohr Dampf nach rückwärts geblasen werden, sodass der Vortrieb wie bei einem Düsentriebwerk durch den Rückstoß erfolgt.

Der Engländer James Watt ließ den vielhundertjahrealten Traum, die Kraft des Dampfes zu bändigen und in einer Maschine zur Arbeit zu zwingen, Wirklichkeit werden. 1765 baute er die erste direkt wirkende Niederdruckdampfmaschine und entwickelte in den Jahren 1782 bis 1784 die doppelt wirkende Niederdruckdampfmaschine mit Drehbewegung.

Damit stand eine zuverlässige Kraftquelle zur Verfügung. Sie war eine der Voraussetzungen für die Industrialisierung. Der Gedanke, mit einer solchen Maschine ein Fahrzeug zu betreiben, lag nahe und wurde auch verschiedentlich geäußert, doch hatte Watt sich auf große Niederdruckmaschinen beschränkt, seine Erfindung durch Patente abgesichert und vertrat die Meinung, dass ein weiterer Fortschritt nicht möglich sei. Seine Maschinen waren geeignet, Transmissionen anzutreiben und Wasser aus den Schächten der Bergwerke zu pumpen, auf Räder stellen konnte man sie wegen ihres Gewichtes nicht.

Den ersten Dampfwagen, von dem berichtet wird, baute der lothringische Artillerieleutnant Nicolas Joseph Cugnot: ein dreirädriges Monstrum mit einem lenkbaren Vorderrad, das durch die zwei Zylinder einer Hochdruckdampfmaschine angetrieben wurde. Das Vehikel wurde 1769 dem Pariser Kriegsministerium zur Begutachtung vorgestellt, denn es war von seinem Erfinder dazu bestimmt, Kanonen zu ziehen. Nach einer Viertelstunde Fahrt im Fußgängertempo blieb es stehen – der Dampf war ausgegangen, und nach einer Auffüll- und Verschnaufpause ging es weiter, wobei das Fahrzeug gegen eine Mauer prallte, die es – ein würdiger Vorläufer moderner Tanks – glatt umwarf.
Das Ministerium lehnte daraufhin dankend ab.

Der Ruhm, als Erster eine Dampfmaschine auf ein Straßenfahrzeug mit Rädern gesetzt zu haben, bleibt dem Engländer William Murdock vorbehalten. Murdock war früher als Schraubenschneider in Watts Werkstatt beschäftigt, und dieser hat ihn als »erstaunliches Genie« bezeichnet. Sicherlich hat Murdock von Watt auch Anregung und Hilfe erhalten. Jedenfalls gelang es ihm, 1784 ein kleines dreirädriges Modell, nicht mehr als 35 cm in der Höhe messend, fertig zu stellen. Es hatte eine doppelt wirkende Kolbendampfmaschine, einen Dampfzylinder von 19 mm Durchmesser und 51 mm Hub und soll von 200 bis 275 Umdrehungen pro Minute eine Stundengeschwindigkeit von 6 bis 8 Meilen erreicht haben. In einem Hohlweg fuhr es während der ersten geheimen nächtlichen Proben seinem Schöpfer davon und erschreckte einen biederen Landpfarrer, der glaubte, ihm käme im Dunkeln mit Feuer, Funken und Rauch der Leibhaftige entgegen.

1802 dann, so wird berichtet, habe die Eisengießerei in Coalbrookdale einen Dampfwagen auf Schienen gebaut, bei dessen Inbetriebnahme ein Unglück passierte, das den Maschinisten das Leben kostete. Wahrscheinlich ist der Dampfkessel in die Luft geflogen.

Ein weiterer Versuch scheiterte 1803, als der Ingenieur Oliver Evans, diesmal in Philadelphia, zur Jungfernfahrt seiner Lokomotive eingeladen hatte, die er auf der Straße fahren lassen musste, weil sein Geld nicht für die dazugehörigen Schienen ausreichte. Er blieb der Dampfmaschine treu, versuchte aber nie wieder, eine auf Räder zu setzen.

Der französische Artillerieoffizier Nicolas Joseph Cugnot baute den ersten dreirädrigen Dampfwagen, 1769.

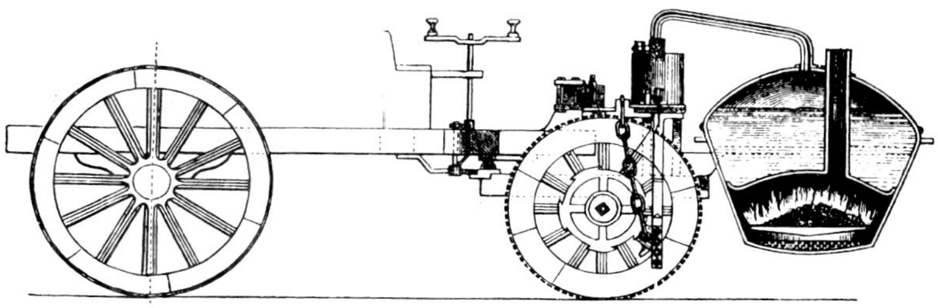

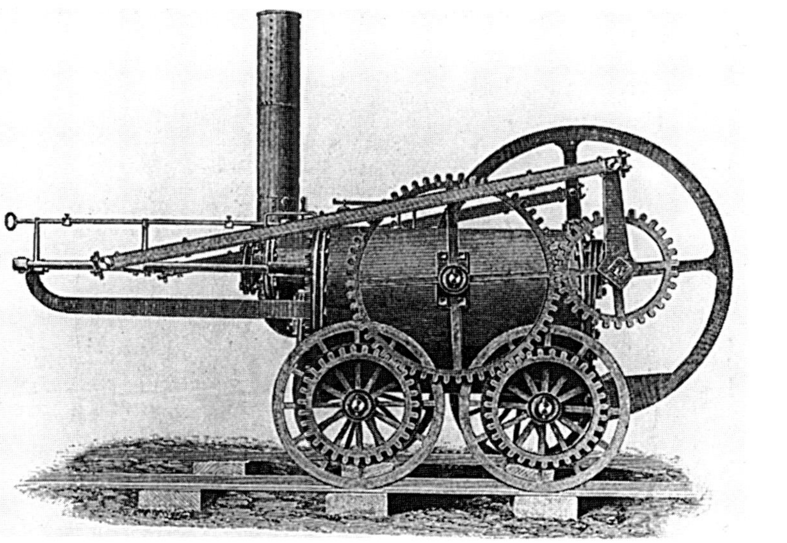

Richard Trevithicks Dampflokomotive von 1804 mit einem Zylinder und einem großen Schwungrad.

Doch schon im nächsten Jahr, genau am 25. Februar 1804, schien der Durchbruch geschafft. Auf einer Waliser Grubenbahnstrecke rollte die erste Lokomotive auf Schienen. Ihrem Erbauer, Richard Trevithick, war der Umgang mit Dampfmaschinen nichts Neues. Er hatte seine Erfahrungen im wahrsten Sinne des Wortes auf der Straße gesammelt, nämlich beim Bau dreier kleiner Modelle (1796/97) mit einem hohen Dampfdruck von mehr als 2 atü und eines Dampfwagens (1801), der sich – auch bei Steigungen

– als erstaunlich leistungsfähig erwies und den Namen »Dicks Feuerdrachen« erhielt. Diesen nun stellte Trevithick während der ersten Ausfahrt vor einem Gasthaus ab, um seinen Durst zu löschen. Dabei vergaß er das Feuer unter dem Kessel, das, als der letzte Tropfen Wasser verdampft war, die Maschine rot glühend werden und den ganzen Wagen in Flammen aufgehen ließ.

Von kurzer Dauer war auch die Freude an seiner ersten Lokomotive, einem Monstrum mit riesigem Schwungrad, das 8 km/h schaffte und dabei ein paar Wägelchen mit 10 t Roheisen hinter sich her zog. (Nach anderen Berichten hat die Lokomotive eine Last von 25 t in vier Stunden über eine 16 km lange Distanz gezogen.) Kurz, der Unterbau und die Schienen begannen gefährlich zu beben. Die etwa 1 m langen gusseisernen Plattenschienen zeigten sich der Belastung nicht gewachsen und waren in kurzer Zeit zu Bruch gefahren, sodass sowohl Erfinder als auch Grubenbesitzer die Freude an dem neuen Fahrzeug verloren, die Dampfmaschine zum stationären Betrieb einteilten und wieder Pferde vor die Wagen spannten.

Die Erfindung gusseiserner Schienen hatte längst nicht alle Schwierigkeiten beseitigen können. Die ersten von Reynolds gegossenen Schienen hatten ein nach oben geöffnetes U-Profil, in dem ein normales Rad laufen konnte. Wenig später wurden Winkelschienen gegossen, die das Rad, je nach ihrer Verlegung, innen oder außen führten. Wieder war man, wie einst bei Holzschienen, von der verlockenden Möglichkeit ausgegangen, die Wagen am Ende des Schienenstranges auf der Straße weiterfahren zu lassen. Aber die vertiefte Lauffläche der Schienen bewährte sich nicht, lagerte sich in ihr doch allerhand Schmutz ab, der zusätzlichen Widerstand darstellte und im Extremfall zur Entgleisung führte. So wurde auf das Spurkranzrad zurückgegriffen (1789), zusammen mit einer Pilzschiene, der allerdings der heute selbstverständliche Fuß fehlte. Dafür gab es andere Verstärkungen zwischen den etwa 1 m voneinander entfernten Auflagepunkten, etwa die fischbauchartige Bogenrippe. Doch befriedigende Ergebnisse stellten sich erst ein, als 1820 gewalztes Schmiedeeisen das Gusseisen ablöste.

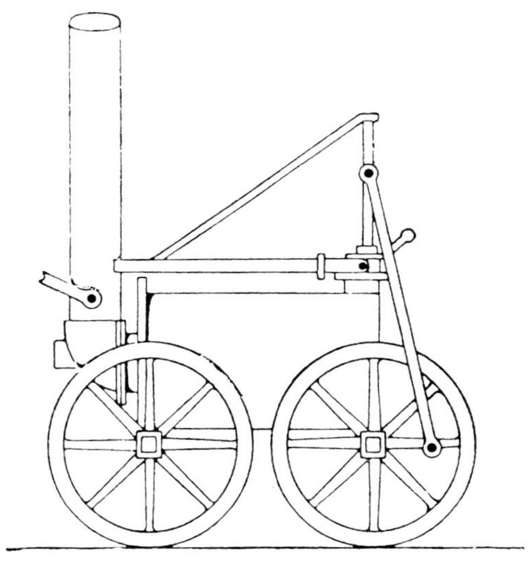

Trevithicks Lokomotive »Catch me who can« von 1808. Die Bürger waren gern bereit, solch sonderbaren Anblick mit einem Eintrittsgeld zu honorieren. Ganz Mutige wagten es, eine oder mehrere Runden zu fahren.

Damals wurde auch ein Doppelspurkranzrad entwickelt, das die Schiene an zwei Seiten umschließt. Es bedarf unendlich komplizierter Weichen, lässt aber Differenzen in der Spurweite zu, wenn es nur lose auf die Achse aufgesetzt ist. Solche Räder und Schienensysteme waren noch bis in die Neuzeit in englischen Steinbrüchen in Betrieb.
Neben den quer liegenden Holzschwellen spielten beim frühen Eisenbahnbau noch Steinwürfel eine große Rolle. Auch die Schienen der ersten deutschen Eisenbahn von Nürnberg nach Fürth waren auf solchen in das Erdreich eingelassenen Steinwürfeln befestigt.

Doch zurück zu Trevithicks Lokomotive. Sie wies einige bemerkenswerte Details auf, die für den Bau weiterer derartiger Maschinen wichtig und richtungweisend waren. Zunächst ist der hohe Dampfdruck zu erwähnen. Sie arbeitete mit gut 2 – nach anderen Berichten 3 – atü. Der Dampf expandierte im Zylinder, ehe er ausströmte, und in diesem Ausströmen war eine weitere wesentliche Idee verwirklicht. Der Abdampf wurde in den Schornstein der Kesselfeuerung geleitet und erzeugte dort einen Zug, wie er für solch einen hohen Dampfdruck im Kessel nötig war.

Ebenso fortschrittlich war die Gestaltung der Feuerung. Große u-förmige Umkehrzüge liefen von der Feuerklappe bis zum Schornstein, der auf derselben Seite der Maschine angebracht war. Dagegen war die Beschränkung auf nur einen Zylinder recht unglücklich, machte sie doch, um den Totpunkt zu überwinden, ein schweres überdimensionales Schwungrad nötig. Von diesem aus wurde die Kraft mit Zahnrädern übertragen. Und schließlich war Trevithick im Gegensatz zu vielen seiner Zeitgenossen davon überzeugt, dass die glatten Räder der Lokomotive auf der glatten Schiene ohne weitere Vorrichtungen bewegt werden konnten.
Im Jahr darauf soll Trevithick eine weitere Lokomotive gebaut haben, die aber aus Furcht vor neuen kostspieligen Schienenbrüchen und Reparaturen der Gleisanlagen von den Auftraggebern nicht abgenommen wurde. (Auch späteren Konstrukteuren hat die ungenügende Festigkeit des Oberbaus manchen Kummer bereitet.)

Vier Jahre nach dem missglückten Start in Wales machte Richard Trevithick wieder von sich reden. Er erschien in London als Schausteller und montierte hinter einem Bretterzaun einen Schienenkreis, auf den er seine Lokomotive »Catch me who can« (Fang mich, wer kann) setzte und mit einem angehängten Personenwagen Runde um Runde drehen ließ.
Die Lokomotive hatte kein Schwungrad mehr, die Kraft wurde vom Zylinder direkt auf die Räder übertragen – Trevithick kam es darauf an, die Richtigkeit seiner Theorien über die Adhäsion – die Reibhaftung – zu beweisen. Der Schausteller hatte dennoch nicht überzeugen können, und so mussten seine Nachfolger erst einige Umwege gehen.

Dabei war der des Zahnradantriebs noch der am wenigsten abwegige – andere Erfinder arbeiteten mit storchenbeinähnlichen Geräten, die die Lokomotive vom Erdboden ab- und vorwärtsstoßen sollten.

Die Zahnradlokomotive von Blenkinsop – 1811 – war die erste Lokomotive, die nach Angabe ihres Erfinders »wirtschaftlich« arbeitete.

Neuen Auftrieb erhielt die Entwicklung durch die während der napoleonischen Kriege eingetretene immense Verteuerung des Pferdefutters. 1811 erhielt John Blenkinsop, Inspektor in den Kohlengruben bei Leeds, den Auftrag zum Bau von zwei Lokomotiven. Er sollte sich auf die Vorarbeiten von Trevithick stützen (von dem er eine Lizenz erwarb), aber im Gewicht wesentlich unter dessen Konstruktionen bleiben. Er ließ die Trasse der Middleton-Kohlenbahn mit verstärkten gusseisernen Schienen auslegen und diese gleichzeitig am Rande mit einer Zahnung versehen, da er fürchtete, die leichten Lokomotiven würden ohne Zahnradantrieb ihre Last nicht vorwärts bringen können, was sich später als unnötig erwies. Blenkinsops erste Lokomotive (sie wurde durch den Fabrikanten Murray gebaut) hatte sechs Räder, und zwar vorn und hinten normale Spurkranzräder, während zwischen ihnen in der Mitte eine Achse mit zwei Zahnrädern angeordnet war. Zwei Zylinder (die das riesige Schwungrad Trevithicks und damit viel Gewicht einsparten) standen senkrecht im Kessel und trieben über ein waageartiges Gestänge die Zahnräder an.

Was den Zug im Schornstein betrifft, so war Blenkinsop seinem Lizenzgeber nicht gefolgt; es fehlte ihm demzufolge an Dampf. Zwar zog seine Lokomotive einen 100 t schweren Zug mit Fußgängergeschwindigkeit, doch musste auf der 5 km langen Middleton-Kohlenbahn hin und wieder eine Verschnaufpause eingelegt werden, was, da es sich um eine private Strecke handelte, nicht viel ausgemacht haben mag, denn man stellte stolz fest, die erste Lokomotive zu besitzen, die »wirtschaftlich« arbeitete. Insgesamt wurden sieben oder acht dieser Lokomotiven gebaut.

Ähnliche Konstruktionsmerkmale wie die Schöpfung Blenkinsops – zwei Achsen mit Spurkranzrädern und dazwischen eine mit zwei Zahnrädern sowie senkrecht stehende Zylinder – zeigt auch ein Bild, das »die erste deutsche ... 1815 in Berlin« gebaute Lokomotive darstellen soll. An anderer Stelle wird berichtet, dass diese im Jahre 1816 in der »Königlichen Eisengießerei« in Berlin vorgeführt wurde, nach Oberschlesien zu liefern war und dort »verscholl«, nachdem sich herausgestellt hatte, dass ihre Spurweite nicht zu der der dortigen Gleise passte. Eine zweite Lokomotive aus derselben Werkstatt soll 1817 ins Saargebiet geliefert worden sein und dort viel Ärger und Reparaturen verursacht haben; sie wurde 1836 angeblich verschrottet. Immerhin Beweise dafür, dass man sich in Deutschland schon eine geraume Zeit vor der triumphalen Eröffnung der Strecke von Nürnberg nach Fürth um die Einführung von dampfgetriebenen Eisenbahnen bemühte.

Die erste deutsche Dampflokomotive, die 1815 bei Borsig in Berlin gebaut wurde. Sie zeigt dieselben Merkmale wie die links oben Stehende von Blenkinsop.

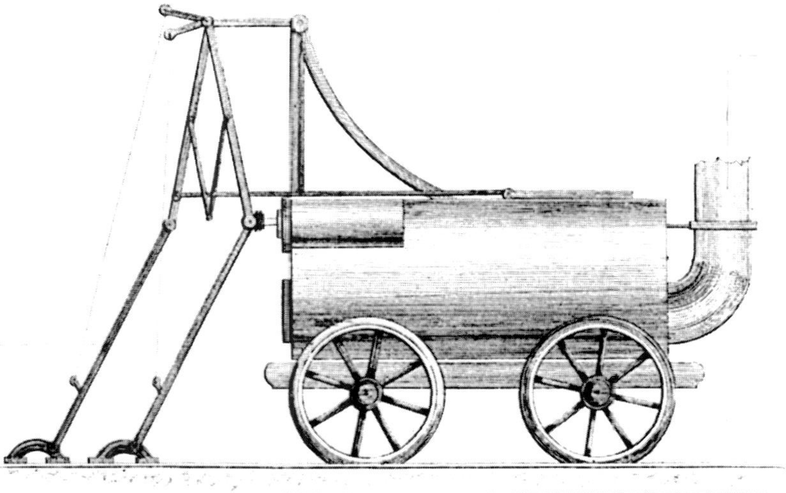

Fantasievolle Erfinder kamen auf die abstrusesten Ideen: Brunton baute 1813 eine Lokomotive, die sich mit storchenähnlichen Stützen vorwärts stoßen sollte.

Nur am Rande erwähnt sei in dieser Zusammenstellung der Engländer William Chapman, der 1812 eine Lokomotive baute, die von Zeitgenossen wie folgt beschrieben wurde: Der Antrieb »bestand in einer Kette, die sich längs der Mitte der Bahnlinie von einem Ende zum anderen ausdehnte. Diese Kette lief einmal um ein mit Rinnen in der Felge versehenes Rad unter dem Mittelpunkt des Wagens, sodass, wenn dieses Rad durch die Maschine umgedreht wurde, der Wagen, da die Kette nicht gleiten konnte, auf der Straße fortrückte.

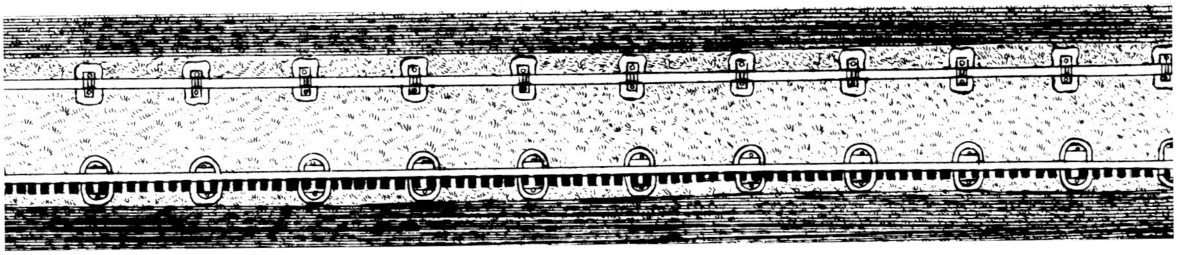

Aufsicht einer Zahnstange nach System Blenkinsop.

»Puffing Billy«, mehrfach gebaut, oben in der ursprünglichen Form mit acht Rädern in zwei Drehgestellen. Durch Zahnräder angetrieben, was ein höllisches Kreischen ausgelöst hat. Ein einachsiger Tender ist sehenswert.

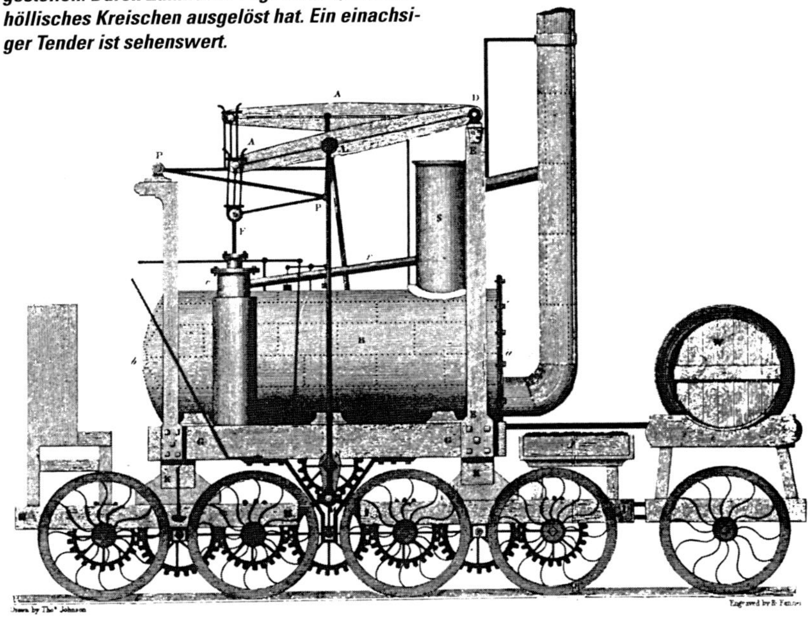

1830 mit nur vier Rädern versehen, war die Lokomotive bis 1862 in Betrieb.

Jedoch gab man diese Erfindung bald auf, weil durch die Reibung der Kette ein ungeheurer Kraftverlust herbeigeführt wurde.« Für das Ziehen von Kohlenwagen blieb keine Energie mehr.

1813 stellte Brunton seine Lokomotive »mit Beinen« vor, die von einem sinnreichen Mechanismus bewegt wurden, damit sie sich vom Boden abstoßen und die Lokomotive auf diese Weise vorwärts treiben konnten. »Am unteren Ende eines Beins waren Füße mittels eines Gelenks angebracht. Dieselben waren, um einen festen Halt auf dem Boden zu haben, mit kurzen Zacken versehen, damit sie nicht gleiten könnten, und die eine hinlängliche Breite hatten, um die Straße nicht zu beschädigen.«

Dagegen hatten Hackworth und Hedley mehr Erfolg. Sie standen vor der Aufgabe, die altehrwürdige Wylam-Bahn (Namengeber war die Wylam-Zeche bei Newcastle) zu modernisieren. Dabei sollten die Gleise nicht nur auf Plattenschienen mit einer Spurweite von 153 cm umgestellt, sondern die Bahn auch mit den neumodischen Lokomotiven ausgestattet werden. Timothy Hackworth, Vorarbeiter der Schmiede, und William Hedley, Grubenaufseher, hielten nicht viel von Zahnstangen und Zahnrädern. Sie vertrauten der Adhäsion, und um das zu demonstrieren, bauten sie 1811 zunächst einen mit vier Rädern und Kurbeln versehenen Rahmen, der bewies, dass die Reibung glatter Räder zur Vorwärtsbewegung auf Schienen genügte. Nach weiteren Versuchen im Jahre 1813 mit Einzylinder-Dampfmaschinen und gusseisernem Kessel entstand dann die erfolgreiche »Puffing Billy«, gleich in mehreren Exemplaren, mit acht Rädern in zwei Drehgestellen, um durch niedrigen Achsdruck die empfindlichen gusseisernen Schienen zu schonen. Alle Achsen wurden durch Zahnräder angetrieben, und das mag bei den Drehgestellen ein höllisches Knarren und Kreischen verursacht haben. Die Lokomotiven wurden 1830, als man die Strecke mit Profilschienen ausstattete, auf nur vier Räder umgestellt und waren bis 1862 in Betrieb.

Die wesentliche Neuerung an dieser Maschine bestand darin, dass die beiden Zylinder nicht mehr innerhalb des Kessels angebracht waren, sondern außerhalb, wodurch ihre Wartung erleichtert wurde. Verbessert war auch die Leistung durch Übernahme der von Trevithick gemachten Erfindung des »kombinierten Zuges«, wobei der durch den Schornstein geleitete Abdampf die Abgase des Feuers mitreißt. Für unsere heutigen Vorstellungen ganz ungewöhnlich war dagegen die Anordnung der Standorte von Lokomotivführer und Heizer: die »Puffing Billy« hatte zwei Plattformen, je eine an jedem Kesselende. Auf der einen stand der Lokführer, auf der anderen (vor dem Feuerloch des Kessels) der Heizer; angekuppelt an diese Plattform war der einachsige (!) Tender.
Hackworth war für den aufstrebenden Stephenson zu einer ernsthaften Konkurrenz geworden, und so versuchte dieser, ihn als Mitarbeiter zu gewinnen. Beim Bau der Eisenbahnlinie Stockton – Darlington erhielt Hackworth auf Veranlassung Stephensons die technische Oberleitung.

George Stephenson

Neben der Wylam-Bahn stand das Haus, in dem George Stephenson 1781 geboren wurde, als Sohn eines in irgendeinem der vielen Pumpwerke des Kohlenreviers beschäftigten Heizers. Erst mit 18 Jahren lernte er das Schreiben – Arbeiter konnten es sich nicht leisten, ihre Kinder auf teure Schulen zu schicken – und mit zwanzig hatte er es schon zum Maschinenmeister gebracht.

Er war von der Eisenbahn wie besessen, immer hatte er sie vor Augen, während der Arbeit in der Grube wie zu Hause. Und er war davon überzeugt, dass auch er Lokomotiven bauen könne, und zwar bessere und billigere als die, die er über die Gleise in den Gruben puffen sah. Unzählige Stunden verwandte er auf das Studium von bisher gebauten Maschinen und Patentschriften. Doch zu seiner ersten Lokomotive kam er eigentlich durch einen Zufall: 1813 wurde er – seine Begabung zur Konstruktion von Maschinen aller Art war unbestritten – Ingenieur an der Killingworth-Werkbahn. Trevithick hatte den Auftrag erhalten, für eben diese Bahn eine neue Lokomotive zu bauen, aber er schien keine Lust zu haben, und der junge Ingenieur nutzte die Chance, die sich daraus für ihn ergab. Er übernahm selbst die Arbeit und konnte am 25. Juli 1814 seine erste Lokomotive vorstellen. Zunächst hatte sie »Mylord« heißen sollen, aber in der Euphorie der Siege, die das verbündete Preußen über Napoleon errang, erhielt sie den Namen des preußischen Generals Blücher: »The Blutcher«.
Dabei war »The Blutcher« gar nichts besonders Neues. Wie in seinem ganzen weiteren Schaffen hatte George Stephenson es schon hier meisterhaft verstanden, von Vorgängern und Konkurrenten zu lernen. Seine Maschine hatte große Ähnlichkeit mit Blenkinsops Lokomotiven für die Middleton-Grube. Aus Sorge um unzureichende Reibung hatte Stephenson die Räder aufgeraut, »The Blutcher« kam also nicht nur mit Schnauben, sondern auch mit einem nicht zu überhörenden Rumpeln daher. Doch die Konstruktion schlug ein, und Stephenson musste mehrere Dutzend Maschinen dieses Typs liefern. Hier wird nun ein zweiter Grundsatz, dem er sein Leben lang treu blieb, sichtbar: Stück um Stück verbesserte Stephenson, der im Gegensatz zu seinen Kunden der Ansicht war, dass man vieles noch besser machen könnte, seine Lokomotiven. »The Blutcher« zog 30 t Last über die Schienen und konnte es mit jedem Grubenpferd an Tempo aufnehmen. Als besonderes konstruktives Merkmal hatte die Lokomotive einen Antrieb, der die Kraft der Zylinder direkt auf die Räder einwirken ließ.

Was uns an George Stephenson fasziniert und letztendlich der Grund für seine überragenden Erfolge war, ist die Tatsache, dass er nicht nur Spezialist – Fachidiot, pflegt man heute zu sagen – war, sondern rundum begabt, interessiert und tätig. Dass er eine Sicherheitslampe konstruierte, die die Bergleute weitgehend vor den Gefahren der »schlagenden Wetter« schützte, sei am Rande vermerkt. Stephenson begriff als erster Konstrukteur die Eisenbahn als System aus Schienenweg und »rollendem Material«, Organisation, Information, Sicherheit und sich verzinsendem Kapital, nicht nur für die Zwecke englischer Kohlengruben geeignet, sondern ganz allgemein für jeglichen Transport von Gütern und Menschen. Die Zeit war ihm günstig, er segelte vor dem Wind, wenn solch ein Vergleich erlaubt ist in einem Jahrzehnt, in dem allerorten Dampfschiffe und Dampfwagen gebastelt, gebaut, erprobt und vorgestellt wurden.

Seine erste Eisenbahnstrecke konnte Stephenson im Jahre 1822 eröffnen – eine Grubenbahn in der Grafschaft Durham, 17 Wagen waren zu einem Zug zusammengestellt und beförderten 64 t Kohle – die Öffentlichkeit begann sich für den Selfmademan zu interessieren.

George Stephensons nächste Station wird allgemein als der Beginn des Eisenbahnzeitalters, als ein Markstein in der Geschichte der Zivilisation, bezeichnet. Im Jahre 1821 hatten kapitalkräftige Aktionäre eine Gesellschaft gegründet, die den Transport von Kohle zwischen der Grubenstadt Darlington und dem Hafen Stockton in der Tees-Mündung, wo die Küstenschiffe aus London anlegten, übernehmen sollte. Dazu war ein 18 km langer Schienenstrang notwendig, und die Aktionäre waren überzeugt, dass dieser den Transport verbilligen und ihnen eine einträgliche Dividende bescheren würde.

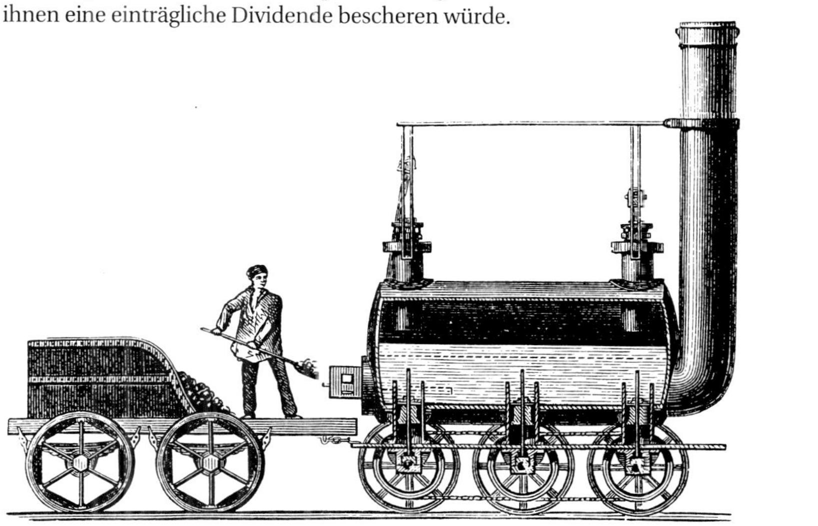

Lokomotive »dritter Bauart« von George Stephenson, 1816. Die noch im Kessel liegenden Zylinder wirkten unmittelbar auf die Räder. Die Achsen waren durch eine Kette »gekuppelt«. Die Lokomotive hat Luftfederung, der Tender Blattfedern. (An anderer Stelle wird diese Lokomotive als von Chapman – 1812 – bezeichnet.)

Zur Leitung eines solchen Projektes von – gegenüber bisher existierenden Bahnen – unerhörten Ausmaßen engagierte man deshalb den besten Maschinenbauer im Land, George Stephenson, der im Laufe der Jahre schon 53 Lokomotiven gebaut hatte.

Hier erwartete ihn eine Fülle von Aufgaben, und vor allen Dingen Schwierigkeiten, wie sie auch später immer wieder bei allen Bahnbauten auftraten. Zunächst ging es um die Trasse. Drängten später die Städte und Gemeinden, die Bahn solle sie an die große weite Welt mit ihrer Geschäftigkeit und ihren Verdienstmöglichkeiten anschließen, so überwog vorerst die Ablehnung: Grundbesitzer wollten sich auf keinen Fall in ihrer beschaulichen Ruhe stören lassen, ihre Äcker sollten nicht beschnitten und ihre Jagdreviere nicht durch die neumodischen Schienen zerteilt werden. Vermessungstechniker wurden mit Steinwürfen und scharfen Hunden verjagt. Es ist dem Erbauer einer Eisenbahn jedoch kaum möglich, um dickschädlige Grundbesitzer herumzubauen, vorhandene Verkehrswege auszunutzen, Ödland und Heide zu bevorzugen. In erster Linie sind Steigungen und starke Krümmungen zu vermeiden. Man muß also Tal und Hügel geschickt für die Linienführung ausnutzen, den Boden auf seine Tragfähigkeit prüfen, Moore umgehen, Felsen ausweichen, Einschnitte und Dämme berechnen.

Zahnräder und Zahnstangen lehnte Stephenson ab und vertraute der Adhäsion. Die Schienen wurden ohne Rücksicht auf die Anschaffungskosten aus Schmiedeeisen gefertigt, eine Maßregel, die sich durch weniger Reparaturaufwand auf die Dauer bezahlt machen sollte. Stephensons Lokomotiven waren ganz allgemein dafür bekannt, dass sie den Oberbau schonten, denn sie hatten eine Dampffederung, wobei ein Kolben durch das Gewicht des Fahrzeugs in einen Zylinder gepresst wurde – erst 1830 wurde eine geeignete Stahlfederung erfunden, die dieses System ablöste. Schließlich erfand Stephenson die »Doppelschiene« mit einem pilzförmigen Kopf und einem genauso geformten Fuß.

George Stephenson (1781–1848), der Vater der Eisenbahn.

Der Erfinder akzeptierte, dass die Schiene in besonderen Halterungen montiert werden musste, ging er doch davon aus, dass sie nach Abnutzung der oberen Lauffläche einfach umgedreht und wieder verwendet werden konnte. Diese Überlegung stellte sich allerdings als Fehlschluss heraus, denn die Schienen waren dann an den Auflagestellen durch das Gewicht der Züge verformt. Statt auf Schwellen wurden die Schienen auf in das Erdreich eingelassene Steinwürfel montiert – ein Verfahren, das auch noch 1835 zwischen Nürnberg und Fürth Anwendung fand.

Die Schienen waren zunächst auf Steinblöcken befestigt, wie es die Rekonstruktion zeigt. Stephenson ließ die Blöcke ins Erdreich fallen, sodass ihr Aufprallgewicht größer war als das von Lokomotive und Wagen. Trotzdem musste mit Asche und Sand ihr Niveau dauernd korrigiert werden.

Diese Steinblöcke haben in den ersten Jahren des Eisenbahnbaus viel Ärger bereitet, besonders dort, wo sie nicht in festen, gewachsenen Boden gebettet werden konnten, sondern auf frisch aufgeschütteten und sich setzenden Dämmen lagen. »Das Setzen der Blöcke ist sehr wichtig, indem von der gehörigen Ausführung dieser Operation die bleibende Festigkeit der Bahn in hohem Grade abhängt. Asche und Sand wurden mit schmalen Schaufeln unter die Blöcke geschoben (›von unten stopfen‹ wurde das auch genannt), und zu gleicher Zeit wurde mit schweren Hämmern oder Schlägeln auf die obere Seite der Blöcke geschlagen, bis dass die Schienen in dem gehörigen Niveau waren.« Von einer Verdichtung des Erdreichs kann bei diesem Verfahren natürlich kaum die Rede sein, »und wenn danach die Wagen über die Schienen herrollten, so senkten diese sich, und es mussten daher stets Arbeiter beschäftigt sein, Asche oder Sand unter die Blöcke zu stoßen und dieselben in ihrer eigentlichen Lage zu erhalten«, bis sich das Erdreich genügend gesetzt hatte. Stephenson ließ schließlich die Blöcke auf das Erdreich fallen, so hoch, dass die Wirkung des Stoßes größer war als das Gewicht von Lokomotive und Wagen. Trotzdem wurde berichtet:

»Auf Bahnanlagen, wo die Sockel erst ganz kürzlich unterstopft waren, fuhr man sehr leicht ohne große

Stöße und Rüttelungen; nicht so sehr aber auf dem allergrößten Teil der Bahn, welche seit einiger Zeit vielleicht nicht unterstopft war.« Noch schlimmer aber wirkte sich aus, wenn die Steinblöcke nicht nur absackten, sondern auch ihre Lage seitlich änderten; das beeinflusste die Spurweite und führte zu mancher Entgleisung.

Was die Spurweite betrifft, so ist überliefert, dass die englischen Behörden Stephenson auf die maximale, für Postkutschen zugelassene Spurweite von 5 englischen Fuß festlegen wollten. Das aber hätte bedeutet, dass für die beiden Zylinder, die noch unter dem Kessel zwischen den Rädern angeordnet waren, nicht genügend Platz gewesen wäre. Stephenson konnte in langen Verhandlungen die Behörden von der Notwendigkeit einer breiteren Spurweite überzeugen und bekam schließlich 5 Fuß 8 $^1/_2$ Zoll zugestanden, ein Maß, das sich als feste Vorgabe rund um den Erdball verbreitete. Tatsächlich wurde die Strecke mit 142,25 cm Spurweite erbaut, um 1,25 cm verbreiterte er später sein »System«, um die Reibung herabzusetzen.

Größte Schwierigkeiten hatte Stephenson, die Aktionäre von der Zweckmäßigkeit des Betriebes mit Lokomotiven zu überzeugen. Sein Auftrag lautete, im Bergland zwei ortsfeste Dampfmaschinen zu bauen, auf der übrigen Strecke den Verkehr mit Zugpferden zu organisieren und nur auf einer leicht fallenden Teilstrecke eine Lokomotive einzusetzen.

Ungeachtet aller Zweifel gründete George Stephenson zusammen mit seinem Sohn Robert 1823 in Newcastle upon Tyne eine Lokomotivfabrik. Dort wurde auch ein Wagen für die Passagiere vorbereitet. Er bekam den Namen »Experiment« und hatte verteufelte Ähnlichkeit mit den Postkutschen, denen er Konkurrenz machen sollte. Innen befand sich auf jeder Längsseite eine Bank und in der Mitte ein fester Tisch aus Eichenholz.

Für den 27. Juni 1825 lud dann die »Stockton & Darlington Railway Compagnie« zur Eröffnungsfahrt ein. Die Wagen mussten zunächst von einer ortsfesten Dampfmaschine einen Hügel emporgezogen werden und wurden dann von der Lokomotive »Active« übernommen. Die Zahl der Wagen und ihre Reihenfolge ist überliefert: die Lokomotive – der Tender mit Wasser und Feuerung – sechs Wagen, beladen mit Kohlen und anderen Gütern – der Sonderwagen für das Komitee und die Aktionäre – sechs Wagen mit reservierten Sitzen für Passagiere (Frachtwagen waren mit provisorischen Bänken versehen worden) – 14 Wagen für die Beförderung von Arbeitsmännern – sechs Wagen mit Kohle. Das war eine Last von 90 t, die Zahl der Personen belief sich auf 450, und die Lokomotive entwickelte stellenweise eine Geschwindigkeit von 12 englischen Meilen pro Stunde (etwa 19,5 km/h). Die Jungfernfahrt verlief nicht ganz ohne Zwischenfälle: ein defekter Wagen musste unterwegs abgehängt werden und ein zweiter Halt wurde notwendig, um die Speisepumpe zu reparieren. 12.000 Zuschauer wurden in Darlington gezählt, Reiter und Wagen begleiteten den Zug in »halsbrecherischem Tempo«. In Stockton erwarteten mit 21 Schuss Salut gar 40.000 Menschen den Zug.

Der Alltag jedoch brachte manchen Ärger, der die Freude an der neuen Eisenbahn vergällte und das ganze Objekt an die Grenze der Unrentabilität brachte. Die größten Schwierigkeiten entstanden durch spröde Schienen und Räder aus Gusseisen, die oft brachen und deren Ersatz Unsummen verschlang. Schließlich konstruierte – noch vor der Einführung der schmiedeeisernen Schienen – Timothy Hackworth Räder mit schmiedeeisernen Reifen. Die Einführung der Blattfeder tat das ihrige, um die Räder mehr als bisher von starken Stößen zu entlasten. Zwei Lokomotiven, darunter die »Locomotion«, explodierten 1828. Im gleichen Jahr konstruierte Hackworth die erste Lokomotive mit drei gekuppelten Achsen für schwere Güterzüge.

Dass der Betrieb zwischen Stockton und Darlington keineswegs nur mit Lokomotiven abgewickelt wurde, entnehmen wir einem Bericht des österreichischen Eisenbahnbaumeisters Franz Anton Ritter von Gerstner: »In

Schiefe Ebene auf der Bahnstrecke Stockton – Darlington. Zugförderung durch ortsfeste Dampfmaschine mit Seilzug. Nach einer zeitgenössischen Darstellung.

Aus dem Eröffnungszug der Eisenbahnstrecke Stockton – Darlington. Das Bild zeigt den Personenwagen »Experiment« und die für den Personenverkehr hergerichteten Kohlenwagen.

den letzten Jahren hat man bei der Darlington-Eisenbahn die Einrichtung getroffen, dass hinter jedem Zug von vier Wägen ein niedriger zweirädriger Bahnkarren (Frame) angehängt wird. Das Pferd wird dort ausgespannt, wo das Gefälle 1:160 oder mehr beträgt, und in den angehängten hinten offenen Karren hineingeführt, in welchem es mit den beladenen Kohlenwägen nunmehr herabfährt; wie diese Wägen stehen bleiben und wegen des geringen Fallens der Bahn nicht mehr weiter können, wird das Pferd aus dem hinteren Karren herausgeführt und vorn wieder eingespannt. Die Pferde sind durch die lange Gewohnheit bereits so abgerichtet, dass sie bei den betreffenden Strecken, wo die Wägen selbst zu laufen anfangen, still stehen, und wie sie ausgespannt sind, selbst zurückgehen, in den hinteren Wagen hineinspringen und mit sichtbarer Zufriedenheit eine Strecke im Wagen zurücklegen; wie aber die Wägen stehen bleiben, steigen die Pferde wieder selbst heraus und kehren an ihren ursprünglichen Bestimmungsort zurück. Die Unternehmer der Darlington-Eisenbahn, welche meistens Quäker sind, rühmen sich, die Ersten gewesen zu seyn, welche dem Pferde neben seiner Arbeit des Ziehens der Wägen auch die Erholung des Fahrens im Wagen verschafft haben.«

Schließlich wird berichtet, der Personenverkehr mit dem Wagen »Experiment« sei ausschließlich mit Pferden abgewickelt worden. »Mehrere Gastwirte in Stockton und Darlington nutzten dies aus, indem sie ebenfalls Personenwagen bauen und diese von Pferden auf der Bahn ziehen ließen.« Die Rechtsstellung der Eisenbahngleise war um diese Zeit umstritten. Namhafte Juristen traten dafür ein, die eiserne »Straße« genau wie die übrigen dem öffentlichen Verkehr freizugeben, sodass jeder ein Fuhrwerk oder eine Lokomotive dort fahren lassen könnte – gegebenenfalls gegen eine Benutzungsgebühr, wie es nun wieder im Rahmen der neuen Gesetzgebung aktuell wird.

Doch zu der Zeit war Stephenson längst mit einem anderen Objekt beschäftigt, das alles bisher Dagewesene weit in den Schatten stellen sollte. 1826 hatte ihn ein Ruf der Kaufmannschaft der Industriestadt Manchester und der Hafenstadt Liverpool erreicht, die beiden Gemeinwesen durch eine Eisenbahn zu verbinden. Man sprach, der ebenen Streckenführung zuliebe, von einem 200 m tiefen

»Locomotion« von Stephenson. Sie gehörte zu den Lokomotiven der Bahn Stockton – Darlington. In Newcastle upon Tyne ist sie als Ausstellungsstück zu sehen. Bei der Jubiläumsfahrt 1925 wurde sie von einem im Tender verborgenen Petroleummotor angetrieben – einige in der Feuerung verbrannte Autoreifen sorgten für stilechten Rauch.

Stephensons Lokomotiven hatten bald eine ausgereifte Form. Auf diesem Bild von 1830 ist der innen liegende Zylinder besonders gut zu sehen.

Einschnitt, 163 Brücken, von denen eine ein 200 m hoher Viadukt sein sollte, und ob es überhaupt technisch möglich sein würde, das zwischen den beiden Städten liegende Catch-Moor zu überwinden. Alle diejenigen, die aus Vorurteil oder Aberglaube Angst vor dem neuen feuerspeienden Zug hatten, die um ihr Land und ihr Vieh bangten, die Fuhrleute und Lohnkutscher, Gastwirte, Pferdezüchter und Sattler, die ihr Geschäft ruiniert sahen, taten sich zusammen und bestürmten die Obrigkeit und die Öffentlichkeit, den Bahnbau zu unterbinden.

In der ersten Reihe der Anti-Eisenbahn-Lobby standen natürlich die Vertreter der in England überaus mächtigen Kanalgesellschaften. Sie hatten ihre Alleinbetriebsrechte quasi zu einem Verkehrsmonopol ausgebaut. Auf dem 1767 eröffneten Kanal zwischen Liverpool und Manchester zum Beispiel verkehrten bis zu 70 m lange Warenboote, deren größte von sechs Pferden gezogen wurden und 80 t Fracht bewegen konnten. Kleinere Boote für den Personenverkehr wurden von nur einem Pferd gezogen und legten 8 km in der Stunde zurück – eine Beförderungsart, die der auf der Straße an Schnelligkeit kaum nachstand, aber mit geringeren Kosten und größerer Bequemlichkeit verbunden war. »Schnellboote« erreichten am Tage eine Geschwindigkeit von 16 km und bei Nacht eine solche von 4 km pro Stunde, und allein auf einem Kanal zählte man pro Tag oft 2500 Reisende.

Um diese Pfründe zu erhalten, setzten die Kanalgesellschaften alle Hebel in Bewegung, den Bau von öffentlichen Eisenbahnen zu unterbinden. Sie selbst bauten und betrieben Stichbahnen von ihren Wasserstraßen zu den Orten, die wegen ihrer ungünstigen Lage in das Kanalnetz nicht einbezogen werden konnten, und sie erreichten, dass Jahrzehnte hindurch nur kurze, pferdebetriebene Stichbahnen gebaut und betrieben wurden. So hatte man zwischen Stockton und Darlington ursprünglich keineswegs eine Eisenbahnstrecke, sondern einen Kanal vorgesehen, allerdings mit Dampfmaschinen zum Treideln, die entlang des Ufers aufgestellt werden sollten.

Auch anlässlich der geplanten Eisenbahn von Liverpool und Manchester wurde über den Betrieb mit Lokomotiven, ortsfesten Dampfmaschinen oder Pferden diskutiert. Dabei wird uns heute klar, dass man den Eisenbahnbau weitgehend dem Kanalbau gleichsetzte.

So ging man auch an den Eisenbahnbau mit der Voraussetzung heran, dass die Gleise möglichst eben verlegt werden und unumgängliche Steigungen zu Steilrampen konzentriert werden sollten, vergleichbar den Kanalschleusen. Dort sollte die Kraft von einer fest installierten Dampfmaschine geliefert werden, in erster Linie aber durch die Energie eines auf dem Gegengleis an einem Seil herabfahrenden Zuges. Zwischen Liverpool und Manchester wollte man zunächst ganz auf Lokomotiven verzichten und die 50 km lange Strecke mit Hilfe von 21 ortsfesten Dampfmaschinen betreiben.

Der rettende Gedanke, mit dem solcher Unsinn verhütet werden konnte, kam George Stephenson: Er überredete seine Auftraggeber, ein Preisausschreiben zur Erlangung einer leistungs- und gebrauchsfähigen Lokomotive für die Eisenbahnstrecke Manchester – Liverpool zu veröffentlichen. 500 Pfund wurden dem Sieger versprochen, und die Aussicht, die Lokomotiven für die Ausstattung des Unternehmens liefern zu dürfen. Die Bedingungen: Die Lokomotive sollte mit einer Dampfspannung von nicht mehr als $3^{1}/_{2}$ atü das Dreifache ihres Gewichtes ziehen, sie sollte dabei eine Geschwindigkeit von mindestens 10 Meilen in der Stunde erreichen, nicht höher als $4^{1}/_{2}$ m sein, nicht mehr als 4 t (zweiachsig) oder 6 t (dreiachsig) wiegen, ihren Rauch verbrennen und zwei Sicherheitsventile haben, von denen eins außerhalb der Reichweite des Führers zu liegen hatte. Man erwartete eine Lokomotive, »die eine entscheidende Verbesserung gegen die üblichen in Bezug auf Brennstoff, größere Geschwindigkeit, ausreichende Leistung und mäßiges Gewicht« darstellte.

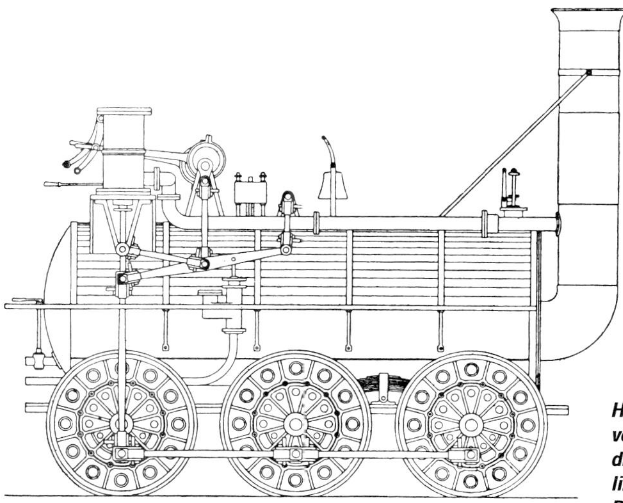

Hackworths Lokomotive »Royal George« für die Stockton und Darlington Railway, 1827. Die durch Stangen gekuppelten Räder ergeben eine wesentlich bessere Zugleistung als deren Verbindung durch Ketten.

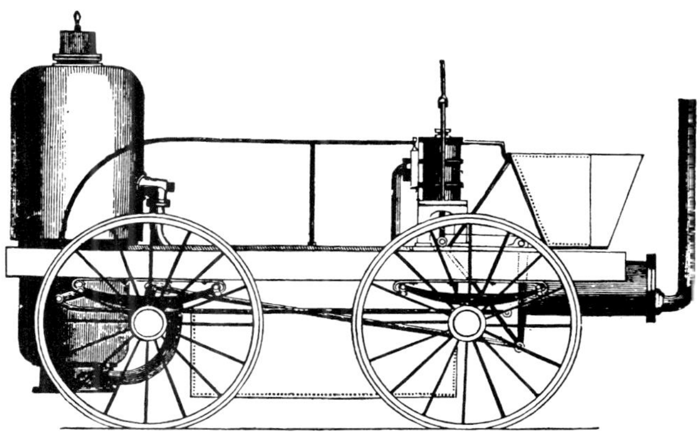

Die Lokomotive »The Novelty« von Braithwaite und Ericsson – sie unterlag Stephensons »Rocket« im Lokomotivrennen von Rainhill.

»Sans Pareil« von Hackworth oder die Reste davon. Die Lokomotive nahm am Rennen von Rainhill teil.

Damit waren alle bis dahin im Betrieb bewährten Lokomotiven »aus dem Rennen«, wog doch zum Beispiel die »Locomotion« schon 8 t.

Am 6. Oktober 1829 sollte dann das erste Lokomotivrennen der Welt bei Rainhill, auf einem bereits fertig gestellten Stück der Eisenbahnstrecke Liverpool – Manchester stattfinden. Fünf Lokomotiven hatten sich zum Wettbewerb gestellt:

1. »The Novelty« (Die Neuheit), konstruiert von dem Engländer Braithwaite und dem Schweden Ericsson, die beide schon in London Straßendampfwagen gebaut hatten – eine leichte zweiachsige Maschine.
2. »Sans Pareil« (Ohnegleichen) von Hackworth – eine Verkleinerung der von ihm entwickelten und zwischen Stockton und Darlington bewährten Lokomotiven, allerdings mit nur zwei – gekuppelten – Achsen.

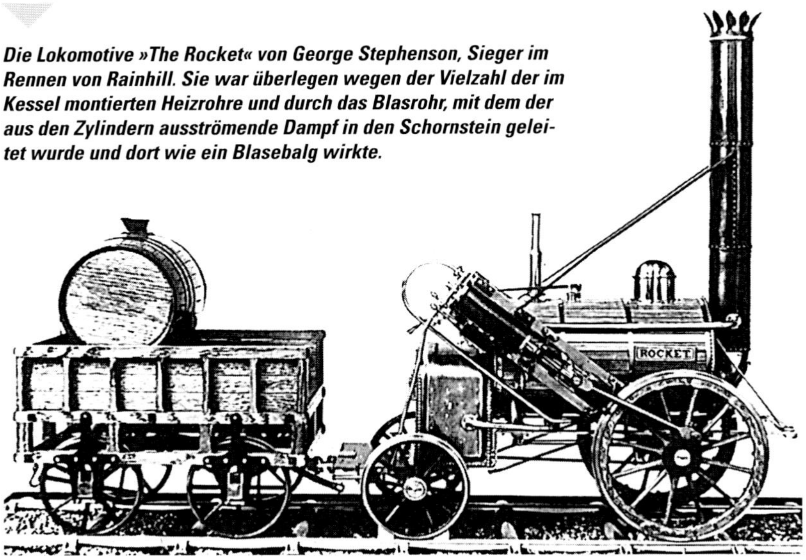

Die Lokomotive »The Rocket« von George Stephenson, Sieger im Rennen von Rainhill. Sie war überlegen wegen der Vielzahl der im Kessel montierten Heizrohre und durch das Blasrohr, mit dem der aus den Zylindern ausströmende Dampf in den Schornstein geleitet wurde und dort wie ein Blasebalg wirkte.

3. »The Rocket« (Die Rakete) von George Stephenson, ebenfalls zweiachsig, mit nur einer angetriebenen Achse und einem direkt vom Zylinder zum Rad wirkenden Antrieb.
4. »The Perseverence« (Ausdauer). Die Maschine kam nicht in die Ausscheidung, da sie sich nur im Schritttempo fortbewegte.
5. »The Cykloped« (Zyklopenfuß). Als sich herausstellte, dass der Konstrukteur – es zeigte sich kein Rauchwölkchen über dem Schornstein – in der Lokomotive ein Pferd verborgen hatte, wurde das Vehikel natürlich disqualifiziert.

Obwohl die »Sans Pareil« eigentlich für den Wettbewerb zu schwer war, wurde sie zur Ausscheidung zugelassen. Aber nur Stephenson konnte seine »Rocket« vorführen, die Konkurrenten baten um Aufschub, da an ihren Maschinen Schäden aufgetreten wären, die sie nicht sofort beheben könnten. »The Rocket« transportierte derweil, um die Schaulustigen zu unterhalten, einen Zug mit 30 Personen in einem Tempo von 35 km/h. Am 8. Oktober war Stephenson wieder allein auf der Strecke. »The Rocket« absolvierte die vorgeschriebenen Prüfungen mit einer Geschwindigkeit von 22 km/h. Ihr Sieg war eindeutig und unbestritten. Später, am 10. und 13. Oktober, wurden dann auch »Sans Pareil« und »The Novelty« fahrbereit, blieben aber beide mit neuen Schäden auf der Strecke liegen. Stephenson drehte mit 50 km/h die »Ehrenrunde«.

So war in Rainhill die Leistungsfähigkeit einer Lokomotive unter Beweis gestellt worden. Die Bahnverwaltung

Das Lokomotivrennen in Rainhill im Oktober 1829. Vor der Tribüne »The Rocket«.

Zug mit Viehwagen bei der Eisenbahn Liverpool – Manchester.

entschied sich für deren Einführung auf der Strecke Liverpool – Manchester und bestellte unverzüglich acht Exemplare vom Typ »Rocket«. Gleichzeitig war aber auch nicht zu übersehen, dass eine Lokomotive noch ein recht unzuverlässiges Ding war, mit dessen Funktionieren man nicht fest rechnen konnte.

Was gab der »Rocket« ihre Überlegenheit? Stephenson hatte konsequent alles das, was ihm an früheren eigenen und fremden Konstruktionen geeignet erschien, übernommen und weiterentwickelt. Einen Heizröhrenkessel hatte schon 1825 der Franzose Marc Segnier gebaut. Die Heizgase durchströmen Röhren, die sich durch den wassergefüllten Kessel ziehen und damit die Heizfläche maximal vergrößern. Dazu kommt der um die Feuerbüchse herumgebaute Stehkessel, der jeden Quadratzoll und Brennmaterial erreicht und seine Konstruktion hatte mehr Dampf als die der Konkurrenten, was mehr Leistung bedeutet. Der Dampf wurde, wie bei allen späteren Konstruktionen, dem über dem Kessel angeordneten Dampfdom entnommen und zum Triebwerk geleitet. Die zwei rechts und links außen auf die Räder einwirkenden Zylinder waren gut zugänglich. Die Lokomotive hatte eine Leistung von etwa 10 PS.

Trotz dieser hervorragenden Zugleistungen konnte Stephenson auf der Strecke Liverpool – Manchester nicht ganz auf den Seilzug und die ortsfeste Dampfmaschine verzichten. Ein Zeitgenosse beschrieb begeistert diese »schräge Ebene« zwischen den Docks und der Endstation: Der für den Lastverkehr vorgesehene Tunnel hatte zwei Gleise und eine Steigung von 1:22. Oben und unten

Damm über das Catch-Moor und der Bahnhof Liverpool der Eisenbahn Liverpool – Manchester.

der möglichen Berührungsfläche von Feuer und Wasser nützt. Noch in der Nacht zum 1. Oktober baute Stephenson das Hackworth'sche Blasrohr in seine »Rocket« ein, eine Vorrichtung, durch den aus dem Zylinder ausströmenden Dampf den Zug im Schornstein zu erhöhen. So hatte Stephenson die beste Ausnutzung der Rostfläche gab es je eine horizontal angeordnete Rolle, deren obere von zwei Dampfmaschinen getrieben wurde. Um diese war ein Seil gelegt, das in eingearbeiteten Rinnen die obere Rolle zweimal umwickelte. Die untere Rolle war beweglich gelagert und wurde durch ein in einem Schacht aufgehängtes Gegengewicht belastet, sodass das

Feierliche Eröffnung der Liverpool-Manchester-Eisenbahn am 15. September 1830.

Seil immer straff gehalten und eine genügende Adhäsion gewährleistet war. »Bei dieser Einrichtung bleiben die aufwärts gehenden Wagen immer auf der einen und die abwärts gehenden immer auf der anderen Spur, auf denen sie alsdann durch die Dampfwagen weitertransportiert werden.«

Der neue, für den Personenverkehr angelegte Tunnel hatte nur ein Gefälle von 1:100 und eine Länge von 6600 Fuß (etwa 2 km). In ihm befand sich ein Gleis, in dessen Mitte wiederum ein endloses Seil lief. Dieses wurde aber durch ein senkrecht stehendes Rad angetrieben, das der Adhäsion zuliebe den ungewöhnlichen Durchmesser von 19 Fuß (etwa 5,8 m) hatte. So konnte, ohne dass das Seil rutschte, ein 80 bis 90 t schwerer Wagenzug bergauf gezogen werden. Bergab dagegen befestigte man die Wagen nicht am Seil, obwohl deren Bremsung durch die beiden Dampfmaschinen sehr wohl möglich gewesen wäre, sondern verließ sich auf die an den Wagen befindlichen Bremseinrichtungen.

Bald nach der am 15. September 1830 erfolgten Eröffnung der Eisenbahnstrecke zwischen Liverpool und Manchester stellte man fest, dass der Verkehr sich nicht nur von der Straße auf die Schiene verlagerte, wie man es vorausberechnet und erhofft hatte, sondern dass die neue Einrichtung auch ein neues Verkehrsbedürfnis schuf. Mancher, der bisher die Mühen gescheut hatte, ging nun auf die Reise, manche Ware, die durch hohe Transportkosten bisher in der Nachbarstadt nicht konkurrenzfähig gewesen war, wurde durch billigere Tarife zur Fracht. Die Aktien stiegen und allerorten fanden sich unternehmungslustige Finanziers, die an dem neuartigen Geschäft teilhaben wollten.

Weltweites Echo

Das Zeitalter der Postkutsche ging seinem Ende zu. Und wer ermessen will, was das für die geplagten Zeitgenossen bedeutete, wird sich kurz mit eben dieser gar nicht so guten alten Zeit beschäftigen müssen. Er sei in Nowgorod mit gelockerten Zähnen und halb verrenkten Gliedern eingetroffen, schrieb ein russischer Postkutschenreisender resümierend, und Wilhelm von Kügelgen verfasste über seine »Thüringische Reise« von 1814 einen Bericht, der zwar länger und ausführlicher ist, aber zu etwa demselben Resultat kommt. Es gibt noch eine ganze Reihe von steinerweichenden Klagen über die damaligen Verkehrsverhältnisse, die in vielen Büchern abgedruckt sind und sicher auch in der Zukunft dazu dienen werden, die Mühen und Plagen der guten alten Zeit zu demonstrieren. Die bekanntesten sind wohl der Bericht der Markgräfin Wilhelmine von Bayreuth, der Schwester Friedrichs des Großen, über ihre Fahrt von Bayreuth nach Gera, und Ludwig Börnes bitterböse Satire von der Postschnecke. Trotz dieser offensichtlichen Mängel an Straßen und Fahrzeugen, unter denen die Reisenden litten, lag den Zeitgenossen, und zwar besonders denen, die das Geld für neue Verkehrswege und Fahrzeuge aufbringen konnten und aufbrachten, der Transport von Waren wesentlich näher am Herzen als der von Menschen. Sie sahen darin einen entwicklungsfähigeren Markt. Eigentlich hätte auch zwischen Stockton und Darlington gar keine Eisenbahnlinie, sondern ein Kanal entstehen sollen.

Nach der Blüte des Kanalbaus in der zweiten Hälfte des 18. Jahrhunderts wurde rentabler Warentransport der Fluss- und Kanalschifffahrt gleichgesetzt, und man hatte gerade, nicht ohne Hilfe der Dampfmaschine, gelernt, Kanäle optimal zu planen, zu bauen und zu befahren. Eisenbahnen wurden von Kanalbau- und Betriebsgesellschaften hauptsächlich als Zubringer im Verbundsystem angesehen, die Orte bedienen sollten, an die man das Wasser nicht oder nur mit überproportionalem Aufwand heranbringen konnte.

Besonders aufmerksam wurde diese zunächst auf Westeuropa beschränkte Situation in Nordamerika beobachtet, war man dort doch bestrebt, die Industrialisierung mit Riesenschritten weiterzutreiben und die Vettern jenseits des Ozeans möglichst schnell einzuholen. Die Weite des Kontinents zu erschließen, war in erster Linie eine Frage der Verkehrsmittel.

Im Jahre 1824 erschien John Stevens mit einer Versuchslokomotive, die er auf einem Schienenkreis vorführte. Die Schiene selbst war im Rahmen des Pferdebahnbetriebs längst allgemein eingeführt – seit 1801 bereits kannte man in England eine öffentliche Pferdebahn, und die hatte viele Nachfolge. Das Bemerkenswerte an Stevens' Maschine war ihr hoher Druck von 35 atü, also ein Vielfaches der in europäischen Kolben arbeitenden Dampfspannung. Im Übrigen arbeitete Stevens mit einem Zylinder, Zahnrädern und Zahnstangen.

Und nun ging es überall Zug um Zug in die neue Zeit. 1827 bereitete man in Amerika den Bau der Baltimore-and-Ohio-Bahn vor. Bei Baukosten von 5 Mill. Dollar wurde ein Frachtsatz von 2,50 Dollar pro Tonne errechnet gegenüber 5,85 Dollar beim Transport auf Kanälen.

1828 wurde die erste Teilstrecke der französischen Eisenbahnlinie Lyon – St. Étienne eröffnet. Die beiden Lokomotiven des hier schon erwähnten Ingenieurs Seguin hatten auf dem Tender zwei riesige Gebläse, die von den Rädern der Tender durch Treibriemen angetrieben wurden. Sie bliesen durch Lederschläuche Luft in das Feuer, unglücklicherweise am meisten, wenn die Lokomotive sich in schneller Talfahrt befand und zusätzlicher Zug nicht gebraucht wurde.

1829 führte Peter Cooper den Direktoren der Baltimore-and-Ohio-Bahn seine Lokomotive »Tom Thumb« (Däumling) vor, ein kaum eine Tonne wiegendes Vehikel, Dampfkessel und ein Zylinder auf einem vierrädrigen Rollwagen montiert. In South Carolina gab es einen Wettbewerb um den besten Pferdeanhänger. Es siegte »Flying Dutchman« für zwölf Fahrgäste.

Im gleichen Jahr fuhren auf einer Grubenbahn in Pennsylvanien zwei aus Europa importierte Lokomotiven: eine Weiterentwicklung von Stephensons »Locomotion«, gebaut von der Firma Foster, Rastrick & Co., und die von der Firma Robert Stephenson & Co. gebaute »America«,

Lokomotive mit Pferdebetrieb »Flying Dutchman« von Detmole, 1829. Das Pferd arbeitete auf einer schrägen Tretbühne. Die Maschine erhielt den von der Süd-Carolina-Eisenbahn ausgeschriebenen Preis von 500 Dollar.

Erste Fahrt der Lokomotive »De Witt Clinton« der West Point Foundry Werke, New York, auf der Mohawk-Hudson-Eisenbahn. 9. August 1831.

eine interessante Zwischenstufe zur bald so erfolgreichen »Rocket«, die sich aber nicht nur nicht bewährte, sondern auch noch durch ihr großes Gewicht den gesamten Oberbau ruinierte, sodass die Grubenherren wieder zum Betrieb mit Pferden zurückkehrten.
1830 riskierte Cooper auf »Tom Thumb« ein Rennen gegen einen gleich schweren pferdebespannten Zug, um die Geldgeber der Baltimore-and-Ohio-Bahn von den Vorzügen seiner dampfbetriebenen Konstruktion zu überzeugen. Er lag auch vorn und hätte das Rennen gewonnen, wäre nicht unterwegs ein Lederriemen gerissen und das Gebläse ausgefallen. Ebenfalls 1830 wurde der erste Abschnitt der South-Carolina-Bahn mit einer Spurweite von 5 Fuß (152,5 cm), erbaut von Horatio Allen, eröffnet. Ihre erste Lokomotive, die »Best Friend of Charleston«, ein Nachbau der »Novelty«, flog allerdings ein halbes Jahr darauf in die Luft. Dieselbe Bahn setzte einen durch Segel angetriebenen Wagen für 15 Fahrgäste ein.

In England wurde mit der Canterbury and Whitstable Railway die erste nur mit Dampfkraft betriebene Eisenbahnstrecke für Personen- und Güterverkehr eröffnet. Die von Stephenson gelieferte Lokomotive »Invicta« kam allerdings nur auf einer kurzen, ebenen Strecke zum Einsatz, ansonsten bewegte man die Züge mit stationären Dampfmaschinen und Drahtseilen. Edward Bury baute die Lokomotive »Liverpool« für die Liverpool and Manchester Railway.
1831 gründete Baldwin seine berühmten Lokomotivwerke in Philadelphia. Auch in Kanada fuhr die erste Dampfeisenbahn.
1832 wurde in den USA die »South Carolina«, die erste Gelenklokomotive der Welt, gebaut. Allerdings bewährte sich die Idee, mit einer in der Mitte befindlichen Feuerung zwei Kessel zu heizen, nicht.
1833 wurde die Strecke von Charleston nach Hamburg (USA) fertig gestellt, mit 300 km die längste bis dahin gebaute.
1834 wurde in Nischni-Tagil im Ural die erste russische Lokomotive gebaut. Im gleichen Jahr die erste Dampfeisenbahn in Irland.
1835 wurden Dampfeisenbahnen in Belgien und Deutschland gebaut.

In Deutschland war die Diskussion um die Einführung dampfbetriebener Eisenbahnen mit einer besonderen Hypothek belastet. War es in den angelsächsischen Ländern, Frankreich und auch in Russland – um von den Machtschwerpunkten dieser Zeit zu sprechen – eine Frage des kaufmännischen Kalküls, so stieß jeder, der sich in Deutschland an der Diskussion um die Eisenbahn beteiligte, zunächst auf die Tatsache, dass hier eine Vielzahl relativ und absolut kleiner deutscher Staaten nebeneinander bestand. Hierdurch wurden Handel und Gewerbe, Reise und Transport gleichermaßen behindert. Bahnen erreichten zwangsläufig bald eine Landesgrenze, der Bau solcher Linien musste demnach, sollte er die großen Wirtschaftszentren Deutschlands miteinander verbinden, gemeinsame Planung und gemeinsamen Betrieb in mehreren deutschen Staaten zur Voraussetzung haben, würde gleichzeitig aber auch als Klammer

Friedrich List (1789–1846), Vorkämpfer für die Eisenbahn in Deutschland.

zwischen diesen dienen und ihre engere Verbindung fördern. Goethe hatte die Rolle der Eisenbahn wie folgt zusammengefasst: »Mir ist nicht bange, dass Deutschland nicht eins werde; unsere guten Chausseen und künftigen Eisenbahnen werden schon das ihrige tun.«
So musste das Bekenntnis zur Eisenbahn in Deutschland zugleich ein Bekenntnis für die Einheit und die Überwindung der Kleinstaaterei sein. Die Diskussion wurde politisch und deshalb mehr von Politikern als von Ingenieuren geführt.

Doch vorher hatte sich ein biederer königstreuer Bayer, der Oberstbergrat Josef Ritter von Baader, zu Wort gemeldet. Er, der England bereist hatte und 1807 mit einem Vorschlag »zu einer neuen kommerziellen Verbindung des Rheins mit der Donau durch eine Straße mit Eisenbahnen« hervorgetreten war, brachte 1814 die Idee der Eisenbahn mit nach Deutschland, schlug den Bau einer Pferdebahn zwischen Nürnberg und Fürth vor und verblüffte schließlich die Münchner mit einer »eisernen Kunststraße«, die den Güterverkehr immens erleichtern sollte. Die bayrische Kronprinzessin, so wird berichtet, habe auf dieser »Straße« einen mit 16 Zentnern beladenen Wagen mit einer Hand fortziehen können. Zunächst dachte man ganz einfach an eine praktikable Möglichkeit, die Straßenverhältnisse zu verbessern. Und man projektierte Gleise, die jedermann wie eine öffentliche Pflasterstraße oder einen Kanal benutzen konnte.

1822 plante der hessische Oberbergrat Henschel, späterer Gründer einer erfolgreichen und berühmten Lokomotivfabrik, eine Pferdebahn von Frankfurt am Main nach Bremen. In Braunschweig propagierte 1824 von Amsberg, der beim Ausbau des norddeutschen Eisenbahnnetzes eine große Rolle spielen sollte, eine Pferdebahn von Braunschweig nach Hannover und weiter nach Hamburg und Bremen.
1825 begann auch Baader den Dampfwagen, der sich inzwischen in England bewährt hatte, in seine Projekte einzubeziehen. Im Schlossgarten zu Nymphenburg fuhr bald eine Modellbahn, die er mit staatlichem Zuschuss auf die Schienen gestellt hatte mit dem Ziel, seinen König

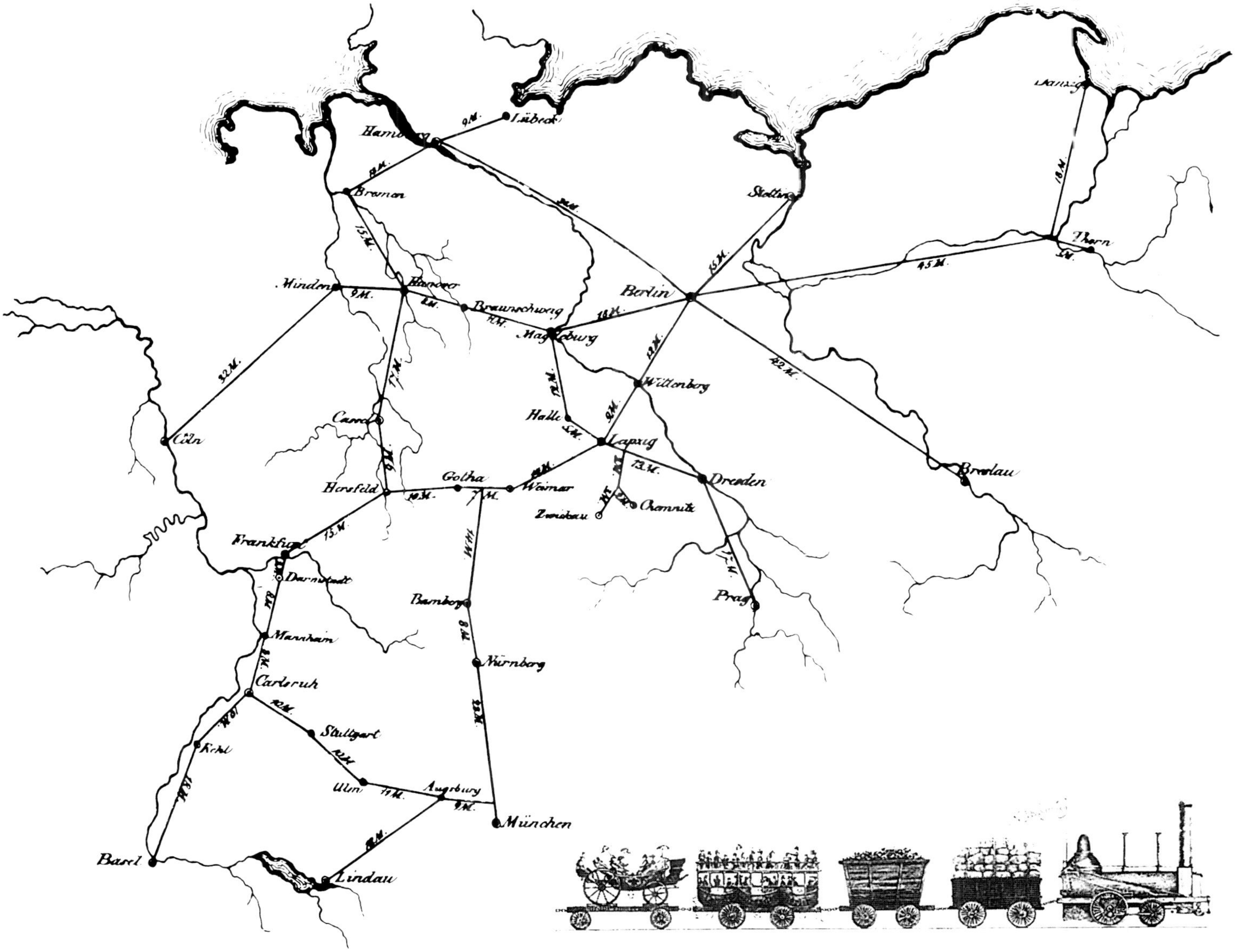

für die Dampfeisenbahn zu begeistern und dessen weitere Unterstützung zu erlangen.

Unter den Vorkämpfern für eine deutsche Eisenbahn ist der westfälische Industrielle Friedrich Harkort zu nennen, der 1825 mit seinen Ausführungen »Möge auch im Vaterlande bald die Zeit kommen, wo der Triumphwagen des Gewerbefleißes mit rauchenden Kolossen bespannt ist und dem Gemeinsinne die Wege bahnet« in die Geschichte der Verkehrspolitik einging. Bald danach, 1826, ließ er in Elberfeld eine Probebahn laufen, und zwar eine schwebende Einschienenbahn.

Als tragische Figur unter den Eisenbahntheoretikern und als Symbol der schwierigen deutschen Verhältnisse gilt der Tübinger Professor der Staatswirtschaft Friedrich List. Er sah das Elend der deutschen Länder nach den Befreiungskriegen, die Misswirtschaft, Polizeiherrschaft und Missernten, die hunderttausende zur Auswanderung trieben. Er betrachtete den Dampfwagen als Schlüssel für eine Verbesserung der gesamten ökonomischen und sozialen Verhältnisse. So, die Propagierung der Eisenbahn mit der Kritik an den herrschenden Zuständen verknüpfend, musste er scheitern, wurde angefeindet, gemaßregelt und wählte schließlich auch den Weg nach Amerika.
Nach seiner Rückkehr im Jahre 1833 veröffentlichte er, nach dem Studium amerikanischer Verkehrsverhältnisse, seine berühmt gewordene Flugschrift »Über ein sächsisches Eisenbahnsystem als Grundlage eines allgemeinen deutschen Eisenbahnsystems«, in dem er eine Linienführung vorschlug, die in vielen Teilen den heutigen Hauptstrecken entspricht. Seine Zeitgenossen, selbst Mitstreiter Harkort, hatten für solche Fantastereien nur ein Lächeln übrig, orientierten sie sich doch an den »Realitäten« der Kleinstaaterei.

Karte aus Friedrich Lists Schrift »Über ein sächsisches Eisenbahnsystem als Grundlage eines allgemeinen deutschen Eisenbahnsystems«. Von Interesse ist die Verbindung von Flüssen, wie Minden (Weser) und Cöln (Rhein). List ging davon aus, dass der Warentransport auf dem Wasser billiger sei.

Darunter:
Skizze eines Eisenbahnzuges von Friedrich List.

Die erste Eisenbahn in Deutschland

Der Erste, dem es gelang, die Theorie in die Tat umzusetzen und aus der großen, allerorten geführten Diskussion die erste deutsche Eisenbahnlinie entstehen zu lassen, war ein weit gereister und weltgewandter Nürnberger Bürger, Johannes Scharrer, der bereits als Gründer einer polytechnischen Lehranstalt hervorgetreten war. 1833 formulierte er seine »Einladung« an die finanzkräftigen Mitbürger, eine Gesellschaft zum Bau und Betrieb einer 6 km langen Eisenbahnstrecke zwischen den Städten Nürnberg und Fürth zu gründen: »Die Erfindung der Eisenbahn mit Dampfkraft ist für den materiellen Verkehr der Staaten und für die Verbindung der Völker von einer ebenso unberechenbaren Wichtigkeit wie die Erfindung der Buchdruckerkunst für ihren geistigen Verkehr. Wie durch die Buchdruckerkunst die Produktionen des menschlichen Geistes in tausenden von Exemplaren für die ganze zivilisierte Welt geliefert werden, wie sie als ein Hebel von unermesslicher Kraft zur Beförderung des geistigen Verkehrs, zur Verbreitung der Kenntnisse und zur Emporhebung der Wissenschaften und Künste wirkt, ebenso wird durch die Eisenbahn mit Dampfkraft der persönliche und materielle Verkehr der Menschen und der Austausch der Produkte der Natur und des Gewerbefleißes erleichtert und beflügelt. Die Entfernungen werden durch dieses Verbindungs- und Transportmittel immer kleiner. Staaten und Nationen rücken dadurch einander näher, die Verbindungen werden zahlreicher und enger, und der Mensch bemächtigt sich immer mehr der Herrschaft über Raum und Zeit ...«

Gleichzeitig versprach Scharrer seinen Geldgebern eine Verzinsung des Kapitals in Höhe von 12 %; es kamen ohne Schwierigkeit die zunächst erforderlichen 132.000 Gulden zusammen. Nachdem die finanziellen Fragen geregelt waren, erhielt Scharrer, was Ritter von Baader vergeblich gefordert hatte: am 13. Februar 1834 wurde die königliche Konzessionsurkunde für die Ludwigsbahn ausgefertigt: »Nachdem die zur Errichtung der Eisenbahn zwischen Nürnberg und Fürth zusammengetretene Aktien-Gesellschaft um Verleihung eines ausschließenden Privilegiums hierfür die unterthänigste Bitte gestellt hat, so wollen Wir, nach genommener Einsicht und Genehmigung der von dieser Gesellschaft entworfenen Statuten in allergnädigster Anerkenntnis des fraglichen Unternehmens als einer gemeinnützigen, für die Verkehrs-Erleichterung zwischen zweien der gewerbereichsten Städte UNSERES Königreiches zum öffentlichen Gebrauche dienenden Anstalt das erbetene ausschließende Privilegium zur Errichtung einer Eisenbahn zwischen Nürnberg und Fürth für die nächstfolgenden dreißig Jahre ...«

Dazu finden sich in der Broschüre »Wir fahren immer«, die von der Deutschen Bundesbahn im Rahmen der Öffentlichkeitsarbeit verteilt wird, drei Anmerkungen zu Fragen, die Eisenbahner und mit Eisenbahnfragen Befasste mehr als ein Jahrhundert lang beschäftigten, und die auch im Rahmen dieses Buches noch mehrere Male auftauchen werden. Es handelt sich sozusagen um Grundfragen der Eisenbahnpolitik, um die Regelung des Verhältnisses eines Eisenbahnunternehmens zum Staat aus der Periode vor der Deregulierung:

»1. Die Gesellschaft braucht ein ›Privilegium‹, d. h. eine Ausnahme von einer allgemeinen Regelung. Obwohl sonst im Prinzip zu dieser Zeit bereits Gewerbefreiheit herrscht, macht der Staat den Bau und Betrieb von Eisenbahnen von seiner Genehmigung abhängig. Die ›eiserne Bahn‹ wird zunächst nur als eine besondere Art von öffentlicher Straße betrachtet. Straßen aber sind für den Staat unter zwei Gesichtspunkten bedeutsam. Einmal kann er sie als Instrument der Wirtschafts-, Handels- und auch Militärpolitik benutzen, zum anderen kann er aus ihnen durch die Erhebung von Gebühren erhebliche Einnahmen ziehen. Wer sich als Privater auf das Gebiet des Wegebaues begeben will, bedarf daher einer besonderen staatlichen Genehmigung. Der Staat und andere öffentliche Körperschaften lassen hier der privaten Initiative oft freien Raum, weil sie selbst sich die Probleme der Finanzierung ersparen wollen und weil sie selbst kein wirtschaftliches Risiko einzugehen brauchen. Selbstverständlich lassen sie sich für das Privilegium dann in Zusatzabkommen bestimmte Gebühren zahlen. Auch haben sie die Möglichkeit, für ihre Zwecke noch eine Reihe organisatorischer, wirtschaftlicher und technischer Sicherungen einzubauen.

2. Die Gesellschaft soll gemeinnützig sein. Auch wenn die Bedeutung dieses Wortes im Augenblick noch nicht präzisiert wird, zeichnet sich doch bereits eine Entwicklung ab, die der Eisenbahn im Laufe der Zeit viel Anerkennung und Ehre, aber auch viele finanzielle Probleme einbringen wird. Wer in erster Linie nicht erwerbswirtschaftlich, sondern gemeinwirtschaftlich arbeiten soll, wer – wie es das Bundesbahngesetz von 1951 fordert – nicht die Maximierung des Gewinnes, sondern die Optimierung des Verkehrs anzustreben hat, kann dadurch erheblichen finanziellen Belastungen ausgesetzt werden.

3. Das Privilegium ist ein ›ausschließendes‹, d. h., keine andere Gesellschaft wird eine Konzession für dieselbe Verkehrsverbindung bekommen, es darf auch niemand anders auf dieser eisernen Bahn fahren (ausgehend von der Erwägung, dass eine eiserne Bahn nur eine besondere Art öffentlicher Straße sei, hatten die Verwaltungsjuristen die Benutzung derselben Linie durch zwei Unternehmen im Prinzip für zulässig erklärt). Die Ausschließlichkeits-Klausel bedeutete darüber hinaus dem Sinne nach eine Zusage des Staates, dass er andere Verkehrsmittel nicht stärker begünstigen würde als bisher. Dieser Grundsatz wurde verlassen, als die deutschen Staaten von der Mitte des 19. Jahrhunderts an immer mehr von der Erhebung besonderer direkter oder indirekter Straßen-Brücken-Zölle absahen und ohne spezifi-

sche Gegenleistung den Bau von Landstraßen auf den allgemeinen Staatshaushalt übernahmen, während die Eisenbahnen die Kosten ihres ›Weges‹ weiterhin selbst zu tragen hatten.«

Schließlich meldeten sich auch noch die Zweifler und die Gegner eines Eisenbahnbaues zu Wort, die Fuhrleute und Postillione, die Pferdehändler und Sattler und alle anderen, die sich in ihrer Existenz bedroht sahen. Gutachten kursierten, die den Fahrgästen grässliche Folgen ihres leichtsinnigen Tuns ausmalten: »Die schnelle Bewegung erzeuge bei den Reisenden unfehlbar eine Gehirnkrankheit, eine besondere Art des Delirium Furiosum. Aber auch die Zuschauer solch schnell dahinfahrender Dampfwagen verfielen unweigerlich der gleichen Gehirnkrankheit. Weshalb es notwendig sei, jede Bahnstrecke auf beiden Seiten mit einem hohen Bretterzaun einzufassen.«

Vorerst kümmerte sich der König, dessen Interesse man zu wecken versuchte, indem man die Bahnlinie »Ludwigsbahn« nannte, recht wenig um das neue Ding. Trotz dringender Einladung erschien er weder zur Eröffnung, noch schickte er einen Vertreter am 7. Dezember 1835 nach Nürnberg. Die Eröffnungsfeierlichkeiten waren dennoch eindrucksvoll und fanden ein weites Echo in der gesamten deutschen Presse. Mehrmals abgedruckt wurde in diesem Zusammenhang schon ein Bericht der Berliner »Vossischen Zeitung«:
»Gestern Vormittag ist die Eröffnung der Ludwigs-Eisenbahn mit der Feierlichkeit, welche das Programm bestimmt hatte, vor sich gegangen. In den Lokalitäten der Eisenbahngesellschaft hatten sich die anwesenden Aktionaire, die geladenen Gäste usw. auf einer eigens erbauten Tribüne versammelt. Der erste Bürgermeister, Hr. Binder, eröffnete die Feier mit einer Anrede. Der Denkstein wurde sodann enthüllt, welcher auf der einen Seite den Namenszug Sr. Maj. des Königs mit der Inschrift: ›Deutschlands erste Eisenbahn mit Dampfkraft, 1835‹, auf der andern die vereinten Wappen beider Städte mit der Inschrift: ›Nürnberg und Fürth‹ trägt. Nach kurzer Pause trat sodann der Dampfwagen mit den angehängten neun Personenwagen, sämtlich mit Nationalfahnen verziert, seine majestätische Fahrt nach Fürth an, während zahllose Massen von Zuschauern sich an die Heerstraße und deren Umgebungen drängten, um des schönen Anblicks zu genießen. Um 11 Uhr fand die

Fahrt. Wagen Nr.

EINTRITTSKARTE
zur
Eröffnung der Königl. priv. Ludwigs-Eisenbahn
am 7. December 1835.

Die Abfahrt nach Fürth findet Punct 9 Uhr statt. Man beliebe sich aber eine halbe Stunde früher auf der errichteten Tribune im Verwaltungs-Locale einzufinden.

Das Directorium
der
Ludwigs-Eisenbahn-Gesellschaft.

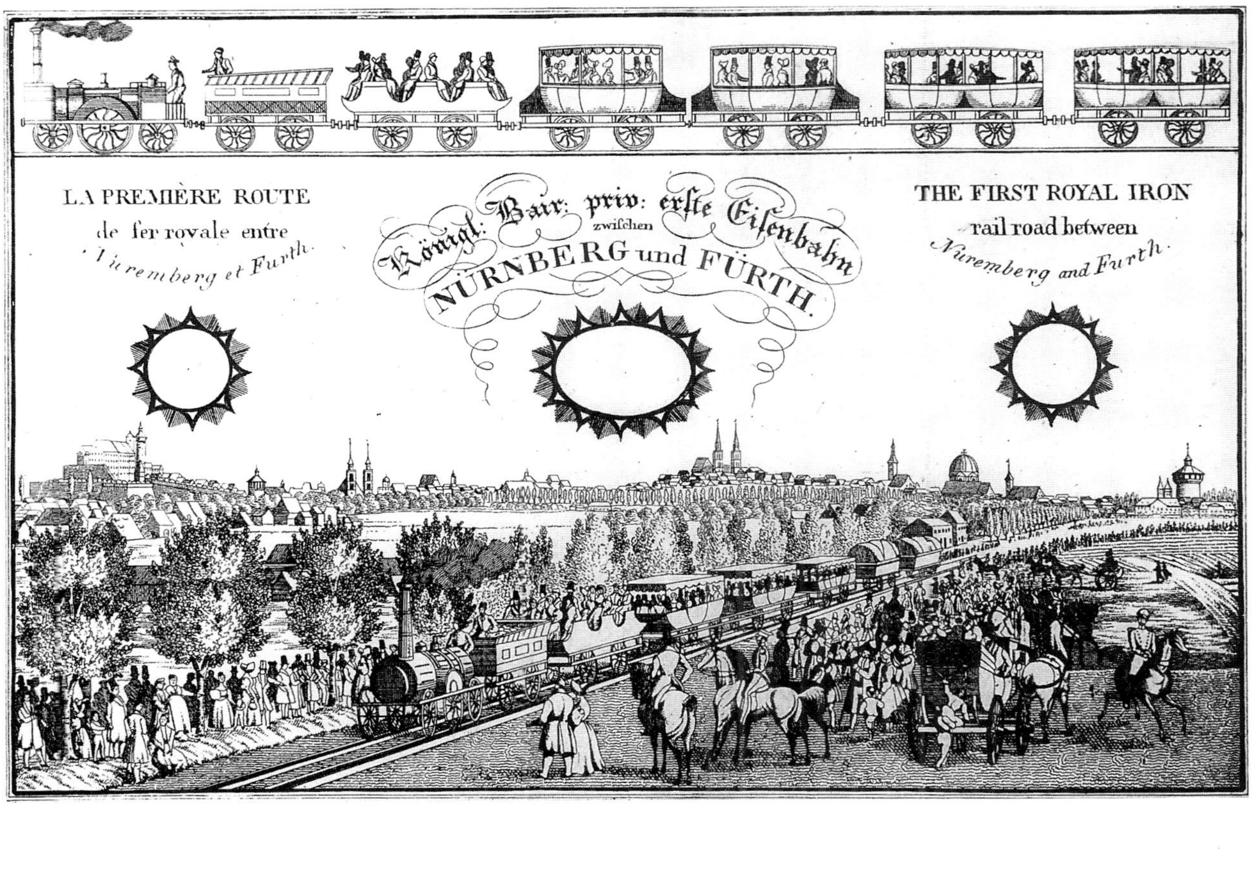

Schmuckblatt der Eröffnungsfeier der Eisenbahn Nürnberg – Fürth am 7. Dezember 1835. Oben eine Eintrittskarte dazu.

zweite und um 1 Uhr die dritte Probefahrt, jedesmal bei ganz vollständig besetzten Wagen und dem gleichen Andrang der Schaulustigen, statt; bei jeder Abfahrt gab ein Kanonenschuss das Signal. Von heute an beginnen nun die regelmäßigen Fahrten mit Dampf- und Pferdekraft zu den in einer eigenen Bekanntmachung des Direktoriums festgesetzten Preisen und Tagesstunden. Als Normalzeit sind 15 Minuten für die Fahrten mit Dampfkraft, und 25 für jene mit Pferdekraft bestimmt, wodurch den Bedürfnissen des Publikums genügt, und zugleich die nöthige Schonung der Bahn und der Wagen erzielt wird.«

Knapp zwei Jahre gingen ins Land von der Erteilung des Privilegs bis zur Aufnahme des Verkehrs. Sie erwiesen sich als notwendig, um alle Planungen, Beschaffungen und Bauarbeiten für die lediglich 6 km lange Strecke abzuwickeln. Dabei handelte es sich gar nicht um große Hochbauten wie die wenige Jahre später entstehenden prächtigen Empfangsgebäude. Zunächst begnügte man sich mit einem tribünenartig überdachten Bahnsteig als Schutz der Reisenden gegen Wind und Wetter.

Die Trasse zwischen den beiden Schwesterstädten bot im Gegensatz zu den Schwierigkeiten, mit denen England und Amerika früher hatten kämpfen müssen, keine Probleme. Diese Mühen waren überwunden. Bedenken wir doch, dass es 1835 schon 2400 km Bahnstrecken in der Welt gab, davon allein 1200 km in Amerika.

Als leitenden Baumeister des Unternehmens wünschten sich die Nürnberger einen erfahrenen Mann und entsannen sich jenes Ritter von Baader, der schon jahrelang die Werbetrommel für die eisernen Straßen in Bayern gerührt hatte, doch der lehnte ab, da er »seines hohen Alters wegen sich's nicht getraute«. Schon war ins Auge gefasst, Stephenson Vater oder Sohn selbst aus England zu holen, da stieß man auf den jungen Pfälzer Paul Camille von Denis, der soeben von einem Aufenthalt in England und Amerika zurückgekehrt war und die Entwicklung des Eisenbahnbaus an Ort und Stelle studiert hatte. Denis sollte später noch mehr als 1000 km Eisenbahnen in Deutschland bauen, darunter die Strecken München – Augsburg, Mainz – Worms und die 464 km lange bayrische Ostbahn.

Was die Spurweite betraf, so hatte man keine Wahl. Stephenson besaß das Monopol, man kam beim Kauf der Lokomotive an ihm nicht vorbei, wenn man einen erprobten und betriebssicheren Typ erstehen wollte. Er lehnte es aber rundweg ab, Maschinen für eine andere als »seine« Spurweite zu liefern, und so musste der Baumeister, der sich bereits für eine schmalere Spur entschieden hatte, die schon fertigen Teile des Gleises ändern lassen. Auch bei der Verlegung hielt man sich an das Vorbild Stephenson: Genau wie zwischen Manchester und Liverpool wurden die Schienen auf steinerne Pfosten gelegt, die inmitten von festgestampften faustgroßen Steinen ins Erdreich gerammt waren. Auf den Steinpfosten verankerte man mit Holzdübeln und eisernen Nägeln gusseiserne Stühle, in denen dann die Schienen mit Holzkeilen befestigt wurden.

Neun Monate brauchte Denis zum Bau der Strecke. Die erste große Enttäuschung beim Bahnbau gab es, als sich die bayrische Regierung, die sich mit dem Kauf zweier Aktien zu je 100 Gulden an der Bahngesellschaft beteiligt hatte, weigerte, für die benötigten Eisenbahnschienen den »Eingangszoll« zu erlassen. Diese konnten deshalb aus Gründen der Kalkulation nicht, wie ursprünglich vorgesehen, in England bestellt werden, sondern man musste einen deutschen Lieferanten suchen. Die Firma Remy und Consorten in Rasselstein bei Neuwied erbot sich, Schienen in »englischer Qualität« zu walzen.

Weiteren Zeitverlust bereitete die Lokomotive. Stephenson war überlastet; er hatte in alle Welt zu liefern und konnte seinen Produktionsplan nicht einfach umwerfen, weil in irgendeinem deutschen Staat der König im August Geburtstag hatte und an diesem Tag seine Untertanen ihm zu Ehren die nach ihm benannte Bahn einweihen wollten.
Wenn man auch – der Sicherheit halber – Pferde in Bereitschaft halten wollte und einen kombinierten Pferde- und Dampfverkehr plante, so sollte die Eröffnung doch mit der Dampflokomotive erfolgen, selbst wenn man den feierlichen Akt verschieben müsste. Man musste. Zu König Ludwigs Geburtstag wurde in Newcastle verladen, und damit begannen die Schwierigkeiten erst recht. Die Verladung erfolgte in 19 Frachtstücken mit einem Gewicht von zusammen 170 Zentnern, ein Lokomotivführer namens Wilson wurde mit auf die Reise geschickt. Am 17. September erreichte die Fracht Rotterdam, wurde umgeladen, wegen Niedrigwassers dann noch einmal auf kleinere Kähne verteilt, und erreichte am 7. Oktober Köln. Dort begann der mühselige Landtransport; am 26. November war auch der überstanden und die Nürnberger konnten darangehen, unter Leitung des Lokomotivführers Wilson, ihre Lokomotive »Adler« – es war die 118., die Stephensons Fabrik verlassen hatte – zusammenzusetzen. Schon die drei Tage währenden Probefahrten zogen so viele Schaulustige an, dass man Eintrittskarten ausgeben musste

Zum Ereignis der Probefahrt noch eine Pressestimme, die den Respekt vor der Konstruktion widerspiegelt:
»Die freudigste und nicht zu erschöpfende Aufmerksamkeit widmete man dem Dampfwagen selbst, an welchem jeder so viel Ungewöhnliches, Rätselhaftes zu bemerken hat, den aber in seiner speziellen Struktur nach äußerem Ansehen selbst ein Kenner nicht zu enträtseln vermag. Auf den Achsen von Vorder- und Hinterrädern wie ein anderer Wagen ruhend, hat er mitten zwischen diesen zwei größere Räder, und diese sind es, welche von der Maschine eigentlich in Bewegung gesetzt werden (die Treibräder). Wie?, lässt sich zwar ahnen, aber nicht sehen …
Als der Dampf sich stark zu entwickeln begann, regnete es aus der sich augenblicklich bildenden Wolke durch die etwas raue Morgenluft auf uns herab; ja, der Gegensatz der glühenden Dämpfe und der Atmosphäre machte, dass zugleich ein Hagelstaub niederfiel …
Der Wagenlenker ließ die Kraft des Dampfes nach und nach in Wirksamkeit treten. Aus dem Schlot fuhren nun die Dampfwolken in gewaltigen Stößen, die sich mit dem schnaubenden Ausatmen eines riesenhaften

antediluvianischen Stieres vergleichen lassen. Die Wagen waren dicht aneinander gekettet und fingen an, sich langsam zu bewegen; bald aber wiederholten sich die Ausatmungen des Schlotes immer schneller, und die Wagen rollten dahin, dass sie in wenigen Augenblicken den Augen der Nachschauenden entschwunden waren. Auch die Dampfwolke, welche lange noch den Weg, den jene genommen, bezeichnete, sank immer tiefer, bis sie auf dem Boden zu ruhen schien …
Es war eine unvergessliche Menschenmenge vorhanden, und sie jauchzte und jubelte zum Teil den Vorüberfahrenden zu; in der Tat, es gewährte der Anblick des vorüber drängenden Wagenzuges fast ein größeres Vergnügen als das Selbstfahren. Wenigstens drängt sich uns das Gefühl der gewaltigen, wundersam wirkenden Kraft bei jenem Anblick weit mehr auf; es imponiert, wenn man den Wagenzug mit seinen 200 Personen wie von selbst, wenn auch nicht pfeilgeschwind, doch gegen alle bisherige Erfahrung schnell, unaufhaltsam heran-, vorüber- und in die Ferne dringen sieht …
Das Schnauben und Qualmen des ausgestoßenen Dampfes, der sich zugleich als Wolke in die Höhe zieht, verfehlt auch seine Wirkung nicht. Pferde auf der nahen Chaussee sind daher beim Herannahen des Ungetüms scheu geworden, Kinder haben zu weinen angefangen, und manche Menschen, die nicht alle zu den Ungebildeten gerechnet werden dürfen, haben ein leises Beben nicht unterdrücken können. Ja, es möchte wohl keiner, der nicht völlig fantasielos ist, ganz ruhigen Gemütes und ohne Staunen beim ersten Anblick des wunderwürdigen Phänomens geblieben sein. Diesem Staunen folgt dann ein freilich erst durch Reflexion vermitteltes wohltuenderes Gefühl menschlicher Erfindungs- und Geisteskraft über die Elemente, denen nach Schillers treffendem Ausdruck zu eigen ist, zu ›hassen das Gebild von Menschenhand‹. Und seltsam! Dieses erhebende Gefühl bewirkt dieser Anblick in hunderten und tausenden, die kaum ahnen, welche Kenntnisse, Erfahrungen, Experimente, Kombinationen, wie viel Scharfsinn, Genie und Glück zusammenwirken mussten, um solche Maschine zu ersinnen, zu konstruieren. Für diese bleibt das Ganze ein Wunder, an das sie glauben, weil sie es sahen.«

Der Reporter vom »Stuttgarter Morgenblatt«, aus dem das vorstehende Zitat stammt, muss sich William Wilson, der in Frack und Zylinder auf der hinteren Plattform des »Adlers« stand, genau angesehen haben. Seine Ruhe und Umsicht inmitten aller Hektik hatten ihm so imponiert, dass er zusätzlich eine Schilderung dieses ersten Lokomotivführers in Deutschland und seiner Tätigkeit gab: »Wer möchte in einem solchen Manne nicht den ganzen Unterschied der modernen und der alten wie der mittleren Zeit personifiziert erblicken! Jedes körperliche Geschick, welches gleichwohl nicht fehlen darf, tritt bei ihm in den Hintergrund, in den Dienst der verständigen Beachtung auch des Kleinsten, als eines für das Ganze Wichtigen. Jede Schaufel Steinkohlen, die er nachlegte, brachte er mit Erwägung des rechten Maßes, des rechten Zeitpunktes, der gehörigen Verteilung auf den Herd. Keinen Augenblick müßig, auf alles achtend, die Minute berechnend, da er den Wagen in Bewegung zu setzen habe, erschien er als der regierende Geist der Maschine und der in ihr zu der ungeheuren Kraftentwicklung vereinigten Elemente.«

Lokomotivführer Wilson bezog ein Jahresgehalt von 2250 Mark – damals eine ungeheure Summe, erhielt doch der Direktor der Bahngesellschaft nur 1360 Mark jährlich. So nimmt es nicht wunder, dass er nicht nur, wie vorgesehen, deutsche Lokomotivführer ausbildete, sondern

Rekonstruktion der Lokomotive »Adler« der ersten deutschen Eisenbahn Nürnberg – Fürth. Die Lokomotive »Adler« wurde 1835 von Stephenson geliefert.

selbst in Deutschland blieb, obwohl man bald sein fürstliches Gehalt erheblich kürzte.

Als Stephenson den Auftrag der Nürnberger zur Lieferung einer Lokomotive erhielt, baute er seit einiger Zeit den »Patentee-Typ«, dessen Geschichte hier kurz erzählt werden muss. Bekanntlich hatte Edward Bury 1830 eine Lokomotive namens »Liverpool« fertig gestellt, die auf der Strecke Manchester – Liverpool neben den von Stephenson gebauten Lokomotiven eingesetzt wurde. Sie wies eine ganze Reihe neuer Konstruktionsmerkmale auf, die Stephenson gern übernahm. So besitzt der Typ »Planet«, den er seit 1830 baute, einen alle festen Teile der Lokomotive umspannenden Rahmen und Zylinder, die unter dem Dampfkessel zwischen den Rädern liegen. »Planets« wurden zweiachsig, mit gleich großen, gekuppelten Rädern als Güterzuglokomotiven gebaut, sie hatten mit vier angetriebenen Rädern eine gute Zugkraft. In Amerika versah man 1831 erstmalig eine »Planet« mit einem Schienenräumer, wie er als »Kuhfänger« in die Geschichte des Wilden Westens einging. Allerdings besaß diese erste eine eigene zusätzliche Achse. Eine zweite »Planet«-Version mit einer vorn liegenden Laufachse und einer hinteren Treibachse folgte, wobei die Treibachse, wie schon bei der »Rocket«, wesentlich vergrößerte Räder besaß und der Lokomotive höhere Geschwindigkeit bei geringerer Zugkraft verlieh.

Stephensons Lokomotive »William« vom »Patentee«-Typ, der gleiche Typ, den er auch nach Nürnberg lieferte. 1837.

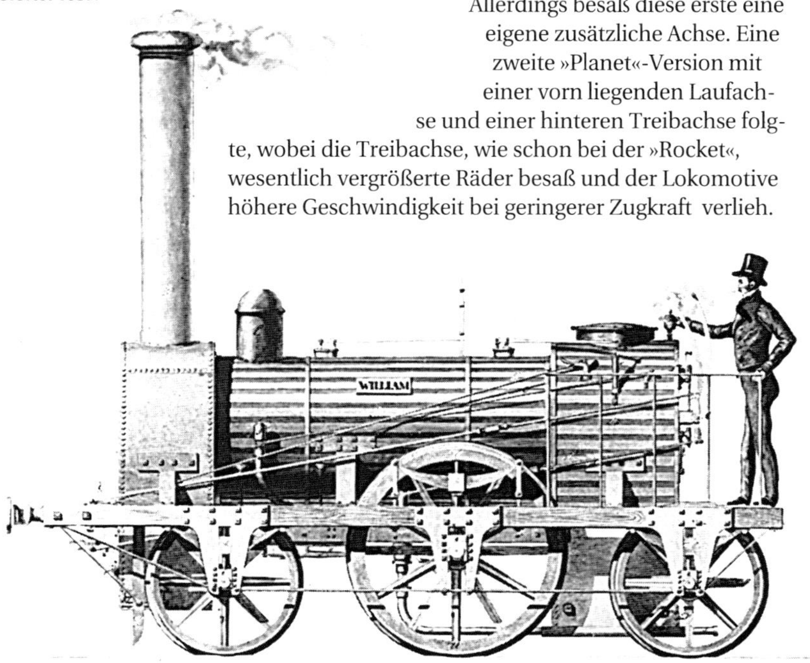

Der erste Bahnhof in Leipzig, 1837.

Nun hatten die Lokomotiven vom Typ »Planet« die unangenehme und auch gefährliche Eigenschaft, bei schneller Fahrt heftige Nickbewegungen auszuführen, die zu ungleicher Belastung der Achsen und zum Entgleisen führen konnten. Stephenson löste dieses Problem durch eine Laufachse hinter dem Stehkessel, der dadurch vergrößert werden konnte, ohne dass sich die Gewichtsverhältnisse der Lokomotive zu ihrem Nachteil veränderten. Der so entstandene dreiachsige Lokomotivtyp erhielt den Namen »Patentee«.

Solch eine »Patentee« war der »Adler«, aber eine recht kleine Ausführung mit etwa 40 PS Leistung – in England und den USA erwartete man größere und stärkere Lokomotiven. Sie besaß einen Langkessel; die Kolben im Zylinder wurden durch den Druck aus dem Kessel, nicht von der Expansion des bereits eingeströmten Dampfes, getrieben.

Doch auch in der Reihe der »Patentees« sollte es bald, gemäß den verschiedenen Anforderungen, bauliche Variationen geben. Besonders für den Güterzugverkehr wurden Lokomotiven mit stärkerer Reibung benötigt, sodass Maschinen mit zwei gekuppelten Treibachsen und einer Laufachse entstanden, die Laufachse vorn oder auch hinter dem Stehkessel angeordnet (B1 und 1B). Auch Lokomotiven mit drei gekuppelten Achsen dieser Bauart sind bekannt. Überall auf den ersten öffentlichen Bahnen, in Deutschland wie in Belgien, Russland, Holland und Italien, fuhren »Patentees«; in England gab es natürlich die größten Stückzahlen, und einige haben bis ins 20. Jahrhundert hinein Dienst getan.

Der Preis, den die Nürnberger für ihren »Adler« bezahlen mussten, wird mit 850 Pfund angegeben, das sind 13.930 Gulden oder etwa 24.000 Mark in damaliger Währung. Allerdings waren darin die Kosten für den Tender und den Transport enthalten.

Es muss angemerkt werden, dass die Ludwigsbahn zwar zu Recht als die erste Eisenbahn auf Deutschlands Boden gefeiert wurde, dass sie aber keineswegs typisch für die damaligen Verkehrsverhältnisse war.
Als vorausschauende Leute hatten die Nürnberger zunächst eine Verkehrszählung angeordnet: »Man musste wissen, mit welch einem Verkehr man zu rechnen habe, um über die Wirtschaftlichkeit der geplanten Eisenbahn ein Bild zu erhalten und um einen Anhaltspunkt für die zu erhebenden Fahrpreise zu gewinnen.« Der erste »Nasenzähler« war ein Drechslermeister mit Namen Johann Muz, der sonntags an der Fürther Landstraße alle Fußgänger, Reiter und Fuhrwerke von früh um sechs bis abends um acht Uhr zu notieren hatte. Aber das Informationsbedürfnis Johannes Scharrers war

größer: weitere Zählungen differenzierten den Verkehr nach Tageszeiten und Stunden, um danach einen optimalen Fahrplan aufstellen zu können.

Nach der Eröffnung der Ludwigsbahn wanderten tatsächlich schon im ersten Vierteljahr von vorher gezählten durchschnittlich 1952 Personen täglich etwa 800 zur Eisenbahn ab; im ersten Betriebsjahr zählte man einen Tagesdurchschnitt von 1230 und im zweiten von 1280 Fahrgästen. Nach einem Jahr Eisenbahnbetrieb besaßen die Nürnberger neben dem »Adler« noch eine weitere Lokomotive gleicher Bauart mit Namen »Pfeil«, neun Personenwagen und zwölf Pferde. Täglich wurden zwei Dampfwagen- und neun Pferdefahrten gemacht (erst 1862 wurde der Betrieb mit Pferden eingestellt.) Und statt der in Aussicht gestellten 12 % Dividende konnten 20 % gezahlt werden.

Das war ein imponierendes Ergebnis und die Ermutigung zu neuen Bahnbauplänen in allen Teilen Deutschlands. Doch die Auswirkung einer Eisenbahnverbindung ist weit effektiver bei langen Strecken, die über den Tagesradius eines Fußgängers hinausgehen und ihm die Benutzung eines Verkehrsmittels vorschreiben, wobei lediglich die Wahl zwischen den verschiedenen Angeboten bleibt. Die Eisenbahnen in Sachsen – um ein Beispiel zu geben – steigerten ihre »Personenkilometer« von 19 Millionen im Jahre 1829 auf 23 Millionen 1850 und 148 Millionen 1860. Da war nicht nur der Verkehr von der Straße auf die Schiene umgelenkt worden, wie zwischen Nürnberg und Fürth, sondern neue Schichten hatten sich auf die Reise begeben, da Reisen nicht nur bequemer und sicherer, sondern vor allen Dingen billiger geworden war. Die erste Eisenbahn zwischen Leipzig und Dresden ließ die Fahrzeit, die mit der Postkutsche 21 Stunden betragen hatte, schlagartig auf drei Stunden zusammenschrumpfen. Da konnte man nicht einfach die Fahrpreise der einzelnen Verkehrsmittel gegeneinanderstellen, sondern musste neben dem Gewinn der Zeit auch die gesparten Kosten für Übernachtungen und Verpflegung berücksichtigen. Dresdner Hotels und Gasthöfe meldeten nach dem ersten Jahr des Eisenbahnverkehrs in ihrer Stadt eine Zunahme der Übernachtungen von 7000 auf mehr als 40.000!

In schneller Folge werden allerorten Eisenbahnen eingeweiht. Die Strecke München – Augsburg, 1840 dem Verkehr übergeben, ist die fünfte in Deutschland.

Der älteste Staatsbahnhof Europas: der Braunschweiger Bahnhof 1838.

Der zweite Bahnhofsbau in Braunschweig (rechts) um 1850 mit Anschlussgleis und Drehscheibe.

Die erste deutsche Eisenbahn hatte drei Klassen. Der Nürnberger Bürgermeister Binder war schon bei der Festsetzung der Fahrpreise zu der Überzeugung gekommen, dass die Haupteinnahmen von den Reisenden der dritten Klasse, also den breiten Volksschichten, kommen müssten, wenn das Ganze ein Geschäft werden sollte. Die Fahrpreise hätten also »den unteren Volksklassen ganz zu(zu)sagen«. Sie taten es, denn die erste Klasse, die im ersten Jahr noch 16,7 % der Fahrgäste beförderte, hatte 1860 nur noch einen Anteil von 3,6 %. Ein reines Vergnügen aber war die Fahrt zwischen Nürnberg und Fürth nicht, und bei schlechtem Wetter konnte man sich nur damit trösten, dass sie nicht allzu lange dauerte.
In der ersten Klasse ging es zu wie in der altgewohnten Postkutsche, in der zweiten hatte man zwar keine verschließbaren Fenster, aber immerhin noch ein Dach über dem Kopf, aber in der dritten saß man vollends im Freien. Später gesellten sich auf vielen Linien noch die primitiven »Stehwagen« dazu, und bei all dem darf nicht vergessen werden, dass die Lokomotiven Rauch und Funken über den ganzen Zug spien. Fahrkarten hatten für jeden Tag eine andere Farbe, die Abfahrtszeit und die Wagennummer waren aufgedruckt – ein recht aufwändiges Verfahren, das aber garantierte, dass auch ohne die erst später eingeführte »Platzkarte« jeder, wenn auch nicht den begehrten Fensterplatz, so doch eine ihm angemessene Sitzgelegenheit bekam. Schon bald nach Beginn wurden die ersten Sonderfahrten für geschlossene Gesellschaften – bei Lösung von mindestens 50 Fahrkarten – durchgeführt.

Eine Sitte hat sich geradenwegs von den frühen Eisenbahnen auf die heutigen Fluggesellschaften vererbt: Auf Glockenzeichen hatten sich die Passagiere im Warteraum zu versammeln und auf ein weiteres Glockenzeichen wurden sie vom »Kondukteur« im Gänsemarsch, nach Klassen getrennt, zu ihren Wagen geführt. Wo eine oder mehrere Grenzen der deutschen Staaten überschritten wurden, gesellten sich dem Kondukteur bald Polizisten und Zollbeamte zu, revidierten Pässe und Gepäck und ließen sich unter Umständen die Legitimationspapiere auch bis zum Ende der Fahrt aushändigen.

Die Wagenabteile wurden abgeschlossen. Geschah das zur Sicherheit der Passagiere oder der Obrigkeit?
Als allerdings 1842 bei einem Eisenbahnunglück bei Versailles deshalb zahlende Gäste verbrannten, man zählte 55 Tote und 109 Verletzte, wurde dort das Einschließen abgeschafft.

Der Überlieferung nach war die erste Eisenbahnfracht in Deutschland ein Fass Bier des Nürnberger Brauers Lederer. Es soll mit dem Eröffnungszug gefahren sein. Dagegen ist urkundlich bezeugt, dass man im Jahre 1836, fünf Monate nach Eröffnung der Ludwigsbahn, dem Nürnberger Kaufmann Andreas Hartmann, der seine Waren nach Fürth verfrachten wollte, einen Korb gab: »Erst wenn die erforderliche Anzahl von Personenwagen vorhanden ist, möchte die Möglichkeit gegeben sein, Warentransporte von größeren Quantitäten versuchsweise anzunehmen, obschon fast im Voraus zu entnehmen ist, dass dieselben bei den niedrigen Frachtpreisen und bei den Auslagen, welche der Transport der Waren zur Bahn und von dieser nach dem Hause des Empfängers verursacht, wofür die Boten 3 Kreuzer per Zentner im Ganzen erhalten, kein befriedigendes Resultat ergeben werden ...« Dagegen erhielt Lederer schon zwei Monate später – auch damals machten gute Verbindungen manches Unmögliche möglich – die Genehmigung, täglich mit dem ersten Zug zwei Fässchen Bier nach Fürth zu senden, zum Frachtsatz von 6 Kreuzer pro Fass, was dem Fahrpreis für eine Fahrt dritter Klasse entsprach.

Frachtverkehr konnte wegen der notwendigen zweimaligen Umladung erst dann interessant werden, wenn längere Strecken, möglichst ein ganzes Netz, vorhanden waren. So entwickelte sich der Güterverkehr nur zögernd – und auch später als der der Personen. Die Berlin-Potsdamer Eisenbahn hatte bei ihrer Eröffnung 82 Personenwagen gegenüber nur 22 Gepäck- und Güterwagen, die Eisenbahn München – Augsburg stellte ihren 37 Personenwagen nur 12 für Gepäck und Güter gegenüber, in Sachsen zählte man zur gleichen Zeit neben 23 Personenwagen nur einen Güterwagen.

Ein Netz wird geknüpft

Nicht zufällig war einer der profiliertesten Vorkämpfer der Eisenbahn in Deutschland ein Industrieller von der Ruhr. Friedrich Harkort hatte in England gesehen, wie eine Eisenbahnstrecke bisher Unmögliches möglich machte, und er sah im Geist lange Züge mit Kohlen und Erz durch das Land zwischen Ruhr und Lippe fahren, eine Gegend, die wir heute das »Ruhrgebiet« oder korrekter das »Rheinisch-westfälische Industrierevier« nennen. Kohle wurde dort seit Menschengedenken gefördert, und es gab auch Unternehmer, die sie auf dem Rücken von Pferden ein paar Kilometer weit expedierten. Erst eine eiserne Bahn schuf die Möglichkeit, die Kohle preiswert über hunderte von Kilometern in das ganze Reich zu bringen und damit die Konkurrenzbrennstoffe Holz, Holzkohle und Torf auszuschalten und neue Märkte zu erschließen. Gleichzeitig ergab sich die Möglichkeit, Erz zu erträglichen Bedingungen – sicherlich hin und wieder als Rückfracht – heranzuschaffen. Städte wie Essen, Dortmund und Bochum, die in der ersten Hälfte des 19. Jahrhunderts noch bedeutungslos waren, blühten nach Anschluss an das Eisenbahnnetz innerhalb von wenigen Jahren auf.

Dortmund als Beispiel: Die stolze alte Freie und Reichsstadt verlor im Jahre 1803 ihre Selbstständigkeit, ein heruntergekommenes Ackerbauernstädtchen, mit 4000 Einwohnern kleiner als die umliegenden Städte Münster, Hamm, Soest, ja selbst als Iserlohn. Die meisten Verkehrslinien umgingen Dortmund; man hatte es ganz einfach satt, sich mit der Sonderstellung der Reichsstadt auseinander zu setzen und ließ die Thurn- und Taxis'schen Postkutschen einfach um sie herumlaufen. Der Dortmunder Posthalter fuhr auf einem mit Hunden bespannten Karren ins benachbarte Brünninghausen, um die Post seiner Heimatstadt der Postlinie zuzuführen. Den Umschwung leitete die 1847 erfolgte Eröffnung des Dortmunder Bahnhofs an der Strecke der Köln-Mindener Eisenbahn ein. »Sie ist eine unvergessliche Ruhmestat der Stadtverwaltung«, urteilte die Stadthistorikerin Luise von Winterfeld, »denn ursprünglich sollte die Köln-Mindener Bahn über Lünen geführt werden. Da aber die Dortmunder im Gegensatz zu den kurzsichtigen Lünenern der Eisenbahngesellschaft 9000 Mark in bar und den Grund und Boden für die Bahnhofsanlage zur Verfügung stellten, verlor Lünen seinen bisherigen Verkehrsvorrang.« Bis dato hatte nicht selten die Adresse auf Frachtstücken »Dortmund bei Lünen« gelautet. Bereits 1849 konnten die Stadtväter dann nicht nur die Gründung einer ganzen Reihe von Zechen und anderen Industriebetrieben sowie die Aufstellung von Dampfmaschinen in diesen melden, sondern auch eine Einwohnerzahl von mehr als 10.000, die sich innerhalb eines Jahrzehnts wiederum verdoppeln sollte. Im Norden der Stadt, die ihre Mauern gesprengt hatte, bildeten die Eisenbahner für sich eine große Vorstadt, denn »die Werkstatt der Köln-Mindener Eisenbahn beschäftigte allein weit über 1000 Arbeiter«. Eisenbahnen waren nicht immer nur als Verkehrsmittel, sondern auch als Käufer von Unmengen Stahl und Eisen und als Arbeitgeber von nicht zu unterschätzender wirtschaftlicher Bedeutung.

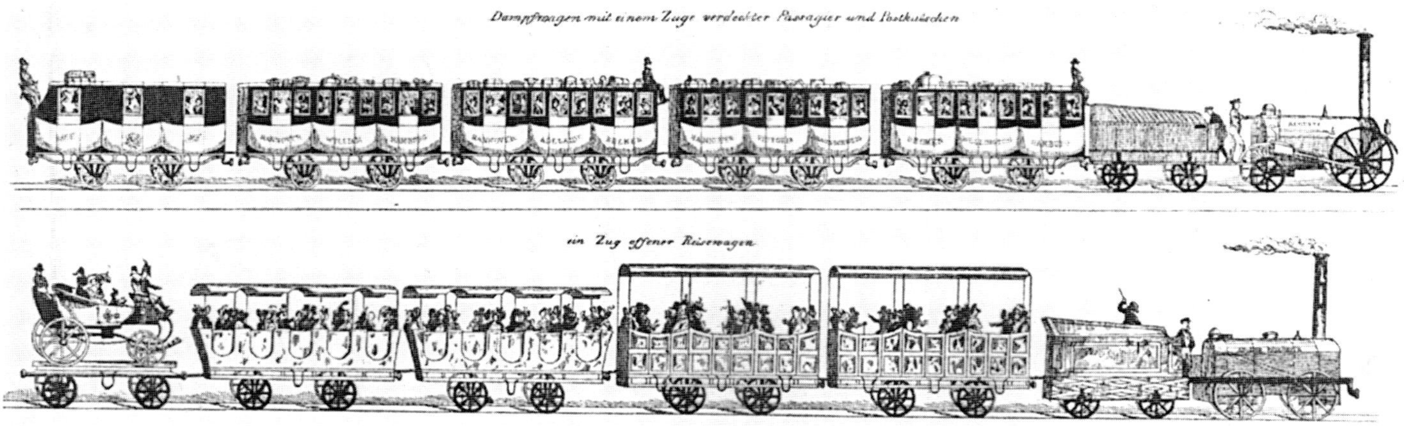

Ansicht verschiedener Lokomotiven und Personenwagen, wie sie »auf der künftigen Eisenbahn zwischen Hannover und Braunschweig« verkehren sollten. 1842.

Aus Hannover berichtete Bernhard Hausmann in seinen Lebenserinnerungen, dass dort schon im Jahre 1834 ein von Engländern initiierter Prospekt zur Gründung einer Aktiengesellschaft kursierte, um eine Eisenbahnlinie von Hannover nach Hamburg zu bauen. Dies hatte zwei Auswirkungen: Die Regierung setzte eine Kommission zur Prüfung der Situation und der optimalen Linienführung ein, und gleichzeitig bildete sich ein Komitee betuchter, an der Eisenbahn und an neuen Verdienstmöglichkeiten besonders interessierter Privatleute. Es begann ein Spiel, das in dieser und ähnlicher Form in vielen Orten nachgespielt wurde. Wer finanziert die Eisenbahn? Gewiss, Obrigkeit und Untertanen waren sich über die Vorteile eines solchen Unternehmens für den einen wie die anderen gleichermaßen im Klaren.

Wirtschaft und Handel genossen erfahrungsgemäß sowohl durch den Bau als auch durch den Betrieb der Bahn Vorteile; der Staat konnte nicht nur mehr Steuern kassieren als bisher, sondern maß der Eisenbahn auch zum Transport von Truppen und Nachschub eine erhebliche strategische Bedeutung bei (sollten doch in der weiteren Zukunft viele Bahnlinien nicht nach Gesichtspunkten der Rentabilität, sondern nach den Vorstellungen des Generalstabs gebaut werden).

Nun entwickelte die königliche Regierung ganz klare Leitsätze für das, was getan werden müsse, um die allgemeine Wohlfahrt zu fördern, schloss ihr Gutachten aber bündig: »... dass die Ausführung eines umfassenden Eisenbahn-Systems für das Königreich (Hannover) bis jetzt nicht habe beabsichtigt werden können, da die Anlegung von Eisenbahnen auf Kosten der Staats-Casse seither als rathsam nicht erschienen sei.«

Die Wortführer der Ständeversammlung konterten umgehend, indem sie eine Denkschrift verfertigten, die den Schwarzen Peter gleich dem zuständigen Ministerium

Die erste in Deutschland gebaute für den Eisenbahnverkehr taugliche Lokomotive: »Saxonia«, 1838/39 nach dem Entwurf von Prof. A. Schubert von der Maschinenfabrik Uebigau bei Dresden hergestellt.

zurückschob. »Der Nutzen der Eisenbahn wird am sichersten erreicht, wenn der Staat baut«, heißt es da. Und eine Reihe von Überlegungen ist es sicherlich wert, hier wiedergegeben zu werden. Ganz abgesehen davon, dass man vom Staat erwartete, er könne Kapital billiger zur Verfügung stellen als das Privatleute tun, wurde die »Sicherung, dass diese neuen, die früheren zerstörenden (!) Communicationswege unter normalen Verhältnissen nie unterbrochen werden«, als wesentlicher Punkt herausgestellt. Es folgte die Annahme, dass der Staat mit »Billigkeit und Gerechtigkeit« die Interessen einzelner um den Eisenbahnanschluss sich bewerbender Orte unparteiisch festlegen könnte; man setzte voraus, dass der Staat ohne Rücksicht auf eine im Augenblick eintretende Kostenerhöhung solider, zuverlässiger und auf die Dauer für alle Beteiligten vorteilhafter als eine Aktiengesellschaft bauen würde und dass er bei Verhandlungen mit dem braunschweigischen und hamburgischen »Ausland« größere Autorität als eine private Gesellschaft in die Waagschale werfen könnte.

1842 hatte man sich dann endlich durchgerungen: Die hannoverschen Stände billigten den Antrag ihrer »Eisenbahn-Commission«, auf Rechnung des Landes sofort den Bau einer Eisenbahnlinie von Hannover über Lehrte und Peine zur Grenze des Herzogtums Braunschweig zu beginnen (das übrigens gerade zuvor, zum Jahreswechsel, sich dem preußischen Zollverein angeschlossen hatte). In die Geschichte eingegangen ist der in demselben Jahr ausgetragene Streit um die Verlängerung der Köln-Mindener Eisenbahnstrecke: Sollte es eine Linie nach Hannover werden mit einem Abzweig nach Bremen, wie man sich in Hannover vorstellte, oder eine Linie nach Bremen mit einem Abzweig nach Hannover?

Es ist recht lehrreich, nachzuspüren, durch welche Kräfteverhältnisse und Entscheidungen damals die Grundlagen für ein europäisches Eisenbahnnetz gelegt wurden, und inwieweit die Starrköpfigkeit eines kleinen Fürsten oder irgendeiner Hofschranze, an die heute niemand mehr denkt, damals Tatsachen geschaffen hat, mit deren positiven und negativen Folgen wir uns noch heute abzufinden haben.

Nach dem Erfolg von Nürnberg wurden zunächst folgende Eisenbahnstrecken in Deutschland gebaut (wir nennen die Eröffnungsdaten):

24. 4. 1837	Leipzig – Dresden (erste Teilstrecke)
29. 10. 1838	Berlin – Potsdam
1. 12. 1838	Braunschweig – Wolfenbüttel (erste deutsche Staatsbahn)
21. 12. 1838	Düsseldorf – Erkrath
7. 4. 1839	Leipzig – Dresden (Gesamtstrecke)
29. 6. 1839	Magdeburg – Halle – Leipzig (erste Teilstrecke Magdeburg – Schönebeck)
2. 8. 1839	Köln – Aachen (erste Teilstrecke Köln – Müngersdorf)
1. 9. 1839	München – Augsburg (erste Teilstrecke München – Lochhausen)
26. 9. 1839	Taunusbahn (erste Teilstrecke Frankfurt/Main – Höchst)
19. 5. 1840	Taunusbahn (Gesamtstrecke Frankfurt/Main – Wiesbaden)
18. 8. 1840	Magdeburg – Halle – Leipzig (Gesamtstrecke)
12. 9. 1840	Mannheim – Heidelberg
4. 10. 1840	München – Augsburg (Gesamtstrecke)

In den ersten fünf Jahren deutscher Eisenbahngeschichte, von 1834 bis Ende 1839, wurden annähernd 500 km Strecke gelegt und in Betrieb genommen.

Die erste Fernstrecke war die von Leipzig nach Dresden, und es war gleichzeitig die Route, an der sich die deutschen Eisenbahnplaner und -bauleute bewährten. In Leipzig hatte List nach der Rückkehr aus Amerika Asyl gefunden und im Jahre 1833 seine berühmte Schrift »Über ein sächsisches Eisenbahnsystem als Grundlage eines allgemeinen deutschen Eisenbahnsystems« erscheinen lassen. Dort fand er auch einen Kreis begeisterter Anhänger, denn die Leipziger Bürger und Kaufleute sahen schon auf allen Wasserstraßen Dampfschiffe fahren und stellten mit Entsetzen fest, dass ihre Stadt, die vom Wasser abgeschnitten war, an diesem Fortschritt nicht teilhaben konnte und somit Gefahr lief, als Messe- und internationales Handelszentrum an Bedeutung zu verlieren.

Ob es Absicht oder Leichtsinn war: die von Friedrich List geschätzte Bausumme wurde um das Dreifache überschritten. Aber nachher fragte man, ob sich überhaupt mutige Geldgeber gefunden hätten, wenn es von vornherein klar gewesen wäre, dass man statt der veranschlagten 1,5 Millionen stattliche 4,5 Millionen Taler brauchte. Nun sieht es natürlich ganz anders aus, wenn an anderer Stelle berichtet wird, List habe vorgeschlagen, zunächst möglichst billig zu bauen, und später, wenn das Unternehmen Ertrag abgeworfen habe, einen teuren Unterbau auszuführen (er dachte dabei an die Bauweise, die er in Amerika gesehen hatte); deutsche Gründlichkeit habe diesen Vorschlag allerdings unbeachtet gelassen. Genau so optimistisch wie bei der Finanzplanung war List bei der Planung der Streckenführung. Er schlug den geraden Weg über Meißen vor, der, durch wirtschaftlich interessante und volkreiche Gebiete führend, größte Effektivität versprach. Englische Ingenieure aber warnten die unerfahrenen deutschen Eisenbahnbauer vor einer Streckenführung durch das Gebirge und empfahlen einen Umweg durch die Ebene über Riesa. Zugegeben, die damaligen Lokomotiven waren recht schwach (der »Adler« hatte nur eine Kraft von etwa 40 PS), aber man stellte später, als die Eisenbahn in die Alpenländer vordrang, fest, dass man ihnen doch ruhig etwas mehr hätte zutrauen können, besonders was die Zugkraft in den Kurven und am Berg, in erster Linie begrenzt durch die Adhäsion, betraf. Vorerst scheute man sich, größere Steigungen als 1:300 zu bauen und hielt die Kurven möglichst bei einem Krümmungshalbmesser von 2230 m. Nur an drei Stellen, wo es keine andere Möglichkeit gab, und auch in der Nähe von Haltestellen, wo sowieso die Geschwindigkeit gedrosselt wurde, nahm man Krümmungshalbmesser von 1300, 1120 und 930 m in Kauf (100 Jahre später war der kleinste zulässige Krümmungshalbmesser bei Hauptbahnen 300 m, in Ausnahmefällen 180 m!).

Die Sensation dieser Eisenbahnstrecke Leipzig – Dresden war der Tunnel bei Oberau. Es war der erste Eisenbahntunnel in Deutschland, und als er in Betrieb genommen wurde, hatte man große Sorge um die Gesundheit der Passagiere. Darüber hinaus pflegten ältere Damen – so ist es überliefert – während der Dunkelheit Stecknadeln zwischen ihre Lippen zu stecken, »um sich vor den Liebkosungen ausschweifender Jünglinge zu sichern«.

Bau des ersten Eisenbahntunnels in Deutschland bei Oberau im Verlauf der Strecke Leipzig – Dresden (1837–1839). Die Ausführung hatten Freiberger Bergleute übernommen.

Schon der Bau des Einschnitts bei Machern lockte Neugierige aus weiter Ferne. Die Eisenbahnverwaltung konnte sich glücklich preisen, dass der Bau in Sachsen stattfand, wo es an Bergleuten nicht fehlte, die schon manchen Stollen geschlagen hatten, und so heuerte man auch für den Tunnelbau Bergleute an.

Drei Jahre lang wurde an dem 512 m langen Stollen gearbeitet, dabei waren durchschnittlich 380 Arbeiter beschäftigt – 310.000 Tagewerke wurden gezählt und gezahlt, sodass der Tunnelbau allein 350.000 Taler verschlang (List hatte geglaubt, für eine halbe, höchstens eine Million die ganze Strecke bauen zu können!). Technisch lief die Sache so ab, dass vier Schächte abgeteuft wurden, und am Fuß eines jeden wurde in beiden Richtungen ein Stollen vorgetrieben; an acht Baustellen also konnte zugleich gearbeitet werden. Wegen der schlechten »Wetter«-Verhältnisse musste man einen gesonderten Entlüftungsstollen bauen, und es ist anzumerken, dass der Tunnel wegen brüchigen Gesteins voll ausgemauert werden musste. Immerhin wurde er bis 1933 benutzt, wenn auch unter Klagen, da die breiteren Wagen, die später eingesetzt wurden, nur eingleisige Befahrung zuließen, sodass man sich entschloss, das Deckgebirge abzuräumen und aus dem Tunnel einen Einschnitt zu machen.

Bei Riesa wurde die erste größere deutsche Eisenbahnbrücke über die Elbe gebaut. Sie bestand aus gemauerten Pfeilern und einer Holzkonstruktion, deren lichte Weite 28,3 m war. Das reichte gerade für die nicht mehr als 15 t wiegenden Lokomotiven. Schon um 1840 allerdings konnte man in Baden die erste eiserne Eisenbahnbrücke bestaunen. Die gusseisernen T- und U-Träger legten der Fantasie der Ingenieure noch engere Fesseln an als die Holzkonstruktion – sie gestatteten nur eine lichte Weite von maximal 20 m.

In England erfand Robert Stephenson eine andere Bauart für Eisenbahnbrücken: die Röhrenbrücke aus vollwandigen Blechträgern, durch die der Zug wie durch einen Tunnel dahinfuhr. Über den Menaikanal in Wales baute er 1847 bis 1850 in dieser Art die Britanniabrücke. Sie hatte eine Spannweite von 140 m mit drei Stützpfeilern und hat mehr als 100 Jahre lang ihrem Zweck gedient.

Einen anderen wesentlichen Fortschritt des Eisenbahnbaus, der mit der Strecke Leipzig – Dresden verbunden ist, stellt die Holzschwelle dar. Bekanntlich hatte man – auch zwischen Nürnberg und Fürth – die Schienen auf Granitwürfeln verlegt, aber viele Schwierigkeiten wegen der gefährlichen Veränderungen der Spurweite während des Betriebes hinnehmen müssen, da die beiden Gleise keine Verbindung miteinander hatten. In Leipzig nun verlegte man erstmalig die »Breitfußschiene«, die der Amerikaner Stevens 1830 erfunden hatte und die wie die heutigen Schienen der Eisenbahn aussah. Diese Schienen bedurften keiner weiteren Vorrichtungen mehr, sie wurden direkt auf Steinwürfel oder hölzerne Längsschwellen aufgenagelt. Theodor Kunz, der Baumeister dieser Bahnlinie, setzte die Schwellen in kurzen Abständen aber quer zur Schiene und verband so die beiden Gleise. Allerdings wurden die Schienen vor dem Aufnageln noch mit Unterlagsplatten versehen; sollten sie schräg liegen, wurden die Schwellen entsprechend eingekerbt. Die Schwellen ruhten in Kies – der guten Entwässerung halber –; bis auf den Schienenstoß hatte Kunz die moderne Form des Oberbaus schon damals entwickelt. Man rechnete – und es sei hier wiedergegeben, damit der Leser den sprunghaft steigenden Verbrauch an Eisen durch den Bau von Eisenbahnstrecken ermessen kann – mit

40 Pfund per Yard (1 Yard = 91,44 cm) Schiene für 120 Zentner schwere Lokomotiven,
50 bis 60 Pfund per Yard Schiene für 140 bis 160 Zentner schwere Lokomotiven,
65 bis 70 Pfund per Yard Schiene für 180 bis 200 Zentner schwere Lokomotiven
75 bis 80 Pfund per Yard Schiene für 220 bis 240 Zentner schwere Lokomotiven.

Auf der Leipzig-Dresdner Bahn wurden breitbasige Schienen mit einem Gewicht von nur 50 Pfund per Yard verlegt. Sie waren so leicht, weil man sich entschlossen hatte, die Schwellen sehr eng, im Abstand von nur 2 Fuß, zu legen, während man sonst Zwischenräume bis zu 6 Fuß einhielt.

Der Schienenstoß war eine ärgerliche Sache, da er Rütteln, entsetzlichen Lärm und überdurchschnittliche Abnutzung verursachte. Die Länge der damals verlegten Schienen überstieg nicht 7 m. Zunächst sah man es als selbstverständlich an, dass die Enden beider aneinander stoßender Schienen auf einer gemeinsamen Unterlage ruhten. 1847 begann man, die Schienen durch Laschen miteinander zu verbinden. Erst zwei Jahrzehnte später setzte sich allgemein die Erkenntnis durch, dass ein »schwebender Stoß« die bessere Lösung sei. Aber da verwendete man auch schon längere Schienen (9 m, ab 1892 12 und 15 m), und zur Jahrhundertwende gingen die deutschen Bahnen zur Verlegung von »Doppelschwellen« unter dem Schienenstoß über.

Zuerst kauften die Leipziger in England eine Lokomotive mit Namen »Komet«, über die nichts weiter bekannt ist.

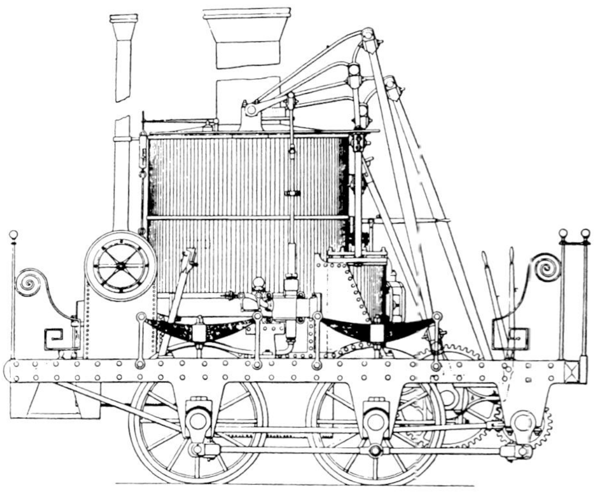

B-Lokomotive »Columbus« der Leipzig-Dresdner Bahn, erbaut 1835/36 bei Gillingham & Winans, Baltimore.

Dann folgten mehrere B-Lokomotiven von der Lokomotivfabrik Gillingham & Winans in Baltimore. Man nahm den kostspieligen Transport in Kauf, was beweist, wie anerkannt der amerikanische Lokomotivbau damals schon war. Gegenüber den englischen Konstruktionen zeigten die amerikanischen ein ungewohntes Bild:
stehender Kessel und stehende Zylinder, die über Schwingbäume und Kurbeln auf eine Blindwelle mit Zahnrädern wirkten, dazu gekuppelte Achsen. Die Expansion des Dampfes wurde noch nicht genutzt. Die Zeichnung der »Columbus« gibt einen Eindruck von den Vehikeln, die dann auch in Deutschland nachgebaut wurden. Doch die Leistungen befriedigten nicht.
Es wurden andere Lokomotiven eingesetzt, auch mit der Achsanordnung B, aber wieder mit liegendem Kessel und Innenzylinder. Um die hinten weit überhängende Feuerbüchse abzustützen und die oft problematischen Laufeigenschaften zu verbessern, wurde hinter der Feuerbüchse eine Laufachse angebracht.

Diese Achsanordnung B1, die viele Nachahmer fand, hatte auch die erste brauchbare, in Deutschland gebaute Lokomotive. Sie wurde von Professor Schubert vom Polytechnikum in Dresden konstruiert und erhielt den Namen »Saxonia«. Mit ihr wurde die Gesamtstrecke Leipzig – Dresden 1839 feierlich eröffnet. Allerdings demontierte man wenig später die Laufachse bei den meisten Lokomotiven, nur die im Personenzugdienst eingesetzten behielten sie »der Sicherheit halber«, denn in Versailles hatte, wie hier schon früher berichtet, ein schweres Eisenbahnunglück stattgefunden, das auf einen Achsenbruch bei einer zweiachsigen (B-)Lokomotive zurückgeführt wurde.

Auch aus Philadelphia kamen um diese Zeit Lokomotiven nach Europa, und zwar aus der Maschinenfabrik von Norris. Sie hatten die Achsanordnung 2'A und begeisterten wegen ihrer Kurvenfreudigkeit, denn sie hatten die ersten, wenn auch noch recht primitiven Drehgestelle. Stephenson reklamierte später diese wichtige Erfindung für sich: er hatte 1828 mit amerikanischen Ingenieuren über die Möglichkeit einer solchen Konstruktion gesprochen. Besonders fielen der halbkugelige Feuerbuchsdeckel und die beiden außen liegenden und schräg angeordneten Zylinder auf. Lokomotiven mit Außenzylindern hatte allerdings der englische Lokomotivbauer Forrester aus Liverpool schon 1838 für die Staatsbahn Braunschweig – Wolfenbüttel geliefert. Norris' Lokomotiven wurden in Deutschland zunächst auf der Berlin-Potsdamer Eisenbahn eingesetzt. Die ersten Lokomotiven von Borsig, die 2'A1 von 1841 und die »Beuth«, eine 1A1 von 1842, übernahmen weitgehend Norris' Konstruktionsprinzipien.

1842 führte Stephenson den »Langrohrkessel« ein, um die Leistung seiner Lokomotive zu steigern. Die bisher gebauten Kessel mit einer Rohrlänge von 1,80 bis 2,50 m konnten die Wärme der Heizgase nur schlecht ausnutzen. Nun baute er Kessel mit 3,50 bis 3,80 m Rohrlänge. Doch es ergaben sich Schwierigkeiten, weil bei entsprechender Verlängerung des Achsstandes die Lokomotiven nicht mehr auf die üblichen meist nur 4 m messenden Drehscheiben passten, die in der damaligen Zeit eine große Rolle im Eisenbahnbetrieb spielten. Wenn man drei Achsen nah zusammenrückte, ergab das relativ große Überhänge vorn und hinten, unruhigen

Lokomotive »Beuth« von Borsig, Berlin, 1844, für die Berlin-Anhalter Bahn. Die 1A1 war die gängigste Bauart.

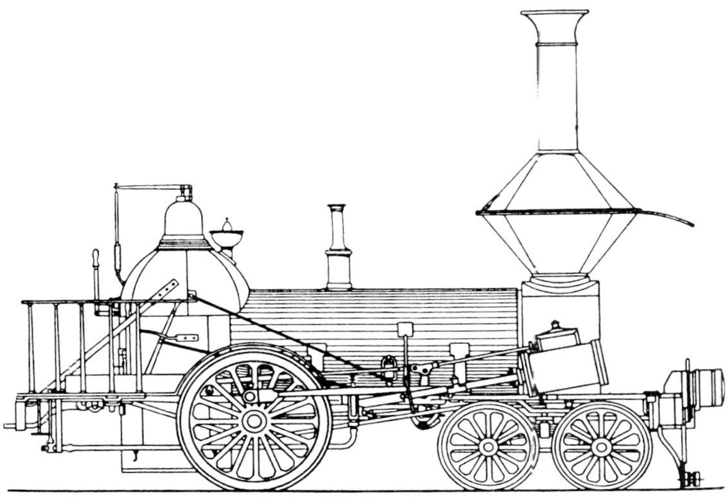

2'A-Lokomotive der Berlin-Potsdamer Bahn, 1839. Die bei Norris in Philadelphia gebaute Lokomotive hatte ein Drehgestell. Sie war die erste ihrer Art in Deutschland.

2'B-Lokomotive der Württembergischen Staatsbahn, gebaut bei Norris, Philadelphia, 1845. Im gebirgigen Württemberg wurden von Anfang an nur Lokomotiven mit mehreren Treibachsen eingesetzt.

und unsicheren Lauf und konnte auf die Dauer nicht befriedigen.

Die 1A1-Lokomotiven nickten furchterregend, weil man der besseren Zugkraft wegen das Hauptgewicht auf die Treibachse legte und die beiden Laufachsen nur leicht belastete, so, dass Stephenson als weiteren Ausweg die angetriebene Achse nach hinten verlegte, aus der 1A1 eine 2A machte. Die Zylinder waren zwischen den vorn liegenden Laufachsen angebracht, die Gleichgewichtsprobleme vorn waren dadurch zwar gelöst, aber hinten hing nun wegen der Belastung der Treibachse die Feuerbüchse noch weiter über. Als 1851 die Lokomotive des preußischen Hofzuges bei Gütersloh entgleiste, wurde in Preußen die Verwendung von Lokomotiven mit überhängender Feuerbüchse vor Personenzügen verboten.

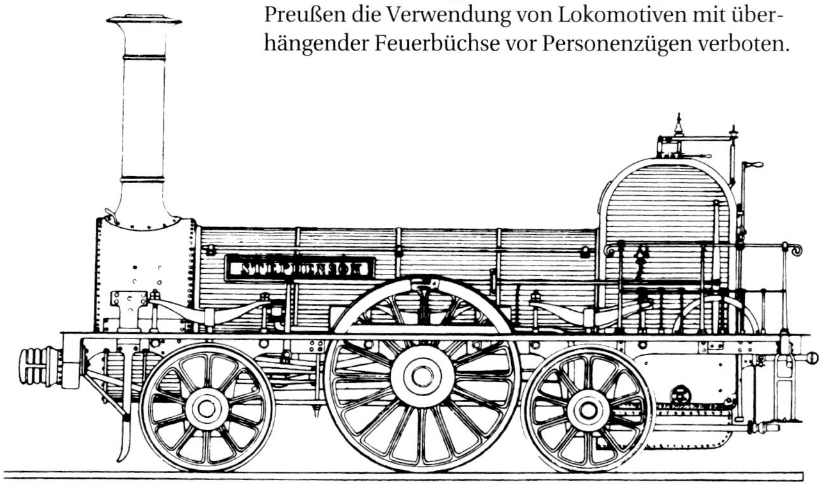

Die 1A1-Lokomotive »Stephenson« der Badischen Staatsbahn, 1842. Die überhängende Feuerbüchse ergibt eine ungünstige Schwerpunktlage.

sen angeordnet. Diese Lokomotiven, deren Einführung mit dem Einsatz von »Schnellzügen« zusammenfiel, erreichten bei relativ geringen Zugleistungen Geschwindigkeiten bis zu 120 km/h, waren also für leichte, schnelle Personenzugeinheiten wie geschaffen. In Deutschland orderten einige Eisenbahnverwaltungen erst später, bei der Einführung von Schnellzügen, Lokomotiven dieses Typs, der dann auch in Deutschland gebaut wurde.

Andere Tendenzen waren überall dort zu verspüren, wo Bahnen gebirgiges Gelände durchfahren sollten. So hat zum Beispiel die Württembergische Staatsbahn nie eine Lokomotive mit nur einer Treibachse besessen, sondern von vornherein nur B-Lokomotiven bestellt.

Die erste deutsche C-Lokomotive lief 1843 auf der Braunschweigischen Staatsbahn: Zwischen Vienenburg und Harzburg war eine Steigung von 22 ‰ zu überwinden, die zunächst nur durch Vorspann von Pferden gemeistert werden konnte, bis eine nach England gesandte Abordnung eine der auch dort seltenen, dreifach gekuppelten Lokomotiven sah.

Typisch für deutsche Verhältnisse war die Situation in Bayern. Die Bayrischen Staatsbahnen besaßen 1844 zunächst 24 Lokomotiven der Bauart 1A1. Diese waren nicht nur im heimischen München bei Maffei, sondern zu gleichen Teilen auch bei Kessler in Karlsruhe und bei J. J. Meyer in Mühlhausen im Elsass bestellt worden.

In den ersten Jahren setzten die kontinentalen Eisenbahngesellschaften vorwiegend englische Lokomotiven des »Patentee«-Typs ein. Der »Löwe« wurde 1840 von Erb. Sharp aus Manchester an die Badische Staatsbahn geliefert.

Schließlich begann Stephenson in der ersten Hälfte der 40er-Jahre, wie seine Konkurrenten, die Zylinder nicht mehr unter dem Kessel innerhalb des Rahmens, sondern auch außen anzuordnen.

Ganz neue Konstruktionsprinzipien im Lokomotivbau erprobte der Engländer Crampton; um die Mitte der 40er-Jahre erschienen Lokomotiven des nach ihm genannten Bautyps mit der Achsanordnung 2'A, mit einem hinter der Feuerbüchse liegenden ungewöhnlich großen Treibrad, das 2 m und mehr Durchmesser hatte. Die beiden Zylinder waren außen in Höhe der Laufach-

Interessant dabei ist, dass alle drei Fabriken nach Entwürfen der Eisenbahngesellschaft arbeiten mussten, mit dem Ziel, dass jedes Teil austauschbar sein und an dieselbe Stelle einer anderen Lokomotive passen musste. Ein Grundsatz, der uns hier zum ersten Mal begegnet, in der Zukunft aber größte Bedeutung für die Unterhaltung der Maschinenparks erlangen sollte. Maffeis erste Lokomotive, »Der Münchener«, konnte dagegen erst nach Streit und Umbauten und nach sechs Jahren mit Verlust an die Bayrischen Staatsbahnen weitergegeben werden und erhielt die Nummer 25. In den Jahren 1847/48 erschienen in München 13 Lokomotiven der Gattung A I

(Bauart 1A1) mit überhängender Rauchkammer und 22 ähnlich gebaute Güterzuglokomotiven der Bauart 1B. Um 1852 wurden die ersten Schnellzuglokomotiven beschafft, wiederum in der Bauart 1A1, aber nun mit einem auf 1676 mm und 1694 mm vergrößerten Treibraddurchmesser.

Ganz ähnlich war auch die Beschaffungspolitik der staatlichen Hannoverschen Eisenbahnen. 1843 begann man mit sechs ungekuppelten 1A1-Lokomotiven, denen schnell sieben weitere folgten, davon vier Langkesselmaschinen mit überhängendem Stehkessel. Man bezog von Stephenson, von Sharp in Manchester, aber auch Nachbauten von den Harzer Werken in Zorge und von Borsig. 1846 traten als neue Lieferanten Maffei in München und die Maschinenbauanstalt Egestorff in Hannover auf, wiederum mit 1A1-Lokomotiven, sowie Norris in Philadelphia, der zwei Lokomotiven der Bauart 2'B lieferte. Insgesamt wurden bis 1852 43 1A1-Lokomotiven beschafft und, neben den zweien von Norris, 37 in der Bauart 1B; darunter waren, nach der Größe der Treibräder unterschieden, 22 kleinrädrige für Güterzüge, 13 für Personenzüge und 2 für Schnellzüge. Letztere kamen von Wilson in Leeds. Sie hatten noch Innentriebwerk, einen Stehkessel zwischen den Kuppelachsen und mit 1676 mm keine allzu großen Treibräder. Sie waren beschafft worden, um die Schnellzüge Köln – Berlin auf der hannoverschen Strecke zwischen Minden und Braunschweig zu ziehen. Waren es nun der von Preußen initiierte »Deutsche Zoll- und Handelsverein«, der »Mitteldeutsche Handelsverein« oder der »Süddeutsche Zollverein«, die durch Erleichterung des zwischenstaatlichen Güteraustausches den Eisenbahnbau stimulierten, oder war es der Ausbau der Verkehrslinien, der solche zwischenstaatlichen Vereinbarungen notwendig werden ließ – eins befruchtete das andere. In Hannover – kehren wir nach einem Exkurs dahin zurück – wurden kurz nach der Bewilligung der ersten Linie Hannover – Braunschweig 1842 auch weitere Vorhaben beschlossen. Es ging um den Bau der Eisenbahn von Celle nach Hildesheim, um einen Zentralbahnhof in Hannover und schließlich um die Anschlusslinien Hannover – Minden, Celle – Uelzen – Lüneburg – Harburg und Vienenburg – Goslar. Was die Linie nach Bremen betraf, so war man durch die Aktivitäten Hansemanns, des späteren preußischen Finanzministers, recht verschnupft und vertagte die Angelegenheit. In diesem Zusammenhang wurde vermerkt, dass die Frage des Anschlusses Hannovers an den Zollverein immer dringlicher werde, schließe man sich durch unbeteiligtes Abseitsstehen doch selbst vom übrigen Deutschland ab.

Die Seitenlinie von Lehrte zur Elbe endete allerdings bis 1872 im hannoverschen Hafenstädtchen Harburg, weil die königliche Regierung hoffte, den Verkehr von

Der Bahnhof Potsdam der Berlin-Potsdamer Eisenbahn. Neben den 1'A1-Lokomotiven sind vierachsige Güterwagen, ein dreiachsiger Gepäckwagen sowie ein vierachsiger und ein sechsachsiger (!) Personenwagen zu sehen.

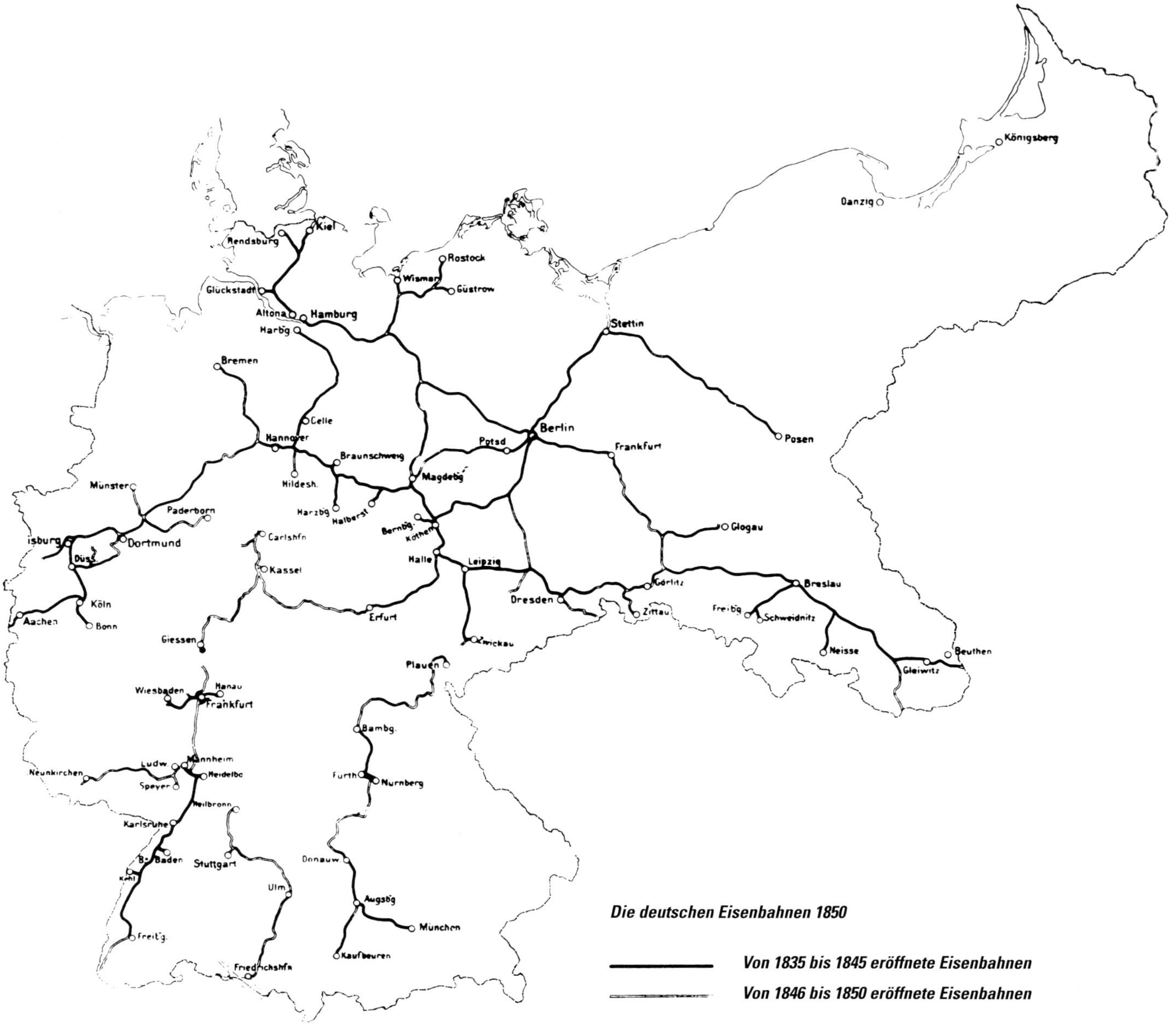

Die deutschen Eisenbahnen 1850

Hamburg abzuziehen. Die Elbe musste auf Fähren überwunden werden.

Wie in so vielen Orten war auch in Hannover der Zentralbahnhof, Endstation aller Linien, Gegenstand heißer Diskussionen, sollte er doch gleichermaßen optimal den technischen Anforderungen genügen, repräsentativ wirken und eine günstige Lage zur Stadt haben. Interessant ist, dass man dabei von einem Bahnhof »bei Hannover« sprach. Tatsächlich wurden ja alle die Bahnhöfe, die heute dicht beim Zentrum unserer Großstädte liegen, auf freiem Feld vor der Stadt erbaut. Die damals beliebte Form des Kopfbahnhofs gab darüber hinaus durch ihre Zufahrt von nur einer Seite die Möglichkeit, die Station ohne große Mühe noch näher an den Stadtmittelpunkt heranzubringen, als es bei einem Durchgangsbahnhof möglich war. Später kamen die Hannoveraner zu der Erkenntnis, dass sie sich durch die Verlegung der wichtigen Abzweigungen nach Lehrte und Wunstorf weitgehend um die Vorteile eines echten Verkehrsknotenpunktes gebracht hatten.

Es hat mehr als 50 Jahre gedauert, bis man sich von den Reisegewohnheiten der Postkutschenzeit endgültig löste. Dort war man es gewohnt, bei jedem Pferdewechsel auszusteigen und bereitgestellte Erfrischungen zu sich zu nehmen. Darauf wollte man nun bei der Eisenbahn nicht verzichten. In einem Bericht über eine Eisenbahnfahrt von Lübeck nach Büchen im Jahre 1853 heißt es: »Schon nach Bewältigung einer Strecke von 10 km in 10 Minuten wurden die Türen aufgerissen und ein Halt von vier Minuten verkündet; fast alle Reisenden stiegen aus und sprachen dem angebotenen kalten Buffet und den bereitstehenden Getränken zu!«
Die Aufzeichnungen Bernhard Hausmanns geben recht interessante Einblicke in die Rolle, die die Eisenbahn in der Mitte des 19. Jahrhunderts spielte: »Bei der Ankunft der Haupteisenbahnzüge, namentlich des Abends, wurde

das Hauptgebäude des Centralbahnhofes wahrhaft bestürmt. Der Perron und der Restaurationssaal waren Kopf an Kopf angefüllt, und Einzelne, welche eine neue Zeitung oder ein Flugblatt erwischt hatten, stellten sich auf die Tische, um die Neuigkeiten zu verlesen«, notierte er im Revolutionsjahr 1848. Der Bahnhof war viel mehr als ein Haltepunkt mit den für den Betrieb der Strecke nötigen Einrichtungen; die alten prunkvollen Bahnhofsgebäude lassen ahnen, dass sie noch eine Reihe anderer Funktionen hatten. Denken wir doch daran, dass es im Zug weder Toiletten noch Speisewagen (an Schlafwagen gar nicht zu denken) gab. So musste öfter ein ausgiebiger Halt gemacht werden. Zu Mittag ließen sich Passagiere wie Personal zu einem ausgiebigen Mahl in der Gaststätte eines am Wege liegenden Bahnhofs nieder, Nachtquartier nahm man bei längeren Fahrten in den vielen Hotels, die eben zu diesem Zweck rund um die Bahnhöfe entstanden. Das musste ausgehandelt werden, sobald die relativ kurzen Strecken der einzelnen privaten und staatlichen Gesellschaften zu einem Netz zusammenwuchsen.

Hierzu wiederum Hausmann: »Die Vollendung der directen Bahn von Berlin über Potsdam nach Magdeburg und die Cöln-Mindener Bahn von Cöln bis Hamm veranlassten Verhandlungen aller zwischen Cöln und Berlin betheiligten Eisenbahnverwaltungen wegen eines beschleunigten und geregelten Personenverkehrs, welche unter Vermittelung des königlich preußischen Ministerii des Handels in Berlin am 22. Mai eröffnet worden und an denen ich als Königlicher Commissarius für Hannover Theil nahm. Es gelang, bei der günstigen Lage der Stadt Hannover, fast in der Mitte zwischen Berlin und Cöln, einen durchgehenden Fahrplan zu vereinbaren, welcher nicht nur unserer Eisenbahnverwaltung einen sehr bequemen und deshalb vortheilhaften Dienst gesichert, sondern es auch veranlasst hat, dass Hannover anfangs das Nachtquartier für alle durchgehenden Reisenden wurde und späterhin, in Folge der dadurch in der Nähe des Bahnhofes entstandenen großen und guten Gasthöfe, der beliebteste Ruhepunkt des gesamten Reiseverkehrs zwischen der Oder und dem Rhein worden und geblieben ist.«
Der erste durchgehende Schnellzug Berlin – Köln erschien im Sommerfahrplan 1851 mit einer Reisezeit von 17 Stunden. 1852 wurde auf der gleichen Strecke ein »Kurierzug« (Fahrzeit 14 Stunden) eingesetzt.

Erste bayerische Güterzug-Lokomotive „Behaim" 1847, Modell. Die C-Bauart blieb für Güterzüge reserviert. Das Wasser wurde zur besseren Belastung auf dem Kessel gelagert.

Dass es in der frühen deutschen Eisenbahngeschichte auch eine »Seilbahnrampe« gab, soll hier nicht übergangen werden. Das war so: In Düsseldorf, damals einem lebhaften Rheinhafen, hatte man schon 1828 die Anlage einer Rhein-Weser-Bahn diskutiert, um der Rheinschifffahrt das Hinterland zu erschließen; 1832 wollten die Handelskammern in Düsseldorf und Elberfeld nicht länger warten und forderten, zumindest einen Schienenstrang zwischen den beiden Städten zu legen.
1835 wurde die »Düsseldorf-Elberfeld Eisenbahngesellschaft«, eine Aktiengesellschaft mit einem Kapital von $2^1/_4$ Millionen Mark, gegründet, um das Industriezentrum Elberfeld-Barmen im Bergischen Land günstig an die wichtigste europäische Schifffahrtsstraße anzuschließen. Die obrigkeitliche Erlaubnis wurde erteilt mit der Maßgabe, im Hinblick auf spätere Anschlüsse die von Stephenson eingeführte Spurweite einzuhalten.

Aber nun fingen die Schwierigkeiten erst an. Das Gelände, eben das »Bergische Land«, hatte es in sich. Allein zwischen Kilometer 8 (Erkrath) und Kilometer 11 (Hochdahl) der nur 26 km messenden Route lag eine Höhendifferenz von 99 m. Das wollte man den Lokomotiven nicht zutrauen, und der Verkehr mittels Pferden sollte wegen des Zeitverlustes und des erwarteten großen Frachtaufkommens gar nicht in Betracht gezogen werden.

So wandte man sich an die Stephensons in Newcastle. Robert Stephenson erstattete auch, nachdem er einen Techniker namens Routh zur Besichtigung ausgesandt hatte, ein Gutachten. Auf seinen Rat würde eine 2,8 km lange Steilrampe mit einem Gefälle von 33,8 ‰ gebaut, an deren oberem Ende (wie auf der Strecke Stockton – Darlington) zwei Dampfmaschinen von je 40 PS aufgestellt waren, die ein endloses Seil antrieben. Auf den übrigen Streckenteilen arbeiteten Lokomotiven.

Der Bau der nur 26 km langen Strecke dauerte von April 1838 bis September 1841. Noch war nicht die ganze Länge fertig, da hatte man die ersten Pannen mit dem Seil (es war aus bestem russischem Hanf gedreht und hatte 2100 Taler gekostet) schon hinter sich. Mehrmals riss es, was bei einer Belastung von 16 Wagen ein nicht unbeachtliches Gefahrenmoment bedeutete. – Schließlich wurde es durch ein 30 mm starkes Drahtseil ersetzt. Alle Beteiligten waren sich nach wenigen Jahren des

MÜNCHEN-AUGSBURGER-EISENBAHN.

Fahrten bis Althegnenberg.

Mit künftigen Montag den 14. dieß anfangend, werden die Dampfwagen-Fahrten **täglich** in folgender Weise Statt haben:

Abfahrten in München

mit Anhalten an allen Zwischen-Stationen:

7 Uhr Morgens bis **Althegnenberg**,
11 Uhr Vormittags **nur** bis **Nannhofen**,
halb 3 Uhr Nachmittags **nur** bis **Maisach**,
5 Uhr Nachmittags bis **Althegnenberg**.

Rückfahrten

mit Anhalten an allen Zwischen-Stationen:

Von **Althegnenberg**:
halb 9 Uhr Morgens,
halb 7 Uhr Abends.

Von **Nannhofen**:
¾ auf 9 Uhr Morgens,
halb 1 Uhr Nachmittags,
¾ auf 7 Uhr Abends.

Von **Maisach**:
9 Uhr Morgens,
¾ auf 1 Uhr Nachmittags,
halb 4 Uhr Nachmittags,
7 Uhr Abends.

Allgemeine Personen-Fahrtaxen:

	bis Pasing (2 Stunden) 1te Classe	2te Classe	3te Classe	4te Classe	bis Lochhausen (3½ Stunde) 1te Classe	2te Classe	3te Classe	4te Classe
von München	24kr.	18kr.	15kr.	9kr.	36kr.	30kr.	22kr.	12kr.
von Pasing					15kr.	12kr.	9kr.	6kr.

	bis Olching (5 Stunden) 1te Classe	2te Classe	3te Classe	4te Classe	bis Maisach (6½ Stunden) 1te Classe	2te Classe	3te Classe	4te Classe
von München	57kr.	45kr.	33kr.	18kr.	1fl. 15kr.	1fl.	42kr.	24kr.
von Pasing	—	—	—	—	—	—	—	—
von Lochhausen	21kr.	15kr.	12kr.	9kr.	40kr.	30kr.	24kr.	15kr.
von Olching					21kr.	15kr.	12kr.	9kr.

	bis Nannhofen (8½ Stunde) 1te Classe	2te Classe	3te Classe	4te Classe	bis Althegnenberg (11 Stunden) 1te Classe	2te Classe	3te Classe	4te Classe
von München	1fl. 36kr.	1fl. 15kr.	57kr.	30kr.	2fl.	1fl. 36kr.	1fl. 15kr.	42kr.
von Pasing	—	—	—	—	—	—	—	—
von Lochhausen	1fl.	48kr.	36kr.	21kr.	1fl. 24kr.	1fl. 6kr.	54kr.	30kr.
von Olching	—	—	—	—	—	—	—	—
von Maisach	21kr.	18kr.	15kr.	9kr.	48kr.	40kr.	33kr.	18kr.
von Nannhofen					30kr.	24kr.	18kr.	12kr.

Ermäßigte Taxe

für bestellte Wagen zu 24 Personen oder Wagen-Abtheilungen zu 8 Personen, welche auf Voranmelden bei der Stations-Cassa in München zu haben sind:

Nach **Lochhausen** und **zurück**:
1te Classe 1 fl. — kr. die Person. 3te Classe 33 kr. die Person.
2te „ — „ 45 „ „ „ 4te „ 21 „ „ „

Nach **Maisach** und **zurück**:
1te Classe 1 fl. 48 kr. die Person. 3te Classe 1 fl. 6 kr. die Person.
2te „ 1 „ 24 „ „ „ 4te „ — „ 42 „ „ „

Zur Fahrt nach anderen Stationen können unter verhältnißmäßiger Preisberechnung auch Bestellungen, jedoch nur auf ganze Wagen bei der Stations-Cassa in München gemacht werden.
Wegen der Benutzung der Eisenbahn zu Waaren- und Viktualientransporten werden die Aufschlüsse wie bisher bei der Abfahrts-Station München ertheilt.

Verbindungsfahrten mit der Eisenbahn.

Mit Bruck. Mittelst Stellwagen von und nach Maisach à 9 kr. die Person.

Mit Augsburg. Mittelst Augsburger-Lohnkutscher mit der ersten und letzten Fahrt von und nach Althegnenberg zu 1 fl. die Person, mit der zweiten Fahrt von und nach Nannhofen zu 1 fl. 12 kr. die Person, incls. Trinkgeld und Einschreibgebühr. 40 Pfund Gepäck sind frei. Jedes weitere Pfund zahlt 2 kr. Diese Lohnkutscher haben sich verbindlich gemacht, zu jeder dieser eben genannten Fahrten täglich 6 viersitzige Wagen zur Weiterreise nach Augsburg in der Art zu stellen, daß je zwei Wagen um 8 Uhr Morgens und 6 Uhr Abends in Althegnenberg und um 12 Uhr Mittags in Nannhofen bereit seyn werden.

Diejenigen Reisenden, welche diese Gelegenheit benützen wollen, können sich schon hier auf der Abfahrts-Station, jedoch spätestens eine halbe Stunde vor Abgang des Dampfwagens, gegen Entrichtung der Fahrgebühren einschreiben lassen und erhalten dagegen einen mit laufender Nummer versehenen Anweisschein, der ihnen ihren Platz zur Weiterbeförderung nach Augsburg sichert.

München den 11. September 1840.

Das Directorium der München-Augsburger-Eisenbahn-Gesellschaft.

J. v. Maffei, Vorstand.

Maillinger, Geschäftsführer.

Betriebs klar, dass man hier einen kapitalen Fehler gemacht hatte; mit einer schon vor dem Bau zur Diskussion gestellten etwa 1 km längeren Gleisführung hätte man die Steilrampe vermeiden können. So wurde 1864 ein drittes Gleis gebaut. Die Dampfmaschinen hatten ausgedient; statt dessen hängte man an das Seil eine Lokomotive, die bergab fuhr und die Lokomotive des zu fördernden Zuges mit Hilfe des Seiles unterstützte. Auf dem Rückweg wurden diese den Seilzug bedienenden Lokomotiven als zusätzliche Schiebeloks eingesetzt, sodass – der Seilzug war bis 1927 in Betrieb (Bild siehe Seite 197) – jeder Zug von drei Lokomotiven gezogen und geschoben wurde, von denen eine auf dem Parallelgleis am Seilzug bergab fuhr. Die ständig steigende Leistung der Lokomotiven machte dann die Vorrichtung überflüssig, heute ist die Rampe elektrifiziert.

In die Anfangsjahre der Eisenbahn fällt auch die Einführung des Telegrafen. Ohne ein perfektes Fernmeldesystem ist ein moderner Eisenbahnbetrieb nicht denkbar.

Der erste Bahntelegraf, der sich des in einem Leitungsdraht übermittelten elektrischen Stroms bediente, war der »Zeigertelegraph« der Taunusbahn (1843) und der Rheinischen Eisenbahn. Über einem Zifferblatt voller Buchstaben und Zahlen wurde durch Stromstöße ein Zeiger hin und her bewegt, und man konnte auf diese Art – wenn man sich nur genug Zeit nahm – Wörter und Sätze übermitteln. Als Nachteil wurde empfunden, dass die »Telegramme« nur abgelesen und, gegebenenfalls, abgeschrieben werden konnten, ein späterer Nachweis über eine abgegebene Meldung aber nicht zu führen war. 1849 wurde dann – zunächst bei den Hannoverschen Staatseisenbahnen – der erste deutsche Morsetelegraf eingeführt. 1852 waren 39 deutsche Eisenbahnverwaltungen mit Telegrafenapparaten ausgerüstet.

Das Wichtigste für den Fahrgast allerdings war und ist der Wagen, und um den hat es in den ersten Jahren der Eisenbahn böse ausgesehen. Sowohl in Europa als auch in Amerika gab es Strecken, auf denen man ganz einfach Postkutschen mit Spurkranzrädern, mit abmontierter Deichsel und Kupplung, reihenweise hinter die Lokomotive hängte.

Doch bald erwies sich die Kutsche als zu kleine Einheit. Die ersten speziell für die Eisenbahn konstruierten Personenwagen wurden in England gebaut, und ihre Form war lange Zeit vorbildlich für weite Teile des europäischen Kontinents, Frankreich und besonders für Norddeutschland. In anderen Gebieten waren sie neben der noch zu besprechenden amerikanischen Form verbreitet. Man setzte mehrere Postkutschen-Kästen nebeneinander auf einen gemeinsamen Rahmen und nannte das Ganze »Kupee-Wagen« (Abteil-Wagen). Die Zug- und Stoßvorrichtungen, Federn, Achsen und Räder, waren am durchgehenden Rahmen befestigt. Dabei hatten die Wagen für unsere Verhältnisse winzige Maße: 7 m in der Länge, 2,35 m in der Breite, und die lichte Höhe in den

Erster Fahrplan der München-Augsburger Eisenbahn-Gesellschaft auf der Teilstrecke München – Aithegnenberg. 1840.

Unten links das auch als optischer Telegraf verwendete Gittermastsignal der bayerischen Ostbahn. Rechts ein Ballonsignal.

Abteilen betrug nur 1,70 m. Schon zwischen Nürnberg und Fürth waren solche Wagen gefahren.

Immerhin gab es, den Reisenden zum Trost, nach etwa zehn Jahren deutschen Eisenbahnbetriebes keine offenen Personenwagen mehr – es sei denn, sie waren als Aussichtswagen speziell so konstruiert und waren nur mit Sonderbilletts benutzbar. Es setzte sich auch durch, die Wagen außen mit Blech und innen mit Holz zu verkleiden und je nach Bahnlinie und -gesellschaft in prächtig leuchtenden Farben zu streichen. Was die Heizung betraf, so waren die frierenden Fahrgäste jahrelang auf mitgebrachte Wärmflaschen angewiesen. Dann wurden mit heißem Wasser oder heißem Sand gefüllte Fußwärmer in die Abteile der oberen Klassen gestellt, und schließlich erschienen – zuerst auf den badischen Eisenbahnen – eiserne Öfen. In Preußen heizte man lange, indem glühende Briketts in von außen zugängliche Behälter gelegt wurden. Ab 1837 wurden auch die Abteile mit flackernden Kerzen und Öllampen beleuchtet. Preußen machte seinen Eisenbahnen 1844 die Beleuchtung aller Abteile während der Dunkelheit zur Pflicht.

Noch länger musste es allerdings dauern, bis sich der Einbau von Toiletten in Eisenbahnwagen durchsetzte.

Oben ein Zweiter-Klasse-Wagen der München-Augsburger Eisenbahn, 1838. Modell. Die Sitznummern sind außen an den Türen angeschrieben.

Darunter ein gedeckter Güterwagen der bayerischen Staatsbahn. Modell. Solche gedeckten Güterwagen waren seit 1850 in Betrieb.

Das war auch von der Konstruktion her bei Abteilwagen keine einfache Sache, denn die Abteile waren gegeneinander abgeschlossen, hatten nur zwei Türen, und der Weg von einem Abteil in das andere führte durch die Außentür. Für das Zugpersonal wurden durchgehende Trittbretter eingeführt, auf denen die Schaffner (zum Teil noch bis in die 30er Jahre) während der Fahrt von Abteil zu Abteil gingen.

Herrschaften von Stand bevorzugten es in den ersten Eisenbahnjahren, in »eigenen Polstern« zu reisen: Die herrschaftliche Kutsche wurde auf einen Plattformwagen verladen, und so konnte die Fahrt ohne Tuchfühlung mit Fremden, unter Vermeidung des Transportes zusammen mit dem einfachen Volk, vonstatten gehen. Neben der Exklusivität aber hatte diese Art des Reisens noch einen anderen einleuchtenden Vorteil: Die Eisenbahnen bildeten damals keineswegs ein Netz; auf längeren Reisen wurden mit ihnen nur Teilstrecken zurückgelegt, und dort, wo das Gleis endete, musste ja ein anderes Beförderungsmittel in Anspruch genommen werden. Schon 1840 besagte die Preistafel der Leipzig-Dresdner Eisenbahn:
Equipagen werden mit Personenzügen befördert und bezahlen Fracht nach folgenden drei Abstufungen:
I. Klasse – vier- und zweisitzige Wagen mit unbeweglichem Verdeck usw. – 15 1/2 Thaler
II. Klasse – Wagen mit Koffern und Gepäck, Chaisen mit Hintersitz usw. – 11 2/3 Thaler
III. Klasse – leichtes Fuhrwerk, Einspänner usw. – 10 1/2 Thaler
Die im eigenen Wagen mitfahrenden Personen haben Fahrbilletts II. Klasse, die auf dem Bock III. Klasse zu lösen.
In Sachsen richtete man solch einen »Huckepackverkehr« auch für Lastfuhrwerke ein.

Die ersten Eisenbahnwagen waren wie die Kutschen vierrädrig. Da aber bei dem Bruch eines einzigen Rades dann eine schwere Katastrophe drohte, baute man in England schon früh dreiachsige Wagen, allerdings zunächst mit festen Achsen, denn der Achsstand war kurz, und die frühen Eisenbahnen kannten keine scharfen Kurven. Doch schon wegen der Abnutzung der Spurkränze wurde die mittlere Achse bald verschiebbar angeordnet, und man experimentierte mit Gestängen, durch die die verschobene Mittelachse die Endachsen so beeinflussen konnte, dass diese sich radial zum Gleisbogen einstellten. Das erste, allerdings noch unbrauchbare, deutsche Patent einer solchen Steuerung wurde schon 1845 angemeldet.

Aus Amerika kamen derweil »Interkommunikationswagen« mit einem Mittelgang, längs oder quer zur Fahrtrichtung angeordneten Sitzen zu seinen beiden Seiten, und Plattformen an den Stirnseiten, zu denen in eben diesen Stirnseiten angebrachte Türen führten. Diese Wagen, die in Deutschland zunächst 1845 von den Württembergern angeschafft wurden (in Norddeutschland liefen sie bald auch auf der Niederschlesisch-Märkischen Bahn und auf der Berlin-Frankfurter Bahn),

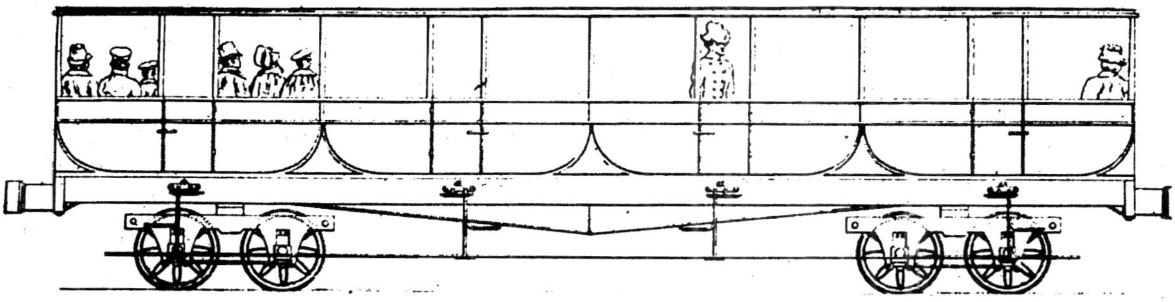

Vierachsiger Drehgestellwagen aus dem Jahre 1842. Die Passagiere saßen mit dem Rücken zur Außenwand.

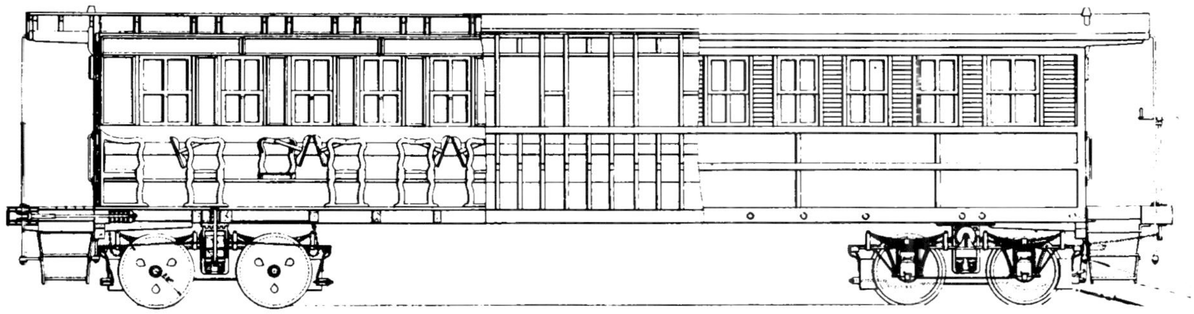

Erster Personenwagen zweiter Klasse der Württembergischen Staatsbahn in amerikanischer Bauart 1845. Der Zugang erfolgte über die offenen Perrons.

setzten sich bald auch in Österreich und der Schweiz durch. Sie liefen auf zwei Drehschemeln mit je zwei Achsen und waren für leicht gebaute und kurvenreiche Strecken, wie sie in Amerika anzutreffen waren, wie geschaffen. Letztendlich hat sich diese Bauweise als die zukunftsträchtige herausgestellt. Die aus Amerika herangeschafften Wagen unterschieden sich in ihren Abmessungen wohltuend von den frühen in Deutschland gebauten Abteilwagen. Sie waren wesentlich höher. Und wegen der größeren Länge des Wagenkastens konnten sie in der ersten und zweiten Klasse 42, in der dritten 68 Reisende aufnehmen. Gegenüber den 2 t der ersten deutschen Abteilwagen nimmt sich ihr Gewicht von etwa 14 t allerdings immens aus.

Es ist viel über den Ursprung des Interkommunikationswagens gerätselt und geschrieben worden. Amerikanische Postkutschen, größer und derber als die europäischen, sollen parallel zur Fahrtrichtung gestellte Bänke gehabt und so die Konstruktionsidee abgegeben haben.

Andere Historiker verweisen auf die mächtigen Mississippidampfer, die mit ihren großen Innenräumen Vorbild waren, auf die demokratische Grundeinstellung der Amerikaner, die sich nicht in kleinen abgeschlossenen Abteilen einschließen wollten und das Reisen in der größeren Gruppe des Interkommunikationswagens vorzogen. Bald stellten die Amerikaner fest, dass sie mit ihren großräumigen Wagen viel mehr tun konnten als mit Abteilwagen. Küchen, Speiseräume, Schlafgelegenheiten und Toiletten waren leichter unterzubringen. Das Reisen war für »das Volk« einfach angenehmer, man hatte mehr Kontakt zu den Mitmenschen, während die Abteilwagen (vielleicht den norddeutschen Protestantismus ausdrückend) vor allem den »Höhergestellten« gefallen haben mögen.

Schließlich sei hier noch von dem missglückten badischen Eisenbahnfrühling die Rede. Baden wählte die Form der Staatsbahn, und es hat geradezu den Anschein, als wollte man demonstrieren, welche Nachteile sie mit sich bringen kann. Obwohl das Land in der oberrheinischen Tiefebene seine Bedeutung weitgehend dem Durchgangshandel verdankte, gab man »den Schienen eine von dem deutschen Normalmaße abweichende Spurweite, damit ja kein fremder Eisenbahnwagen in das Ländle hinüber käme«, schrieb der Historiker Treitschke. Und er, dessen politische Ansichten es ihm kaum erlaubten, sich dem Thema vorurteilsfrei zu nähern, (ver)urteilte weiter: ›Die mit dem Großherzogtum Hessen verabredete Main-Neckar-Bahn wurde nicht geradeswegs an den dicht bevölkerten Ortschaften der oberen Bergstraße vorbei nach Heidelberg geführt, aber auch nicht westwärts nach Mannheim, denn beide Städte standen in Ungnade wegen ihrer liberalen Gesinnung; man gründete vielmehr mitten zwischen beiden Orten in der sandigen Rheinebene den lächerlichen Knotenpunkt Friedrichsfeld.« Die badische Spur entsprach mit 1,60 m der irischen und führte zusammen mit der in Deutschland einmaligen Vorschrift des Linksfahrens auf zweigleisigen Strecken zu einer Isolierung, die erst 1854/55 durch die Angleichung an die Nachbarbahnen (was sich als eine recht teure Sache herausstellte) durchbrochen werden konnte. Inzwischen fuhr man, schon ab 1844, von Mannheim nach Basel weitgehend über Straßburg auf französischem Boden und französischem Gleis. Die badische Eisenbahn erreichte Basel erst 1855. Sie errichtete dort den exterritorialen Badischen Bahnhof, der für die Schweizer Zollausland war und – mit einer hohen Mauer umgeben – streng bewacht und nachts verschlossen wurde. Ein Anschluss von dort an das Schweizer Eisenbahnnetz erfolgte erst 1873.

Die Eroberung der Ebene

Franz Xaver Riepl, Professor der Mineralogie und Warenkunde zu Wien, veröffentlichte im Jahre 1829 den Plan einer 1500 km langen Eisenbahn quer durch die Donaumonarchie, von der russischen Grenze nach Triest. Damit war die Aufgabe umrissen, die der Eisenbahn in flächengroßen und vor allen Dingen in verkehrsmäßig unterentwickelten Staatswesen zufallen sollte: die Länder durch bessere Möglichkeiten der Kommunikation zusammenzuhalten, ihre Teile miteinander zu verbinden und darüber hinaus Unerschlossenes zu erschließen. Nachdem man sich im westlichen Europa, das eine relativ gute Infrastruktur hatte, auf die Verbindung jeweils zweier wirtschaftlich oder politisch interessanter Gemeinwesen beschränkte, wurden neben den USA die Donaumonarchie und später Russland zum Experimentierfeld für Fernbahnstrecken.

Vorerst verfügte man in Österreich-Ungarn über eine lange Pferdebahnstrecke von Linz (später Gmunden) nach Budweis; sie verband das Stromgebiet der Donau mit dem der Elbe.

Der Gedanke, die Wasserwege zur Nordsee mit denen, die zum Schwarzen Meer führten, zu verbinden, war nicht ganz neu. Schon Karl der Große hatte in Vorbereitung des Feldzuges gegen die Awaren (796) einen Verbindungskanal zwischen Rhein und Donau bei Weißenburg (Bayern) herstellen wollen, doch misslang das Werk wegen der einsinkenden Uferböschungen und der Unzulänglichkeit der damals verwendeten Schwemmschleusen. Erst im 19. Jahrhundert wurde dieser Plan von Seiten Bayerns wieder aufgegriffen.

Während man sich in Bayern von Regensburg aus auf den Main hin orientierte, zog man in Wien das damals zu Österreich gehörende Prag als Zielpunkt vor. Es ging um die Verbindung der beiden wichtigsten Schwerpunkte des habsburgischen Reiches, die Verklammerung seiner auseinander strebenden Völker – und es ging um den Transport des lebenswichtigen Salzes. Das wurde seit der Urväter Zeiten auf der Traun und Donau verschifft, gelangte so bis in die Nähe der böhmischen Grenze und wurde von dort auf dem Rücken von Tragtieren über einen wilden, »Goldener Steig« genannten Saumpfad quer über den Böhmerwald nach Budweis getragen und über Moldau und Elbe weiter versandt.

Es wird berichtet, dass schon Karl IV. im 14. Jahrhundert erste Vorarbeiten für einen Schifffahrtsweg zwischen Donau und Moldau in die Wege leitete. Auch Wallenstein, Herzog von Friedland, war darum bemüht. Aber erst mit der Industrialisierung, mit der Vervollkommnung des Kanalbaus, kam man der Sache näher. Die kürzeste und billigste Verbindung von Linz an der Donau nach Joachimsmühle an der Moldau wurde mit 38 km vermessen – keine weite Strecke im Verhältnis zu anderen Kanalbauten. Doch die Schwierigkeit lag in den Höhenunterschieden. Von Linz hätte man 515 m Steigung überwinden müssen und von der höchsten Stelle des Bauwerks wiederum 220 m Gefälle; nach den damaligen technischen Möglichkeiten wären dazu 290 Schleusen notwendig gewesen. Der Prager Professor der höheren Mathematik und Mechanik, der freien Künste und der Weltweisheit Dr. Franz Josef Ritter von Gerstner musste deshalb von einem Kanalbau abraten und empfahl – es war im Jahre 1808 – den Bau einer Pferdeeisenbahn. Die Regierung in Wien horchte auf, denn ein solcher Schienenstrang konnte ihren Interessen nur förderlich sein. Doch schien die Sache kaum realisierbar. Im Jahre 1820 erhielt Gerstners inzwischen 24 Jahre alter Sohn Franz Anton den Regierungsauftrag, sich anstelle seines durch vielerlei andere Pflichten überlasteten Vaters der Sache intensiv zu widmen. Er bereiste England, erwarb 1824 ein kaiserliches Privileg, das die »ausschließende Conzession« und mancherlei »Berechtigungen und Begünstigungen« enthielt, und wurde von der danach gegründeten »K. k. priv. Ersten Eisenbahn-Gesellschaft« als Bauführer in Dienst genommen.

Gerstner ging bei seinen Maßnahmen von zwei Voraussetzungen aus, über die er nicht mit sich diskutieren ließ: Zum ersten legte er die Strecke so an, dass sie für einen späteren Betrieb mit Lokomotiven geeignet war. Das bedeutete, dass er einen Unterbau herstellen ließ, der weit solider war als es die Pferdeeisenbahn verlangte, und der gleichzeitig wegen der vielen Kurven Kosten verursachte, die im Augenblick – und überhaupt – manchen seiner Auftraggeber unnötig erschienen. Im Gegensatz zu den englischen Eisenbahnbauern, die Dämme aus Erde aufschütteten, hielt Gerstner es für notwendig, in den Dämmen bis auf das gewachsene Erdreich hinab massive Stützmauern anzubringen, je eine unter jede Schiene. So hatte er nicht mit dem sich senkenden Erdreich zu kämpfen, sondern konnte stolz vorführen, dass bei einer Steigung von immerhin 8,3 ‰ ein einziges Pferd 13 t Last aufwärts und 25 Wagen mit 21 t Last abwärts beförderte. Das Gutachten eines Professors aus Wien nahm die Vorteile dieser Bauart begeistert auf, und der Erfolg war, dass Gerstner verpflichtet wurde, nicht nur zwei schmale Stützmauern, sondern eine breite, beide Schienen tragende, in jeden Damm einzubauen. Da die Dämme bis zu 20 m hoch waren, verursachte diese Bauweise enorme zusätzliche Kosten, was schließlich dazu führte, dass Gerstner sich mit seinen Geldgebern überwarf und gezwungen wurde, die Bauleitung niederzulegen.

Allgemeine Anerkennung dagegen wurde Gerstners zweitem Grundsatz zuteil, auf jeden Fall auf die Anlage seilgetriebener »schiefer Ebenen«, wie er sie in England gesehen hatte, zu verzichten, zumal diese besonders bei dem von ihm vorgesehenen Dampfbetrieb den glatten Ablauf der Transporte stark behindert hätten. Er war, was die Zugkraft von Lokomotiven auf Steigungen betrifft, weitaus optimistischer als seine englischen Kollegen und sollte letztendlich, als er schon längst in Amerika verbittert gestorben und vergessen war, doch Recht behalten. So bestand er darauf, die gesamte Strecke in gleichbleibender Steigung zu bauen.

Doch auch nach Gerstners Ausscheiden musste es weitergehen, denn die Aktionäre hatten keineswegs den Spaß am Eisenbahnbau, wohl aber an Gerstners Gründlichkeit und Pedanterie verloren. Sein Nachfolger, Matthias Ritter von Schönerer, erhielt den Auftrag, ohne Rücksicht auf die bisher angewandten Grundsätze und Verfahren den Bahnbau schnellstens und auf billigste Weise zu vollenden, was bedeutete, dass die Strecke schließlich aus zwei ganz verschiedenen Hälften bestand und schon nach wenigen Jahren – nach dem Durchbruch der Dampflokomotive – uninteressant wurde. So baute Schönerer Steigungen bis zu 21,8 ‰ und Krümmungen von nur 38 m, im Stadtbereich von Linz sogar von nur 17 m Halbmesser, was ihm ermöglichte, seinen Geldgebern zu melden, er habe den Bau mit Kosten vollendet, die weniger als die Hälfte des von Gerstner benötigten Durchschnittspreises betrügen. An Stützmauern war dabei natürlich nicht mehr zu denken, und die geringen Krümmungshalbmesser ließen es ratsam erscheinen, statt der vierrädrigen englischen Eisenbahnwagen zweirädrige Karren eigener Konstruktion einzusetzen, die den höheren Reibungswiderstand und die Abnutzung von Rädern und Gleis berücksichtigten.

Am 1. August 1832 wurde auf der ganzen Strecke Linz – Budweis der Frachtbetrieb aufgenommen. Bespannung und Pferdewechsel besorgten Pächter in 20 km voneinander entfernten »Stationen«. Ein Zugtier hatte am Tag die Hin- und Rückfahrt zwischen zwei Stationen, also 40 km, zu bewältigen, und das entsprach auch einer Tagesetappe für die Frachtwagen. So war man auf der 1836 eröffneten Anschlussstrecke von Gmunden bis Linz anderthalb Tage unterwegs und von Linz nach Budweis weitere drei Tage. Die »Züge« verkehrten grundsätzlich nur einmal am Tag in jeder Richtung; alle Zugtiere und Wagen wurden in langer Kolonne hintereinander geführt. Nur auf der von Schönerer angelegten Steilstrecke zwischen Linz und Kerschbaum trabte eine Gruppe morgens, die zweite nachmittags. Personenfahrten erfolgten – nur im Sommerhalbjahr – einmal am Tag zwischen Budweis und Linz und zweimal täglich zwischen Linz und Gmunden, wobei man sein Ziel noch am gleichen Tag erreichte, dazu kamen lokale Fahrten für den Nahverkehr, soweit es die Fahrpläne zuließen.

Zum Einsatz kamen 24 Personen fassende »Stellwagen« für den allgemeinen Verkehr; vornehme Reisende mieteten einen sechs bis acht Personen fassenden »Separatwagen« oder ließen die eigene Kalesche auf einem »Brückenwagen« transportieren, doch war beides, um die regelmäßig verkehrenden Fracht- und Personentransporte nicht zu behindern, nur hinter planmäßigen Zügen möglich. An den End- und Unterwegsstationen gab es Anschlüsse an Dampfschiffe und Postkutschen.

Die Zahl der beförderten Güter und Personen stieg auf 125.555 t Fracht und 188.211 Passagiere im Jahre 1852, doch blieb der Gewinn dürftig. Natürlich bestand bald der Wunsch, zwischen Donau und Moldau eine leistungsfähigere Dampfeisenbahn zu besitzen, doch hätte deren Bau eine Verletzung der kaiserlichen Privilegien bedeutet. So musste die Regierung den Konzessionsinhabern 1856 den Umbau der Pferdebahn in eine Dampfeisenbahn auferlegen.

Die erste Dampfeisenbahn Österreichs fuhr im November 1837 zwischen Floridsdorf und Wagram vor den Toren Wiens, auf einem Teilstück der Kaiser-Ferdinands-Nordbahn zwischen Wien und den galizischen Salzbergwerken von Bochnia. Diese Linie realisierte die Idee des schon genannten Wiener Professors Franz Xaver Riepl, das Stromgebiet der Weichsel, ja den ganzen Norden des Reiches mit seinen Bodenschätzen und Bergwerksbetrieben in ein Verkehrssystem einzubeziehen.

Ein Wagenzug der Pferdebahn Budweis – Linz, 1832.

(1846 wurde dann mit der anschließenden galizischen Bahn nach Lemberg und auf Flügelbahnen nach Brody und Czernowitz begonnen.)

Hier lag der Schwerpunkt der Planung auf dem Frachtverkehr. Die Initiative war vom Wiener Bankhaus Salomon Mayer Freiherr von Rothschild ausgegangen, das 1836 ein auf 50 Jahre befristetes kaiserliches Privileg erwarb und bei der Gründung in die »K. k. ausschl. priv. Kaiser-Ferdinands-Nordbahn« Gesellschaft einbrachte. Dabei wird zum ersten Mal von Vorbehalten zu Gunsten der Post berichtet, die von da an in den meisten der erteilten Konzessionen erscheinen. Man ging äußerst vorsichtig zu Werke und hatte die Rentabilitätsrechnung auf jährlich 85.000 t Güter und 50.000 Passagieren aufgebaut; das erste Betriebsjahr der Hauptlinie brachte aber

Drei Ausschnitte aus Panoramen »Ansichten der Ferdinands-Nordbahn« um 1840.
1. Reihe – Abfahrt des Wagenzuges vom Bahnhof Wien;
2. Reihe – links Dritter Stationsplatz Markt Lundenburg, rechts Dorf Pausram;
3. Reihe – links Ansicht gegen Brünn, rechts Abfahrt des Dampfwagenzuges in Brünn.

einen Passagierverkehr, der den Voranschlag um das Sechsunddreißigfache, einen Güterverkehr, der ihn um das Zehnfache überschritt. Schienen und Lokomotiven wurden zunächst aus England importiert; bei dem Bau der Wagen setzte man jedoch gleich österreichische Betriebe ein. 1839 konnte dann die Strecke bis Brünn in Betrieb genommen werden. Die Eröffnungsfahrt von vier Zügen mit insgesamt 38 Wagen verlief nicht ohne Missklang: Im Bahnhof Branowitz fuhr der in einem Abstand von acht Minuten folgende dritte Zug auf den zweiten infolge falscher Weichenstellung auf, und es gab eine Reihe Verletzter – Grund für die Aufsichtsbehörde, einen Zugabstand von mindestens einer halben Stunde und die Mitnahme einer »als vollkommen sachkundig bewährten Person« auf jedem Zug anzuordnen. Dieser Mann hatte, rückwärts zu den Wagen schauend, auf der Lokomotive Platz zu nehmen und den Lokomotivführer nebst Conducteur zu überwachen.

Die Fahrt des 7-Uhr-Frühzuges Brünn – Wien vom 30. Oktober 1839 ging in die Geschichte des österreichischen Eisenbahnwesens ein. Die Empörung des Publikums war so groß, dass der Hofkanzler den Auftrag erhielt, dem Kaiser persönlich und detailliert Bericht zu erstatten. Auf dieser Fahrt waren auch alle Widrigkeiten zusammengekommen, unter denen die Eisenbahn damals zu leiden hatte: Es begann damit, dass der Zug – er hatte mit elf gut besetzten Personenwagen und fünf Gepäckwagen eine überdurchschnittliche Länge und stattliches Gewicht – sich nicht aus dem Bahnhof bewegte. Die Lokomotive »Concordia« war zu spät angeheizt worden und entwickelte nicht die nötige Kraft. Dazu kam, dass heftiges Schneetreiben und Sturm herrschten. So mussten Eisenbahnarbeiter den Zug zunächst einmal anschieben, bis die Kraft der Lokomotive zur Weiterbeförderung ausreichte. Dieselben Schwierigkeiten gab es dann in Seitz, wo die Lokomotive Wasser übernommen hatte. Da auf der Station noch keine Apparatur zum Vorwärmen des Wassers installiert war und dieses kalt in den Kessel lief, war die Dampferzeugung unterbrochen worden. Schließlich wurde mit großer Verspätung Lundenburg erreicht. Man hängte dem Zug noch zwei Wagen an und wechselte die Lokomotive. Nun, so war anzunehmen, ginge es ohne Störung flott weiter. Doch die Hoffnung trog. Auch die Lokomotive »Nordstern«, schmuck anzusehen, war nicht in der Lage, den Zug allein in Bewegung zu setzen. So musste die »Concordia«, die inzwischen genug Dampf erzeugt hatte, den Zug aus dem Bahnhof schieben. Bald gab es wieder einen Aufenthalt. Der Kessel des »Nordsterns« war leck

geworden und das ausströmende Wasser hatte das Feuer gelöscht. Nahebei befand sich die Lokomotive »Herkules«, aber auch die war in desolatem Zustand und konnte nicht helfen. So reparierte man den »Nordstern« notdürftig und schickte ihn zur Station Hohenau, um Hilfe herbeizuholen. Die Wagen mit den Passagieren blieben derweil auf einem Damm inmitten von Sturm und Schneetreiben stehen, bis die Anordnung gegeben wurde, sie doch mit Pferden in den nächsten geschützten Einschnitt zu ziehen.

Vier Stunden dauerte der unfreiwillige, nasskalte Aufenthalt. Dann erschienen drei Lokomotiven gleichzeitig: von vorn, nämlich aus Hohenau, der wieder zugkräftige »Nordstern«, und dazu eine Lokomotive namens »Saturn«, die man in Sorge aus Wien in Marsch gesetzt hatte, um zu helfen, da der Zug längst überfällig war. Aus der entgegengesetzten Richtung kam der »Herkules«, auch er repariert und wieder im Vollbesitz seiner Kräfte. Alle drei Lokomotiven – zwei vorn und eine am Schluss – brachten nun den Zug ohne weitere Zwischenfälle nach Hohenau, wo »Herkules« zurückblieb, ein weiterer Wagen angehängt wurde und die beiden anderen Lokomotiven mit dem langen Zug nach Wien weiterdampften. Bei Straßhof hätte man beinahe einen mit Stroh beladenen Bauernwagen überfahren, der auf einem Bahnübergang stecken geblieben war. Dem Zug entgegenlaufende Bauern und Bahnbeamte konnten die Lokomotivführer im letzten Augenblick warnen.

Das schien den Reisenden reichlich genug Aufregung für einen Tag, doch die Kette der Unfälle riss nicht ab. Bei Leopoldsau – es war inzwischen etwa halb neun geworden, versagte der »Nordstern« wieder den Dienst, und da der »Saturn« den schweren Zug allein nicht von der Stelle brachte, blieb nichts anderes übrig, als die beiden Lokomotiven allein zur nächsten Station zu schicken, von wo der »Nordstern«, wieder zu Kräften gekommen, allein in Richtung Wien weiterfuhr. Um nun zumindest einen Teil der Wagen nach Wien zu schaffen, übernahm der zurückgekehrte »Saturn« deren fünf, fuhr aber bald mit diesen in der Dunkelheit auf den wiederum auf freier Strecke liegen gebliebenen »Nordstern« auf. Der Lokomotivführer und ein Fahrgast wurden leicht verletzt. Etwa um dieselbe Zeit näherte sich den übrigen, noch bei Leopoldsau auf der Strecke stehenden Wagen der fahrplanmäßige Abendzug von Lundenburg, an den weder Bahnbedienstete noch Passagiere gedacht hatten, und der demzufolge erst gewarnt werden konnte, als der Feuerschein der Lokomotive in der Ferne auftauchte.

Aber da war es zu spät. Der Zug krachte in die stehenden Wagen, es gab weitere Verletzte. Ein großer Teil der Fahrgäste hatte es allerdings vorgezogen, den Weg nach Wien zu Fuß fortzusetzen. Gegen zwei Uhr nachts erschien dann auf einer Lokomotive der Maschinendirektor der Bahngesellschaft, um Passagiere und Wagen einzusammeln und nach Wien zu bringen.

Nachzutragen ist, dass sich die Behörden ihrer Aufsichtspflicht entsannen, den geschäftsführenden Verwaltungsräten der Kaiser-Ferdinands-Nordbahn einen strengen Verweis erteilten und sie mit einer Geldstrafe von 1000 Gulden belegten. Die österreichischen Eisenbahnen erlitten einen schweren Vertrauensverlust, der die weitere Entwicklung hemmte und erst nach Jahren ausgeglichen werden konnte.

Brunel und die breite Spur

In diesem Kapitel der Eisenbahngeschichte begegnet uns jener englische Ingenieur Isambard Kingdom Brunel, der 1852 die »Great Eastern«, das größte Schiff seiner Zeit, zu bauen begann. In den 30er-Jahren war er Baumeister der »Großen westlichen Eisenbahn« von London nach Bristol, »Great Western« genannt, deren Kapitalgeber die Absicht bekräftigt hatten, die Geschwindigkeit von Zügen auf Schienen erheblich heraufzusetzen.

Das war ein Programm nach dem Herzen Brunels, der schon auf mancherlei Gebieten experimentiert hatte und zu kühnen Lösungen neigte. Es gibt drei Wege, die Geschwindigkeit von Dampflokomotiven wesentlich zu erhöhen: der nächstliegende, die Arbeit der Kolben im Zylinder und damit die Umdrehungen der Treibräder zu beschleunigen, stößt bald an Grenzen, die in der Natur des Dampfes und seiner Ausdehnung liegen. Der zweite bedeutet die Zwischenschaltung eines Getriebes zwischen Zylinder und Treibrad. Das ist in den Kindertagen der Dampflokomotive oft versucht worden, und alle Beteiligten waren heilfroh, als man die direkte Kraftübertragung vom Zylinder auf das Fahrwerk ohne komplizierte, schwergewichtige und vor allen Dingen Kraft fressende Zwischenstücke einführte. Brunel hatte sich noch mit dem Patent eines Herrn Harrison von der Stanhope-Tyne-Eisenbahn auseinander zu setzen, der aus einem Kolbenhub drei Radumdrehungen machen wollte. Der dritte und einfachste Weg ist dagegen, die Größe der Treibräder so zu variieren, dass bei den verschiedenen Lokomotivtypen die optimale Arbeitsgeschwindigkeit der Dampfmaschine in die gewünschte Reisegeschwindigkeit der Lokomotive übersetzt wird. Ihn sind Lokomotivbauer Generationen hindurch gegangen, indem sie kleinrädrige Güterzuglokomotiven und großrädrige Schnellzuglokomotiven herstellten.

So plante Brunel für seine Lokomotiven Treibräder mit einem Durchmesser von 8 Fuß (Engl. Fuß = 30,48 cm);

2'A1-Lokomotiven der Brunel'schen Breitspur. Hier ist schon die dritte Schiene zu sehen, das Bild entstand in der Zeit der Umstellung der Breitspur auf Regelspur.

Hawthorn soll für die »Great Western« sogar eine Lokomotive mit 10 Fuß großen Treibrädern konstruiert haben. Solche Bauart erschien nur möglich, wenn man die Maschinen auf ein extra breites Gleis stellte, und so wählte Brunel für seine Bahn auch eine von der üblichen Bauweise abweichende Spurweite von 7 Fuß (212,5 cm).

»Es ist eine Tragödie der Eisenbahngeschichte, dass man dieses Maß nicht als Norm erhob. Wunderbar geräumige Züge wären möglich geworden, obwohl es sicherlich im Gebirge Schwierigkeiten gegeben hätte«, schrieb ein englischer Eisenbahnhistoriker. Zunächst aber behalf man sich mit einer Zwischenlösung. Die erste Lokomotive der »Great Western«-Strecke, von Stephenson unter seiner Fabrikationsnummer 150 geliefert, hatte keine besonderen Kennzeichen. Sie war für die New Orleans Railways (USA) gebaut, aber nicht abgenommen worden, und so setzte man sie einfach auf breitere Achsen. Ihre Treibräder hatten schon die Größe von 2134 mm, und 1854 wurde sie, die unter dem Namen »North Star« lief, mit größerem Kessel und neuen Zylindern versehen.

Ein Zeitgenosse berichtete: »Ohngefähr 20 engl. Meilen (Engl. Meile = 1609,344 m) von der Großen westlichen Eisenbahn waren bis zum 1. Juni 1839 vollendet, und es wurde daher an diesem Tage eine Probefahrt veranstaltet. Der Lokomotive war ein Wagenzug mit ohngefähr 200 Personen angehängt, womit die Maschine die 22 ½ Meilen lange Strecke in 47 Minuten, d. h. mit einer Geschwindigkeit von 28 Meilen in der Stunde, zurücklegte. Ohngefähr eine Stunde später fuhr ein anderer Wagenzug ab, der die Tour in 44 Minuten, oder mit einer Geschwindigkeit von etwa 31 Meilen in der Stunde, machte. Der Rückweg wurde bei einer Geschwindigkeit von 36 Meilen in der Stunde zurückgelegt. Nach der Eröffnung sind täglich acht Wagenzüge in beiden Richtungen mit einer Geschwindigkeit von 30 bis 36 Meilen in der Stunde gefahren, und es lässt sich daher als in der Praxis erwiesen annehmen, dass mit Anwendung so kräftiger Maschinen, wie sie die Great-Western-Bahn benutzt, ein größerer Geschwindigkeitgrad erzielt werden kann, als es bei anderen Bahnen und anderen Maschinen bis dahin der Fall gewesen ist.«

Später hat dann die »Great Western« unter Daniel Gooch prächtige Lokomotiven gebaut, so die »Iron Duke« von 1847, von der einige technische Daten bekannt sind. Die Lokomotive hatte bei der Achsanordnung 1A1 den bekannten äußeren Doppelrahmen und Treibräder von 2440 mm Durchmesser. Die Heizfläche war 180 m^2 groß, die Zylinder maßen 457 mal 609 mm bei einem Dampfdruck von 8 kg/cm^2. Man rechnete zwischen London und Bristol mit einer Durchschnittsgeschwindigkeit von 80 km/h und Höchstgeschwindigkeiten um 110 km/h auf den günstigen Streckenabschnitten. Tochtergesellschaften bauten die Breitspur über Bristol weiter.
So zufrieden man mit der Brunel'schen Spurweite und den leistungsfähigen Lokomotiven auch war, auf die

Hier beschreibt der Karikaturist die Mühen des Umsteigens und Umladens von einer Spurweite auf eine andere.

Darstellung des Systems einer Atmosphärischen Eisenbahn, wie sie in England in Betrieb war. Ihre Anhänger wollten das System auch am Semmering einführen. Karl von Ghega schickte zwei Mitarbeiter hin und nahm dann dankend Abstand.

Dauer wollte die »Great Western« genau so wenig in das Netz der englischen Eisenbahnen passen wie die Schmalspurbahnen.

Das Umsteigen und Umladen war allen Beteiligten ein Gräuel. So machte das Parlament Nägel mit Köpfen und verfügte 1869 den Umbau auf Normalspur; für den Durchgangsverkehr wurde eine dritte Schiene verlegt, die letzten Breitspurgleise waren erst 22 Jahre später beseitigt.

Mit dem Namen Brunel wird noch ein anderes, allerdings nur kurzlebiges Experiment der Eisenbahngeschichte verknüpft, wobei nicht recht klar ist, ob er der Erfinder oder nur ein Förderer der »Atmosphärischen Eisenbahn« der Herren Clegg und Samuda war, die in England, Irland und Frankreich gebaut und betrieben wurde. Eine dieser Bahnen soll eine Geschwindigkeit von 100 km/h erreicht haben. Dabei wurde eine Röhre zwischen den Schienen verlegt, in der Unterdruck, der am Ende der Röhre von einer Dampfmaschine mit mächtiger Luftpumpe erzeugt wurde, einen Kolben bewegen sollte. Da der Kolben aber ein Schienenfahrzeug mitnehmen musste, war die Röhre oben mit einem Schlitz versehen, durch den ein Eisenstab die Verbindung zwischen Kolben und Fahrzeug herstellte. Dieser Schlitz wurde mit einem gefetteten Lederstreifen abgedeckt, der das Vakuum erhielt, gleichzeitig aber durch die Mitnehmerstange für ein kurzes Stück zur Seite gedrückt werden konnte.

1839 wurde eine erste Versuchsstrecke dieser Art in England angelegt. 1844 ging man dann an den Bau einer solchen Bahnlinie zwischen Kingstown und Dalkey in Irland. Diese hatte ein Rohr von 38 cm Durchmesser (die englische Westlondon-Railway arbeitete mit einem Rohr von 9,2 cm lichter Weite). Da die Atmosphärische Bahn von der Adhäsion unabhängig war, propagierte man sie besonders für Gebirgsstrecken. Die irische hier schon angeführte Linie hatte bei einer Länge von 2,7 km eine Steigung bis zu 1:75 und wurde nur bergauf mit Kolben betrieben – bergab ließ man die Wagen mit eigener Kraft laufen. Gleichzeitig machten die Befürworter der Atmosphärischen Bahn Karl von Ghega das Leben schwer, indem sie allen Ernstes vorschlugen, dieses System beim Bau der Semmeringbahn zu verwenden und die Züge von Station zu Station im Gebirge hochzusaugen.

Doch nachdem Ghega zwei Mitarbeiter zur Begutachtung bestehender Anlagen ausgesandt hatte, musste er seinen Auftraggebern dringend abraten; und es ist gut, dass er seine Meinung durchsetzen konnte, denn bis zum Jahre 1850 war man allerorten von diesem System wieder abgekommen. Ratten hatten die gefetteten Lederklappen zu ihrer Lieblingsspeise erkoren.

Recht, Gesetz und Strategie

Im Geburtsland der Eisenbahn, England, wurde der Bau und der Betrieb von Eisenbahnen privaten, zu diesem Zweck gegründeten Gesellschaften überlassen. Der Staat erließ einige Verordnungen, die meist technische Dinge betrafen. Zwar behielt er sich die Genehmigung zum Bau neuer Linien vor, doch bedeutete das nicht, dass, wenn eine Gesellschaft bereits zwischen A und B eine Linie betrieb, nicht eine andere auch die Genehmigung bekam, zwischen denselben Städten ein weiteres Gleis zu legen. Man förderte solche Konkurrenzunternehmen geradezu, um die Monopolstellung einer Gesellschaft so weit wie möglich auszuschließen und auch bei der Beförderung von Mensch und Gut den freien Wettbewerb zu erhalten. So kam es, dass binnen kurzer Zeit die Linien mit der stärksten Kommunikation zwei Bahnstrecken besaßen, während an anderer Stelle, wo es im Sinne der Entwicklung des Landes sicherlich notwendig gewesen wäre, keine Eisenbahnverbindung entstehen wollte. Anleger und Banken bauten eben nicht entsprechend den Interessen des reisenden und verfrachtenden Publikums, sondern im Hinblick auf zu erzielende Rendite dort, wo ein maximaler Profit winkte.
Es war vom ersten Tag des Eisenbahnbaus an ein zentrales Problem, die Rentabilität des Unternehmens Eisenbahn

mit den Anforderungen in Übereinstimmung zu bringen, die die Interessen des Landes und der Volkswirtschaft ihm entgegenbrachten. Es ging um den Ausgleich von Gewinnstreben und Gemeinnützigkeit, Politik und Wirtschaft. Der Weg der Deutschen Bundesbahn und der Eisenbahn in den USA geben prägnante Beispiele, dass mit Prinzipientreue diese Fragen nicht zu lösen sind.

Ein Regierungskredit hatte die Bahn Manchester – Liverpool auf die Räder gestellt. Man hatte gemerkt, dass mit dem Bau von Eisenbahnstrecken viel Geld zu verdienen war, und es begann in England ein beispielloser Boom, der natürlich Spekulanten und Dunkelmänner zu höchster Aktivität anregte. »Selbst die zweifelhaftesten Projekte fanden großzügige Geldgeber. Viele Unternehmer verdienten über Nacht ein Vermögen und sonnten sich in ihrem Reichtum. Wirklich gebaut wurde allerdings nur ein Bruchteil der vorgesehenen Linien.
Während dieser Periode des Eisenbahnfiebers investierten die Leute bedenkenlos ihre ganzen Ersparnisse. Witwen und Waisen drängten sich wie Schafe zum Kauf von ›shares‹ (Eisenbahnanteilen) und wurden gründlich geschoren. Die Reaktion konnte nicht ausbleiben, sodass es später äußerst schwierig wurde, Geldmittel für wirklich erforderliche Linien aufzubringen.« (J. B. Snell)

Noch um 1900 waren 90 % aller Bahnlinien in England und Wales im Besitz von 15 Gesellschaften, fünf davon

Bahnhof in München. Die Halle 1848.

Bahnhof in München. Empfangsgebäude um 1858.

beherrschten fast das gesamte schottische Bahnnetz und dreien gehörten drei Fünftel der irischen Eisenbahnen. Da es aber in Großbritannien und Irland mehr als 220 Eisenbahngesellschaften gab, ist leicht zu errechnen, dass die überwiegende Mehrheit von ihnen nur kurze Strecken besaß. Die Verstaatlichung dieses Eisenbahnnetzes erfolgte erst 1948. (Inzwischen wurde wieder privatisiert, wobei Netz und Zug nicht in einer Hand sind.)
Ähnlich »liberal« war die Situation in den USA geregelt, allerdings mit dem Unterschied, dass die Eisenbahn dort weitgehend die Funktion hatte, das nur dünn und kaum von Weißen besiedelte Land zu erschließen. Der Staat war also am Bau neuer Bahnlinien erheblich mehr interessiert als in europäischen Ländern. Eisenbahngesellschaften erhielten nicht nur, wenn es am eigenen Kapital mangelte, Staatszuschüsse, sondern auch Land rechts und links der vorgesehenen Linie und damit enormen Einfluss auf weite Landstriche.

Die Göltzschtalbrücke zwischen Reichenbach und Plauen im Zuge der Sächsisch-Bayerischen Staatseisenbahn, gebaut vom 29. Mai 1846 bis zum 15. Juli 1851. Die Strecke war im Jahre 1848 bis auf die beiden Talbrücken vollendet. Die Lücke zwischen den Gleisen wurde drei Jahre durch Postkutschen geschlossen. Die Brücken wurden aus den Materialien gebaut, die das Land zur Verfügung stellte. Erst 1930 wurden Erneuerungsarbeiten notwendig.

Was nun die Lage in Deutschland betrifft, so sind sich die Historiker einig, dass das preußische »Gesetz über die Eisenbahnunternehmungen« vom 3. November 1838 die Verhältnisse für die damalige Zeit optimal erfasste und regelte.
Es wurde festgelegt, dass in Preußen die Errichtung und der Betrieb von Eisenbahnstrecken Sache von Privatunternehmern war, dass diese aber der landesherrlichen Konzession bedurften und der staatlichen Aufsicht unterliegen mussten. Dafür wurde ausdrücklich bestimmt, dass dem Unternehmer die Gewähr zu geben sei, dass andere Eisenbahnen »in gleicher Richtung, auf dieselben Orte, unter Berührung derselben Hauptpunkte« nicht konzessioniert würden. Das Betriebsrecht der privaten Gesellschaften stellte gleichzeitig eine Betriebspflicht dar. Der Privatunternehmer war also verpflichtet, seine Bahnlinien in betriebsfähigem Zustand zu erhalten und durfte ohne ausdrückliche Genehmigung den Betrieb nicht einstellen. Die Bahnen mussten von öffentlichem Interesse sein, und es war von vornherein die Möglichkeit vorgesehen, diese, wenn die Staatsräson es notwendig erscheinen ließe, gegen billige Entschädigung in den Besitz des Staates zu übernehmen. So legte Preußen seinen »Konzessionären« von vornherein straffe Zügel an. Man war aber bereit, den Bahnbau dort, wo er für den Staat notwendig, für den Anleger aber nicht profitabel erschien, durch Übernahme von Aktien und Zinsgarantien zu stützen.
Die Bestimmungen des Gesetzes, die sich mit dem »Mitbetrieb« befassten, blieben ohne praktische Auswirkungen. Erst etwa eineinhalb Jahrhundete später wird durch ein Gesetz über die Gründung mehrerer Eisenbahngesellschaften, die für das Gleisnetz und den Verkehr zuständig sind, diese Frage wieder auf den Tisch gebracht werden.
Die Bahnverwaltungen, die im Besitz eines Beförderungsmonopols waren, hatten besondere Vorschriften zur Gestaltung der Beförderungstarife zu beachten, die darauf angelegt waren, das ganze Unternehmen »gemeinnützig« zu gestalten und zu verhindern, dass die diversen Gesellschaften übergroße Gewinne erzielten.
Das Verhältnis von Bahn und Post war eindeutig geregelt. Brandenburg-Preußen besaß seit langem ein blühendes und für den Staat Gewinn bringendes Postwesen. Es galt, dieses trotz der durch die Eisenbahn zu erwartenden Einbußen funktionsfähig zu erhalten, es also für Ausfälle zu entschädigen. Der Verzicht auf den Personentransport bedeutete für die Postverwaltung, die bald begriffen hatte, dass ihr nichts anderes übrig blieb, als sich dem neuen Konkurrenten gegenüber kooperativ zu verhalten, kein großes Opfer. Die dem Postzwang unterliegenden Briefe, Geldsendungen und Pakete dagegen hatte die Eisenbahn

für die Postverwaltung unentgeltlich zu befördern und ihre Fahrpläne auf deren Bedürfnisse abzustellen. Abgerundet wurde die Eisenbahngesetzgebung durch die Haftpflicht. Es mag durch die Skepsis ausgelöst worden sein, die man allenthalben zunächst dem Dampfwagen entgegenbrachte: Tatsache ist, dass die Eisenbahn nicht nur als einziges Verkehrsmittel ihre »Straße« selbst bauen und unterhalten musste, sondern darüber hinaus durch besonders harte Haftpflichtbestimmungen praktisch unter Ausnahmerecht gestellt wurde. Man spricht hier von der Gefährdungshaftung, denn die Eisenbahngesellschaften übernehmen die mit dem Betrieb zusammenhängende Gefahr ohne Rücksicht auf eigenes Verschulden oder Verschulden ihrer Mitarbeiter. »Bei jedem während des Transports auf der Bahn entstandenen Schaden werde so lange vermutet, dass derselbe durch fehlerhafte Beschaffenheit der Bahn oder der Transportmittel oder durch ein Versehen der Beamten, Aufseher oder Wärter entstanden sei, bis das Gegenteil von der Aktien-Gesellschaft nachgewiesen sei«, lautete die Forderung des preußischen Innenministers, der damit das Publikum von einer ihm praktisch unmöglichen Beweisführung entlasten wollte: »Ich gestehe, dass diese von den sonstigen Rechtsprinzipien über den Schadenersatz abweichenden Bestimmungen sehr streng gegen die Gesellschaften erscheinen; diese Strenge aber ist das sicherste Mittel, die Sorgfalt der Gesellschaften bei dem Bahnbetrieb zu schärfen und das Publikum vor Unglücksfällen zu bewahren.«

Es wird allgemein mit Bewunderung davon gesprochen, welch zukunftsweisende Arbeit die preußische Beamtenschaft mit diesem Gesetz geleistet hat, war doch bei seiner Verabschiedung im Jahre 1838 (und wir müssen berücksichtigen, dass die Vorarbeiten einige Jahre dauerten) noch gar nicht zu übersehen, wie die Entwicklung sich gestalten und welche Fragen sie weiterhin aufwerfen würde. Doch nicht alle waren von der Gründlichkeit dieses Beamtenapparates begeistert, der für seine penible Arbeit Zeit, viel Zeit brauchte: Drei und ein halbes Jahr, vom Januar 1834 bis zum September 1837, dauerte das Genehmigungsverfahren für die Eisenbahnlinie Berlin – Potsdam. Die gesamte Strecke wurde dann in 13 Monaten gebaut.

Ebenso wie Preußen hatten sich Mecklenburg und Holstein für das Privatbahnwesen entschieden. Sachsen und Bayern hatten sowohl private als auch staatliche Bahnlinien. Das kleine Braunschweig war schon 1838 mit dem Bau der ersten Staatsbahn vorausgegangen, nachdem Direktor von Amsberg jahrelang um eine Kooperation mit Hannover gekämpft hatte. Auch Baden, Württemberg und Hessen entschieden sich für staatliche Eisenbahnen. In Hannover konnte man sich jahrelang nicht einig werden,

Die Brücke über die Weiße Elster bei Jocketa für dieselbe Strecke. Auch sie sollte in vier Etagen gebaut werden, bis sich Schwierigkeiten ergaben.

wollte doch die Regierung keinesfalls auf beherrschenden Einfluss verzichten, die Kosten aber nicht übernehmen. Erst auf Druck der Volksvertretung rang man sich zum Staatsbahnsystem durch. Doch nach dem Bau der profitablen Verbindung nach Köln, Berlin, Hamburg und Kassel stand der Staat vor der Aufgabe, die unterentwickelten Gebiete durch Eisenbahnen zu erschließen und sie so an der allgemeinen Prosperität teilhaben zu lassen. Das verursachte zunächst Kosten, deren Verzinsung ungewiss und auf jeden Fall gering war.

So wurde 1850 aus Hannover berichtet, das zuständige Ministerium betrachte den Bau der »Westbahn« als ein nicht zu vermeidendes Übel, halte ihre Rentabilität für mehr als zweifelhaft, und sei deshalb der Ansicht, dass der Bau nicht übereilt werden solle. Tatsächlich stellte sich später auch heraus, dass sich 1862/63 das Betriebskapital der Hannoverschen »Westbahn« nur mit 1,78 % verzinste gegenüber 9 % bei den älteren Landeseisenbahnen.

»Die Eisenbahnen sind zu einem Kriegsmittel geworden, ohne das die großen Armeen der Gegenwart weder aufgestellt, noch zusammengebracht, noch vorwärtsgeführt, noch erhalten werden können«, sagte Generalfeldmarschall von Schlieffen, Chef des preußischen Generalstabes, in einer Ansprache anlässlich des 25-jährigen Bestehens des I. preußischen Eisenbahnbataillons im Jahre 1896, und er fasste damit die Erfahrungen einer Generation von Generalstäblern zusammen.

Tatsächlich ist an der Anlage neuer Eisenbahnlinien schon ab 1849 unschwer zu erkennen, wie weit Politiker und Militärs ihre Vorstellungen verwirklichten. Preußen ging es zunächst einmal ganz einfach darum, Berlin mit den westlichen Landesteilen zu verbinden. Schon die Karte der bis 1850 gebauten Eisenbahnlinien zeigt, wie Berlin zum Eisenbahnknotenpunkt wurde. Die Verbindungen zur Nordsee (Hamburg), Ostsee (Wismar, Rostock), nach Schlesien und Stettin waren fertig gestellt, ebenso die erste Verbindung mit Österreich. Mecklenburg und Hamburg hatte man zu großen finanziellen Hilfen überreden können. 1847 hatte Preußen seine erste – recht kurze, aber strategisch wichtige – Staatsbahnlinie gebaut: die Saarbrückener Bahn stellte die Verbindung zwischen den bayrischen Pfalzbahnen und dem französischen Eisenbahnnetz her. Sie war die erste deutsch-französische Eisenbahnverbindung. Ganz nebenher schloss sie den Bergbau des Saargebietes an das internationale Eisenbahnnetz an.

Böse stand es um die preußische Ostbahn. Konnte sich doch jeder Kapitalgeber ausrechnen, dass es in den dünn besiedelten Gebieten des östlichen Preußen, wo es in erster Linie um die Abfuhr landwirtschaftlicher Überschüsse ging, für ein Eisenbahnunternehmen kaum etwas zu verdienen gab. Schließlich wurde der Bahnbau auf Kosten des Staates in Angriff genommen. 1852 wurde die Niederschlesisch-Märkische Bahn vom Staat gekauft, die Oberschlesische wurde in Staatsbetrieb übernommen: der preußische Finanzminister von der Heydt setzte alles daran, den Einfluss des Staates auf das Eisenbahnwesen zu verstärken. Die Kriege von 1864 und 1866 und die dabei gewonnenen Erfahrungen beim Transport von Truppen und Nachschub sollten ihm Recht geben.

Im Anschluss an die in Staatsbetrieb übernommene Linie Stettin – Posen wurden die großen Strecken Kreuz – Bromberg – Danzig und Marienburg – Königsberg in Angriff genommen, einerseits, weil man ohne diese Verbindungswege im Osten niemals einen modernen Krieg hätte führen können, andererseits – und damit erreichte man die Zustimmung des Landtages – um neue Arbeitsplätze zu schaffen und die rückständigen östlichen Landstriche zu fördern. 1856 wurde die strategisch äußerst wichtige, parallel der russischen Grenze verlaufende Eisenbahnlinie Posen – Breslau mit der Zweigbahn Lissa – Glogau fertig gestellt und gleich in den Staatsbetrieb übernommen. 1857 wurde der Bau der Weichsel- und Nogatbrücken abgeschlossen, die das Netz bis dahin noch unterbrochen hatten.

Schwerpunkt preußischer Eisenbahninteressen aber war die französische Grenze; sah man doch in Frankreich seit 1815 den »Erbfeind« und empfand seine Existenz als Bedrohung. Die Strecke Kassel – Frankfurt erhielt 1849 Anschluss an das thüringische Netz, 1857 gab es einen Abzweig nach Norden, in Richtung Braunschweig. 1853 entstand eine zweite – südlich gelegene – Verbindung Preußens mit seinen westlichen Landesteilen über Kassel – Paderborn. 1856 wurde über Emmerich die Verbindung nach Holland hergestellt, und die Strecke nach Belgien konnte durch die Aachen-Düsseldorf-Ruhrorter Eisenbahn wesentlich vereinfacht werden. Auch im Westen wurde eine Grenzparallele gebaut: Für die Eifelbahn Düren – Trier bekam die Rheinische Eisenbahngesellschaft eine Zinsgarantie von 37,5 Millionen Mark.
Der Ausbau der direkten Linie Berlin – Nordhausen – Kassel durch die Magdeburg-Leipziger Eisenbahngesellschaft und die Fortsetzung des Teilstücks Kassel – Gießen – Bingerbrück durch die Nahebahn Bingerbrück – Saarbrücken konnten nur dem Truppenaufmarsch an der französischen Grenze dienen. Die in den 60er-Jahren entstehenden Strecken Wetzlar – Oberlahnstein – Rüdesheim, Deutz – Gießen, die beiden Rheinuferbahnen und deren Verbindung durch die Brücke Oberlahnstein schlossen danach das Netz um die bedeutendste preußische Garnison im Westen: Koblenz und die Festung Ehrenbreitstein.
Um die rückwärtigen Verbindungen zu verbessern, baute Preußen ebenfalls in den 60er-Jahren die Strecken Altenbeken – Holzminden – Kreiensen und Jerxheim – Börssum. Am Rande des Südharzes erleichterten die Annexionen nach dem Krieg von 1866 den Bau der Strecke Bebra – Frankfurt. So gab es bei Beginn des Deutsch-Französischen Krieges 1870/71 vier leistungsfähige durchgehende Eisenbahnverbindungen von Berlin zum Rhein:
Berlin – Magdeburg – Hannover – Minden – Köln,
Berlin – Magdeburg – Kreiensen – Altenbeken – Dortmund – Köln,
Berlin – Halle – Nordhausen – Kassel – Wetzlar – Köln/Koblenz/Neuenkirchen (Saar),
Berlin – Halle – Bebra – Frankfurt und weiter über die Pfalzbahnen zur französischen Grenze.

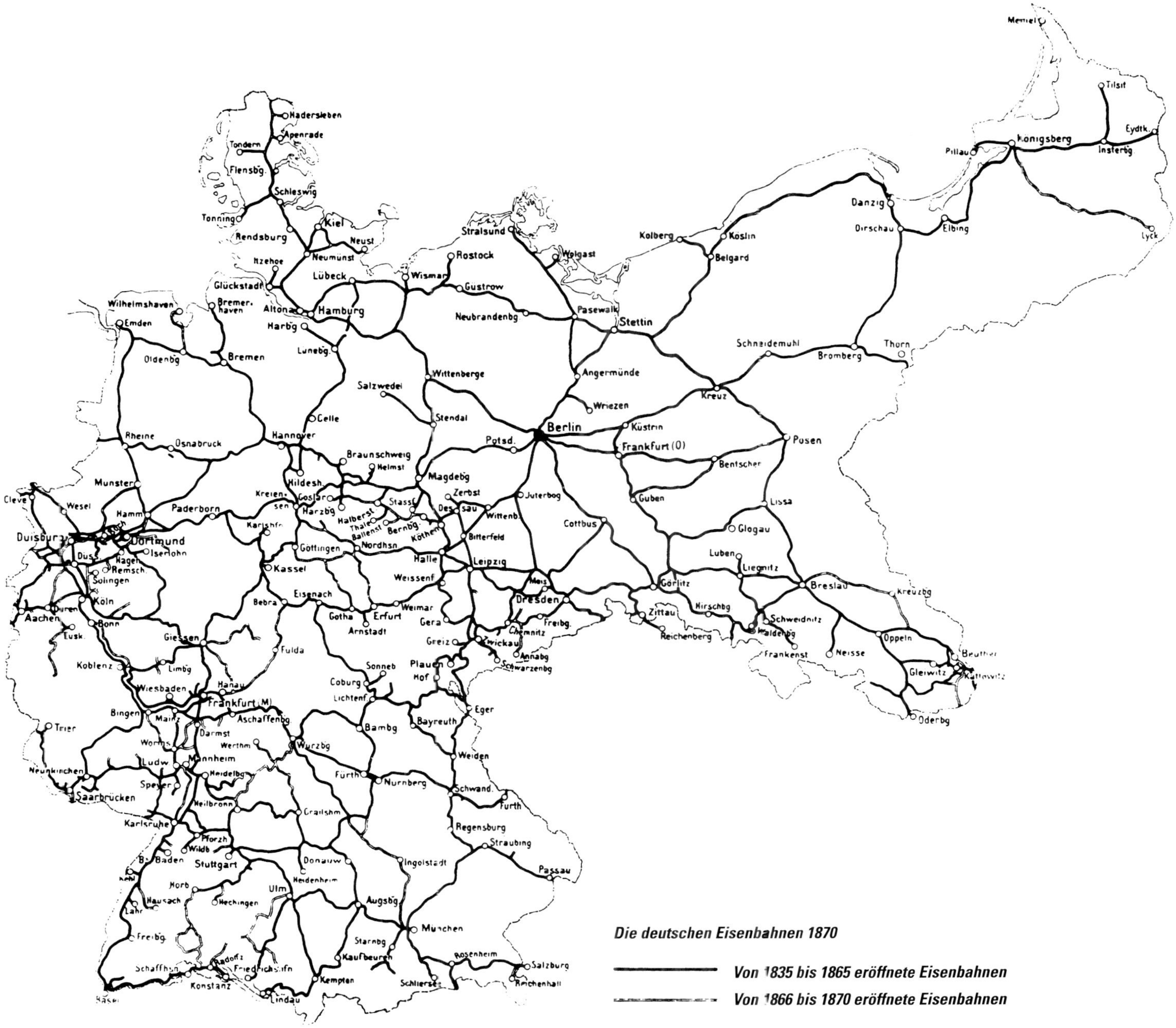

Die deutschen Eisenbahnen 1870

Von 1835 bis 1865 eröffnete Eisenbahnen

Von 1866 bis 1870 eröffnete Eisenbahnen

Der Generalstab konnte bei Beginn des Krieges innerhalb von nur 13 Tagen auf insgesamt 11 Eisenbahnlinien 384.000 Mann mit ihrer Ausrüstung zur Grenze transportieren.

Schließlich wurde auch im Norden eine strategische Bahn entlang der Küste geschaffen, die sich aus der hinterpommerschen (von Stolp) und der vorpommerschen Linie, der anschließenden mecklenburgischen Friedrich-Franz-bahn und einem noch zu bauenden Stück Güstrow – Lübeck zusammensetzte. Zwischen Lübeck und Hamburg gab es seit 1864 die Strecke der Lübeck-Büchener Eisenbahngesellschaft. Jenseits der Elbe verbanden die oldenburgischen Staatsbahnlinien Bremen – Oldenburg und Oldenburg – Wilhelmshaven den Kriegshafen mit dem preußischen Eisenbahnnetz, also auch mit Berlin. 1870 schloss die Strecke Stolp – Danzig die Linie der Küsteneisenbahn bis zum Kurischen Haff.

Doch die staatliche Einflussnahme beschränkte sich keineswegs auf die Linienführung. Was den Betrieb betraf, so waren die preußischen Behörden darauf bedacht, mit schnellen durchgehenden Zügen Post und Kuriere optimal zu befördern. Da solche Verbindungen in den meisten Fällen den gemeinsamen Betrieb mehrerer Eisenbahngesellschaften verlangten, bedurfte es oft erheblichen Druckes von oben, die Konkurrenten unter einen Hut und in einen Fahrplan zu bekommen.

1847 hatte die Regierung Nachtzüge auf der Strecke Berlin – Breslau – Wien befohlen und durchgesetzt. Da es noch keine Schlafwagen gab, waren diese beim Publikum natürlich nicht sonderlich beliebt. Auf 80.000 Taler jährlich schätzte die Niederschlesisch-Märkische Eisenbahn den dadurch entstehenden Verlust. Dagegen war die Berlin-Hamburger Bahn dickfellig. Sie verzögerte die Einführung der geforderten Nachtverbindung so lange, bis

Die Bahnhöfe der verschiedenen Eisenbahngesellschaften in Leipzig 1862. Schon 1846 war der »Verein Deutscher Eisenbahnverwaltungen« bestrebt, die Puffer und Kupplungen zu vereinheitlichen, wozu oft komplizierte Zwischenstücke oder Zwischenwagen erforderlich waren.

man in Berlin zu drakonischen Mitteln griff und die Gesellschaft für jeden nicht gefahrenen Nachtzug mit 100 Talern Buße belegte. Nach 28 Tagen lenkten die Eisenbahndirektoren ein.

Jede der Landesregierungen versuchte natürlich, für sich und ihre Landeskinder bei Planung und Bau sowie Betrieb der Eisenbahnen das Beste herauszuholen, und die großen deutschen Länder saßen dabei am längeren Hebelarm. So verfasste die Handelskammer für das Herzogtum Braunschweig im Jahre 1899 eine Denkschrift für den preußischen Minister der öffentlichen Arbeiten. (Die braunschweigische Staatseisenbahn war privatisiert worden und auf einigen Umwegen in die Hände des preußischen Staates gelangt.) In der Denkschrift beklagte man die Benachteiligung der Stadt Braunschweig durch einige neue preußische Bahnstrecken, die den Durchgangsverkehr von ihr abzogen. Besonders weh tat den Braunschweigern die durchgehende Strecke Magdeburg – Öbisfelde – Hannover, die nördlich der Stadt verlief und täglich sechs Zugpaare hatte, während den Braunschweiger Hauptbahnhof nur vier berührten. Aber auch die beiden Zugpaare zwischen Magdeburg und Kreiensen und drei weitere auf der Südharz-Linie von Halle nach Kassel beförderten Gut und Passagiere, die früher ihren Weg über Braunschweig genommen hatten. »Und wir glauben auch«, so führte man zusammenfassend aus, »dass Braunschweig einen Anspruch darauf hat, künftig nicht mehr ungünstiger behandelt zu werden als Magdeburg und andere preußische Städte.«

»Im Interesse der Landesverteidigung und des allgemeinen Verkehrs« fand noch im 19. Jahrhundert eine Verstaatlichung der wichtigsten deutschen Privatbahnen statt, eine Konzentration und Vereinheitlichung des Eisenbahnwesens, die ihren Abschluss in der Gründung der Deutschen Reichsbahn nach dem Ersten Weltkrieg fand.
Die Entwicklung war schon in der Verfassung des Norddeutschen Bundes vorgezeichnet worden, in der man bestimmt hatte, »die im Bundesgebiet gelegenen Eisenbahnen im Interesse des allgemeinen Verkehrs wie ein einheitliches Netz verwalten und zu diesem Behuf auch die neu herzustellenden Bahnen nach einheitlichen Normen anlegen und ausrüsten zu lassen.« Die gleiche Verpflichtung wurde in die Verfassung des Reiches übernommen, 1873 wurde dann das Reichseisenbahnamt eingerichtet. Bismarck erhob darüber hinaus die Forderung, die Eisenbahnen der Länder – gegen eine entsprechende Entschädigung – dem Reichsvermögen zuzuschlagen und schuf in Preußen die gesetzliche Grundlage dazu, stieß aber auf wenig Gegenliebe bei den anderen deutschen Ländern. Dort wurde befürchtet, durch diese Maßnahme der Konzentration die Vorherrschaft Preußens im Reich weiter zu festigen. Der Gedanke einer Reichseisenbahn bewirkte, dass die Länder sich mehr als bisher auf ihre eigenen Interessen besannen und die Verstaatlichung aller auf ihrem Territorium liegenden Privatbahnen nun intensiv betrieben. Eine Reihe von Skandalen bei der Finanzierung privater Bahnbauten hatte darüber hinaus in der Öffentlichkeit ein der Verstaatlichung günstiges Klima geschaffen. 1886 wurde die Verstaatlichung in Sachsen in großen Zügen abgeschlossen, 1890 in Preußen, wo es seit 1866 praktisch nur noch drei starke private Gesellschaften gegeben hatte (die Berlin-Hamburger, die Magdeburg-

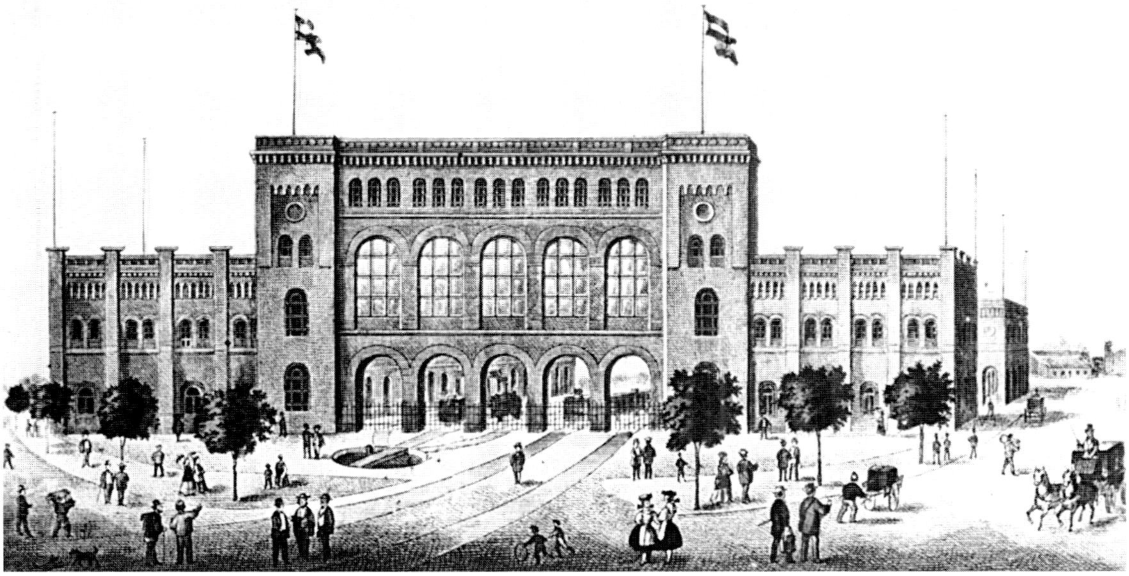

Der »Venloer Bahnhof« in Hamburg. 1872 erbaut, war er die Endstation der Eisenbahnstrecke von Paris und Venlo. Er gehörte der Köln-Mindener Eisenbahn-Gesellschaft. Ab 1892 hieß er »Hannoverscher Bahnhof«, 1907 wurde der Personenverkehr stillgelegt, 1955 das Gebäude abgebrochen.

Halberstädter und die Magdeburg-Leipziger Bahngesellschaft), während die Strecken im Osten und Westen sich bereits seit längerer Zeit in der Hand des preußischen Staates befanden.

Bei Gründung der Deutschen Reichsbahn im Jahre 1920 wurden folgende Staatsbahnnetze eingebracht:

Preußen	34.443 km
Bayern	8.526 km
Sachsen	3.370 km
Württemberg	2.156 km
Baden	1.899 km
Hessen	1.301 km
(seit 1896 unter preußischer Verwaltung)	
Mecklenburg-Schwerin	1.177 km
Oldenburg	681 km
	53.553 km

Der Preis sollte etwa 39 Milliarden Reichsmark betragen, doch wurde davon nicht eine Mark gezahlt. Dennoch waren die Länder nicht unglücklich, konnten sie doch nun die durch die Kriegsjahre vernachlässigten und durch den Währungsverfall unrentablen Eisenbahnunternehmungen, die im Augenblick nur Zuschüsse brauchten, loswerden. 8200 Lokomotiven, 13.000 Personenwagen und mehr als 280.000 Güterwagen mussten den Siegern abgeliefert werden.

Im preußischen Staatshaushalt hatte man vor dem Krieg alljährlich mit 500 bis 800 Millionen Mark Überschüssen aus dem Betrieb der Staatsbahnen rechnen können. Das hatte sich grundlegend geändert.

Über die Zustände nach dem verlorenen Krieg berichtete eindringlich die »Zeitung des Vereines Deutscher Eisenbahnverwaltungen« am 11. 1. 1920.

»Von einzelnen von dem Krieg völlig unberührt gebliebenen Gebieten abgesehen, zeigt sich in allen Eisenbahnländern, mögen sie zu der Gruppe der Sieger oder zu den Mittelmächten gehören, im Eisenbahnwesen ein ungeahnt trübes Bild. Während des Krieges haben die Eisenbahnen aller in den Weltstreit einbezogenen Gebiete, aber auch der neutralen Staaten, die für den Schutz ihrer Grenzen gegen einen etwaigen Überfall und für die Bewältigung der ungemein erschwerten Versorgung mit Rohstoffen und Lebensmitteln zu sorgen hatten, eine derartige Anspannung erfahren, dass die Folgen nicht ausbleiben konnten. Jetzt erst zeigt es sich, wie aus den Betriebsmitteln, den Bahnanlagen, dem Personal überall das Äußerste herausgeholt worden ist.
Ergänzungs- und Unterhaltungsbauten, Wiederherstellungsarbeiten, Reparaturen der Betriebsmittel hatte man nur in den dringendsten Fällen zur Erhaltung der militärischen Leistungsfähigkeit vornehmen können; die

Planskizze des neuen Hauptbahnhofs Hannover.

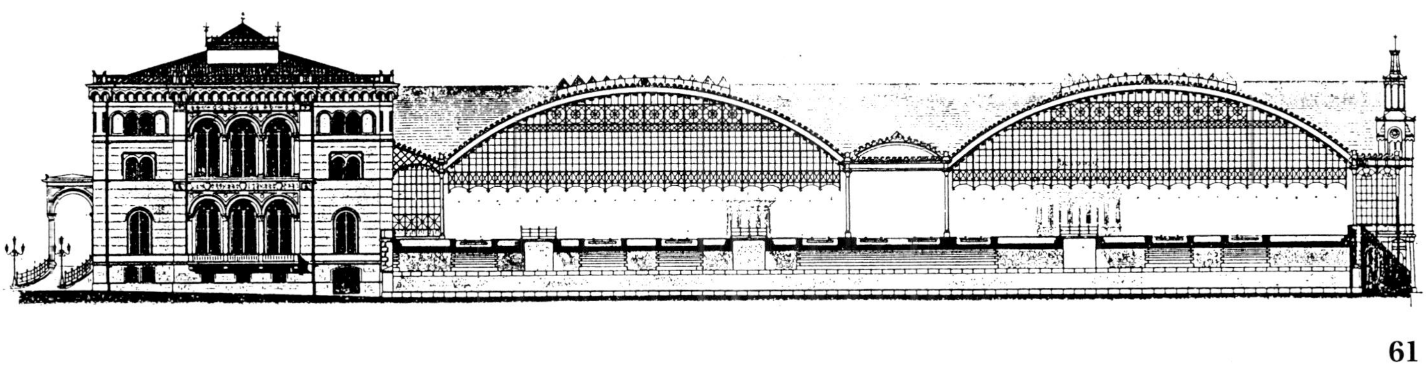

Vorräte an Kohlen, Eisen und anderen Rohstoffen waren durch den Krieg teils verbraucht, teils vernichtet worden; das Personal war übermüdet, zum Teil unterernährt und durch Kriegsverluste geschwächt. So konnte der Rückschlag nirgends ausbleiben. Es wird noch Jahre dauern, bis die Eisenbahnlinien wieder in Stand gesetzt, die Vorräte aufgefüllt sind, der Betriebsmittelpark zur alten Leistungsfähigkeit zurückgekehrt ist, die Eisenbahner ihren alten Ordnungs- und Arbeitssinn wiedererlangen und im Betriebe die frühere mustergültige Pünktlichkeit und Sicherheit herrschen. Das Schlimmste ist, dass Eisenbahnen und Wirtschaftsleben so innig miteinander verknüpft sind, dass Mängel auf der einen Seite zwangsläufig auf die andere Seite wirken. Ohne Kohlen und andere Rohstoffe kein Eisenbahnbetrieb, ohne Eisenbahnbetrieb keine Förderung und Verteilung von Rohstoffen. Diese Wechselwirkung hat eine ungemeine Verlangsamung des Gesundungsprozesses zur Folge. Naturgemäß sind die Wirkungen des Weltkrieges für diejenigen Länder besonders verhängnisvoll geworden, die im Kampfe unterlegen sind. Auf deren Kosten haben die Sieger wenigstens die Möglichkeit, einen Teil ihrer Verluste wieder auszugleichen, und von dieser Macht hat die Entente in rücksichtslosester Weise Gebrauch gemacht. In den Waffenstillstands- und Friedensverträgen hat sie den Mittelmächten derartige Abgaben an Rohstoffen und Betriebsmitteln aufgezwungen und durch Entreißung wichtiger Produktionsgebiete ihre Hilfsquellen derartig geschwächt, dass man an der Möglichkeit ihres Wiederaufbaues verzweifeln könnte. Jedenfalls wird es dazu langer Jahre rastloser, mühseliger Tätigkeit bedürfen.«

An dieser Stelle sei kurz von dem uns heute unglaublich erscheinenden Tauziehen berichtet, das nach dem Ersten Weltkrieg um die Reichsbahn veranstaltet wurde. Seine Ursachen waren die Not der Inflation, die vollständige Zerrüttung der deutschen Wirtschaft durch unrealistische Reparationsforderungen und die auf diesem Boden wachsende Gewissenlosigkeit der Kriegs- und Inflationsgewinnler. Die Hauptrolle spielte der Konzernschmied Hugo Stinnes aus Mülheim, der in der von ihm 1919 erworbenen »Deutschen Allgemeinen Zeitung« eine Überführung der Reichsbahn von Staats- in Privatbesitz propagierte und sich ständig bemühte, den Nachweis zu erbringen, dass eine unter staatlicher Leitung arbeitende Eisenbahn unwirtschaftlich arbeiten müsse. Und wenn – doch da spätestens musste der Leser merken, was gemeint war – das Unternehmen in Privathand übergeben werde, dann müsse es, Umfang und Bedeutung entsprechend, in die Hände von Großindustriellen gelegt werden.

Der Fall schien jedoch gar nicht so unrealistisch, denn die Reichsregierung befand sich wegen der fälligen Reparationszahlungen in einer schweren Finanzkrise, sodass der Vorschlag in die Debatte geworfen wurde, alle Sachwerte mit einer Abgabe von 10 oder 20 % zu belegen, um so die Verpflichtungen aus der Welt zu schaffen. Der Reichsverband der Deutschen Industrie, dessen Mitglieder Besitzer des größten Teiles dieser Sachwerte waren, konterte, er sei bereit, der Reichsregierung eine Milliarde Goldmark vorzuschießen, ließ aber durch seinen in den Reichstag gewählten Führer Hugo Stinnes gleichzeitig wissen: »Als Gegenleistung für diese zu leihende Goldmilliarde erwarten wir aber, dass die Deutsche Reichsbahn den erwerbenden Ständen übereignet werde.«

Die Öffentlichkeit hielt ob dieser Zumutung den Atem an. Als Gegenleistung für die Gewährung eines Darlehens wurde die Reichsbahn als Geschenk erwartet! Konzernherr Stinnes als Herrscher über das deutsche Verkehrswesen – das ging wahrhaftig zu weit und ließ erkennen, dass Leute seines Schlages den Staat als eine Dienstmagd ansahen. Die Regierung musste ablehnen.

Doch damit war die Reichsbahn noch längst nicht aus dem Gespräch um die Reparationen ausgeschieden. Das Reich und alle Teile seines Vermögens hafteten für die Schulden, und die Deutsche Reichsbahn war eine Perle des Reichsvermögens. Die Reichsregierung selbst bot an, sie als Pfand für künftige Reparationszahlungen zu betrachten und aus ihren Einnahmen ab 1927 jährlich 500 Millionen Goldmark (damals eine fantastische Summe) abzuführen.

Die Siegermächte dagegen wollten, dass die Reichsbahn aus dem Vermögen des Reiches ausgegliedert würde, den Status einer privaten Gesellschaft erhalten und eine Schuldverschreibung von 11 Milliarden Goldmark übernehmen sollte. Wieder bestand die Gefahr, dass die Reichsbahn nicht weiter »gemeinnützig« im Interesse des Reiches geführt werden konnte, sondern – wenn diesmal auch nicht einer rücksichtslos nur auf Gewinn hinarbeitenden Unternehmergruppe – so doch reparationsheischenden ausländischen Gläubigern unterstehen sollte. Aus den um einen Kompromiss ringenden Verhandlungen ging schließlich 1924 die »Deutsche Reichsbahn-Gesellschaft« hervor; sie übernahm die Betriebsrechte von der Deutschen Reichsbahn und die Reparationszahlungen für das Reich.

Doch wie war es in den anderen europäischen Ländern um den Besitz der Eisenbahnlinien bestellt? Österreich hatte sich zunächst für Privatbahnen entschieden, begann mit der Semmering-Linie den Staatsbahngedanken zu entwickeln und reprivatisierte 1859. In Frankreich hatte die Regierung sieben von Paris ausgehende Hauptlinien gesetzlich 1842 festgelegt. Sie hatte diese zum Teil auch selbst gebaut oder bauen lassen und Privatgesellschaften zum Betrieb übergeben. 1857 wurden die privaten Gesellschaften unter staatlicher Leitung zu sechs regional arbeitenden Monopolgesellschaften zusammengefasst: NORD (Nordbahn), PO (Orléansbahn), PLM »Paris – Lyon – Méditerranée« (Mittelmeerbahn), EST (Ostbahn), OUEST (Westbahn), MIDI (Südbahn). Diese fusionierten 1938 zur SNCF (Société Nationale des Chemins de Fer Français). Belgien baute und betrieb die Hauptlinien der Staatsbahnen und überließ privaten Gesellschaften die Nebenstrecken. In Italien fasste man in den Jahren 1876 bis 1885, nach vergeblichen Anläufen zur Verstaatlichung, die Gesellschaften in den drei Gruppen zusammen, die 1905 vom Staat übernommen wurden. In der Schweiz spielen bis heute Privatbahnen eine wesentliche Rolle.

Die Eroberung des Gebirges

Als im Jahre 1838 die Wien-Raaber Eisenbahngesellschaft ein »Privileg« zum Bau der Strecke Wien – Raab als Beginn einer Verbindung Wien – Budapest erhielt, war darin auch von einer »Flügelbahn« von Wiener Neustadt nach Gloggnitz am Semmeringpass die Rede. Und abweichend von der Gewohnheit erteilte man kein Alleinrecht für die Linie von Wien über Wiener Neustadt bis Gloggnitz, sondern der Hof behielt sich vor, eine gleiche Konzession zu vergeben, wenn es zum Bau einer Eisenbahnverbindung zwischen Wien und Triest kommen sollte, oder eine Staatseisenbahn zu bauen, oder aber die Abtretung der Strecke Wien – Gloggnitz an den Staat oder die Gesellschaft zu verlangen, die eben jene benötigte Linie Wien – Triest bauen würde. Eine Abtretung gegen angemessene Entschädigung selbstverständlich! In diesen Klauseln kommt der Wert zum Ausdruck, den man in Wien einer guten Verbindung zu Österreichs einzigem Hafen am Adriatischen Meer beimaß. Hinzu kam der Wunsch, dass diese Linie durch die Steiermark gebaut würde; man hatte Sorge, dass irgendein Privatunternehmen eine Lücke in Gesetz und Privileg aufspüren konnte und dann begann, die längere, aber billigere und bequeme Strecke entlang dem Ostabfall der Alpen über Ödenburg zu errichten: Man wollte auf jeden Fall diese für den Handel so wichtige Route den deutschen Landesteilen erhalten und nicht nach Ungarn verlegen lassen.

Die Dinge entwickelten sich positiv; am 20. Juni 1841 wurde die Strecke Wien – Wiener Neustadt eröffnet, und etwa 10.000 Gäste kamen in dichter Reihenfolge – Zug um Zug – angerollt, ein bisher nie dagewesener Ausflugsverkehr. Kaum ein Jahr später wurde die »Gloggnitzer Flügelbahn« dem Verkehr übergeben.

Auch die Wien-Raaber Eisenbahngesellschaft hatte ihren Bauleiter, den uns schon bekannten Matthias Ritter von Schönerer, zunächst nach England und Amerika geschickt, damit er sich über den neuesten Stand der Eisenbahntechnik unterrichte. Neben einer umfassenden Kenntnis der unterschiedlichen Anschauungen über mögliche Krümmungen und Steigungen des Schienenweges, wie sie in England und Amerika herrschten, brachte er eine Lokomotive mit, die ihn so beeindruckt hatte, dass er sie vom Fleck weg erstand und sie fortan zu seinem Reisegepäck zählte. Er hatte Gelegenheit gehabt, der Probefahrt einer von Norris in Philadelphia gebauten 2'A-Lokomotive mit Drehgestell und überhängendem Stehkessel beizuwohnen (Bild siehe Seite 39). Die Maschine hatte zwei vierachsige Personenwagen eine 935 m lange Steigung von insgesamt 12,3 m Höhe hinaufgezogen, die sonst nur mit Hilfe einer Standseilbahn befahren worden war. Die Steigung betrug mehr als 13 ‰. Man hatte sich in Europa bisher bemüht, Steigungen über 2,5 ‰ als für den Lokomotivbetrieb ungeeignet zu vermeiden (bei der Trasse Wiener Neustadt – Gloggnitz musste man schweren Herzens eine Steigung bis zu 7,69 ‰ in Kauf nehmen, um »schärfere Krümmungen« zu vermeiden). Schönerers Begeisterung schlug umso höher, als die Lokomotive außen liegende Zylinder hatte, was die reparaturanfälligen gekröpften Treibachsen aller mit Innenzylindern fahrenden Lokomotiven endlich überflüssig und darüber hinaus die Zylinder gut zugänglich machte. Im Hinblick auf die beim weiteren Eisenbahnbau zu überwindenden Steigungen wurde eine zweite Lokomotive gleicher Bauart bestellt, eine leistungsfähige Ergänzung des bis dahin aus neun englischen Lokomotiven zusammengesetzten Bestandes.

Die »Philadelphia« genannte Amerikanerin diente bald auch als Vorlage für einheimischen Lokomotivnachbau; dieser und vierachsige Güter- und Personenwagen gaben mehrere Jahrzehnte hindurch den österreichischen Eisenbahnen einen unverkennbaren »Western-Look«.

Inzwischen war aber die Staatsregierung zu der Überzeugung gekommen, dass man die Eisenbahnlinie nach Triest »auf eigene Rechnung« herstellen und betreiben wollte; man engagierte den Ingenieur Dr. Karl Ritter von Ghega und schickte ihn gleich im Anschluss daran auf eine Studienreise nach Amerika. 1853, kurz vor Fertigstellung der Semmeringlinie, kaufte die Regierung auch die Gloggnitzer Bahn auf, sodass die gesamte Verbindung Wien – Triest sich in öffentlicher Hand befand. Grund dieser Entscheidung mag einmal die Ansicht gewesen sein, dass bei einer für das Wohl des Staates so wichtigen Linie auch der Staat unumschränkten Einfluss haben und vor jeder Erpressung durch Privatunternehmen von vornherein geschützt sein müsse. Zum anderen

Lokomotive »Austria« von Stephenson, 1837.

war aber nicht zu übersehen, dass sich beim breiten Publikum nach den Jahren der Euphorie, den »Goldgräberzeiten« der Eisenbahn, eine gewisse Zurückhaltung durchgesetzt hatte.
Schon bald schlug die österreichische Eisenbahnpolitik wieder ins Gegenteil um. Am 1. 1. 1859 wurde das gesamte damalige österreichische Staatsbahnnetz an zwei große neu gebildete Privatunternehmen veräußert, die »K. k. priv. Vereinigte südliche Staats-, lombardisch-venetianische und central-italienische Eisenbahn-Gesellschaft« (später K. k. priv. Südbahn-Gesellschaft) und die »K. k. priv. Oesterreichische Staatseisenbahn-Gesellschaft«.

Der junge Doktor von Ghega – zum Ritter wurde er erst später wegen seiner Verdienste um die Semmeringlinie geschlagen – genoss als Ingenieur schon damals einen ausgezeichneten Ruf. Er war 1802 in Venedig geboren, zur Zeit seiner Amerikareise also 40 Jahre alt. Vorher hatte er in Venedig, Tirol und Vorarlberg bei Wasserschutzbauten mitgewirkt, eine Kettenbrücke errichtet, war als Baumeister von Alpenstraßen berühmt geworden und hatte als »Bevollmächtigter Oberingenieur« im Dienst der Kaiser-Ferdinands-Nordbahn gestanden. Nach seiner Amerikareise veröffentlichte er zwei Bücher über amerikanischen Eisenbahnbau in Gebirgsgegenden und über Brückenbau. Damit war er in jeder Hinsicht für die vor ihm liegende Aufgabe gerüstet.

Das Problem des Bahnbaus über den Semmering bestand darin, dass – wäre in der herkömmlichen Art geplant und gebaut worden – die Linie eine Steigung von 60 ‰ ergeben hätte, war doch der Passsattel mit 980 m Höhe nur 10 km Luftlinie vom 543 m tiefer liegenden Bahnhof Gloggnitz entfernt. Ghega entwickelte eine Linienführung, die durch das Ausfahren der Seitentäler die Nordrampe auf 28 km verlängerte und damit die Steigung auf 25 ‰ reduzierte; der Passsattel wurde mit einem 1433 m langen Tunnel durchstochen, zu dessen Bau neun senkrechte Schächte abgeteuft wurden.

Durch die Anlage von insgesamt 15 Tunneln mit einer Länge von 4,5 km konnte der kleinste Kurvenradius bei 190 m gehalten werden. Ghega lehnte alle Gegenvorschläge, die Linie mit stationären Dampfmaschinen, als atmosphärische Bahn oder mit Spitzkehren zu bauen, konsequent und in jahrelangem Kampf ab. Und er setzte sich durch, indem er seine ganze Autorität in die Waagschale warf. Hätte der Kaiser gegen ihn entschieden, weil er nicht das nötige Vertrauen aufbrachte, so wäre Ghega zum Aufgeben gezwungen gewesen. Doch Ende 1847 kam die Genehmigung der Pläne. Das bedeutete aber auch, dass »schlagartig und mit voller Wucht jene sinnlosen schweren Angriffe auf das in Ausführung genommene Bauwerk ein(setzten), welche die Fachwelt und Allgemeinheit bis weit über die Reichsgrenzen hinaus in ihren Bann zogen«.

Tatsächlich hatte Ghega spekuliert, denn zur Zeit seiner Planung gab es keine Lokomotiven, mit denen man auf seiner Semmeringlinie einen zuverlässigen und rentablen Betrieb hätte durchführen können. Aber es war seine feste Überzeugung, und, wie er später schrieb, »keine bloße Vermuthung und keine sanguinische Hoffnung, sich aus den fortschreitenden Verbesserungen des Lokomotivbaues eine erhöhte Leistungsfähigkeit der Lokomotiven selbst zu versprechen«.

So verfiel man auf den nicht mehr ganz neuen Gedanken, einen Wettbewerb zur Erlangung einer berg- und zugfreudigen Lokomotive, geeignet für die Semmeringlinie, auszuschreiben. Vom 13. bis zum 16. August 1851 fanden die Vorführungen auf der Strecke Payerbach – Eichberg statt, und obwohl man den Konstrukteuren, die im Wettbewerb die sechs besten Vorschläge machen konnten, Summen von 20.000 bis 6000 »vollwichtigen kaiserlichen Ducaten« versprochen hatte, erschienen nur vier Bewerber. Die Ausschreibung lautete, dass 140 t auf einer Steigung von 1:40 (25 ‰) mit einer Geschwindigkeit von $11^1/_2$ km/h fortzubewegen seien. Auf einen Krüm-

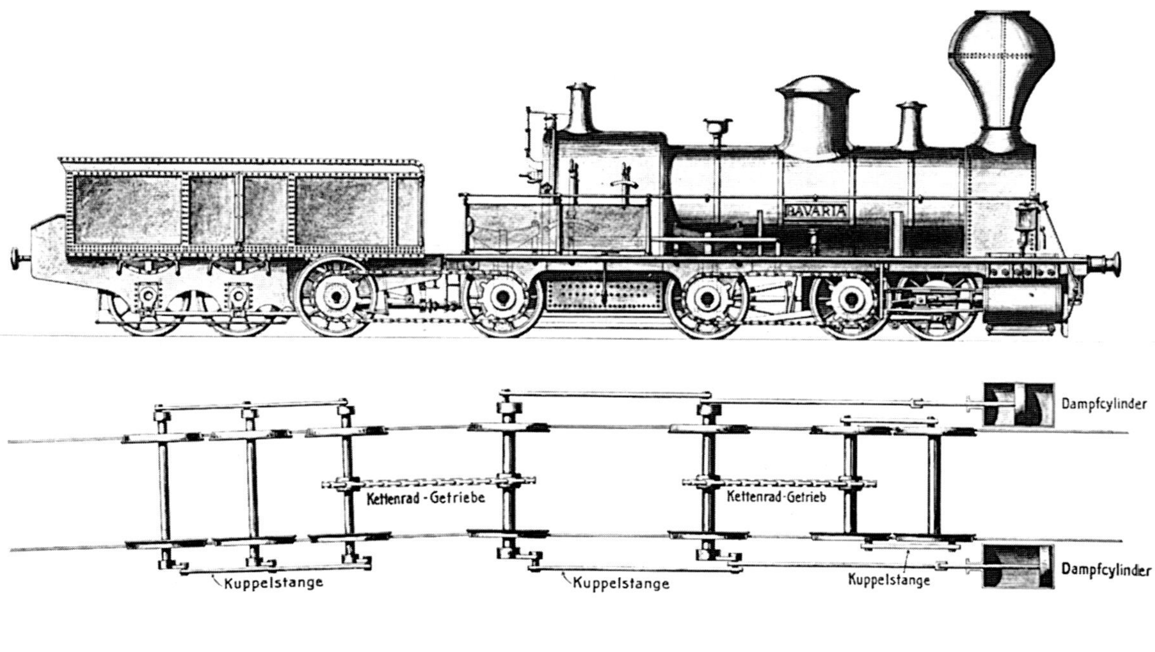

Siegerin bei der Semmering-Wettfahrt war die von Maffei gebaute Lokomotive »Bavaria« (1851). Das Bild zeigt den Stangen- und Kettenantrieb aller Achsen bis hin zum Tender.

mungshalbmesser von 190 m war Rücksicht zu nehmen. Die vorgestellten Lokomotiven erfüllten zwar die Bedingungen, doch keine vermochte die Veranstalter wirklich zu befriedigen. Dennoch wurden die Preise ausgezahlt. Am besten schnitt die »Bavaria« von Maffei in München ab, die der Engländer Joseph Hall konstruiert hatte. Sie zog eine Last von 132 t mit einer Geschwindigkeit von 18 km/h. Das war an sich eine gute Leistung. Um sie zu erzielen, war die Lokomotive allerdings so kompliziert gebaut, dass immerfort Störungen auftraten und sie nie in den regelmäßigen Dienst übernommen werden konnte. Lokomotive und Tender hatten zusammen, um eine maximale Adhäsion zu erreichen, sieben angetriebene Achsen, die paarweise zweimal unter der Lokomotive und zu dritt unter dem Tender miteinander gekuppelt waren. Zwischen diesen Gruppen, die sich unabhängig voneinander bewegten, bestand jeweils in der Mitte der Achsen 2 und 3 sowie 4 und 5 ein Kettenantrieb. Das knarrte nicht nur entsetzlich, sondern die Ketten brachen auch oft; schon Stephenson hatte um 1815 mit dieser Art Antrieb experimentiert und war bald wieder davon abgekommen.
An zweiter Stelle stand eine kleine Doppellokomotive namens »Seraing«; der Belgier John Cockerill hatte sie gebaut (seine Lokomotiven erhielten später in Deutschland den Spitznamen »Krokodil«). Sie hatte einen zweiteiligen Kessel, dessen Feuerung in der Mitte lag, und zwei voneinander unabhängige zweiachsige Treibgestelle mit außen liegenden Zylindern, wie einst die »South Carolina«.
Aus der Lokomotivfabrik der k. k. Staatsbahn kam die »Vindobona«, erbaut von deren Direktor, dem Schotten John Haswell. Es war die erste europäische Lokomotive mit vier Kuppelachsen. Sie gefiel durch ihre Zuverlässigkeit, die allerdings mit unzureichender Leistung gepaart war.
Auch die vierte Lokomotive kam aus Österreich, von der Firma Günther aus Wiener Neustadt. Ihr Heimatort war auch ihr Name. Genau wie die »Seraing« war sie eine Doppellokomotive, aber sie hatte nur einen Kessel und außen liegende Zylinder – Vorläufer vieler Lokomotiven, die sich jahrzehntelang auf Gebirgsbahnen bewährt haben.
Alle vier Lokomotiven wurden richtungweisend in der Zahl der angetriebenen Achsen, die das Gewicht einer überdimensionalen Feuerung und eines entsprechenden Kessels der Reibung nutzbar machten. Die Teilung der Treibachsen in voneinander unabhängige Gruppen war

Bauarbeiten am Semmering. Im Hintergrund der Eingang zu einem Tunnel.

die Voraussetzung für die vielen, später oft mit schmaleren Spurweiten gebauten, kurvenreichen Gebirgsbahnen. Doch verblieb auf dem Semmering als Vorbild für eine neue Generation von Gebirgslokomotiven zunächst nur die »Vindobona«, die beim Wettbewerb die schlechtesten Leistungen gezeigt hatte. Mit ausgebauter vierter Kuppelachse – sie wurde durch ein Drehgestell ersetzt – war sie bei der Materialzufuhr während der Bauarbeiten eingesetzt.

Erst zu einem späteren Zeitpunkt im Jahre 1851 entwarf Ludwig Engerth eine völlig andere Lokomotive, wobei er selbstverständlich die Erfahrungen des Wettbewerbs verwertete. Das Ergebnis war eine Stütztenderlok. Die Engerth-Lokomotive hatte drei weit vor dem Stehkessel liegende gekuppelte Treibachsen. Ebenfalls noch vor dem Stehkessel lag die bewegliche Verbindung zum Tender, der, zweiachsig gebaut, den hinteren Teil der Lokomotive stützte. Der Drehpunkt lag zwischen den beiden Achsen des Tenders, die durch eine Kombination von drei Zahnrädern, ähnlich wie bei der oben beschriebenen »Bavaria«, mit angetrieben wurden. Aber auch hier reichte der gute Wille allein nicht aus. Die angetriebenen Achsen des Tenders waren der schwache Punkt der Konstruktion, die ohne die bewegliche Kraftübertragung auf die hinteren Achsen eine vorzügliche, berggängige Lokomotive darstellte. Als fatal stellte sich heraus, dass bei der Konstruktion die Verdrehung der Achse um die Längsachse zwischen Lokomotive und Tender nicht beachtet worden war, die eintreten musste, wenn im Passieren von Krümmungen eines der beiden Fahrzeuge den überhöhten äußeren Schienenstrang erreichte. Ein solches »Verwinden« führte zum Verbiegen und Brechen der fest angeordneten Zahnräder. Engerth-Lokomotiven mit zwei und drei gekuppelten Achsen liefen auch in Frankreich und in der Schweiz und auf spanischen Schmalspurstrecken.

Hier der genaue Blick auf die Stütztenderlok »Genf«, die als Anschauungsbeispiel für die Engerth-Lokomotiven am Semmering dient. Später wurde der Antrieb der Tenderachsen lahmgelegt.

Erinnerungsfahrt der 1847 eröffneten ersten Schweizer Eisenbahn, allerdings mit einer erst später gebauten Lokomotive, der Stütztenderlok »Genf« von 1858.

Auf der Semmeringlinie war den Engerth-Lokomotiven nur eine kurze Zeit vergönnt; man stellte sich bald auf vierfach gekuppelte Schlepptenderloks um, die den Anforderungen in jeder Hinsicht gerecht werden konnten, vor allen Dingen reparaturfreundlicher waren. Ab 1855 wurden solche D-Lokomotiven der besseren Kurvenläufigkeit wegen mit seitlich verschiebbaren Achsen ausgerüstet.

Die Anschlussstrecke Mürzzuschlag – Graz war schon 1844 fertig gestellt und eröffnet worden, und die damit verbundene Verbesserung der Verkehrsverhältnisse ließ die Warenströme sprungartig anschwellen. Es war geradezu ein Glück, dass man unabhängig von den Eisenbahnplänen 1841 eine neue, bequeme »Kunststraße« über den Semmering eingeweiht hatte. Vorher hatten die Fuhrleute sich mit doppeltem, drei- und vierfachem Vorspann quälen müssen; allein im Ort Schottwien hielt man 200 Vorspannpferde bereit. Nun brachten private Kutscher, die im Dienste der Eisenbahn standen, in einem Jahr etwa 26.000 Personen und 28.000 t Fracht über den Pass. Man erwog, als vorläufige Maßnahme eine Pferdebahn über die Straße zu legen, doch scheiterte das an den Kosten und Bedenken, dass eine solche Bahn den übrigen Straßenverkehr gefährdet hätte. Immerhin zogen sich aber die Bauarbeiten bis zum Sommer 1854 hin, und der unerquickliche Zustand einer Bahnlücke beiderseits des Passes musste ein rundes Jahrzehnt lang bis 1855 ertragen werden.

Die Semmeringbahn ist eine »gemauerte Bahn«, denn die vielen, oft zweistöckigen Brücken, die Galerien, Wand- und Stützmauern sind allesamt aus Hausteinen und Quadern errichtet. Der Bedarf an Arbeitskräften war wie bei allen frühen Eisenbahnbauten, insbesondere beim Tunnelbau, enorm. Die Anwerbung der Arbeiter, die oft von weither kamen, aber auch ihre Unterbringung und das zeitweilige Zusammenleben des bisweilen wüsten Haufens mit der einheimischen Bevölkerung warfen manches Problem auf.

Noch wurden auf dem Semmering Hacken und Schaufeln geschwungen, noch hatte der Kaiser seine Besichtigungsfahrt (dem Vernehmen nach in einem offenen Güterwagen stehend) nicht angetreten, da wurde in Italien bereits eine Gebirgsbahn eröffnet. Sie war zwar weder so lang noch annähernd so hoch wie die Semmeringlinie, und man muss sich fragen, ob sie überhaupt unter die »Gebirgsbahnen« eingereiht werden kann; aber sowohl ihre Entstehungsgeschichte als auch ihr weiteres Schicksal sind doch recht interessant.

Der Eisenbahnbau begann in Italien recht spät, die politischen sowie landschaftlichen Voraussetzungen bliesen gleichermaßen den Ingenieuren den Wind ins Gesicht. Die Einheit des Landes kam erst allmählich in der zweiten Hälfte des 19. Jahrhunderts zu Stande. Wie hinderlich sich aber die Existenz vieler Kleinstaaten auf die Schaffung eines Eisenbahnnetzes auswirkte, haben wir an der Geschichte der Eisenbahn in Deutschland gesehen. Zudem gab es verkarstete Gebirge, enge Täler, verkehrsfeindliche Sümpfe und hochwassergefährdete Flüsse, sodass Italien das Land der Tunnel und Viadukte wurde. Noch heute ist der weitaus größte Teil der italienischen Eisenbahnstrecken nur einspurig ausgebaut.

Die erste Eisenbahn Italiens verkehrte 1839 zwischen Neapel und Portici. Weitere Planungen mussten zwangsläufig ihren Schwerpunkt im wirtschaftlich stärker entwickelten Norden haben. 1848 wurde die kurze Strecke zwischen Turin und Moncalieri eröffnet. Sie ließ den Wunsch nach einer Weiterführung bis Genua und nach einer Verbindung Genua – Mailand wach werden. Man glaubte, dass es hier keine Schwierigkeiten mehr geben würde, wenn man den verkehrsfeindlich zwischen der Küste und der oberitalienischen Tiefebene gelegenen »Apennino Ligure« erst einmal überwunden hatte. Das Problem war die Überquerung des 472 m hoch liegenden Giovipasses, und den Ingenieuren ging erst lange nach der Fertigstellung der Bahnlinie, später, als sich über die großen Alpenbahnen der Verkehr von Norden in die oberitalienische Tiefebene ergoss, auf, dass sie mit der Giovi-Linie die Tür zwischen Mitteleuropa und dem Ligurischen Meer, die kürzeste Verbindung zum Mittelmeer, aufgestoßen hatten.

Die Ingenieure – es waren Germano Sommeiller, Sebastiano Grandis und Severino Grattoni, die uns als Erbauer der kühnen Mont-Cenis-Linie wiederbegegnen werden – errechneten für die relativ kurze Steigung eine nicht zu umgehende maximale Neigung von 35 ‰. Man war betroffen, lag das doch nach den bisherigen Erfahrungen außerhalb der Leistungsfähigkeit von Adhäsionslokomotiven. (Auf modernen Gebirgsbahnen werden heute ohne Schwierigkeiten Steigungen von 70 ‰ im Adhäsionsbetrieb gemeistert.) Also kamen die in der Frühzeit der Eisenbahn üblichen Hilfsmittel wieder ins Gespräch:

Man verhandelte mit dem belgischen Konstrukteur Maus über die Aufstellung von ortsfesten Dampfmaschinen und zweier Drahtseilzüge, und diese wären auch zur Ausführung gekommen, hätte nicht Karl von Ghega auch hier seinen Einfluss zu Gunsten einer Adhäsionsbahn aufgeboten. Der Pass selbst wurde untertunnelt. Für den Zugverkehr wurden Doppellokomotiven der Bauart B+B benutzt, die, »Mastodonti dei Giovi« genannt, mit einer Leistung von 400 PS die Steilrampe mit 12 km/h Geschwindigkeit erklommen. Die 42 km lange Strecke überwand einen Höhenunterschied von 350 m. Dazu waren zehn Tunnel von zusammen 6695 m Länge und Viadukte in einer Gesamtlänge von 1543 m nötig.

Obwohl die Strecke von vornherein zweispurig (im Hinblick auf möglichen Seilzugbetrieb) ausgelegt war, wurde man doch nie so recht glücklich mit ihr. Der Verkehr wuchs sprunghaft, als die Mont-Cenis- und die Gotthard-Linie erbaut waren, als die Exporte der Schweizer wie der norditalienischen Industrie über den Giovipass ihren Weg zum Meer nahmen und als diese Gebiete ihre Rohstoffe von dort bezogen. Er steigerte sich bis in unsere Zeit auf mehr als 2000 Güterwagen pro Tag. Das konnte eine so steile Gebirgsstrecke mit langsamer Zugförderung niemals leisten. So entschloss man sich, eine doppelspurige Entlastungslinie zu bauen, die den Namen »Succursale« (Hilfslinie) erhielt und 1889 fertig gestellt wurde. Sie hatte bei einer maximalen Steigung von 16 ‰, die eine wesentliche Vereinfachung des Betriebs und eine Zunahme der Frachtleistung versprach, 25 Tunnel mit zusammen fast 20 km Länge. Der Scheiteltunnel der »Succursale«, der wesentlich tiefer lag als der erste Bau, ist allein 8291 m lang. Kaum war die zweite Giovi-Linie fertig gestellt, so sprach man von einer dritten und vierten Linie, von denen auch Teilstücke gebaut wurden. Aber dann löste sich das Problem auf eine andere Art:

Im Jahre 1910 wurde als erstes Teilstück des Elektrifizierungsprogramms der Italienischen Staatsbahnen die Steilrampe Genua – Busalla an das Stromnetz angeschlossen. Bis 1915 war die Umstellung beider Strecken abgeschlossen, und ihre Leistungsfähigkeit stieg dadurch auf das Vierfache an, sodass die Pläne weiterer Ausweichstrecken aufgegeben werden konnten.

Die elektrisch betriebenen Lokomotiven liefen bis 1963 nach dem Dreiphasenwechselstrom-(Drehstrom-)System 3600 V 16 $^{2}/_{3}$ Hertz, das schon auf Teilstrecken im Veltlin und Simplontunnel erprobt war. Dann wurde eine Umstellung auf 3000 V Gleichstrom vorgenommen. 453 Drehstromlokomotiven wurden gebaut, davon 376 mit der Achsfolge E für Güter- und Personenzüge und 77 mit der Achsfolge 1'D1' für Schnellzüge, alle mit Stangenantrieb und einer Leistung von 2040 bis 3000 PS. Die Steilrampe verlangte oft zwei bis drei, ja bis zu sechs Lokomotiven, wobei wegen der Gefahr des Kupplungsbruches bei zu hoher Belastung die zusätzlichen Lokomotiven schieben mussten. Nach der Umstellung auf Gleichstrom betrug die maximale Güterzugauslastung mit Doppel- und Dreifachtraktion auf der alten Steilrampe 400 t und 900 t auf der »Succursale«.

Im Jahre 1854 bekamen die Erbauer der Giovi-Linie einen neuen Auftrag: den Bau der Mont-Cenis-Linie von Piemont nach Savoyen. Der Bau der Alpenbahnen hat Italien aus seiner Isolierung herausgeführt und es an die allgemeine Prosperität im Zeitalter der Industrialisierung angeschlossen. Die Erklärung, warum als Erste die Mont-Cenis-Linie in Angriff genommen wurde, macht einen kleinen historischen Exkurs notwendig. Das norditalienische Piemont und Savoyen jenseits des Hochalpenkammes gehörten damals zum Herrschaftsbereich des Vittorio Emanuele II., Königs von Sizilien. Eine Verbindung dieser beiden Landesteile war also eine innerstaatliche Verbindung wie die Semmering- und Brenner-Linie. Als dann Frankreich im Jahre 1859 Savoyen im Tausch gegen die Lombardei erhielt, verpflichtete es sich gleichzeitig, die Hälfte der mit dem Tunnelbau am Mont Cenis verbundenen Kosten zu übernehmen.

Die Aussicht auf eine reibungslose Kommunikation zwischen Piemont und Frankreich war beiden nur angenehm, war doch der gemeinsame Krieg gegen Österreich gerade erst beendet.

Den Beteiligten war klar, dass das Kernstück der Strecke ein Tunnel in einer bis dahin noch nicht gebauten Größenordnung sein musste. Schließlich erhielt er eine Länge von 12.820 m. Über dem Tunnel lag ein bis zu 1620 m hohes Gebirge. Die Arbeiten begannen am 31. August 1857. Man setzte neue Luftbohrmaschinen ein, die auch die Belüftung des Stollens übernehmen sollten. Mit der bis dahin üblichen Arbeitsmethode mit Pickel und Schaufel hätte man sich an solch eine Aufgabe gar nicht heranwagen dürfen, denn dann hätte man mit einem Vortrieb von nur 75 cm pro Tag rechnen müssen. Die neue Technik dagegen ließ 2 m täglich zu, wenn man nicht auf extrem ungünstige Verhältnisse stieß, zum Beispiel auf eine 50 m starke Quarzschicht, die im Nordstollen die Arbeiten 27 Monate lang aufhielt. Im Allgemeinen konnte man aber in relativ weichem Felsen nach der Methode des Vollausbruchs arbeiten und dahinter zügig die Gewölbe und Widerlager mauern. Am Weihnachtstag 1870, also mehr als 13 Jahre nach dem Baubeginn des Tunnels, erfolgte der Durchbruch. Die Abweichung der beiden Stollen betrug seitlich 60 cm und in der Höhe 40 cm; sie war geringer, als man zu hoffen gewagt hatte. Dazu mag allerdings auch die Ausführung zweier Richtungstunnel beigetragen haben, die zu Vermessungszwecken dort angelegt wurden, wo an den Tunnelausgängen Krümmungen lagen. Der Mont-Cenis-Tunnel war der erste, in dem Bohrmaschinen zum Einsatz kamen. Sie wurden mit Pressluft angetrieben und fanden später auch, auf Wagen montiert, beim Bau der St.-Gotthard-Linie Verwendung. Im Simplon- und Albulatunnel dagegen arbeitete man mit Bohrern, die durch Wasserdruck getrieben wurden. Daneben verwendete man zunächst Schwarzpulver, dann Dynamit und später speziell entwickelte Sicherheitssprengstoffe. Je geringer der Vortrieb war, desto mehr bemühte man sich, durch Schächte oder schräge Stollen, die man zur Tunnelachse

Elektrische Lokomotiven mit Dreiphasenwechselstrom (Drehstrom) verkehrten von 1910 bis 1963 am Giovipass. Der Strom ließ nur zwei Geschwindigkeiten zu, nämlich 22,5 bis 25 km/h und 45 bis 50 km/h. Bei der Bespannung eines Zuges mit mehreren Lokomotiven (bis zu sechs) wurden solche mit einem ähnlichen Abrieb der Radreifen zusammengestellt, um den Schlupf zu vermeiden.

Während oben die Güterzuglokomotive mit der Achszahl E gezeigt wurde, steht hier die Schnellzug- und Personenzuglokomotive 1'D1' abgebildet. Die Lokomotiven haben immer zwei Stromabnehmer in Betrieb, um die komplizierten Verdrahtungen der Weichen und Kreuzungen befahren zu können.

abteufte, zusätzliche Arbeitsstellen zu schaffen. Allerdings ist solch ein Verfahren nur dann möglich, wenn die Tunneldecke, also das über dem Tunnel lagernde Gebirge, nicht allzu mächtig ist und der über dem Tunnel liegende Ausgangspunkt mit Bohrgerät und Zubehör erreicht werden kann, was bei Alpentunneln kaum der Fall ist. Neben Wasser- und Gaseinbrüchen war für die frühen Tunnelbauer die Belüftung langer Strecken und die Entlüftung von Arbeitsstellen, an denen gebohrt und gesprengt wurde, ein nahezu unlösbares Problem. Für feinkörnige Böden und solche mit starkem Wasserandrang wurde der Schildvortrieb entwickelt. Dabei wird ein Stahlzylinder hydraulisch in die abzubauende Wand gepresst. In seinem Innern erfolgt der Abbruch des Gesteins. Der Ausbau wird meist mit betongegossenen Fertigteilen, gleich hinter dem vorrückenden Zylinder, vorgenommen.

War der Bau fertig gestellt, dann bereiteten die den Tunnel benutzenden Dampflokomotiven denselben Kummer. Der Rauch gefährdete nicht nur Personal und Passagiere, sondern zerstörte auch das Mauerwerk. Erst der Einsatz elektrisch betriebener Ventilatoren und ganzer Frischluftsysteme brachte Abhilfe. Beim Semmeringtunnel hatte man als Schutz gegen Winterkälte noch Türen angebracht und besorgt darauf geachtet, dass diese nach Ein- und Ausfahrt jedes Zuges schnell wieder verschlossen wurden.

Der Vollausbruch unter dem Mont Cenis erfolgte mit neunfachen Bohrmaschinen. In der Mitte der Stollenwand bohrte man ein größeres Loch von gut 10 cm Durchmesser, etwa 75 cm tief. Darum herum, gleichmäßig auf die Tunnelwand verteilt, kamen 50 bis 60 Bohrlöcher. Dort begann man auch mit dem Sprengen, damit die Gesteinsmassen seitlich wegbrechen konnten, und sprengte dann Zug um Zug um das immer größer werdende Loch in der Mitte. Die neun Bohrstangen einer auf Rädern und Gleis stehenden Bohrmaschine schlugen in jeder Minute 200-mal in das Gestein. Es herrschte nicht nur ein ohrenbetäubender Lärm, sondern auch beträchtliche Staubentwicklung. Bald verfügte man über vier solcher Maschinen, von denen berichtet wird, sie hätten in einer achtstündigen »Schicht« jeweils zehn bis zwölf Löcher bohren können. Für 1 m Tunnelausbruch rechnete man im Durchschnitt mit 100 Löchern und dem Verbrauch von gut 100 Pfund Sprengstoff, 200 m Lunte und 180 Bohrstangen. Am Tunnel arbeiteten etwa 4000 Menschen, davon aber nur 360 vor Ort beim Ausbruch. Etwa 2000 waren damit beschäftigt, in Handarbeit die gesprengten Stollen zu erweitern und auszumauern. Mehr als 1000 wurden vor dem Tunneleingang in den Werkstätten beschäftigt, der Rest waren Aufseher, Schreiber und Fuhrleute.

Die neunfache Bohrmaschine für den Tunnel unter dem Mont Cenis. Für 1 m Tunnelausbruch rechnete man mit 100 Löchern und 100 Pfund Sprengstoff.

Die nördliche Zufahrt der Mont-Cenis-Strecke war schon 1862 bis Saint-Michel-de-Maurienne fertig gestellt worden. Ein Strom von Waren und Passagieren ergoss sich über den Pass, auf dem reger Postkutschenverkehr herrschte. Da die Fertigstellung des Tunnelbauwerks nicht abzusehen war, baute eine englische Gesellschaft, um die Post von London zu den englischen Besitzungen in Indien schneller befördern zu können, eine provisorische Bahn nach dem System Fell.

Diese Bahn benutzte bis auf einige steile Teilstücke, in denen sie in besonderen Kehren und kurzen Tunneln verlief, eine Seite der »Route Napoléon« genannten Passstraße. Sie war 77 km lang, hatte eine Spurweite von 1100 mm, eine Neigung von maximal 90 ‰ und einen engsten Kurvenhalbmesser von nur 40 m.

Die Strecke war mit einer erhöht liegenden Mittelschiene versehen, die rechts wie links einen pilzförmigen Kopf trug. Die Lokomotiven hatten neben den vier üblichen noch zwei horizontal angeordnete, angetriebene Räder, die die Mittelschiene zwischen sich einpressten und so einen zusätzlichen Antrieb gaben, der über die Außenschienen wegen mangelnder Adhäsion nie erreicht werden konnte, denn die Lokomotiven waren leicht gebaut. Sie verfügten über eine leistungsfähige Backenbremse, die die Mittelschiene umschloss. Auch die angehängten Wagen hatten (der engen Kuven wegen) horizontale Leiträder und Backenbremsen. Die hoch gelegenen Teile der Strecke waren mit runden Blechen abgedeckt, sodass man wie durch einen Tunnel fuhr. Das war ein probates Mittel gegen Schneefall und Schneeverwehungen; die Bahn konnte so das ganze Jahr hindurch in Betrieb bleiben.

»Die Maschine zittert, schwankt und springt«, schrieb der englische Bergsteiger Edward Whymper. »Eine gewöhnliche Maschine, die mit einem Zuge hinter sich zehn deutsche Meilen (etwa 75 km) in der Stunde macht, pflegt nicht sehr ruhig zu laufen, aber ihre Bewegung ist im Vergleich mit derjenigen einer Fell'schen Maschine, die bergab fährt, eine bloße Kleinigkeit.« Er berichtete weiter, die Kurven hätten einen Durchmesser von nur 35 Fuß (ca. 10 m!) gehabt, was allerdings ein Irrtum sein muss; die viereckigen Wagen amerikanischer Bauart hatten einen Einstieg an jeder Seite und zwei längslaufende Sitzbänke. Whymper beschrieb den Lauf der Wagen als überraschend ruhig, da sie durch die horizontalen Führungsräder in die Kurven gedrückt wurden, und bemerkte, insbesondere bergab mit angezogenen Bremsen sei es geradezu ein Vergnügen, mit ihnen zu fahren. In jedem Wagen war ein Schaffner, der zwei Bremsen bediente. Normalerweise bestand ein Zug aus einem Packwagen und zwei bis drei Personenwagen; die erlaubte Höchstgeschwindigkeit waren 25 km/h. Die Bahn halbierte die bisher für diese Strecke aufgewendete Reisezeit. Lokomotiven nach dem System Fell (Namengeber war der Engländer John B. Fell) sind auch an anderer Stelle eingesetzt worden. Die bekannteste und auch langlebigste Fell-Eisenbahn war die neuseeländische Linie Wellington – Featherstone, die bis 1955 in Betrieb blieb und erst dann durch einen Basistunnel abgelöst wurde. Dort fuhr man mit Höchstgeschwindigkeiten von 10 km/h bergauf und 16 km/h bergab. Bei bergauf fahrenden Zügen wurden bis zu vier Lokomotiven eingesetzt, die über die ganze Länge des Zuges verteilt waren.

In Europa ist noch eine Gebirgsbahn zu sehen, die zwar nicht den Antrieb, aber die Mittelschiene und das zusätzliche Bremssystem der Fell-Bahnen übernommen hat: der in Meterspur gebaute französische Teil der Col-de-Montets-Linie von Saint Gervais-le-Fayet über Chamonix nach Vallorcine (der anschließende Schweizer Teil der Strecke nach Martigny ist mit Zahnstangen ausgerüstet). Hier am Fuß des Montblancs verkehrt eine Eisenbahn mit vierspurigem Gleis, denn zu den beiden normalen und dem Mittelgleis kommt noch eine Stromschiene. Die Neigung beträgt maximal 90 ‰. Triebwagen wie Anhänger sind mit der Zusatz-Backenbremse ausgerüstet.

Anzumerken ist noch, dass die Fell-Eisenbahn über den Mont-Cenis auch der Normalspurstrecke und dem Tunnel, von denen sie abgelöst wurde, den Namen gab. Tatsächlich unterfährt diese aber den 18 km entfernten Fréjuspass, nicht den Mont-Cenis.

Auf der Passhöhe war eine provisorische Bahn nach dem System Fell montiert. Sie war 77 km lang und hatte 1100 mm Spurweite. Die dritte Schiene war pilzförmig.
Oben die drei Schienen der Gleisanlage, unten die überdeckten Serpentinen neben der Passstraße.

Der goldene Nagel

In Amerika schossen die Eisenbahngesellschaften wie Pilze aus dem Boden. Neue Strecken entstanden in einer für den Europäer unbegreiflichen Geschwindigkeit. Man legte die Schwellen nach Möglichkeit auf den unpräparierten Erdboden. Man scheute sich in schwierigem Gelände nicht vor engen Kurven – dafür hatte man ja Lokomotiven mit führenden Drehgestellen. Man lehnte sowohl komplizierte, stationäre Seilzüge als auch Tunnel und tiefe Einschnitte ab. Eher verstand man sich zu steilen Gleisstrecken, die mit Hilfe mehrerer hintereinander gekuppelter Lokomotiven überwunden wurden.
Hier hatte Friedrich List gesehen, wie man mit geringsten Mitteln ein Eisenbahnnetz errichtet, und den Leipzigern vergeblich geraten, erst einmal ein Gleis mit dem kleinsten Aufwand zu legen, und damit das Geld zu verdienen, eine ordentliche Strecke zu bauen. So wurden die USA das Land der »vorläufigen« Eisenbahnen, wo man mit Spitzkehren und Drehscheiben Schwindel erregende Pässe überwand, bis das Geld reichte, Tunnel zu bauen.

Die klassische Lokomotive der US-Eisenbahnen war die 2'B mit außen liegenden Zylindern und innen liegender Steuerung. Sie hielt sich lange überall da, wo die Eisenbahn als Vehikel für den Vorstoß der Zivilisation in die Wildnis galt, wo die Menge der anfallenden Güter und Passagiere noch gering war, wo die einfachste, robuste Bauweise benötigt wurde und wo, vor allen Dingen, ein geringer Achsdruck zur Debatte stand, geeignet für schnell gelegtes Gleis und für die aus unendlich vielen Baumstämmen zusammengesetzten provisorischen Brücken.

Die Lokomotiven hatten eine mächtige Glocke, Kuhräumer, ein Drehgestell mit erweitertem Achsstand und verbessertem Lauf und einen mächtigen aufgeblähten Schornstein mit Funkenfänger, denn im Westen heizte man mit Holz. Die Geschwindigkeiten waren gering – der leichte Bau des Gleises, bei dem die Schienen einfach aufgenagelt und nicht miteinander durch den »Stoß« verbunden waren, ließ gar nichts anderes zu. Um 1870 wurde dann von Baldwin die 1'C (Mogul) eingeführt, eine Güterzuglokomotive mit Bisselachse.
Aber da war die heroische Zeit der Eisenbahnen in Nordamerika schon beinahe vorbei.

Völlig verblasst erscheint uns heute eine amerikanische Lokomotiv-Besonderheit, die »Camel«-Type, deren erste 1848 von Ross Winans gebaut wurde. Er setzte den Führerstand hoch auf den Langkessel und erreichte damit, dass die gesamte Länge der Lokomotive für Kessel und Feuerung ausgenutzt werden konnte. Dadurch wurde die Leistung verbessert, aber wie es dem Lokomotivführer da oben zu Mute war, ist nicht überliefert. Die Lokomotiven hatten vier gekuppelte Treibräder und sollen sich im Güterzugdienst gut bewährt haben. Es wurden mehr als 200 Stück gebaut. Samuel Hayes von der Baltimore & Ohio Railroad entwickelte nach denselben Konstruktionsprinzipien eine 2'C, und James Millhollands drei Schnellzuglokomotiven, sechsfach gekuppelt, trugen ebenfalls den Lokführer hoch oben im »Kamelsattel«. Doch damit war der Bogen überspannt: sechs gekuppelte Treibachsen stellten die Konstrukteure vor unüberwindliche Schwierigkeiten. Die Maschinen

Bahnbau in den USA. Die Schwellen werden einfach auf den Erdboden gelegt. Im Hintergrund die mehrstöckigen – bis drei Etagen hohen – Schlafwagen der Arbeiter.

wurden 1870 umgebaut, zwei Achsen wurden entfernt und ein Schlepptender angehängt.

Der Höhepunkt des Eisenbahnbaus in den Vereinigten Staaten war der Wettlauf um die Verbindung der beiden Ozeane; die transkontinentale Strecke wurde 1863, im Westen von Kalifornien und im Osten vom Mississippi ausgehend, in Angriff genommen und 1869 fertig gestellt. Auslösendes Ereignis waren die reichen Goldfunde in Kalifornien, die im Jahre 1848 einen Strom von Siedlern und Glücksrittern auf die Beine brachten, der nicht enden wollte. Doch wie kam man zur gold-sonnigen Küste des Pazifik? Um vom Osten zum Westen der USA zu gelangen, bestieg man am besten ein Schiff und segelte (die Dampfer hatten ihre Kinderschuhe noch nicht zertreten) rund um Kap Hoorn. Das dauerte im Durchschnitt sechs Wochen; es war strapaziös, sich so lange auf den überfüllten, meist kleinen Segelschiffen aufzuhalten und sich von einer durchweg aus Salzfleisch und Schiffszwieback bestehenden Kost zu ernähren; es war auch nicht ungefährlich, denn vor Kap Hoorn ist mancher Segler geblieben.

All das aber mutet wie eine Erholungsreise an gegen den Treck mit schweren ochsenbespannten Planwagen über den Landweg, auf nur oberflächlich gebahnten Wegen, durch Flüsse und über Gebirge, durch unruhige Indianergebiete, fern aller Zivilisation und Hilfe. Freilich gab es noch einen dritten Weg, den Fußmarsch über die Landenge von Panama, durch Sümpfe und fieberverseuchten Dschungel. 1851 wurde dort mit dem Bau einer Eisenbahn begonnen. Erst vier Jahre später konnte die Eröffnung gefeiert werden. Man sagt, dass auf jede Schwelle ein toter chinesischer Arbeiter käme.

Auf die Dauer war es ein Skandal, dass man, um von einem Staat der USA in einen anderen zu reisen, um die halbe Welt, über Meere und durch fremde Staaten fuhr. Abraham Lincoln, Präsident der USA, unterzeichnete am 1. Juni 1862 ein Dokument, in dem sich der Staat verpflichtete, »zu helfen beim Bau einer Eisenbahn und einer Telegrafenlinie vom Missouristrom zur pazifischen Küste, und der Regierung die Benutzung derselben für postalische, militärische und andere Zwecke zu sichern«. Den beteiligten Gesellschaften wurden großzügige Kredite in einer Gesamthöhe von 53 Millionen Dollar versprochen, die je nach der »Anzahl der Gleismeilen« verteilt werden sollten.

Die neue Eisenbahnstrecke nach Westen war die Hoffnung vieler tausend Einwanderer. Waren sie doch über den Ozean gekommen, um ein eigenes Stück Land zu besitzen, das ihnen im alten Europa nicht vergönnt gewesen war. Durch das Heimstättengesetz von 1862 wurde auch jedem, der mindestens 21 Jahre alt und gewillt war, »das Bürgerrecht der Vereinigten Staaten anzunehmen«, ein Landstück von 160 acres versprochen, das in sein Eigentum übergehen sollte, wenn er es fünf Jahre lang bebaut hatte. Doch wo war dieses bisher herrenlose Land? Im Westen. Und um dorthin zu gelangen, benötigte man die Eisenbahn, die nun gebaut werden sollte. Man brauchte sie, um alles das zu transportieren, was zum Aufbau einer Zivilisation notwendig ist und um die eigenen Erzeugnisse auf den Markt zu bringen.
Es wurde eine Eisenbahn ins Niemandsland, denn nur wagemutige Reisende hatten die weiten Ebenen und schroffen Gebirge schon durchzogen und davon berichtet. Begonnen wurde im Mai 1863 in Kalifornien und im Juli 1865 am Missouri. Neu war beim Bau dieser 2480 km langen Eisenbahnlinie, dass die Ingenieure den optimalen Fortgang der Strecke durch Pfadfinder erkunden ließen, und dass man nicht nur mit den Unbilden der Natur zu kämpfen hatte, sondern auch mit Indianerstämmen, die vom Bahnbau in ihren Jagdgründen gar nicht begeistert waren. Es war ein hartes Leben. Es gab am neuen Gleis bald erste Siedlungen und einige aus schnell zusammengezimmerten Holzhäusern bestehende Städte mit Kneipen und Spielhöllen, in denen den tausenden, nicht schlecht verdienenden Bahnarbeitern das Geld wieder aus der Tasche gelockt wurde. (Auf dem Friedhof von Julesburg, einem Lager von Bauarbeitern,

Amerikanische 3'A-Crampton für besonders leicht verlegte Schienen.

2'B-Lokomotive »Kamel«. Diese Lokomotiven wurden mit bis zu sechs Treibachsen gebaut.

Vorherige Doppelseite: Western-Nostalgie – Die Durango & Silverton Schmalspurbahn ist eine der beliebtesten Touristenbahnen der Welt. Die 70 km lange Strecke im Süden Colorados gehörte früher zu den Denver & Rio Grande Western Bahnen.

zählte man 74 Gräber. Doch nur drei der Bestatteten starben eines natürlichen Todes.)
Vorn aber, an der Gleisspitze, war es fürchterlich; mancher gab auf und schlug sich nachts in die Büsche, sodass dauernd Werbekolonnen unterwegs waren und man darauf verfiel, auch hier zahlreiche Chinesen anzuwerben, die sich als zäh und bedürfnislos erwiesen hatten. Beim Endspurt wuchs das Doppelgleis täglich um eine Meile und mehr – eine Leistung, die man bis dahin für unmöglich gehalten hatte, und die nur durch amerikanische Arbeitsteilung und Organisation zu erreichen war. Die Arbeiter wohnten »vor Ort« in Zügen, die aus dreistöckigen Schlafkojenwagen, Speisewagen, Küchen- und Amtsstubenwagen von je 24 m Länge bestanden und täglich weiter vorrollten.

Das letzte Gleisstück wurde am 8. Mai 1869 genagelt, und der letzte Nagel war, der Feierlichkeit des Augenblicks entsprechend, ein goldener, von dem man allerdings sagt, er sei nach Abschluss der Zeremonie gleich wieder entfernt worden. Die Tatsache, dass der Bahnbau in nur sechs Jahren abgeschlossen werden konnte – 14 hatte man veranschlagt –, war allein darauf zurückzuführen, dass zwei Gesellschaften im Wettbewerb arbeiteten. Die Direktoren der »Central Pacific«, deren Männer sich nach Osten vorarbeiteten, und die der »Union Pacific« konnten sich ausrechnen, dass ihr Gewinn von der Länge der bis zum Zusammentreffen der Baukolonnen geschafften Strecke abhing. Die Regierung zahlte den am Bau der transkontinentalen Verbindung beteiligten Gesellschaften pro Meile Darlehen zwischen 16.000 und 48.000 Dollar. Außerdem erhielten sie für jede Meile Schienenstrang 20 englische Quadratmeilen (52 km^2) Land.
An einem Tag – es ging um eine 10.000-Dollar-Wette – schafften die Männer der »Central« 16,6 km.

Überhaupt scheint es den amerikanischen Eisenbahnpionieren in erster Linie um das Land, erst in zweiter Linie um die Eisenbahn gegangen zu sein. Abgesehen von betrügerischen Manipulationen bei der Gründung von Gesellschaften ist die Geschichte der Eisenbahn in den USA reich an Vorgängen »außerhalb der Legalität«, mit denen Sondergewinne gemacht und durch Ausschaltung der Konkurrenz Machtpositionen errungen wurden. Ein beliebtes Verfahren, immense Summen beim Eisenbahnbau in die eigene Tasche fließen zu lassen, war dieses: Das Kapital für eine Eisenbahnlinie wurde überhöht angesetzt, die Direktoren gründeten eine Firma, die die Bauarbeiten übernahm und erteilten sich damit selbst die Aufträge zu überhöhten Preisen. Dass die Bahn nach diesem Aderlass nicht florieren konnte, war von vornherein klar. Doch das kümmerte die Nutznießer dieses Verfahrens wenig, die dann längst ihre Posten aufgegeben hatten. Man sprach von denen, die sich schließlich zu unumstrittenen Beherrschern des Transportwesens in den USA aufschwangen, als den »Eisenbahnkönigen«. Ob sie nun Vanderbilt oder Morgan heißen, die Berichte über ihre Börsenspekulationen und Transaktionen lesen sich wie Kriminalromane. Das Wegerecht wurde durch Banden angeheuerter Revolvermänner erkämpft und verteidigt.

Die Filmindustrie zehrt davon noch heute, und das Stichwort Film verlangt ein Wort zu den auf der Leinwand sich so dekorativ ausnehmenden Brückenbauten aus einer kunstvoll zusammengefügten, unübersehbaren Masse von Baumstämmen. So schön und romantisch sie anzusehen sind (und wahrscheinlich auch damals waren), so brachten sie doch einen enormen Unsicherheitsfaktor in den Eisenbahnverkehr. Es gibt eine ganze Reihe von Geschichten, wie Lokomotiven vorsichtig zunächst bis zur Mitte der Brücke fuhren, das pendelnde Bauwerk sich wieder beruhigen ließen und dann den Rest des Weges zurücklegten. Die Wagen wurden später per Hand geschoben. Immerhin brachen allein im Jahr 1881 44, im darauf folgenden Jahr 38 Brücken unter den Zügen zusammen.

Wie es im täglichen Betrieb auf der Strecke aussah, das ist bei Jack London nachzulesen, der sich schon mit 17 Jahren als Vagabund auf den amerikanischen Eisenbahnen herumtrieb. Diese Art des Vagabundierens, die besonders bei jungen, abenteuerlustigen Menschen beliebt war, gilt als typische Erscheinung des damaligen amerikanischen Lebens.
In dem Buch »Abenteurer des Schienenstranges« gibt er genaue Auskunft über die Bauart der Wagen, aber auch über die Möglichkeiten, die sich daraus ergeben, zu »hängen« oder vom Bahnpersonal »geschmissen« zu werden. Oft ein Spiel auf Leben und Tod. Die »Blinden«, Postwagen ohne Türen an den Schmalseiten, aber mit Plattformen, spielen dabei eine große Rolle.

US-amerikanische Baldwin-Lok 2'B.

Das Dampfross

Es ist oft bedauert worden, dass wir statt des Wortes »Lokomotive«, das aus zwei lateinischen Wörtern zusammengesetzt wurde, kein deutsches haben. Man sprach versuchsweise vom »Beweger« oder »Treibling«; »Dampfwagen« bezeichnet ein mit Dampf angetriebenes Straßenfahrzeug, »Feuerwagen« und »Dampfross« wurden allgemein abgelehnt, weil sie der »gehobenen, dichterischen Sprache« angehörten. Dampflokomotiven haben sich seit Stephenson nicht grundsätzlich verändert. Manches ist natürlich komplizierter geworden, der Führerstand einer Hochleistungslokomotive ist nicht mit dem der »Rocket« zu vergleichen.

Lokomotiven sind nach wie vor aus fünf Hauptbauteilen zusammengesetzt, nämlich dem Kessel, dem Rahmen, dem Triebwerk, dem Laufwerk und dem Tender.

Die Kesselanlage einer Dampflokomotive besteht heute, nicht anders als vor 100 Jahren, aus einem mit Heizrohren durchzogenen Langkessel und einem Stehkessel, in dem sich der Feuerkasten befindet. Neu ist, dass die Heizröhren nicht mehr alle den gleichen Durchmesser haben. Auf dem Kessel liegt der Dampfdom, aus dem der Dampf für das Triebwerk entnommen wird, denn ganz oben gibt es immer den trockensten Dampf. Die Feuerung entwickelt eine Hitze von 1500 bis 1600° Celsius.

Neu ist auch die vor dem Kessel (in Fahrtrichtung) liegende Rauchkammer. Die Heizgase kommen hier mit einer Temperatur von 300 bis 500° Celsius an und werden durch den Schornstein abgeleitet. Je höher man die Oberkante des Langkessels nach oben zog, desto kürzer wurde (wegen des Lichtraumprofils) jener Teil des Schornsteins,

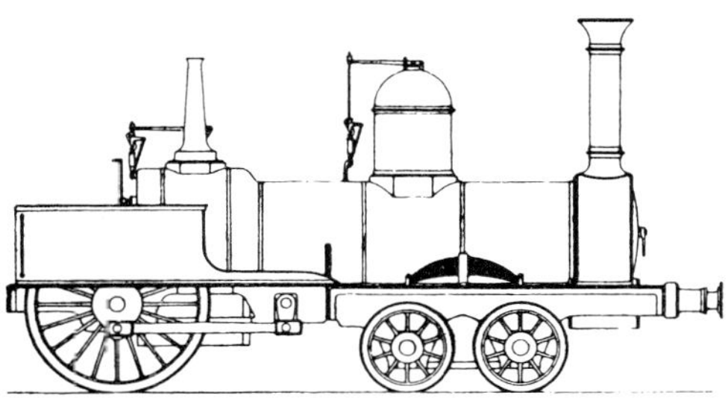

der über die Rauchkammer hinausragt. Überhaupt hatte man lange Zeit Bedenken, den Kessel nach oben zu verlagern, weil man fürchtete, dass bei einem hoch liegenden Schwerpunkt die Stabilität der Lokomotive, insbesondere ihre Kurvenläufigkeit, stark beeinträchtigt würde. Die Crampton-Lokomotiven waren das Musterbeispiel eines um den Preis mancher Nachteile nach unten gezogenen Schwerpunktes. Inzwischen haben die Konstrukteure gelernt, dass ein hoch liegender Schwerpunkt ein ruhigeres Fahrverhalten ergibt.

Die ersten Lokomotiven hatten zum Nachfüllen frischen Wassers aus dem Tender besondere Pumpen, die von den Rädern angetrieben wurden. Sie konnten also nur während der Fahrt arbeiten. Auf Bahnhöfen musste eine Lokomotive, die die Pumpen in Bewegung setzte, hin und her fahren. Oft gab es ein besonderes Gleis dafür, die »Wasserspur«, und auch ortsfeste Rollgänge, auf denen die Lokomotiven mit gebremstem Tender »am Ort« fuhren, das heißt, die Treibräder bewegen konnten.

Der Rahmen ist sozusagen das Rückgrat der Lokomotive. Man unterscheidet zwischen Barren- und Plattenrahmen.

In einem wassergefüllten Kessel sind Heizröhren angebracht, durch die die Heizgase ziehen. So wird eine maximale Heizfläche erreicht. Außerdem ist die Feuerbüchse mit einen wassergefüllten Mantel umgeben, der Stehkessel genannt wird. So wird jede nur mögliche Berührungsfläche von Feuer und Wasser genutzt.

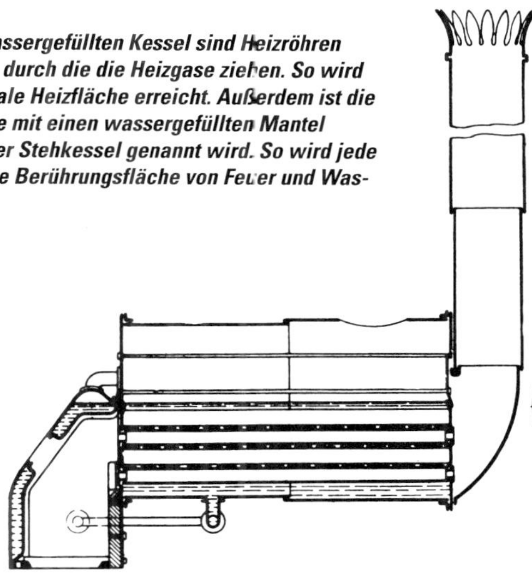

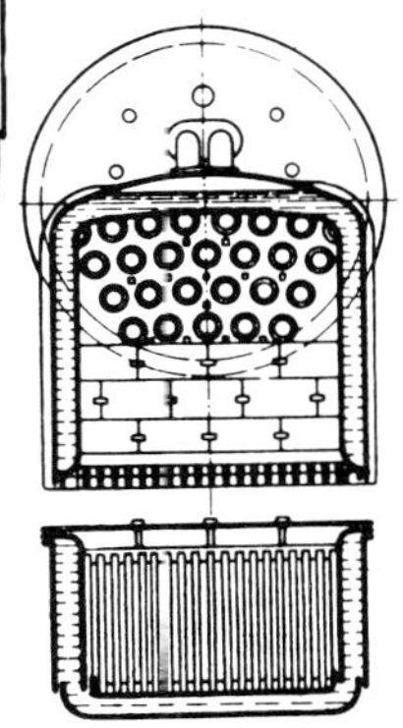

Feuerbüchse und Kessel von Stephensons Lokomotive »Rocket«.

Dabei ist es sicherlich für den Laien interessant zu wissen, dass der Kessel nur in der Nähe der Rauchkammer auf dem Rahmen befestigt ist und sonst frei gleitend auf den Trägern liegt, damit die bei der Beheizung eintretende Ausdehnung nicht zu gefährlichen Spannungen führt.

2'A-Lokomotive »Bauoe« der Preußischen Ostbahn, gebaut von Wöhlert, Berlin 1852. Bauart Crampton, mit durchhängender Feuerbüchse, Innenzylinder, Blindwelle. Schnellzuglokomotive mit 24,9 t Gewicht, Größe der Treibräder 1892 mm. Höchstgeschwindigkeit 95 km/h.

Die Zylinder sind durchweg am Rahmen befestigt. Sie befanden sich ursprünglich immer unter dem Kessel zwischen den Rädern. Ihre Anordnung außen wurde als ein großer Fortschritt angesehen, weil sie dort besser zugänglich waren und gleichzeitig durch das auf die Räder wirkende Gestänge die gekröpfte, schwer herzustellende und im Betrieb empfindliche Antriebsachse überflüssig wurde. Sie konnte durch eine normale Achse ersetzt werden.

Ein Zylinder ist ein gusseisernes kurzes, schweres Rohr, in dem ein scheibenförmiger auf einer Längsachse sitzender Kolben durch die Kraft des Dampfes hin und her geschoben wird. Der Schieber, der sich in dem über dem Zylinder angeordneten kleineren Schieberkasten bewegt, sorgt dafür, dass zur rechten Zeit die Ein- und Auslassschlitze geöffnet und geschlossen sind, sodass der Dampf abwechselnd von der einen und der anderen Seite eintritt.

Der erst flache »Plattenschieber« wurde zum runden »Kolbenschieber« weiterentwickelt. Die den Schieber

Die „Pfalz" wurde im Jahre 1925 im RAW Kaiserslautern originalgetreu nachgebaut. Zusammen mit der „Kurpfalz" gehörte sie zu 18 Lokomotiven, die 1853 bis 1868 für den Schnellzugdienst der Pfalzbahn beschafft wurden. Das Treibrad hatte 1830 mm Durchmesser, die Höchstgeschwindigkeit war 120 km/h.

bewegende Vorrichtung nennt man die Steuerung. Sie besteht je nach ihrer Bauart aus einem vom Triebwerk in Bewegung gesetzten Gestänge, Exzenterscheiben und der Schwinge, in die die Steuerstange vom Führerstand der Lokomotive aus eingreift. Und das ist wichtig: Mit der Steuerkurbel kann der Lokomotivführer den Dampf für Vorwärts- und Rückwärtsfahrt »umsteuern«.

Ursprünglich wurde der Schieber mit der Hand bewegt, bis die Lokomotive zu fahren begann; erst dann übernahm die Steuerung die zwangsläufige Weiterbewegung. Das war eine Handhabung, die großes Können und lange Erfahrung voraussetzte, nicht zuletzt deshalb wurde Deutschlands erster Lokomotivführer William Wilson allgemein bewundert und bezog ein fürstliches Gehalt. Wenn der Lokomotivführer sich aber nicht getraute, aus »freier Hand« im rechten Augenblick den rechten Dampf zu geben, musste er während des Haltes den Heizer bitten, unter die Lokomotive zu kriechen und vor dem zwischen den Rädern liegenden Zylinder Schieber und Gestänge in die rechte Anfahrposition zu bringen.

Es war ein großer Schritt vorwärts, als man lernte, sich die Expansion des Dampfes zu Nutze zu machen. Noch der »Adler«, Deutschlands erste Lokomotive zwischen Nürnberg und Fürth, arbeitete mit fast voller Zylinderfüllung. Die Einlassschlitze des Kolbens wurden erst dann geschlossen, wenn dieser mit Dampf gefüllt war. Bald aber stellte man fest, dass der Dampf sich mit großer Kraft weiter ausdehnte, wenn die Dampfzufuhr schon bei halber Zylinderfüllung eingestellt wurde, dass also mit der gleichen Menge hoch gespannten Dampfes mehr Arbeit, oder andersherum, die gleiche Arbeit mit weniger Dampf, also weniger Kohlen und weniger Kosten erzeugt werden konnte, wenn man die Expansion ausnutzte. Der den Schieber zum vorzeitigen Verschließen des Zylinders veranlassende Hebel, ein weiterer Teil der Steuerung, wird ebenfalls durch die Steuerkurbel vom Lokomotivführer betätigt. Bis zu dessen Einführung war die Zugkraft der Lokomotive nur durch die Vorrichtung, mit der die Dampfabgabe an die Zylinder bestimmt wurde, zu »regeln«.

In der Entwicklung des Lokomotivbaus hat es die verschiedensten Steuerungssysteme gegeben; allgemein durchgesetzt haben sich die Heusinger-Steuerung (Heusinger von Waldegg war Maschinenmeister der Taunusbahn) und die des Belgiers Walschaerts.
Neben der Steuerung durch Schieber wurden aber auch verschiedene Ventilsteuerungen entwickelt, die mit Ein- und Auslassventilen arbeiten, wie wir es vom Ottomotor kennen. Der Fachmann unterscheidet:

1. Steuerungen mit schwingender Welle: Lentz,
2. Steuerungen mit rotierender Welle: Caprotti und Cossart,
3. Steuerungen mit Kulisse und Nockenstangen: Günther.

Die Caprotti-Ventilsteuerung wurde in Italien sehr häufig verwendet. Sie ermöglichte Dampffüllungen von nur 5 bis 6 % und arbeitete mit kleinerem Gewicht und auf weniger Raum und deshalb auch wirtschaftlicher als die Schiebersteuerungen, weil dort immer relativ viel Dampf in den Steuerungskanälen blieb.

Nun war es nur logisch, den immer noch mit beträchtlicher Verdichtung aus dem Zylinder strömenden Dampf nicht in die freie Luft abzublasen, sondern die noch in ihm enthaltene Spannung zu nutzen. Man leitete ihn zur weiteren Expansion in einen zweiten Zylinder. Verbundlokomotiven haben zwei Arten Zylinder, kleinere Hochdruckzylinder und größere Niederdruckzylinder. Die ersten nach dem Verbundsystem arbeitenden Dampfmaschinen waren um 1790 gebaute, stationäre Maschinen.

In einer Lokomotive erschien eine Zweizylinder-Verbundmaschine 1876, sie trieb eine B1-Tenderlokomotive der Bayonne-Biarritzer Eisenbahn. Der Schweizer Mallet, von dem wir noch einige Male hören werden, hatte sie mit je einem Hoch- und Niederdruckzylinder rechts und links ausgerüstet. Meist wurde der kleinere Hochdruckzylinder der schönen Symmetrie halber mit einem Mantel umgeben, der denselben Umfang wie der Niederdruckzylinder hatte.

Befand sich nun der Kolben im Hochdruckzylinder auf dem toten Punkt, dann konnte die Lokomotive nicht anfahren, denn dann hatte ja auch der nachgeordnete Niederdruckzylinder keinen Dampf. Deshalb erhielt sie eine »Anfahreinrichtung«, die es gestattete, auch den Niederdruckzylinder direkt aus dem Kessel mit hoch gespanntem Dampf zu bedienen. Sie konnte also, wie viele Verbundlokomotiven nach ihr, auch mit parallel geschalteten Zylindern gefahren werden (»Zwilling« bei einer Zweizylinder-, »Vierling« bei einer Vierzylinder-Verbundlokomotive). Diese Anfahreinrichtung gab den bald danach gebauten Vierzylinder-Verbundloks, obwohl sie nicht mehr notwendig war, doppelte Kraft beim Anfahren und am Berg.

In Deutschland wurde die erste Verbundlokomotive 1880 für die damals schon zum preußischen Netz gehörende Hessische Staatsbahn gebaut. Bei Vierzylindermaschinen legte man die größeren Niederdruckzylinder oder die kleineren Hochdruckzylinder zwischen die Räder der Lokomotive und ließ sie wieder auf gekröpfte Achsen wirken.

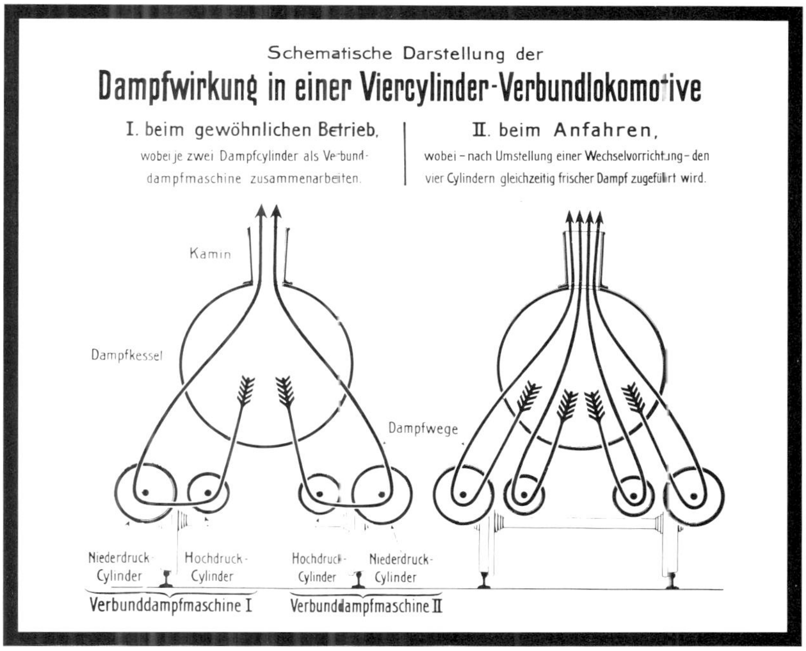

Der aus England gebürtige Franzose Alfred de Glehn, Direktor der Elsässischen Maschinenbaugesellschaft in Grafenstaden, baute den nach ihm benannten Antrieb so, dass die innen liegenden Niederdruckzylinder die erste und die außen liegenden Hochdruckzylinder die zweite Treibachse antrieben. Seine erste 1886 gebaute Vierzylinder-Verbundlok hatte die Achsfolge 1'AA: zuerst verzichtete er auf eine Kuppelachse; da die Maschinen aber zum Schleudern neigten, wurde das schnell nachgeholt. Der Engländer Francis Webb baute Dreizylinder-Verbundlokomotiven mit zwei kleineren, außen liegenden Hochdruckzylindern und einem überdimensionier-

Arbeitsplätze von Heizer und Lokführer. Auch mit Dampflokomotiven wurde schon Pendelzugbetrieb eingerichtet. Der Lokomotivführer (am Anfang des Zuges) und der Heizer (in der Lokomotive am Ende des Zuges) verständigten sich per Telefon (Bild rechts).

Die preußische G 7, eine Güterzuglokomotive für alle Zwecke. Die viergekuppelte Bauart ohne Laufachsen war nur für 45 bis 50 km/h zugelassen. Es wurden ab 1893 mehr als 2800 Stück geliefert.

Die preußische S 5, Schnellzug-Verbundlok für leichteren und mittleren Dienst. Später wurden keine Schnellzuglokomotiven mit nur zwei Treibachsen mehr gebaut.

ten Niederdruckzylinder in der Mitte. Die Personenzuglokomotiven hatten ungekuppelte Treibräder, die Güterzugloks gekuppelte mit dem Achsbild D, und man sagt, die Bedienung der Lokomotiven sei so heikel gewesen, dass die Lokführer fast schon Artisten sein mussten. Trotzdem haben mehrere hundert dieser Lokomotiven im Dienst gestanden.

Um 1900 bauten die Baldwin-Lokomotivwerke in Philadelphia für die Bayrischen Staatseisenbahnen vier Vierzylinder-Verbundloks, die rechts und links außen je einen Hoch- und Niederdruckzylinder übereinander trugen (Bauart Vauclain). Daneben kannte man »Tandem«-Verbundloks, deren Hoch- und Niederdruckzylinder hintereinander lagen und eine durch beide Zylinder gehende Kolbenstange antrieben.

Doch die große Zeit der Verbundlokomotive währte nur gut 15 Jahre. Dann folgte als weitere Neuerung die Heißdampflokomotive. Alles, was bis dahin an Dampf erzeugt wurde, nennt man der Unterscheidung halber Nassdampf. Nassdampf hat einen Überdruck, der in bestimmtem Verhältnis zu seiner Temperatur steht, zum Beispiel 198° Celsius = 14,2 atü. Trennt man den Dampf vom Wasser und erhitzt ihn weiter, so steigt der Überdruck nicht mit. Solch überhitzter Dampf schlägt sich nach der Ausdehnung nicht mehr so stark im Zylinder nieder – die Verluste durch Kondensation bleiben geringer.

Das alles war schon längere Zeit hindurch bekannt, nur fehlte die praktikable Konstruktion. 1898 wurde die erste brauchbare Heißdampflok dann bei der »Vulkan« gebaut. Als ihre viel gerühmten Väter gelten der Zivilingenieur Wilhelm Schmidt aus Kassel und der Geheime Regierungsrat Robert Garbe, preußischer Lokomotiv-Beschaffungsdezernent. Die nachträgliche weitere Erhitzung des dem Dampfdom entnommenen Dampfes – man erreichte 360° Celsius – erfolgte beim Durchströmen eines Schlangenrohrs, das in besonders weiten Heizrohren des Kessels lief. Später wurde der Überhitzer in die erweiterte Rauchkammer eingebaut. Die Ersparnisse an Kohlen und Wasser sind beim Betrieb von Heißdampflokomotiven noch größer als beim Nassdampf-Verbundsystem.
Kohle 20 – 25 % gegenüber 12 – 18 %;
Wasser 33 % gegenüber 25 %.
Mit Recht wird nun die Frage auftauchen, ob die Einsparung von Wasser wirklich erwähnenswert ist. Sicherlich bedeutet Wasser keinen wesentlichen Kostenfaktor beim Betrieb einer Lokomotive, doch ist es der Wasservorrat, der den Aktionsradius oder die Häufigkeit des zeitraubenden Wassereinnehmens einer Lokomotive bestimmt. Man rechnete, dass Güterzuglokomotiven alle 60 km, Schnellzuglokomotiven jeweils nach 180 km Wasser nehmen mussten, Tenderlokomotiven nach 20 bis 30 km Fahrt. In Deutschland hat es vor dem Ersten Weltkrieg einen wegen seiner Länge allgemein bestaunten, durchgehenden Schnellzugkurs von 314 km Länge zwischen Halle und Nürnberg gegeben. Englische und amerikanische Lokomotiven haben in langen Non-Stop-Fahrten Wasser während der Fahrt mit einem Rohr aufgenommen, das vom Tender in einen zwischen den Gleisen gegrabenen wassergefüllten Graben hinabgelassen wurde. Der Auftrieb ergab sich durch die Geschwindigkeit des vorn offenen Rohres, und als geeignetes Tempo zum Wassereinnehmen haben sich 60 km/h erwiesen. Die Gräben waren 500 m lang. Diese Art der Wasserüber-

Lokalbahnlokomotive 98812 (frühere bayerische GtL 4/4, Achsfolge D). Die Lokomotive ist heute im Besitz der Ulmer Eisenbahnfreunde. Oben auf dem Dampfdom ist deutlich das Sicherheitsventil zu erkennen Mit hohem Dampfdom wollte man besonders trockenen Dampf gewinnen. Unter der Warnglocke die Luftpumpe. Heusinger-Steuerung.

G.K.B.
56.3115

nahme hat sich nur in Ländern bzw. Gegenden durchgesetzt, in denen man nicht mit längeren Frostperioden zu rechnen brauchte. Auf der Strecke London – Edinburgh setzte man darüber hinaus Tender mit Seitengang ein. Durch diesen kam nach der halben Fahrzeit eine frische Lokmannschaft, die im ersten Zugabteil ihre Zeit abgewartet hatte.

Doch zurück zur Heißdampflok. Die weitere Entwicklung zeigt einen interessanten Unterschied in der Einstellung süd- und norddeutscher Länderbahnen. Während man in Süddeutschland den Bau von Heißdampf-Verbundlokomotiven forcierte, wobei die schönsten deutschen Länderlokomotiven mit der damals neuen Achsanordnung 2'C1' entstanden, sperrten sich die Preußischen Staatseisenbahnen mit Garbe an der Spitze gegen die komplizierte Mehrzylinder-Bauart und favorisierten die parallel geschalteten Zylinder mit einfacher Dampfdehnung, wobei sie neben den »Zwilling« den »Drilling« und »Vierling« stellten. Preußen hatte im Ruhrgebiet, in Oberschlesien und an der Saar Kohle in der eigenen Erde – mit Bahnanschluss – und man brauchte nicht zu sparen. »Amtliche« Berechnungen ergaben, dass man 1835 mit voller Zylinderfüllung 5,2 kg Kohle für 1 PS/h benötigte, 1910 aber bei einer Heißdampflok mit 1,08, bei einer Heißdampf-Verbundlok mit 0,99 kg für die 1 PS/h auskam. Das war das Ergebnis einer Umrechnung von Heizwerten, denn ursprünglich wurde wegen des Qualms mit Koks geheizt, mit Holz und oft mit Torf.

Der im Zylinder weitgehend entspannte Dampf wird in die Rauchkammer geleitet und von unten gegen den in die Kammer hineinragenden Stumpf des Schornsteins geblasen. Dadurch entsteht ein Zug, der die heißen Verbrennungsgase aus den Heizrohren reißt und für ein leistungsfähiges Feuer in der Feuerbüchse sorgt. Bei Stillstand der Maschine wird der Luftzug durch eine Hilfsvorrichtung erzeugt.

Der Kolben bewegt die Kolbenstange, die über den Kreuzkopf die Schubstange antreibt. Diese ist fest mit der Hauptkurbel verbunden. Die Kuppelstangen teilen die Antriebsbewegung allen gekuppelten Rädern mit. Zur Überwindung des toten Punktes sind die Antriebsgestänge der verschiedenen Zylinder gegeneinander versetzt.

Was nun die Räder betrifft, so muss kurz vorausgeschickt werden, dass zum Ausgleich für die Masse der Kolben- und Kuppelstangen Gegengewichte im Radstern angebracht sind. Doch das Wesentliche an den Rädern aller Eisenbahnfahrzeuge ist der Radreifen. Dessen zum Bruch neigende Sprödigkeit hat allen Eisenbahnpionieren Kopfschmerzen bereitet und war die Ursache unzähliger Unglücke. Dann hat man stählerne Stäbe um die Räder gebogen und die Naht zusammengeschweißt, doch die Naht war immer der schwächste Punkt. Schließlich hat Krupp den nahtlosen Reifen entwickelt, ohne den der heutige Eisenbahnbetrieb mit seinen Geschwindigkeiten und Gewichten nicht denkbar wäre.

Die Größe der Räder ist entscheidend für die Geschwindigkeit der Lokomotive. Die 1850 festgelegten »Grundzüge für die Gestaltung der Eisenbahnen Deutschlands«, die übrigens einen festen Achsstand für Lokomotiven von nicht mehr als 12 Fuß (3,66 m) empfahlen, bestimmten hierzu:

§ 130. Lokomotiven für Lastzüge, die mit einer Geschwindigkeit von 3 deutschen Meilen (22,5 km) in der Zeitstunde fahren, erhalten gekuppelte Triebräder von mindestens 4 Fuß (1,22 m) Durchmesser.

§ 131. Lokomotiven für Personen- und gemischte Züge, welche $5^1/_2$–6 deutsche Meilen (41,5–55 km) in der Zeitstunde zurücklegen, erhalten Triebräder von 5 Fuß (1,52 m) Durchmesser.

§ 132. Für Schnellzüge sind Maschinen mit ungekuppelten Triebrädern von $5^1/_2$–6 Fuß (1,68–1,83 m) Durchmesser, mit höchstens 22 Zoll (558 mm) Kolbenhub, die besten.

Die Räder der Lokomotive haben eine Doppelfunktion: Sie tragen das Gewicht der Maschine und sorgen für Vortrieb, das heißt, sie »bringen die Kraft auf die Schiene«. So ist zu erklären, dass es von 1A und B bis 2'D2' so viele verschiedene Achsanordnungen gibt. Die Räder sollen eine möglichst hohe Zugkraft ausüben, demzufolge muss ihr Druck auf die Schienen groß sein. Andererseits wird dieser Absicht durch den Zustand des Oberbaus eine enge Grenze gesetzt. Man rechnet mit 15 bis 20 t zulässiger Achslast, je nachdem, ob Haupt- oder Nebenstrecken befahren werden – bei Schmalspurbahnen und schnell und behelfsmäßig angelegten Linien ist das zulässige Gewicht pro Achse hin und wieder noch geringer. So ist der Konstrukteur gezwungen, das Gewicht der Lokomotive auf eine größere Anzahl von Achsen zu stellen, die sich in Treibachsen und nicht angetriebene Laufachsen mit kleineren Rädern aufteilen. Sein Problem ist es nun, eine möglichst große Anzahl davon als Treibachsen auszubilden, also dem Vortrieb nutzbar zu machen.

Man ging zunächst von einer einzigen Treibachse bei Schnellzuglokomotiven aus, mit der man aber bald wegen der schwerer werdenden Züge und der sich häufenden Bergstrecken nicht mehr auskam. Auch der Radstand von 12 Fuß für die gekuppelten, fest im Rahmen befindlichen Achsen ließ sich nicht einhalten. Und so wie Stephenson schon bei seinem »Patentee«-Typ Zugeständnisse an die Kurvenläufigkeit gemacht hatte, indem er die Räder der mittleren Achse ohne Spurkranz montierte, bestand hier die Notwendigkeit, die drei, vier oder fünf in einem Rahmen befindlichen Treibachsen optimal sich den Krümmungen des Gleises anpassen zu lassen. Größerer Spielraum ergab sich durch schmalere Spurkränze an bestimmten Radsätzen, meist den mittleren Achsen. Speziell Endachsen wurden seitlich verschiebbar gelagert, mit kräftigen Rückholfedern. Auch die Verbindung von Rad und Kuppelstange musste dann entsprechenden Spielraum (oft bis zu 30 mm) haben. Schließlich konstruierte der württembergische Oberbaurat Klose Kuppelstangen, die sich beim Bogenlauf selbsttätig verkürzten und die Möglichkeit gaben, auch gekuppelte Achsen radial verschiebbar anzuordnen. Doch diese komplizierten und teuren Konstruktionen bewährten sich nicht.

Sonderzug »75 Jahre Tauernbahn« mit der Lokomotive 56.3115 der Graz-Köflacher Eisenbahn. Eine typisch österreichische Güterzuglok, Baujahr 1914. Zweizylinder-Nassdampf-Verbundtriebwerk, Achsanordnung 1'D, Höchstgeschwindigkeit 60 km/h.

Booster ist ein in den USA verbreitetes Zusatztriebwerk, das meist in ein Drehgestell eingebaut war und dann, wenn Höchstleistungen gebraucht wurden – zum Beispiel beim Anfahren – zeitweise in Betrieb gesetzt wurde. In der abgebildeten Schnellzuglokomotive der Pfalzbahn von 1900 wurde eine einzelne Laufachse angetrieben (die Zugleistung steigerte sich dabei um 48 %). Nach dem Abschalten der Anfahrtshilfe wurde die Achse hochgezogen.

Wesentlich leichter ließ sich die seitliche Verschiebbarkeit und sogar die Radialeinstellung von Laufachsen erreichen. Wo es sich um zwei hintereinander liegende handelte, griff man auf das Drehgestell zurück und lagerte dies nicht in einem festliegenden Zapfen, sondern seitlich beweglich mit Rückholfedern wie eine nach den Seiten hin bewegliche Treibachse. Einzelne Laufräderpaare erhielten Achsen, die sich bei seitlicher Verschiebung von selbst radial einstellten, wie die weitverbreitete, 1863 von dem Engländer Adams erfundene Adamsachse. Dagegen bezeichnete man die einem unvollständigen Drehgestell ähnelnde, von dem Amerikaner Bissel 1857 erfundene Bisselachse als Deichselachse. Ebenso die in Sachsen gebaute Nowotny-Achse, der allerdings die Rückholfeder fehlte und die deshalb als Führungsachse nur bedingt brauchbar war. Klose konstruierte in Württemberg sogar eine Laufachse, die vom Tender aus gesteuert wurde.
Schließlich wurde es selbstverständlich, dass schnelle Dampflokomotiven der besseren Führung halber vorn eine oder zwei Laufachsen trugen. Das war nicht immer so gewesen, und Generationen von Ingenieuren und Aufsichtsbeamten hatten Laufachsen eben dort vorn abgelehnt. Sie hatten schlechte Erfahrungen mit dem seit 1839 von Norris gebauten Drehgestell gemacht. Tatsächlich trugen diese frühen Drehgestelle, die einen ganz kurzen Achsstand hatten und nicht seitlich verschiebbar waren, nicht zum ruhigeren Lauf der Lokomotive bei, sondern neigten in bedenklicher Weise zum Entgleisen und Querstellen, sodass bei vielen Bahnen nachträglich Drehgestelle durch feste Achsen ersetzt wurden oder Drehgestell-Lokomotiven als Rangier- und Güterzuglokomotiven rückgestuft wurden.

Dagegen war schon das erste seitenverschiebbare Lenkdrehgestell eine wesentliche Verbesserung. Man hatte inzwischen gelernt, dass die vorderen Räder einer Lokomotive, je größer sie waren, um so mehr zum »Aufklettern« in der Kurve neigten, was unweigerlich zur Entgleisung führen musste.

Waren es zunächst die Drehgestell-Lokomotiven von Norris gewesen, denen man aus Sicherheitsgründen keine hohen Geschwindigkeiten zubilligte, so galt ein halbes Jahrhundert später das Gegenteil: keine weiteren Geschwindigkeitserhöhungen ohne vordere Laufachse. Keine der laufachslosen Güterzuglokomotiven wurde für mehr als 60 km/h zugelassen. Eines der schwersten deutschen Eisenbahnunglücke war durch eine vor einem Schnellzug entgleisende C-Lokomotive verursacht worden: 1882 gab es dadurch zwischen Freiburg und Colmar 63 Tote.

Wo vorn nur eine Laufachse gegeben war, vereinigte man gern eine verschiebbare Kuppelachse und eine verdrehbare Laufachse zum seitlich verschiebbaren Krauss-Helmholtz-Drehgestell. Das hatte gute Führungseigenschaften, die denen eines Drehgestells mit zwei Laufachsen nicht nachstanden, nutzte aber im Gegensatz zu diesem eine Achse zur Erhöhung des Reibungsgewichts aus. Ähnlich waren die Vorteile des Schwartzkopff-Eckhardt-Drehgestells mit zwei Kuppelachsen und einer Laufachse. Dagegen hatte das Lottergestell zwei Laufachsen und eine Kuppelachse. Daneben wurden zahnradgekuppelte Endachsen nach dem System Luttermöller gebaut.

Bei der von 1922 bis 1924 gebauten preußischen P 10 (1'D1'h3) wurden die 1750 mm großen Treibräder der ersten Kuppelachse mit den vorderen Laufrädern zu einem Krauss-Helmholtz-Drehgestell vereinigt. Die Spurkränze der zweiten Kuppelachse waren um 15 mm geschwächt, die dritte Kuppelachse hatte 25 mm seitliches Spiel. Die hintere Laufachse war als Adamsachse ausgebildet. So konnte die P 10 ohne Schwierigkeit die alte preußische 1:7-Weiche durchfahren. Alle drei Zylinder wirkten auf die zweite Kuppelachse.

Insbesondere Schmalspurbahnen haben die Erfinder angespornt: allzu oft mussten kurvenreiche Strecken in enge Flusstäler und ins Gebirge mit einem Minimalaufwand von Kunstbauten vorgetrieben werden. Da erschienen wieder die Dampfdrehgestelle, die man schon im

Lokomotive der Baureihe 18⁶ der DB. In den 50er-Jahren wurden 30 der ursprünglichen bayerischen 3/6er umgebaut. In der geöffneten Rauchkammer sind sowohl die Flammenrohre als auch die Überhitzrohre sichtbar. Davor das Funkensieb und die blauen Ausströmrohre der Zylinder.
Unten die außen platzierten Hochdruckzylinder und die innen liegenden größeren Niederdruckzylinder. Die 2'C1'h4v war eine der seltenen Bauarten mit Heißdampf und Verbundzylindern.

Semmering-Wettbewerb gesehen hatte: die Bauarten Fairlie und Meyer, die je zwei bis drei gekuppelte Achsen samt Kolben vorn und hinten drehbar montiert hatten, wobei die Lokomotiven der Bauart Meyer den Dampf durch bewegliche Schläuche aus einem gemeinsamen Kessel bezogen, während die nach dem System Fairlie zwei Langkessel mit einem gemeinsamen Stehkessel in der Mitte hatten. Die beweglichen Schläuche zwischen Kessel und Kolben, die unter dem vollen Dampfdruck standen, waren die schwache Stelle der sonst hervorragenden Konstruktionen.

»Fairlies« hat es zunächst in Irland und Wales gegeben. Dann verwendete man sie in Süd- und Mittelamerika; die größten Maschinen, die auch die Letzten ihres Typs

Nº
414

waren, wurden kurz nach der Jahrhundertwende gebaut und liefen in Mexiko. Das System Meyer dagegen eroberte Chile und die Trans-Anden-Bahnen, zog aber auch Erzzüge auf der Breitspur der Großen Spanischen Südbahn. Über den beiden Dampfdrehgestellen, die auch die Kupplungen trugen, glich die Anordnung von Kessel, Führerstand und Vorratsbehältern einer Tenderlok.
Als weitere Gelenklokomotive muss die Bauart Garratt erwähnt werden, die, nach Lizenznehmer und Erfinder Beyer-Garratt-Gelenklokomotive genannt, in Afrika weit verbreitet ist. Zwei weit auseinander liegende Drehgestelle tragen je einen Vorratsbehälter und zwischen sich auf dem gestreckten Hauptrahmen den Kessel mit Führerhaus; diese Aufbauten sehen wie eine im Raum

auch in Deutschland waren sie die meist gefahrenen Gelenklokomotiven. Die bayrische Gt 2x4/4 (spätere Baureihe 96^{0} der deutschen Reichsbahn), speziell als Schiebelokomotive für Steilrampen entwickelt, war die schwerste deutsche Mallet-Lokomotive. Hier ihre wichtigsten Daten:

Erstes Baujahr 1913,
Bauart D'D h4v,
Leistung 1470/1630 PSi,
Höchstgeschwindigkeit 50 km/h,
Reibungs- und Dienstgewicht 123,2 t.

Auf der Erie-Bahn wurde eine mit drei Dampfdrehgestellen ausgerüstete Lokomotive mit der Achsfolge

Garrett aus dem Jahre 1926 für die Nitrate Railways in Chile. Über zwei Dampfdrehgestellen liegen auf einem langen Rahmen Kessel, Führerhaus und zwei Vorratsbehälter. Auf diesem Bild ist das Fahrwerk besonders gut zu sehen. Viele Kuppelräder ergeben eine geringe Achslast.

Eine »Mallet« für die Bahn von Jaffa nach Jerusalem. Das Niederdruck-Triebwerk befindet sich in einem Dampfdrehgestell, was eine hervorragende Kurvenläufigkeit ergibt.

schwebende normale Dampflokomotive aus. Dabei handelt es sich durchweg um die Achsfolgen 2'D1'+1'D2' und – wegen des teilweise auf 12 t limitierten Achsdruckes – 2'D2'+2'D2'. Die Lokomotiven stehen trotz ihrer Spurweite von 1067 mm mitteleuropäischen Dampflokomotiven in ihrer Leistung nicht nach, haben allerdings auch eine beträchtliche Länge.

Weit überlegen waren den bisher besprochenen Konstruktionen allerdings die Gelenklokomotiven des Systems Mallet, bei denen eine Gruppe von Treibsätzen fest im Rahmen, die zweite in einem Dampfdrehgestell angeordnet war. Bewegliche Dampfleitungen waren dabei nur für zwei Zylinder des Drehgestells erforderlich, die meist als Niederdruckzylinder ausgebildet waren. Diese Mallet-Gelenkloks wurden in den USA in unerhörten Größen mit bis zu 12 angetriebenen Achsen gebaut,

1D+D+D1 betrieben. Das dritte Drehgestell lag unter dem Tender und nutzte dessen Gewicht für zusätzliche Reibung. Die Atchison-, Topeca- und Santa-Fé-Eisenbahn besaß eine Lokomotive mit einem Gelenkrahmen und Gelenkkessel, unter denen zwei feststehende Treibradsätze mit Zylinder angebracht waren. Der Kessel bestand in Wirklichkeit aus zwei kompletten Kesseln; die Heizröhren waren am Gelenk unterbrochen.

Dagegen ist die Doppellokomotive eine recht einfache Lösung. Die ersten Loks – B+B – wurden schon im Jahre 1853 von Stephenson nach Italien geliefert. Es handelte sich um die hier bereits erwähnten »Mastodonti dei Giovi« für die Bergstrecke Genua – Giovipass. Zwei Tenderlokomotiven wurden so miteinander gekuppelt, dass sie von einer Lokomotivmannschaft bedient werden konnten. Immerhin entwickelten beide Lokomotiven

Zwei Garret »15er« der Eisenbahnen von Zimbabwe beim Kohlebunkern.

zusammen 400 PS. Auch in Sachsen bastelte man 1887 aus acht B-Tenderlokomotiven vier Doppelloks.

Damit ist schon die Tenderlok im Gespräch. Zunächst hatte man den zweiachsigen Schlepptender, der die Kohlen- und Wasservorräte enthielt, als eine Selbstverständlichkeit angesehen. Mit größerem Gewicht stieg die Zahl seiner Achsen auf drei und vier, in zwei Drehgestellen angeordnet. Schließlich darf nicht vergessen werden, dass wir von Bahnen, die lange wasserlose Strecken zu durchfahren haben, riesige Spezialtender kennen, in denen aus dem Abdampf das Wasser zurückgewonnen wird. Da hatte der Tender auch fünf Achsen.
Nach dem Zweiten Weltkrieg baute die Deutsche Bundesbahn Zugführerkabinen auf die Tender von Güterzuglokomotiven und sparte damit den Güterzug-Packwagen ein.

Die Tenderlok dagegen, bei der die Vorräte auf der Lokomotive selbst – neben dem Kessel oder hinter dem Führerstand – untergebracht sind, ist eine Speziallokomotive für kurze Strecken, sei es im Reise- und Güterzugbetrieb, im Rangierdienst oder als Vorspann- und Schiebelok auf einer Steilrampe.

Schließlich gehören zur technischen Ausrüstung einer Dampflokomotive noch einige Details, die hier kurz beschrieben werden sollen. Da ist zunächst der Speisewasser-Vorwärmer zu erwähnen. Ein Teil des aus dem Kolben austretenden Abdampfes, der in erster Linie für das in der Rauchkammer liegende Blasrohr bestimmt ist, wird abgezweigt und wärmt in einem Vorwärmer das Speisewasser, das vom Vorratsbehälter im Tender in den Kessel nachgefüllt wird, auf diesem Wege an. Die Rauchentwicklung wird durch zusätzliche »Rauchverbrennung« gemindert. Sie war nicht nur für den Passagier im offenen und halboffenen Wagen eine arge Belästigung, sondern bildete vor allem in langen Tunneln eine ernste Gefahr für das Lokomotivpersonal auf dem offenen Führerstand. Die Tatsache, dass der Kohlenstoff bei normaler Feuerung nur unvollständig verbrennt, ließ die Konstrukteure Düsen und Klappen bauen, die zusätzliche Luft von oben in den Feuerkasten bringen. Ruß und Funken sollen durch den an der Unterkante des Schornsteinrohrs angebrachten Funkenfänger festgehalten werden.
Weiterhin ist das Sicherheitsventil zu erwähnen. Der schwarze Heizer des »Best Friend of Charleston« hatte es zugebunden, um den Dampfdruck im Kessel und damit die Leistungsfähigkeit seiner Lokomotive zu erhöhen. Beide flogen in die Luft. Danach lautete die Vorschrift, das Sicherheitsventil müsse so angebracht sein, dass es vom Führerstand der Lokomotive aus nicht zu erreichen sei. Nicht der eigenen, sondern fremder Sicherheit dienen die Dampfpfeife und die Glocke, die nicht nur auf der »lieben alten Bimmelbahn«, sondern auch bei Vollbahnen in den USA gebraucht werden, als einziger Schutz der Straßenbenutzer an ungesicherten Bahnübergängen. Neben dem Dampfdom, der hin und wieder in zweifacher Ausführung zu sehen war, liegt auf dem Kessel der Sandbehälter, von dem aus Sand nicht einfach gestreut, sondern vor bzw. schräg unter die Treibräder geblasen wird. Das ist beim Anfahren oft nötig, um das Durchdrehen der Räder – fachmännisch Schleudern genannt – zu unterbinden. Hinzu kommen die Vorrichtungen zum Schmieren des Gestänges und der Treibrad-Spurkränze, das während der Fahrt vom Führerstand aus geregelt werden kann.

Der Lokomotivführer steuerte auch den Dampfablass in die Zugheizung. Er hat Gelegenheit, die auf dem Boden der Rauchkammer sich ansammelnden glühenden Teilchen abzulöschen, die Klappen des Aschenkastens wegen des Zuges und der Feuergefahr zu öffnen und zu schließen, die Kohlen im Tender zur Unterbindung der Staubentwicklung mit Wasser zu berieseln und mancherlei mehr. In großen Dampflokomotiven – auch dabei marschierten die Amerikaner vorn – wurden die Kohlen nicht mehr per Hand, sondern mechanisch vom Tender in die Feuerung transportiert. Die einer archimedischen Schraube gleichende Einrichtung wurde Stoker genannt. Eine weitere Verbesserung stellte die ölgefeuerte Lok dar.

Eine 2-5-0 »El Gobernador« der Central Pacific von 1883. Sie war damals die größte Lokomotive der Welt. Gut sichtbar ist das Läutewerk, einziger Schutz der Straßenbenutzer an ungesicherten Bahnübergängen.

Die 614 der ehemaligen Chesapeake mit voll geöffnetem Regler auf der 17 Mile Grade (die 22 ‰-Rampe in den Allegheny Mountains). Der Zeiger des Manometers hart am roten Strich, die Steuerung auf etwa 60 % ausgelegt, Stoker und Booster arbeiten voll. Pro Stunde verbrennen 6 t Kohle auf dem Rost.

298.53

Drei Lokomotiven vor dem Heizhaus der Steyrtalbahn in Garsten, Oberösterreich, 1980.

Der gedeckte Führerstand, der uns bei Dampfloks heute wie der Inbegriff der Ungemütlichkeit erscheint, kam erst nach langen Jahren des Lokomotivbaus auf. Die ersten Maschinen hatten lediglich ein leichtes Geländer, damit die Mannschaft beim Stoßen und Schlingern nicht über Bord ging. Borsig stattete im Jahre 1844 seine »Beuth« mit einem festen Blech um den Führerstand aus, das zumindest die Beine vor Zugluft schützte – man war der Ansicht, dass nur eine dem Wetter ausgesetzte Mannschaft wach bleiben würde. Maffei baute 1853 einen Windschirm.

Es herrschte ein großes Durcheinander, insbesondere bei den Preußischen Staatsbahnen, die im Rahmen der Verstaatlichung der Privatbahnen eine bunte Reihe von Lokomotiven erhielten. Die Unterhaltung eines solchen Fahrzeugparks war äußerst kompliziert und kostenträchtig. Um nur die Achsfolge aufzuzählen: es waren dabei Schlepptenderlokomotiven 1A1, B, B1, 1B, 1'B1', C, 1'C, 1'C1', 1'C2', 2'C, 2'C'1, D, 1'E und 1'E1' sowie die Tenderlokomotiven B1, 1B, 1'B2', C, 1'C, B'B, 2'D2' und E'1. Aber zu diesem Zeitpunkt waren die preußischen »Normalbauarten« längst aufgestellt. Als erste Lokomotiven wurden danach 1877/78 die P2 und G3 in Dienst gestellt.

Nach der P4 (2'B), von der mehr als 2000 Stück beschafft wurden und die vereinzelt bis 1948 in Betrieb war, stellte die preußische P8 (2'C beide h2), die sich auch im Schnellzugdienst bewährte, einen ausgesprochenen Schlager dar. Mit mehr als 3800 Exemplaren (davon allein 3370 für die Preußische Staatsbahn), dürfte sie die meistgebaute deutsche Personenzuglokomotive sein. 3000 übernahm die Reichsbahn, 1968 waren noch etwa 300 Maschinen in beiden Teilen Deutschlands im Einsatz. Bewährte Länderbauarten wurden auch nach 1920 von der Reichsbahn weitergebaut, so die preußische P10 (1'D1') die erst ab 1922 ausgeliefert wurde.
260 Stück sind von diesem prächtigen schweren Lokomotivtyp bis 1927 hergestellt worden – die Reichsbahn hat nach dem letzten Krieg noch 85 bauen lassen und unter der Baureihen-Nr. 22 neu eingestellt.

Bei Güterzuglokomotiven waren die Bauzahlen naturgemäß größer. Die preußische G4[1] (C) wurde von 1885 bis 1889 in einer Menge von 2340 Stück gebaut – nur eine von mehreren Güterzuglokomotiven. Von 1893 bis 1911 ließ Preußen mehr als 2600 D-Güterzuglokomotiven G7 (D, 1'D) bauen; auch die G8 (D, 1'D) brachte wieder einen Höhepunkt: mehr als 6200 Lokomotiven, von denen gut 3000 an die Reichsbahn gingen und dort das Rückgrat des Güterzugdienstes wurden. Die G10 (1'E) wurde bis 1925, also bis weit in die Zeit der Reichsbahn, gebaut; Preußen beschaffte 2589 Stück von dieser Reihe.

Was hier an Typenvielfalt am Beispiel Preußens gezeigt wird, kam natürlich auch von anderen Länderbahnen auf die Reichsbahn zu, sodass im endgültigen Umzeichnungsplan von 1925 neben den Einheitsbauarten der DR die übernommenen Länderloks den weitaus größten Platz einnahmen.

In England wurden A-Lokomotiven (mit nur einer Treibachse) bis 1895 gebaut, und zu einem noch späteren Zeitpunkt wurde eine große Zahl dieser schnellen Lokomotiven mit neuen, größeren Kesseln versehen. Bis zum Jahre 1910 waren dreigekuppelte Schnellzugloks in England eine ausgesprochene Seltenheit und wurden nur für extrem schwere (damals 350 bis 400 t) Schnellzüge eingesetzt. Innen liegende Zylinder waren die Regel,

In England waren dreigekuppelte Schnellzugloks bis weit in das 19. Jahrhundert eine Seltenheit. 2-A-1-Schnellzuglokomotive der »North Eastern Railway«, 1889.

Größer ging es nicht: Eine 9-ft-Pearson-Single mit 2743 mm großem Treibrad. 1853.

die landschaftlichen Verhältnisse scheinen den Ausschlag gegeben zu haben, dass man sich bei schnellen Zügen mit zweigekuppelten Lokomotiven begnügte. Dadurch aber war England zu Beginn des Jahrhunderts von seiner führenden Stellung verdrängt. Auf dem Kontinent hatten sich zwei für den Dampflokomotivbau entscheidende Entwicklungen angebahnt: die Einführung drei- und viergekuppelter Lokomotiven auch für den Schnellzugdienst und die Ablösung der »einfachen« Nassdampfmaschinen durch Verbund- und Heißdampfmaschinen.

Jetzt wollen wir noch etwas zu den verschiedenen Typenbezeichnungen der Lokomotiven sagen. Eigentlich hätte das schon früher kommen müssen, aber es war keine rechte Gelegenheit dazu vorhanden. Am Anfang stehen die »Vereinsbezeichnungen«, eingeführt vom Verein Deutscher Eisenbahnverwaltungen. Es geht zunächst ganz allgemein um die Zahl der angetriebenen Achsen, worunter sowohl Treibachsen als auch die durch Kuppelstangen mit diesen verbundenen Achsen zu verstehen sind. Eine C-Lokomotive hat also (A = 1, B = 2, C = 3 usw.) drei angetriebene Achsen. Laufradsätze, d. h. Achsen mit nur tragenden und nicht angetriebenen Achsen, werden in arabischen Zahlen dazu gestellt. 2'C1' ist die Achsfolge der bekanntesten deutschen dampfgetriebenen Schnellzuglokomotiven, an die sich jedermann erinnert: vorn zwei Laufradsätze, dahinter drei gekuppelte Treibradsätze und unter dem Führerstand noch einen Laufradsatz. Die '-Zeichen besagen, dass die Laufachsen gegenüber dem festen Rahmen beweglich angeordnet sind, um einen besseren Bogenlauf der Lokomotive zu ermöglichen. Der »Adler« hatte demzufolge in einem festen Rahmen vorn und hinten je einen Laufradsatz und dazwischen einen Satz Treibräder.

In diesem System gibt es noch eine Reihe von Variationen. In einem Laufgestell zusammengefasste Treib- und Laufachsen werden gemeinsam in eine Klammer gesetzt. (1A1) beschreibt also eine Lokomotive, die in zwei Drehgestellen je eine Treibachse und davor und dahinter je eine Laufachse hat. Eine B'B-Lok hat zwei angetriebene gekuppelte Achsenpaare, von denen das eine fest im Rahmen, das andere in einem Drehgestell liegt. Sind beide in Drehgestellen angeordnet, so heißt es B'B', werden aber die vier in zwei Drehgestellen angeordneten Treibachsen einzeln angetrieben – die neueren Elektroloks sind ein Beispiel –, so heißt es Bo'Bo'.

Bei Zwillingsloks gibt es für die beiden trennbaren Teile je eine Bezeichnung und dazwischen anstelle der Kupplung ein Pluszeichen, also C+C für eine Zwillingslok mit jeweils drei gekuppelten Treibachsen.

Doch ist die Zahl der Achsen nicht alles, was die »Vereinsbezeichnung« aussagt. Da kommt als Nächstes die Charakterisierung des Antriebs. Für Dampfloks:

n	Nassdampfbauart
t	Trockendampfbauart
h	Heißdampfbauart
2,3,4	Zahl der Zylinder
v	Verbundtriebwerk
i	Innentriebwerk
ü	übersetztes Triebwerk

(Lokomotiven der beiden letztgenannten Bauarten sind nicht mehr im Einsatz.)

Schließlich wird noch der Verwendungszweck der Lokomotive angegeben:

S	Schnellzuglokomotive
P	Personenzuglokomotive
G	Güterzuglokomotive
L	Lokomotive für gemischten Dienst
M	Gelenklokomotive bestimmter Bauarten
R	Rangierlokomotive
N	Nebenbahnlokomotive
Z	Zahnradlokomotive
T	Tenderlokomotive

Bei Dampflokomotiven wird vorausgesetzt, dass es sich bei den obigen Angaben um eine Schlepptenderlok handelt. Tenderloks erhalten dazu ein t, also Rt für eine Tenderlok im Rangierdienst. Die Bezeichnungen erscheinen in der hier gegebenen Reihenfolge. Es bedeutet also 2'C1'h3 S Heißdampf-Drillings-Schnellzuglokomotive mit zwei beweglichen Laufachsen vorn, drei gekuppelten Treibachsen und einer beweglichen Laufachse dahinter, Schlepptenderbauart.
In Bayern richtete man sich nach dem »alten deutschen« System, das die Zahl der Kuppelachsen und der Achsen gesamt angibt:

bayrisch 2/5	2'B1'
bayrisch 2/6	2'B2'

Dagegen weisen die Gattungszeichen der badischen, württembergischen und sächsischen Lokomotiven keinerlei Logik auf. Man hat sie zur Kenntnis zu nehmen und kann sie bestenfalls auswendig lernen.

In Frankreich stellt man klar und unmissverständlich die Zahl der Achsen hintereinander, an die erste Stelle die der vorderen Laufachsen, dann die der gekuppelten und schließlich die hinteren Laufachsen. Genauso ist es in England, nur rechnet man dort nicht mit Achsen, sondern mit Rädern. Zwischen festen und beweglichen Achsen wird nicht unterschieden:

1'C	= französisch 130,	englisch 2-6-0
2'C1'	= französisch 231,	englisch 4-6-2
C'C	= französisch 030+030,	englisch 0-6-0+0-6-0 usw.

Drüber hinaus gibt es noch eine Reihe international gebräuchlicher Namen zur Charakterisierung der Achsfolge; sie kommen aus dem Amerikanischen:
Atlantic, 2'B1'-Lok, wie sie als Schnellzuglok zuerst auf der Strecke New York – Atlantic City eingesetzt wurde;
Baltic, 2'C2'-Lok;
Berkshire, 1'D2'-Lok;
Consolidation, 1'D-Lok, genannt nach der ersten Lokomotive dieser Bauart;
Decapod, 1'E-Lok;
Hudson wie Baltic;
Mastodon, 2'D-Lok;
Mikado, 1'D1'-Lok, Namengebung zu Ehren des japanischen Kaisers (heute Tenno), da eine der ersten amerikanischen Lokomotiven dieser Bauart nach Japan ausgeführt wurde;

Mogul, 1'C-Lok;
Mountain, 2'D1'-Lok, bevorzugt für Gebirgsstrecken;
Northern (Niagara), 2'D2'-Lok;
Pacific, 2'C1'-Lok, die auf transkontinentalen Strecken von der »Central Pacific« und »Union Pacific« eingesetzt wurde;
Prärie, 1'C1'-Lok;
Santa Fé, 1'E1'-Lok;
Texas, 1'E2'-Lok;
Union Pacific, 2'E1'-Lok;
Für Gelenklokomotiven nach dem System Mallet:
Big Boy (2'D) D2'-Lok;
Challenger (2'C) C2'-Lok.

Zu Beginn unseres Jahrhunderts stand für den Betrieb von Schnellzügen eine ganze Reihe bewährter Lokomotiven des »Atlantic«-Typs zur Verfügung. Die bayrischen Lokomotiven erwiesen sich als ausgesprochene Schnellläufer. Eine S 2/5 erreichte Geschwindigkeiten bis zu 135 km/h, die S 2/6 (2'B2' – leider gab es nur eine Lokomotive dieses Typs) fuhr eine Spitzengeschwindigkeit von 154,5 km/h vor einem 150 t schweren Zug. Sie war zur Verbesserung der aerodynamischen Verhältnisse an Schornstein, Rauchkammerstirn, Rahmen, Vorderende und Führerhaus-Vorderwand windschlüpfig verkleidet. »Windschneider« nannte man solche Lokomotiven. Die spitze Verkleidung des Führerstandes hatte man den Franzosen abgeschaut; 1892 war schon die 2'B der Badischen Staatsbahn damit ausgerüstet.

Die längeren und durch moderne Drehgestellwagen schwereren Züge ließen den Ruf nach dem Dreikuppler laut werden. Die erste dreifach gekuppelte Schnellzuglokomotive Deutschlands war die von Maffei gelieferte bayrische 3/5 (2'C n4v) aus dem Jahre 1903. Ihre Leistungsdaten mussten hinter denen der 2/6 zurückbleiben: die Konstruktion von Hochleistungs-Schnellzuglokomotiven ist bzw. war eine Frage des Kompromisses. Je größer die Vorrichtungen zur Dampferzeugung waren, desto mehr Achsen musste eine Lokomotive haben, um das Gewicht zu verteilen. Je größer die Räder, desto länger musste man den Kessel strecken, denn das Lichtraumprofil ist eng gegenüber den Möglichkeiten der Spurweite. Und je länger ein starres Fahrzeug ist, desto schmaler muss man es bauen, damit es beim Durchfahren von Krümmungen noch in das Lichtraumprofil hineinpasst. Ist auch die Zahl der Achsen mit Hilfe von Drehgestellen, Bissel- und Adamsachsen ohne allzugroße Schwierigkeiten zu erhöhen, so gilt das doch nicht – will man von der komplizierten Konstruktion der

Rekordlok S 2/6 mit 2200 mm hohen Kuppelrädern, das einzige Exemplar steht im Verkehrsmuseum in Nürnberg.

Bayerische S 3/6, DR-Baureihe 18⁴. Die schönste deutsche Lokomotive ist ein Abkömmling der badischen IVf.

Gelenklokomotiven absehen – für die gekuppelten Achsen. Und gerade sie entscheiden über die Leistung der Lokomotive.

Die erste deutsche 2'C1'-Lokomotive war das Ergebnis eines Wettbewerbs, den die Badische Staatsbahn ausschrieb. Diese hatte mit ihrer »Hauptbahn« Karlsruhe – Basel eine ideale Rennstrecke und musste besorgt sein, mit der linksrheinischen Konkurrenz Schritt zu halten. Der Verkehr war lebhaft, die 312 km zwischen Mannheim/Heidelberg und Basel sollten ohne Lokomotivwechsel oder Feuerbehandlung zurückgelegt werden, das war für den damaligen Stand des Lokomotivbaus schon eine außergewöhnliche Leistung. Darüber hinaus musste die neue Lokomotive aber auch auf der Schwarzwaldstrecke bei einer Steigung von 20 ‰ einen 185 t schweren Zug mit nicht weniger als 50 km/h schleppen.

Der Sieger des Wettbewerbs, die Münchner Firma Maffei, glaubte diese doppelte Aufgabe mit einer »Pacific«-Lok lösen zu können, Die badische IVf hatte dann eine Vierzylinder-Heißdampf-Verbundmaschine und Treibräder mit einem Durchmesser von 1800 mm, die Hochdruckzylinder lagen zwischen den Rädern und die Niederdruckzylinder außen. Die ersten Lokomotiven wurden 1905 in Auftrag gegeben und 1907 ausgeliefert. Eigentlich stammte der neue Lokomotivtyp aus Amerika. 1895 hatte Baldwin die ersten »Pacifics« für eine Eisenbahngesellschaft in Neuseeland gebaut; vielleicht kam die Lok auf diese Weise zu ihrem Namen. Die im Lokomotivbau recht neue, hintere Laufachse wurde nötig, weil man für eine leistungsfähige Lokomotive eine große Feuerbüchse braucht und diese – sollen auch die Treibräder groß ausfallen – nach hinten legen muss.

Die Laufachse dient dann der Abstützung und Stabilisierung des Fahrverhaltens. Die »Pacific« war die in Aufbau und Leistung harmonischste Lokomotive für den leichteren Dienst, die »Mikado« und »Mountain« wurden es für die stärkere Beanspruchung.

Die berühmte bayrische S 3/6 – Kenner bezeichnen sie übereinstimmend als die schönste deutsche Dampflokomotive – ist ein Abkömmling der eben beschriebenen prächtigen Badenerin. Auch sie kam von Maffei und war das Werk des dortigen technischen Direktors Anton Hammel und seines Oberingenieurs Heinrich Leppla. Die Treibräder wurden auf 1870 mm Durchmesser vergrößert und bei den Serien d und e auf 2000 mm (man nannte sie die »Hochhaxigen«). Die S 3/6 war die leistungsfähigste und wirtschaftlichste deutsche Lokomotive ihrer Zeit. Von diesem Typ wurden 30 Stück nach dem Zweiten Weltkrieg noch modernisiert und mit Hochleistungskesseln ausgerüstet.

Seite 96/97 gibt eine Übersicht über die Einheitsbaureihen der DR und DB. Die Baureihen-Nummern 13 bis 19, 34 bis 39, 52 bis 59, 70 bis 79 und 88 bis 98 waren größtenteils mit übernommenen Länderbahnlokomotiven besetzt. Innerhalb der Nummerierung befinden sich jedoch, durchweg nur in einem oder zwei Exemplaren gebaut, eine Reihe interessanter Versuchs- und Sonderkonstruktionen.

Die Wirksamkeit einer Stromlinienverkleidung ist damals ganz wesentlich überschätzt worden. Viele Bahnverwaltungen haben in den 30er-Jahren solche Lokomotiven bauen lassen und später die Verkleidung demontiert, weil sie den Zugang zu wichtigen Pflege- und Reparatur-

Baureihe 05: Hier wurden zwei Lokomotiven mit der Achsfolge 2'C2' und einem Hochdruck-Drillingstriebwerk 1935 in Dienst gestellt. Die Lokomotiven waren mit Stromlinienverkleidung versehen, die 05 002 erreichte bei Versuchsfahrten eine Geschwindigkeit von mehr als 200 km/h und entwickelte dabei eine Zylinderleistung von 3400 PSi. Das bedeutet, dass die Treibräder 7,7 Umdrehungen in der Sekunde machten, dass innerhalb des Zylinders der Dampf in diesem »Augenblick« mehr als siebenmal den Kolben hin- und zurückdrückte – eine unglaubliche Leistung!

Einheitslokomotiven der Deutschen Bundesbahn, die in größeren Stückzahlen gebaut wurden

1–19 Schnellzuglokomotiven / 20–39 Personenzuglokomotiven / 40–59 Güterzuglokomotiven / 60–79 Schnell- und Personenzug-Tenderlokomotiven / 80–96 Güterzug-Tenderlokomotiven

Baureihe	Achsbild	Maschine	Treibräder Ø mm	Laufräder Ø mm	Zylinder Ø mm	Kolbenhub mm	Leistung PSi	Länge über Puffer einschl. Tender m	Achslast max. t	Reibungslast t	Dienstlast t	Höchstgeschwindigkeit km/h	Erstes Baujahr	Stückzahl*
01	2'C1'	h2	2000	vorn 800 /1000 hinten 1250	600	660	2240	23,94	20,2	59,2	108,9	120/130	1925	231
01[10]	2'C1'	h3	2000	vorn 1000 hinten 1250	500	660	2120	24,13	20,9	60,2	114,3	140	1937	55
02	2'C1'	h4v	2000	vorn 850 hinten 1250	460/ 720	660	2300	23,75	20,2	60,3	113,5	130	1925	10
03	2'C1'	h2	2000	vorn 850/1000 hinten 1250	570	660	1980	23,91	18,2	54,3	100,3	130	1930	298
03[10]	2'C1'	h3	2000	vorn 1000 hinten 1250	470	660	1790	23,91	18,4	55,2	103,2	140	1939	60
23	1'C1'	h2	1750	vorn 1000 hinten 1250	550	660	1500	22,94	18,0	53,9	88,4	110	1941	228
24	1'C	h2	1500	850	500	660	920	16,96	15,1	45,2	57,4	90	1926	95
41	1'D1'	h2	1600	vorn 1000 hinten 1250	500	720	1900	23,91	19,7	78,0	101,9	90	1936	366
42	1'E	h2	1400	850	630	660	1800	23,00	17,6	85,5	96,6	80	1943	896
43	1'E	h2	1400	850	720	660	1880	22,62	19,3	96,6	110,8	70	1927	35
44	1'E	h3	1400	850	550	660	1910	22,62	19,3	95,9	110,2	80	1926	ca. 20
45	1'E1'	h3	1600	vorn 1000 hinten 1250	520	720	2800	25,65	19,7	97,2	125,5	90	1936	28
50	1'E	h2	1400	850	600	660	1625	22,94	15,2	75,3	86,9	80	1939	3164
52	1'E	h2	1400	850	600	660	1620	22,98	15,4	75,7	84,6	80	1942	ca. 63
62	2'C2'	h2	1750	850	600	660	1680	17,14	20,3	60,8	123,6	100	1928	15
64	1'C1'	h2	1500	850	500	660	950	12,40	15,3	45,5	74,9	90	1928	520
65 (DB)	1'D2'	h2	1500	850	570	660	1480	15,48	16,9	67,6	107,6	85	1951	18
65 (DR)	1'D2'	h2	1600	1000	600	660	1500	17,50	17,5	71,0	113,0	90	1954	88
80	C	h2	1100	–	450	550	575	9,67	18,2	54,4	54,4	45	1927	39
81	D	h2	1100	–	500	550	860	11,08	17,0	67,5	67,5	45	1928	10
82 (DB)	E	h2	1400	–	600	660	1290	14,06	18,9	91,8	91,8	70	1950	40
83 (DR)	1'D2'	h2	1250	850	500	660	1080	15,10	15,0	60,0	103,0	60	1955	27
84	1'E1'	h3	1400	850	500	660	1940	15,55	18,3	91,3	125,5	80	1937	12
85	1'E1'	h3	1400	850	600	660	1900	16,30	20,1	99,7	133,6	80	1932	10
86	1'D1'	h2	1400	850	570	660	1030	13,82	15,6	60,6	88,5	70/80	1928	774
87	E	h2	1100	–	600	550	940	13,30	17,4	85,6	85,6	45	1927	16
89	C	h2	1100	–	420	550	525	9,60	15,6	46,6	46,6	45	1934	10

* Während des Zweiten Weltkrieges wurden deutsche Einheitslokomotiven auch in den besetzten Ländern gebaut und gefahren, insbesondere die »Kriegslokomotiven«

	Neue Baureihen-Nr. DB
Umbauten nach dem 2. Weltkrieg (DB + DR) Universal-Schnellzuglok	001
Stromlinienverkleidung ab 1953 demontiert. Leistungssteigerung durch Umbau, z. T. Öl-feuerung, bis 2470 PSi.	011 Öl = 012
Versuchsserie mit gegenüber 01 geändertem Triebwerk. – Umbau in 01	–
eichtere Variante der 01	003
tromlinienverkleidung	–
941 nur zwei Versuchsloks, weitere von DB + DR nach dem Krieg (1700/1785 PSi)	023
pitzname »Steppenpferd« für lange Neben-trecken	–
Jmbauten nach dem 2. Weltkrieg (DB + DR) eilweise durch Ölfeuerung 1975 PSi	041 Öl = 042
Kriegslokomotive«, zwei weitere als Versuchs-oks 1951	–
ingestellt zugunsten Baureihe 44	–
ach dem 2. Weltkrieg einige auf Öl umge-tellt (2100 PSi)	044 Öl = 043
	045
ach dem 2. Weltkrieg Umbauten (u. a. DB 50 Kabinentender) und 88 Neubauten (DR)	050–053 Neubau 054 Öl 059
Kriegslokomotive« einfacher Bauart 137 tück mit Kondensationstender 27,5 m lang	–
	–
	064
T mit Fernsteuerung für Wendezugbetrieb	065
	–
angierlokomotive	–
ir schweren Verschiebedienst	–
zwei Endradsätze in Lenkgestellen	082
eubau für Nebenbahnen	–
hwartzkopff-Eckhardt-Lenkgestelle für esengebirgsstrecken	–
satz für Zahnradloks auf der Höllental-ahn (Schwarzwald)	–
Krauss-Helmholtz-Gestelle, dadurch km/h	086
ir Hamburger Hafenbahn, Endachsen mit hnradgetriebe Luttermöller	–
ichter Verschiebedienst	089

stellen, oftmals sogar zu den Rädern, erschwerte und damit die Unterhaltungskosten in die Höhe schraubte. Man hat den Verdacht, dass es damals einfach zum guten Ton und zum Renommee einer Linie gehörte, auch die modischen Stromlinienloks zu besitzen; unter 120 km/h brachten sie kaum messbaren Nutzen. Eine französische Stromlinienlok hatte bei 90 km/h einen Leistungsgewinn von ganzen 60 PS, bei 130 km/h von 150 PS. Im Irak verkehrte eine Stromlinienlokomotive mit einer Höchstgeschwindigkeit von 65 km/h!

2'B3'-Schnellzuglokomotive der Französischen Staatsbahn, 1900. Stromlinienförmiger Führerstand mit Laufgang vorn.

Bei den Baureihen 60 und 61 haben wir es mit Stromlinien-Tenderlokomotiven zu tun. Von der Serie 60 wurden drei Maschinen im Jahre 1936 von Henschel für die Lübeck-Büchener Eisenbahn gebaut. Sie hatten die Achsfolge 1'B1' und sollten zwischen Hamburg und Lübeck Doppelstock-Wendezüge fahren. Ebenfalls von Henschel kamen die Lokomotiven 61 001 und 61 002. Sie hatten die Achsfolge 2'C2' bzw. 2'C3'. Zusammen mit vier Stromlinien-Personenwagen der Waggonfabrik Wegmann bildeten sie den bekannten Henschel-Wegmann-Zug, der als Antwort der Lokomotivindustrie auf die Konstruktion von dieselelektrischen Schnelltriebwagen anzusehen war. Der 1934 in Dienst gestellte Zug durchfuhr die 176 km lange Strecke Berlin – Dresden in 102 Minuten. Die tatsächliche Höchstgeschwindigkeit betrug 174 km/h.

Als Baureihe T 18 wurden die beiden Versuchslokomotiven bezeichnet, welche die DR 1924 und 1926 bei Krupp und Maffei bauen ließ. Es waren Dampfturbinenloks mit Kondensationstender. Innerhalb des Tenders besorgte der durch ständige Luftkühlung konstant gehaltene Wasserumlauf des Rückkühlers (man erkennt deutlich die Rippen der Luftkühlung und sieht bei einem Vogelschaubild oben auf dem Tender große Ventilatoren, siehe Abb. S. 101) die Kondensation des rückgeführten Dampfes.
Die über dem vorderen Drehgestell gelagerte Turbine trieb eine Blindwelle an und diese über eine Kuppelstange die drei Treibachsen (die Achsfolge der Lokomotive war 2'C1'). Eine zweite, kleinere Turbine musste für die Rückwärtsfahrt eingebaut werden. Bei 2000 PS waren Leistung und Laufruhe gut, man stellte auch eine gewisse Einsparung an Brennstoff fest, doch es kam nicht zur Serienproduktion.

Versuche mit Turbinen hat es beim Lokomotivbau schon viel früher gegeben, aber alle sind auf wenige Versuchsmaschinen beschränkt geblieben. Bereits 1908 wurde in

Die »01« war die bekannteste deutsche Schnellzuglok, hier im Hauptbahnhof von Leipzig, 1981. Unser Bild zeigt die 01 im nach dem Zweiten Weltkrieg modernisierten Zustand.

Italien eine C-Rangierlokomotive in eine zweiachsige Dampfturbinenlokomotive umgebaut.
Es muss zunächst gesagt werden, dass es Auspuffturbinenlokomotiven und solche mit Rückkühler und Kondensator gegeben hat. Da Rückkühler und Kondensator in der Regel auf dem Tender untergebracht wurden, waren die schwächeren Punkte der verschiedenen Konstruktionen die beweglichen Vakuumleitungen zwischen dem Treib- und dem Kondensationsfahrzeug. Die Unterbringung aller für Dampferzeugung und Rückgewinnung nötigen Aggregate auf einem Rahmen führte dagegen zu starkem Platzmangel und Einschränkung der Leistungsfähigkeit der einzelnen Teile. Da Turbinen nur in einer Richtung arbeiten, stand für die Rückwärtsfahrt neben der oben angeführten Hilfsturbine der T 18 auch eine Getriebeschaltung zur Diskussion. Der Antrieb erfolgte mechanisch, wie bei den deutschen Versuchslokomotiven, oder durch Generatoren und Elektromotoren. Da

Dampfturbinen bei 6000 bis 8000 U/min wirtschaftlich arbeiten, musste beim mechanischen Antrieb ein Zahnradgetriebe zwischen Turbine und Blindwelle geschaltet werden.

Relativ spät begann man sich in den USA für Dampfturbinen zu interessieren: man sah darin eine oder gar die letzte Möglichkeit, die Dampftraktion gegenüber den Diesellokomotiven konkurrenzfähig zu halten. So war auch die erste Dampfturbinenlok der USA, die 1937 für die Union Pacific Railroad fertig gestellt wurde, einer Diesel-Doppellokomotive äußerlich sehr ähnlich. Jede Einheit hatte die Achsfolge (2'Co)(Co2'), eine Turbinenleistung von 2500 PS und Einzelachsantrieb durch elektrische Fahrmotoren. Der Kessel hatte einen Druck von 105 atü (!) und wurde mit Öl geheizt. Die Doppellokomotive sollte 1100 t schwere Züge von Chicago bis zur Küste des Pazifik ziehen. Dampflokomotiven gewöhnlicher Bauart brauchten auf dieser Strecke etwa 25 Aufent-

Oben die Dampfturbinenlok »Pennsylvania«. Unten die »41«, eine schnell fahrende Güterzuglokomotive.

halte zur Ergänzung des Brennstoffs und fünfmaligen Lokomotivwechsel. Dieselelektrische Lokomotiven kamen mit nur fünf Aufenthalten zur Brennstoffergänzung aus.

Die Lokomotivfabrik Baldwin lieferte 1944 an die Pennsylvania Railroad die zweite amerikanische Dampfturbinenlok, eine 3'D3'-Schlepptenderlokomotive ohne Kondensator, in konventioneller Bauart, mit mechanischer Kraftübertragung und Antrieb durch Blindwelle und Kuppelstange. Sie war mit 6900 PS die leistungsfähigste aller Dampfturbinenlokomotiven. 1947 erschien – ebenfalls von Baldwin – bei der Chesapeake & Ohio

Die »50er«, eine der glücklichsten Konstruktionen der Deutschen Reichsbahn, wurde ab 1939 als Güterzuglok gebaut, während der Endzeit der Dampflokomotiven (und als Museumsbahn) aber universell eingesetzt.

Ein Kondensationstender hinter einer »52er«. Die Lokomotiven und Spezialtender wurden – wenn sie das Kriegsende überlebt hatten – bald umgebaut oder ausgemustert. Die »52er« liefen in Österreich länger als die »50er«.

Railway die erste von drei vollverkleideten Dampfturbinenlokomotiven mit elektrischer Kraftübertragung, ihre Achsfolge war (2'Co1) (1Co2'). Dazu kam noch der Tender mit dem Speisewasser; der Kohlenbunker lag vorn vor dem Führerhaus. 1954 wurde dann die letzte Dampfturbinenlok geliefert. Besteller war die Norfolk & Western Railway Company. Es war eine turboelektrische Lokomotive ohne Kondensator. Alles daran war gigantisch: Die Achsfolge lautete (Co'Co')(Co'Co)(Co'Co'), die Turbinenleistung war 4500 PS bei einem Betriebsdruck von mehr als 42 atü. Die Lokomotive brachte ein Dienstgewicht von 366 t auf die Schiene, die Zugkraft wurde mit 79.400 kg angegeben, mit Tender war das Ungetüm 49 m lang und 530 t schwer. Aber all dieser Gigantismus konnte die Dampflokomotiven nicht retten: 1957 wurde auch diese, nach nur etwa vierjährigem Einsatz, für immer vom Dienst befreit.

Die Kondensationstender allerdings haben eine wesentlich weitere Verbreitung gefunden. Sie wurden in vielen Ländern zusammen mit gewöhnlichen Dampflokomotiven eingesetzt, wo das Wassernehmen unterwegs ein Problem war, weil die Strecke durch Trockengebiete führte. Dem deutschen Eisenbahnfreund sind sie vom Zweiten Weltkrieg bekannt: sie liefen im besetzten Russland als Ergänzung der »Kriegslokomotive« 52.

Von normalen amerikanischen Lokomotiven sind tolle Zahlen bekannt. So hatte die Mallet-Lokomotive »Big Boy« ein Gewicht von 350 t und 193 t der Tender mit 93 m^3 Wasser und 26 t Kohle. Man hatte 15.000 t am Zughaken. An eine manuelle Förderung der Kohle war dabei nicht zu denken. Man hatte Stoker-Anlagen. Vor schweren Güterzügen waren zwei »Big Boys« keine Seltenheit.

Gotthard – Simplon – Lötschberg

In der Schweiz begann das Eisenbahnzeitalter am 9. August 1847, als die »Spanisch-Brötli-Bahn« zwischen Baden und Zürich eingeweiht wurde. Zürcher Hausfrauen hatten fortan die Möglichkeit, das unter dem Namen »Spanisch Brötli« bekannte und beliebte Badener Gebäck frisch auf den Frühstückstisch zu bringen.

Die Schweizer waren schon damals vorsichtige und gründliche Leute. Sie bestellten bei Stephenson in Newcastle einen Plan für ein Schweizer Eisenbahnnetz, den George Stephenson auch zusammen mit einem Ingenieur namens Henry Swinburne aufstellte. Allerdings hatte man sich an die falsche Adresse gewandt. Der Schweizer Nationalrat entschied sich nämlich für die Vergabe von Konzessionen an private Gesellschaften, die den Bau und den Betrieb von Eisenbahnstrecken übernehmen sollten, und obwohl man 1897 die Schweizer Bundesbahn (SBB) als zentrales staatliches Unternehmen gründete, blieb ein Teil der Strecken in privater Hand.

Der erste Tunnel in der tunnelreichen Schweiz war der (alte) Hauensteintunnel, die erste Schweizer Gebirgsbahn die Hauensteinlinie von Basel nach Olten. Mit der Überwindung des Juragebirges wurde die Achse gelegt, nach der sich bald darauf die wichtigste Verbindung zwischen Mittel- und Südeuropa ausrichtete: vom verkehrsgünstigen Rheintal über Olten, Luzern auf den Gotthardpass. Schon 1853 wurde in Luzern eine »Gotthardkonferenz« aller interessierten Kreise einberufen.

Der (alte) Hauensteintunnel hat eine Länge von 2495 m. Man begann den Bau an beiden Tunnelausgängen und versuchte gleichzeitig, zur Beschleunigung der Arbeiten, drei Schächte abzuteufen. Von denen konnte einer wegen Wassereinbruchs nicht fertig gestellt werden, ein zweiter stürzte am 28. Mai 1857 ein, wobei 63 Menschen ums Leben kamen. Dieser Tunnel ist insofern ein interessantes Stück Eisenbahngeschichte, als er heute nur noch von Lokalzügen durchfahren wird: 110 m tiefer wurde 1916 ein neuer Tunnel in Betrieb genommen, Hauenstein-Basistunnel genannt, mit geringerer Neigung und größeren Kurvenradien. Es ist untypisch, dass ein neues Eisenbahnbauwerk geschaffen wird, wenn das alte den gestiegenen Anforderungen nicht entspricht. Normalerweise wird erweitert, verstärkt, modernisiert. Der neue leistungsfähigere Hauenstein-Basistunnel jedoch verkürzte die Fahrzeit zwischen Basel und Olten um 20 bis 25 Minuten. Der Hauenstein-Basistunnel war das Vorbild für eine ohne Rücksicht auf bestehende Strecken vorgenommene Untertunnelung des Apennin zwischen Bologna und Florenz im Zuge der Linie Mailand – Rom in den Jahren 1920 bis 1934 und für den Bau der »Direttissima«.

Unterdessen stritten die Eidgenossen darüber, wo die große transalpine Schweizer Eisenbahnlinie verlaufen sollte. Stephenson hatte für eine weit östlich liegende Route plädiert, im Gebiet von Septimer-, Splügen- und Lukmanierpass, für eine komplizierte Kombination von Adhäsions- und Seilzugbahn. Man ging dabei von Chur als Ausgangspunkt aus, und es war nicht zu übersehen, dass diese Route jedem, der die Geschichte des Alpenverkehrs studiert, als erste in den Sinn kommen musste. Ist doch die Straße zwischen den Schifffahrtswegen Rhein und Comer See uralt, ihre Tradition reicht in vorrömische Zeit zurück, wogegen der St.-Gotthard-Pass (ab 1200) als Emporkömmling wirkt. Man dachte an den Schmied von Altdorf, der mit seiner »hängenden Straße« die Schöllenenschlucht erst begehbar gemacht hatte. Und man verwies die Luzerner auf eine von Olten ausgehende Stichbahn, verlängert durch die Schifffahrt auf dem Vierwaldstätter See. Wäre man damals dem Plan Stephensons gefolgt, so hätte die Schweiz heute andere Hauptverkehrslinien und auch andere wirtschaftliche Schwerpunkte. Immerhin ist die Gotthardlinie nicht nur eine Attraktivität für Touristen, sondern auch ein erstklassiger Wirtschaftsfaktor. Der gemeinsame Einfluss der Städte Basel, Zürich und Luzern gab schließlich den Ausschlag für das Gotthard-Projekt.

Das 1860 in Luzern gegründete Gotthard-Komitee beauftragte den Zürcher Kaspar Wetli mit der Ausarbeitung der Trasse und bestellte dann zwei Experten zur Prüfung des Projektes, den Stuttgarter K. Beckh und Robert Gerwig aus Pforzheim. Schon im Vorfeld hatte man gegen den Rat des Schweizers Niklaus Riggenbach entschieden, dass hier, obwohl die Anlagekosten nur einen Bruchteil einer Adhäsionsbahn ausmachten, eine Zahnradbahn nicht infrage käme, und Generationen von Eisenbahnern haben diesen Entschluss als eine weise Entscheidung gepriesen. Gerwig war durch den Bau der Schwarzwaldbahn bekannt geworden und hat deshalb auch wesentliche Anregungen für die Gestaltung der Trasse der Gotthardbahn geben können. Nach den bei der Brennerbahn erstmalig von Karl von Etzel gebauten Kehrtunneln hatte Gerwig zwischen Offenburg und Konstanz nicht nur die Seitentäler »ausgefahren«, sondern doppelte Kehrschleifen mit Wendetunneln angelegt. Die Schwarzwaldbahn war und ist ein Anziehungspunkt für Eisenbahnfreunde, weil man bei Triberg an ein- und demselben Berghang denselben Zug dreimal vorbeifahren sieht auf seinem Weg zum Gebirgskamm. Dasselbe ist im Tal der Reuß zwischen Gurtnellen und Göschenen zu sehen.

Inzwischen hatten aber die Voranschläge ergeben, dass die benötigten Geldmittel bei weitem das überstiegen, was die beteiligten Kantone bereitstellen konnten. Man musste nicht nur den Bund, sondern auch weitere interessierte Regierungen zur Finanzierung des Projektes überreden. Als Ergebnis der Gotthard-Konferenz vom September 1869 erklärten sich die angesprochenen Regierungen bereit, das Projekt mit 85 Millionen zu subventionieren. Davon übernahm die Schweiz 45 Millionen

Die Lokomotive B 3/4 der Schweizer Bundesbahn bei einer Sonderfahrt auf der Hauensteinlinie, 1978. Der Kennbuchstabe B bezeichnet eine Lokomotive mit einer Höchstgeschwindigkeit von 70 bis 80 km/h.

Eingang zum Gotthardtunnel. Das Bild mit Arbeitern und Ingenieuren entstand während der Bauzeit.

C 5/6 als Lokomotivdenkmal in Erstfeld.

Franken, das Deutsche Reich 20 Millionen Franken und Italien 20 Millionen Franken. Die restlichen 102 Millionen Franken – die Baukosten wurden auf 187 Millionen geschätzt – sollten auf dem Kapitalmarkt beschafft werden. 1870 und 1871 wurden entsprechende Staatsverträge ratifiziert – eine »Gotthardbahn-Gesellschaft« gegründet und als bauleitender Ingenieur Robert Gerwig engagiert. Für den Bau des 15.002 m langen Tunnels sicherte man sich den Genfer Tunnelspezialisten Louis Favre.

Soweit schien alles in bester Ordnung. Doch bald gab es dieselben Schwierigkeiten wie bei anderen Gebirgsbahnen: Unvorhergesehene Verzögerungen und Ausgaben häuften sich, das Verhältnis zwischen Geldgebern und Leitendem Ingenieur wurde gespannt und von Misstrauen zerfressen. Schließlich überwarf man sich, und Gerwig erhielt einen Nachfolger, den Oberingenieur Konrad Wilhelm Hellwag aus Eutin. Dem gelang es immerhin, die Nachforderungen von 100 Millionen auf 40 Millionen Franken zu reduzieren, indem er vorerst auf ein zweites Gleis und einige Zufahrtslinien verzichtete. Es wurde sogar die kostensparende Anlage von Spitzkehren erwogen. Trotzdem wurde er 1878 durch den aus Biel stammenden Gustav Bridel ersetzt.

Ebenso unerfreulich gestaltete sich die Arbeit im Tunnel. Man begann im September 1872 mit Handvortrieb und setzte ab Frühjahr 1873 Bohrmaschinen ein. Obgleich sich Favre verpflichtet hatte, die Arbeiten innerhalb von acht Jahren zu erledigen, erfolgte der Tunneldurchbruch erst 1880, und die Strecke konnte dann am 1. Juli 1882 mit $1^1/_2$-jähriger Verspätung dem Verkehr übergeben werden. Favre selbst war am 19. Juli 1879 im Tunnel einem Herzschlag erlegen. 177 Tote und 403 ernsthaft Verletzte oder Erkrankte waren die traurige Bilanz des Tunnelbaus, bei dem es alles gegeben hatte, was einem Tunnelbauer das Leben schwer machen kann: Hitze und Rauch, Gebirgsdruck und Wassereinbrüche.

Der zweigleisige Ausbau der Strecke erfolgte zügig, fortgeführt von der Schweizerischen Bundesbahn, die 1909 die Gotthardbahn übernahm. An mancherlei Stellen waren neue Tunnel und Streckenverlegungen nötig. Mitten im Scheiteltunnel wurde eine ferngesteuerte Gleiswechselstation eingerichtet, ist doch der Tunnel durch

den zusätzlichen Pendelverkehr von Autotransportzügen zwischen Göschenen und Airolo noch wesentlich dichter befahren als die übrige Strecke. Dort wurde durch die Verkürzung der Blockstellen eine Drei-Minuten-Zugfolge möglich. Etwa 20 Züge können den Tunnel gleichzeitig befahren. Ganz wesentlich für die Leistungssteigerung war die Elektrifizierung der Gotthardlinie. Sie wurde in den Jahren 1920/21 durchgeführt, und zwar zunächst nur für die Bergstrecke Erstfeld – Bascia, auf der zu Dampfzeiten mit Vorspann und Schiebeloks gefahren wurde. Man experimentierte mit Einphasenwechselstrom von 16²/₃ Hertz, 15.000 Volt, und war zufrieden, sodass die weitere Elektrifizierung des Schweizer Eisenbahnnetzes in dieser Art weitergeführt wurde. Gegenüber dem Betrieb mit Dampflokomotiven hatte die Strecke ihre Leistungsfähigkeit um mehr als 100 % erhöht. Die Gotthardbahn wird von Umwelt- und Landschaftsschützern oft als ein Beispiel dafür angeführt, welche Vorteile die Eisenbahn gegenüber dem Straßenverkehr hat.

Tatsächlich ist es kaum umzurechnen, wie viele Fahrbahnen eine Gebirgsstraße oder ein Straßentunnel haben müsste, um den Schwerverkehr der Gotthardbahn aufzunehmen. Und es sei angemerkt, dass eine zweispurige Eisenbahn 11 m, eine vierspurige Schweizer Autobahn aber 26 m Platz in Anspruch nimmt. Doch scheint auch die Kapazität der zweispurigen Gotthardbahn trotz aller technischen Finessen erschöpft zu sein; man plant einen Basistunnel zwischen dem Tal der Reuß und dem des Tessin, ja, man hat mit dem Bau begonnen.

Die Fahrt mit der Gotthardbahn wird dem Touristen als ein ganz besonderer Hochgenuss empfohlen. Es ist ein unvergessliches Erlebnis, wenn bei Wassen aus den Kurven und Kehren mehrfach, zuletzt tief unten liegend, das Kirchlein des Ortes ins Blickfeld des Reisenden gerät – bei Nacht wird es fremdenfreundlich angestrahlt. Hat die Nordrampe einen Kehrtunnel und zwei Wendeschleifen, so mussten auf der noch steileren Südrampe vier Kehrtunnel in den Berg getrieben werden. Die Steigung beträgt maximal 27 ‰. Neben dem Scheiteltunnel gibt es zwischen Luzern und Chiasso noch weitere 80 Tunnel und Galerien und – das ist für den die Landschaft genießenden Reisenden viel wichtiger – 519 Brücken und Viadukte.

»Gotthard-Lokomotive« ist in der Schweiz ein Wertbegriff – das Beste, was die SBB besitzt. Und so soll kurz eine Übersicht über die Lokomotiven gegeben werden, die auf der Gotthardstrecke fahren. Zuvor aber einige Angaben über die Kennzeichnung der Schweizer Lokomotiven.

Aus der einfachen Reihenfolge A = Schnellzuglokomotive, B = Personenzuglokomotive und C = Güterzuglokomotive wurde ein nach Geschwindigkeiten geordnetes System:

So fuhr man um die Jahrhundertwende am Gotthard: zwei 3/5-Schnellzuglokomotiven vor einem Schnellzug in Erstfeld.

R Höchstgeschwindigkeit über 110 km/h,
A Höchstgeschwindigkeit über 80 km/h,
B Höchstgeschwindigkeit von 70 bis 80 km/h,
C Höchstgeschwindigkeit von 65 km/h,
D Höchstgeschwindigkeit von 50 km/h,
E Rangierlokomotiven,
und dazu kommen als Ergänzung
a Akkumulatoren-Triebfahrzeuge,
e Elektrische Triebfahrzeuge mit Stromabnehmer,
m Thermische Triebfahrzeuge mit Verbrennungsmotor.

Zum Dritten gibt eine Zahlenkombination Auskunft über die Achsfolge. Zahl der Treibachsen/totale Achsenzahl.

Doch nun zu den Gotthard-Lokomotiven:
Be 4/6: Die erste elektrische Lokomotive auf der Bergstrecke, für Schnell- und Personenzüge eingesetzt.
Ce 6/8^{II}: 1920 bis 1922 wurden 33 Stück für den schweren Güterzugdienst gebaut. Achsfolge (1'C)(C1'), Stangenantrieb. Leistung 2240 PS, Höchstgeschwindigkeit 65 km/h.
Ae 4/7: Eine nicht speziell für den Gotthard konstruierte Schnell- und Personenzuglokomotive. Von 1927 bis 1934 wurden 127 Stück gebaut. Achsfolge 2'Do1', Einzelachsantrieb. Leistung 3300 PS, Höchstgeschwindigkeit 100 km/h.

Ae 8/14: 1931, 1932 und 1939 wurden drei Versuchsloks beschafft, denen aber kein Serienbau folgte.
Ae 4/6: Nach dem Vorbild der Doppellokomotive aus dem Jahre 1939 wurde diese Schnellzuglok zwischen 1941 und 1945 in 12 Exemplaren gebaut. Einzeln und als Doppellokomotive zieht sie am Gotthard Schnellzüge und leichte Güterzüge. Achsfolge 1'Do1', Leistung 5540 PS, Höchstgeschwindigkeit 125 km/h.
Ae 6/6: Seit 1952 wurden 120 Stück gebaut und damals zum großen Teil am Gotthard eingesetzt. Achsfolge Co'Co', Leistung 6000 PS, Gewicht 122,5 t, Höchstgeschwindigkeit 125 km/h. Mit Hilfe dieser Lokomotive ist es gelungen, die Geschwindigkeiten von Schnellzügen und Güterzügen weitgehend einander anzugleichen und damit die Leistungsfähigkeit der Gotthardbahn noch einmal wesentlich zu erhöhen.

Die weitere Entwicklung wird von der Mehrfachtraktion diktiert. Es ist also nicht mehr notwendig, eine schwere Lokomotive zu entwickeln oder auf jede normale einen Zugführer zu setzen. Güterzüge bis 3200 t werden von zwei Lokomotiven gezogen und eine weitere fährt in der Mitte des Zuges. Da steht die Re 6/6 zur Verfügung (7850 kW, drei zweiachsige Drehgestelle), die Re 4/4 III (4650 kW) und die Re 460 (6100 kW).

Auch die vorher eingesetzten Dampflokomotiven waren durchweg schwergewichtige, überdurchschnittlich starke Maschinen. Trotzdem war die Doppeltraktion selbstverständlich. Schon 1894 erschienen 2'C-Lokomotiven (Schweizer A 3/5), und zwar zunächst Vierzylinder-Verbundmaschinen von De Glehn mit Treibrädern von 161 cm Durchmesser. Und typisch für die Verhältnisse am Gotthard war, dass in Erstfeld auf jeden Fall die Lokomotiven gewechselt wurden. Dabei kam es oft genug vor, dass sich die Lokomotiven glichen, demselben Typ angehörten; Leistungsunterschiede hingen von den Mannschaften ab, die nun – auf die Bergfahrt spezialisiert – aus den Maschinen alles herausholten und mit den Besonderheiten der Strecke vertraut waren. 1907 wurden die ersten 2'C-Vierzylinder-Heißdampf-Verbundmaschinen von Maffei eingesetzt. Ihre Leistung war besser, aber lächerlich im Vergleich zu der Ae 6/6, die 16 D-Zug-Wagen ohne Hilfe die Rampe hinaufbefördert, und das in einer Geschwindigkeit, die erst die dichte Zugfolge und die hohe Leistungsfähigkeit der Gotthardstrecke ermöglicht. 152 Tonnen beförderte solch eine »verbesserte« 3/5er bergan.
Schließlich standen für den Personen- und für den Güterzugdienst noch 4/4- und 4/5-Lokomotiven, und ab 1913 auch solche mit dem Achsbild 5/6 (1'E) zur Verfügung. Dazu kam eine 1890 von Maffei gebaute CC-Mallet-Tenderlok, damals die größte Lokomotive Europas, die sich aber nicht bewährte.

Spätestens als die ersten Züge über den Gotthard rollten, stellte man in der französischen Schweiz fest, dass die große neue Linie für die Süd- und Westschweiz wenig Vorteile brachte, ja, dass diese im »Windschatten« lagen. Damit wurde der Wunsch dieser Regionen aktuell, einen zweiten, für sie günstiger gelegenen Eisenbahn-Alpenübergang zu schaffen. 1859 hatte man schon die »Walliser Bahn«, auch »Ligne d'Italie« genannt, vom Ostufer des Genfer Sees bis nach Martigny gebaut, 1860 erfolgte die Verlängerung bis Sion (Sitten), 1868 wurde Siders (Sierre) erreicht. Die neugegründete Simplon-Gesellschaft übernahm den weiteren Bau. 1878 war Brig an das Gleis angeschlossen.

Der erste Plan zur Untertunnelung des Simplons stammte aus dem Jahre 1860. Seitdem hatte man immer neue Varianten diskutiert, bei denen es im Wesentlichen darum ging, in welcher Höhe der Tunnel (als Basis- oder Scheiteltunnel) angelegt werden sollte, wie hoch die

Ae 8/14 von 1939. Achsbild (1A)A1A(A1)+(1A)A1A(A1), Gotthard-Doppellokomotive. Leistung 11.400 PS, Gewicht 244 t, Höchstgeschwingigkeit 100 km/h. Sie steht im Verkehrshaus in Luzern.

Die erste elektrische Gotthard-Lok. Man kann zwar nicht viele technische Einzelheiten sehen, aber das Plakat lässt ahnen, wie groß der Stolz war, den man über die Bezwingung des Gotthard durch Schienenstrang und Fahrdraht empfand. Es wurden 40 Stück von dieser Lokomotive gebaut. Achsfolge (1'B)(B1'), Stangenantrieb, Leistung 2040 PS, Höchstgeschwindigkeit 75 km/h.

Kosten für die Herstellung von Tunnel und Rampen und für die laufende Unterhaltung sein würden und welches die beste Lösung sei. Fest stand, dass sich ein Tunnel, der die westliche Schweiz mit Italien verbinden sollte, zwischen Brig und Domodossola erstrecken müsste. Und je weiter die Technik des Tunnelbaus sich entwickelte, je weiter die ständige Zunahme des internationalen Handels sowie des Personenverkehrs die voraussichtlichen Belastungen der geplanten Strecke ansteigen ließ, desto größer wurde die Zahl der Befürworter eines Basistunnels. Eine einmalige große Ausgabe – so argumentierten sie – würde ein für allemal den Transport vereinfachen und verbilligen. Und letzten Endes kosteten die Steilrampen, die zu bauen wären, um einen höher gelegenen Tunnel zu erreichen, ja auch Geld.

Die JS (Compagnie de Chemin de Fer du Jura et Simplon) entschied sich für einen Basistunnel. Dieser sollte eine Länge von 20 km haben; er war der längste Tunnel der Welt (ein gut 1000 m hoher Scheiteltunnel wäre nur 12 km lang geworden). Seine Scheitelhöhe ist 705 m, das Nordportal liegt 686 m hoch, fast 500 m tiefer als das des Gotthardtunnels. Zwischen ihm und dem im Rhônetal liegenden Bahnhof Brig ist auf 2 km Strecke kaum Gelegenheit des Anstiegs. Dagegen ist der Höhenunterschied zwischen dem Südportal und dem 270 m hoch gelegenen Domodossola so groß, dass man auf der gut 20 km langen Südrampe neun Tunnel, davon einen Kehrtunnel, mit einer Gesamtlänge von 8305 m bauen und die Strecke mit einer maximalen Steigung von 25 ‰ anlegen musste. 1895 wurde ein Staatsvertrag zwischen der Schweiz und Italien abgeschlossen, 1898 begann die Hamburger Tunnelbaufirma Brandt, Brandau & Cie. mit den Arbeiten am Tunnel, die 1906 abgeschlossen werden konnten. Der Tunnel wurde aus Kostengründen nur einspurig gebaut, doch errichtete man daneben einen Hilfsstollen, der sich gut bewährte, da er die notwendigen Leitungen aufnahm und den Tunnelbauern Bewegungsfreiheit gab. Seine Hauptaufgabe war die Belüftung und Entwässerung. Im Abstand von 200 m gab es Verbindungen zwischen Haupt- und Hilfsstollen. In der Mitte des Tunnels wurden eine Kreuzungsstation und ein Ausweichgleis errichtet. Dort waren zwei Beamte stationiert.

Kurz vor der Eröffnung des Tunnels führten Bedenken, ob in einer so langen Tunnelröhre Dampflokomotiven ohne ernsthaften Schaden für Personal und Passagiere betrieben werden könnten, zur überstürzten Einrichtung elektrischen Betriebes – so überstürzt, dass der Eröffnungszug noch mit zwei Dampflokomotiven fahren musste. An sich sprach alles für die elektrische Zugförderung, die sich bereits im italienischen Veltlin bewährte. Immerhin benötigten die elektrischen Lokomotiven für die Fahrzeit im Tunnel nicht die vorgesehenen 40 Minuten, sondern konnten diesen in 20 Minuten in südlicher, in 30 Minuten in nördlicher Richtung durchfahren. Man wählte Dreiphasen-Wechselstrom mit einer Frequenz von $16^2/_3$ Hertz und 3000 Volt Spannung; der Strom war einfach zu beschaffen, denn für den Tunnelbau hatte man schon Kraftwerke errichtet. Die Schweizer Firma Brown Boveri übernahm die Einrichtung und konnte von den für das Veltlin bestimmten Lokomotiven kurzfristig zwei abzweigen.

Die Eröffnung der Simplonstrecke war eine große Schau. Der Sonderzug mit dem italienischen König und dem Bundespräsidenten der Schweiz fuhr hin und her, denn beider Untertanen sollten die Festfreude mitgenießen. Brig und Domodossola, Lausanne, Genf und Mailand feierten. Man fuhr die Schweizer Gäste bis ans Mittelmeer und ließ sie den Salut der italienischen Flotte hören.

Von 1912 bis 1922 wurde – unterbrochen durch den Ersten Weltkrieg – der Hilfsstollen zur zweiten Tunnelröhre ausgebaut. Diese wurde 20 m länger als die erste, und der Tunnelposten, der inzwischen einer automatischen Anlage gewichen ist, bekam eine wichtige Funktion, war doch jetzt der Gleiswechsel mitten im Tunnel möglich. 1930 wurde die Stromführung auf das schweizerische Einheitssystem umgestellt; unabhängig von der Grenzlinie mitten im Tunnel fahren die Lokomotiven der SBB bis und ab Domodossola.

Der dritte der großen Schweizer Eisenbahntunnel ist der Lötschbergtunnel, dem Simplontunnel insofern zugeordnet, als er mit ihm gemeinsam die Linie Frankreich – Bern – Italien bildet. Doch wurden die beiden nicht als Einheit geplant. Vielmehr wurde der endgültige Beschluss zum Bau des Lötschbergtunnels erst gefasst, als im Simplon bereits die Züge rollten.

Im Gegensatz zu anderen Alpenbahnen dient die Lötschberglinie keineswegs ausschließlich dem Transitverkehr. Es ging in erster Linie um die Erschließung des Berner Oberlandes, als von Bern aus die Strecke zum Thuner See und weiter nach Interlaken gebaut wurde, und dann 1901 die Strecke Spiez – Frutigen eingeweiht werden konnte.

Die BLS, »Berner Alpenbahn Gesellschaft Bern-Lötschberg-Simplon«, wurde 1906 als Nachfolgerin eines Initiativkomitees für die Verwirklichung der Berner Alpenbahn gegründet. Der Name deutet an, dass damals weder der Bund noch die SBB, und noch viel weniger die übrigen Kantone an einer Lötschberglinie interessiert waren und die Berner im Stich ließen, sodass diese gezwungen waren, sich französisches Geld zu holen. Die Berner hatten per Volksentscheid 17,5 Millionen aus der Kantonskasse bewilligt, der Bund wollte eine Beteiligung von einer Million übernehmen. Später erwies er sich als wesentlich spendabler.

Die Lötschberglinie, 1913 eröffnet, kann allen Eisenbahnfreunden als ein ganz besonderer Genuss empfohlen werden. Die Nordrampe enthält zwischen Frutigen und Kandersteg eine Doppelschleife mit zwei Tunneln und beachtlichen Viadukten: Der Beschauer sieht den Zug dreimal, wie er sich talaufwärts nach Kandersteg kämpft. Der Schienenweg misst 18 km bei einer Luftlinie von 8 km. Der Tunnel ist 14.612 m lang, etwa 800 m länger als geplant, denn seine Richtung musste während des Baues verändert werden. Eine Katastrophe hatte 25 Menschenleben gefordert und die Bauarbeiten um ein halbes Jahr verzögert: Bei Sprengarbeiten nur 180 m unter dem

Die stärkste Simplon-Lokomotive für Dreiphasen-Wechselstrom (Drehstrom), gebaut 1914. Bis 1929, als der Simplontunnel auf Einphasen-Wechselstrom umgestellt wurde, in Betrieb. Leistung 2000 PS. Charakteristisch sind die weit übergreifenden Doppelstromabnehmer.

Gasterntal, das man viel höher wähnte, erfolgte ein Einbruch von Flussgeschiebe und Wasser, der die Tunnelröhre 1500 m weit verstopfte. Es blieb daher keine andere Wahl, als die Einbruchstelle durch eine dicke Mauer zu verschließen und den Tunnel ostwärts um die Unglücksstelle herum zu führen.
Die südliche Tunnelausfahrt mündet in die trostlose Lonzaschlucht. Da die Lötschbergbahn nicht wie die Routen durch den Gotthard und Simplon einer altbefahrenen Passstraße folgt, war die Herbeischaffung des Materials zum Tunnelbau speziell hier im Süden mit unendlichen Schwierigkeiten verbunden. Und wegen der Unwegsamkeit des Geländes ist die Abfahrt auf der südlichen Rampe der Höhepunkt einer Fahrt mit der BLS. Ist der Bahnhof Goppenstein, sind die Tunnel und Galerien der Lonzaschlucht passiert, dann tritt der Zug plötzlich hoch am Berg aus dem Hohtenntunnel und der Blick geht über das Rhônetal. 450 m über dem Talboden verläuft der erste Teil der Strecke eng an den steilen Hang geschmiegt, und es beginnt die atemberaubende 20 km lange Fahrt hinab bis Brig, wo der Talboden erreicht wird. Hier in Brig beginnt die Simplonstrecke, von der die Berner und die BLS sagen, dass sie sie durch ihren Zubringer »alimentieren«.
Die BLS wurde 1913 gleich als elektrifizierte Strecke in Betrieb genommen, mit Einphasen-Wechselstrom und einer Frequenz von $16^2/_3$ Hertz und einer Spannung von 15.000 Volt; er wurde von der SBB für den späteren Ausbau ihres gesamten Netzes übernommen. Zum Einsatz kamen folgende Elektroloks:
Be 5/7: Achsfolge 1'E1', Leistung 2500 PS, Höchstgeschwindigkeit 75 km/h, Baujahr 1912/13;
Ae 6/8: Achsfolge (1'Co)(Co1'), Leistung 5280 PS, Höchstgeschwindigkeit 90 km/h, Baujahr 1926–43;
Ae 4/4: Achsfolge Bo'Bo', Leistung 4000 PS, Höchstgeschwindigkeit 125 km/h, Baujahr 1944–56 und

Erste Lötschberg-Lokomotive Be 5/7 aus dem Jahre 1912/13.

Lötschberg-Lokomotive 201 aus dem Jahre 1926, erste Lok mit Einzelachsenantrieb.

Ae 8/8: Achsfolge Bo'Bo'+Bo'Bo', Leistung 8000 PS, Höchstgeschwindigkeit 125 km/h.
Re 4/4: War Ae 4/4 eine Pioniertat, weil sie in den Drehgestellen Einzelachsantrieb hatte, so ist die Re 4/4 mit Gleichrichtern und Wellenstrom ein neuer Schritt. Achsfolge Bo'Bo', Leistung 4990 kW, Höchstgeschwindigkeit 140 km/h.
Als neuestes Modell kommt dann die Re 465, baugleich der 460 der SBB, mit 7000 kW.

Im Jahre 1920 waren die großen Schweizer Alpentunnel elektrifiziert, und das war nur gut so, denn die Fahrt mit Dampflokomotiven in den engen, immer länger werdenden Tunnelröhren war doch ein rechtes Problem, und es hat zwei tragische Unglücksfälle gegeben mit Dampfzügen, die in Tunnelröhren stecken geblieben waren; Zugpersonal und Begleiter wurden durch Kohlenmonoxidgase getötet. 1926 im Rickentunnel auf der Schweizer Bodensee-Toggenburg-Bahn zwischen Rapperswil und St. Gallen waren es die einen Güterzug begleitenden Eisenbahner und ein Teil der Rettungsmannschaften, die ihnen zu Hilfe geeilt waren. Man stellte bei einer Rekonstruktion des Unglücks fest, dass mit ungeeigneten Briketts gefeuert worden war, die nicht genügend Hitze, dafür aber ein hochgiftiges Rauchgas erzeugten.

1944 erstickten im Armitunnel in Süditalien annähernd 600 Menschen, weil unter den »besonderen Umständen« von Krieg und Besatzung auf die Belastbarkeit des Materials und die Eigenschaften der Rohstoffe keine Rücksicht genommen wurde. Zwei überbelastete Lokomotiven fuhren sich mit durchdrehenden Rädern in einer einspurigen Tunnelröhre fest. Schon vorher war aufgefallen, dass sie den Zug kaum in Fahrt bringen konnten und dabei riesige Mengen von Rauch ausstießen, was schlechte Kohle und schlechte Verbrennung bedeutet. Immerhin richtete man bei diesem gefährlichen Tunnel fortan einen Wachdienst ein, der nach der Durchfahrt eines jeden Zuges meldete, wann sich der Rauch so weit verzogen hatte, dass der Tunnel wieder befahrbar war.

Es geht um die Sicherheit

Jedes Fahrzeug ist so gut wie seine Bremsen. Die Geschichte der Eisenbahn ist also oft mit der Suche nach einer leistungsfähigen Bremse identisch. Die erste Eisenbahnkatastrophe – immerhin kamen dabei 16 Menschen ums Leben – wurde von einem unvollkommenen Bremssystem verschuldet. Das war erst sechs Wochen nach der Eröffnung der Eisenbahn von Stockton nach Darlington: Der Lokführer bemerkte, dass durch einen Pufferbruch die Verbindung zwischen dem ersten Wagen und dem Rest des Zuges unterbrochen war. Die so plötzlich entlastete Lokomotive hatte geradezu einen Satz nach vorn gemacht. Er zog den Bremshebel. Aber sofort fuhren die losgerissenen Wagen auf den abgebremsten Zugteil auf.

Wenn von den Schwierigkeiten des Bremsens die Rede ist, geht es dabei nicht um die Lokomotive und den Tender. Dort konnten Lokomotivführer und Heizer ohne Schwierigkeiten mit Hilfe von Spindeln die Bremsklötze immer so kräftig an die Räder drücken, dass eine maximale Bremskraft ausgeübt wurde. Später machte man das mit Dampfdruck und Druckluft. Darüber hinaus hat der Lokomotivführer einer Dampflokomotive natürlich die Möglichkeit, mit Hilfe des Triebwerkes zu bremsen. Das gilt auch für elektrische Lokomotiven. Er gibt »Gegendampf« und hebt damit die Kolbenbewegung auf (Gegendruckbremse). Dampflokomotiven wurden gern bei Versuchsfahrten als »Bremslokomotiven« benutzt, die am Zughaken einen schweren Zug simulieren.

Die besondere Schwierigkeit beim Bremsen eines Zuges liegt darin, dass die Zahl der Räder der Lokomotive und deren Achsdruck im Vergleich zum Gewicht des ganzen Zuges, also der zu bremsenden Masse, meist lächerlich gering ist. Es ist aber notwendig, eine möglichst große Zahl von Achsen abzubremsen, um eine der notwendigen Betriebssicherheit entsprechende Bremswirkung zu erzielen. Je größer die auf der Strecke zu überwindenden

Steigungen sind, desto größer ist auch die Zahl der abzubremsenden Achsen, um ein bestimmtes Mindestergebnis zu erreichen.

Jahrzehntelang hat es deshalb bei der Eisenbahn den Beruf des Bremsers gegeben. Bremser saßen auf Bänken an einer Stirnseite von Güter- und Personenwagen, so hoch, dass sie über den Zug blicken und nicht nur das Pfeifen, sondern auch Winksignale vom Lokomotivpersonal oder vom Zugführer aufnehmen konnten. Dabei haben sich die Bremser in Fahrtwind und Schneesturm Rheuma geholt, haben gefroren und sicherlich sind auch einige erfroren.

Nach der Signalordnung für die Eisenbahnen Deutschlands hatten die Bremser auf einen Pfiff hin die Bremsen mäßig, bei drei Pfiffen schnell und hart anzuziehen. Ein langer Pfiff bedeutete »Achtung!«, zwei Pfiffe befahlen das Lösen der Bremsen. In jedem Fall erfolgte das Bremsen bei einem solchen Zug schon wegen der unterschiedlichen Reaktionen der Bremser uneinheitlich. Ein durch die Zugkraft der Lokomotive »gestreckter« Zug läuft bei einer Bremsung auf die Lokomotive und auf die bremsenden Wagen auf und wird, wenn hinten stark gebremst wird, wieder gestreckt.

Das führt zu unschönen Stößen, die bei höherer Geschwindigkeit bis zum Zerreißen der Kupplungen gehen können. Eben das machte die Idee wertlos, die abzubremsende Kraft als »Auflaufbremse« der Bremsung nutzbar zu machen. Eine solche Bremse wirkt erst, wenn das Fahrzeug hart auf das davor laufende gestoßen ist und damit das an die Stoßvorrichtung angeschlossene Bremsgestänge in Tätigkeit gesetzt hat.

Später baute man geschlossene Bremserhäuschen, die über eine Leiter zu erreichen waren; gewiss waren die engen, wie Hühnerkäfige wirkenden Verschläge ein Fortschritt, aber hier kam zur Kälte – man konnte sie selbstverständlich nicht heizen – die zusätzliche Belastung, dass der Bremser oft stundenlang ohne die Möglichkeit der Bewegung auf engstem Raum hocken musste. Bremser traten in der kalten Jahreszeit ihren Dienst vermummt wie Weihnachtsmänner an. Nur auf die Beweglichkeit des Armes, der die Kurbel zu drehen hatte, kam es an.

Jede Eisenbahnverwaltung hatte ihre »Bremstabellen«, aus denen abzulesen war, wie viele Achsen eines Zuges oder wie viel Prozent der Achsen bei bestimmten Geschwindigkeiten und bestimmtem Gefälle gebremst werden mussten.

Die Züge wurden aus Wagen mit und ohne Bremseinrichtung zusammengestellt, denn man war daran interessiert, möglichst wenige Wagen zu bremsen, um möglichst wenigen Bremsern Lohn zahlen zu müssen. In den USA liefen die Bremser durch die Interkommunikationswagen von Bremse zu Bremse. Bei Güterzügen sprangen sie über die Dächer. Jeder hatte auf den Pfiff der Lokomotive hin mehrere Bremsspindeln zu bedienen. Das sparte zwar Personal, minderte aber die Effektivität der Bremsung durch die zwangsläufige Verzögerung erheblich. Man hatte auf den Dächern Laufplanken angebracht – 30.000 Bremser sollen in den USA bis 1881 tödlich verunglückt sein. Bei Wagen mit offener Plattform war die Handbremse auf dieser angebracht. Wagen mit geschlossener Plattform führten dort noch bis in die neueste Zeit ein senkrecht stehendes Handrad.

Aus England berichtet ein um 1910 geschriebenes Buch, dort seien »eigens für die Zwecke des Bremsens gebaute« Wagen üblich, und diese Bremswagen mit einem Gewicht von 20 t hätten eine »beträchtliche« Bremskraft.

Bei Personenzügen wurden zwei solcher Bremswagen, einer hinter der Lokomotive und einer am Schluss des Zuges, eingestellt. Man rechnete bei nur mäßigem Gefälle auf neun Personenwagen einen Bremswagen, bei mittlerem auf je fünf und auf Strecken mit steilen Rampen je einen Bremswagen auf drei Personenwagen, wobei einer in die Mitte des Zuges gestellt wurde. Bei Güterzügen war man wesentlich laxer. Ein Bremswagen am Schluss des Zuges wurde allgemein als ausreichend angesehen.

Der Bremser kommt in ein Häuschen. Immerhin ist das gegenüber dem schutzlosen Sitzen ein Vorteil. Viehwagen für die Reichseisenbahn Elsass-Lothringen.

Doch hatten alle englischen Güterwagen einfache Hebelbremsen. Musste man Gefälle herabfahren, so hielt der Zug an – das hat es noch sehr lange auf englischen Eisenbahnstrecken gegeben –, und der Packmeister ließ eine Anzahl von Hebelbremsen herab; ein Beispiel für die sehr unterschiedlichen, allein durch die Unvollkommenheit der Bremsen bedingten Geschwindigkeiten verschiedener Zugarten, die den Verkehr auf einem Gleis so kompliziert und das Gleis so wenig leistungsfähig machen, weil immer wieder langsamere Züge die schnelleren behindern.

Man konnte viel Personal und Aufenthalt sparen, als man über eine »durchlaufende« Bremse verfügte, die der Lokomotivführer für alle Wagen des Zuges gemeinsam betätigen konnte. Das Experimentieren begann früh. Da gab es Konstruktionen, bei denen ein durch den ganzen

Zug laufendes Seil vom Tender aus aufgewickelt und stramm gezogen wurde, wobei es in allen Wagen die Bremsklötze an die Räder drücken sollte. Die Bremse fiel aus, wenn die Zugvorrichtung brach und sich Teile des Zuges selbstständig machten. Dass der Bremsdruck gegen die Radreifen erfolgen müsse, darüber bestand bis in die neueste Zeit eigentlich kein Zweifel. Schlittenbremsen, die gegen die Schienen drückten, konnten sich nicht durchsetzen, weil sie an den Weichen hässliche Schäden verursachten und darüber hinaus so große Teile des Wagengewichts aufnahmen, dass Entgleisungen nicht auszuschließen waren.

Die durchgehende Seilbremse System Heberlein, die bei langsam fahrenden Zügen auf Nebenstrecken lange in Gebrauch war, benutzte ebenfalls ein durchgehendes, aber über die Wagendächer laufendes Seil, das zum Bremsen im Führerstand der Lokomotive von einer Trommel abgelassen wurde. Dadurch senkten sich in allen gebremsten Wagen Hilfsräder, welche die Achsen berührten und durch Reibung deren Kraft zum Anziehen der eigentlichen Wagenbremse nutzten. Die über die Wagendächer gezogenen Seile litten stark unter der Witterung und waren im strengen Winter steifgefroren, sodass das System dann nicht funktionierte; im Übrigen war es ganz auf zwei- und dreiachsige Wagen abgestellt und bei Drehgestellen unbrauchbar.

Beim ähnlichen System »von Borries« hielt das gespannte Seil Gewichte, die, wenn sie sich wegen nachlassender Spannung senkten, das Bremsgestänge bewegten. An der Seilhaspel, die sich im Gepäckwagen befand, stand der Zugführer, der nach Pfiffen von der Lokomotive die Kurbel drehte. Beide Seilbremsen erfüllten eine für eine durchgehende Bremse unabdingbare Forderung: beim Reißen des Bremsseiles trat automatisch die Bremse in Aktion.

»Bindfadenbahn« wurden die mit der Heberlein-Seilzugbremse ausgerüsteten Kleinbahnen genannt. Das Bremsseil lief über die Dächer der geschlossenen Wagen, dann über die Rungenwagen und Rollwagen unterhalb der Ladung.

Es lag nahe, den auf der Lokomotive in größeren Mengen vorhandenen gespannten Dampf zum Bremsen zu verwenden, doch ergaben sich dabei einige unüberwindliche Schwierigkeiten. Zunächst einmal ist der Dampf, wenn er in die den ganzen Zug durchlaufende Bremsleitung gegeben wird, bald erkaltet, verliert seine Spannung und kondensiert. Ergibt sich ein Leck, ein Leitungsbruch, oder lösen sich Wagen vom Zug, so strömt der Überdruck aus und damit ist die Bremsanlage unbrauchbar. Druckluftbremsen hatten also nur Chancen, wenn sie wie die Seilbremsen indirekt wirkten, und daraus ergab sich eine recht komplizierte Arbeitsweise, die aber noch komplizierter zu beschreiben ist.

Solch eine Druckluftbremse (nicht Luftdruckbremse!) funktioniert wie folgt: Hauptbestandteile sind der Hauptluftbehälter auf der Lokomotive, der in jedem gebremsten Wagen vorhandene Hilfsluftbehälter, die Bremszylinder an den Rädern mit Kolben und Bremsklötzen und natürlich die durch den ganzen Zug sich ziehende Hauptluftleitung. Auf der Lokomotive sorgt eine Pumpe für einen Druck von 5 atü in dem Hauptluftbehälter, in der Hauptluftleitung und allen in den einzelnen Wagen befindlichen Hilfsluftbehältern. Soll nun gebremst werden, so ermäßigt der Lokomotivführer mit Hilfe des Führerbremsventils diesen Druck. Das hat zur Folge, dass in allen Wagen die vor dem Hilfsluftbehälter angebrachten Steuerventile die Verbindung zwischen Hauptleitung und Hilfsluftbehälter unterbrechen und gleichzeitig die Verbindung zwischen Hilfsluftbehälter und Bremszylinder freigeben. Die Bremszylinder drücken demzufolge die Bremsklötze gleichmäßig über die ganze Länge des Zuges an die Räder – an jedes Rad zwei, um die Achsen nicht zu verbiegen. Nach beendeter Bremsung wird der Druck von 5 atü in der Hauptbremsleitung wiederhergestellt. Dadurch steuern die Ventile um: Die Bremszylinder werden mit der Außenluft verbunden, der Druck entweicht aus ihnen und eine Rückholfeder kann den Bremsklotz vom Rad lösen. Gleichzeitig werden die Hilfsluftbehälter wieder mit der Hauptleitung verbunden und nachgefüllt.

Die geschilderte Bremse ist die um 1875 von dem Amerikaner Westinghouse erfundene selbsttätige Einkammerbremse. Selbsttätig, weil sie durch Druckabfall in der Hauptleitung ausgelöst wird. Also auch dann, wenn bei Zugtrennungen die Hauptleitung unterbrochen wird oder wenn in irgendeinem Wagen des Zuges das Notbremsventil an der Hauptluftleitung geöffnet wird. Die Auslösung des Bremsvorganges geschieht dann ohne Zutun des Lokomotivführers.

Zum Thema Notbremse sei die Abschweifung gestattet, dass vor Einführung der durchlaufenden Druckluftbremse eine Verständigung der Passagiere und des Bahnpersonals – oft in Einzelabteile gezwängt – mit dem Lokomotivführer nicht möglich war. Konnte dieser durch Pfeifsignale sich verständlich machen, so fuhr er bei

Brand, Mord und Überfall hinter ihm, wenn Achslager heißgelaufen, Passagiere aus dem Zug gefallen oder gar ganze Zugteile verloren waren, ahnungslos weiter. Deshalb führte man oberhalb der Fenster seitlich am Zug eine Leine, die an der Dampfpfeife der Lokomotive endete. In Notfällen musste das Fenster geöffnet und nach der Leine gefischt werden in der Hoffnung, dass sie sich nicht allzu weit verschoben hatte und erreichbar war, von Wind und Wetter nicht zu sehr zermürbt, um einen kräftigen Ruck zu vertragen.

Zunächst gab es mit den neumodischen Luftbremsen einigen Ärger – Eisenbahnunglücke »aus ungeklärten Ursachen«, die durchweg daran gelegen haben dürften, dass ungepflegte Bremsschläuche durch Fremdkörper verstopft waren oder dass man beim Zusammenkuppeln der Wagen vergessen hatte, alle Sperrhähne der Hauptluftleitung an den Wagenübergängen zu öffnen. Der absonderlichste Unfall ereignete sich am 23. Oktober 1895 auf dem Pariser Bahnhof Montparnasse, einem Kopfbahnhof, als um 16 Uhr ein Personenzug der Westbahn einfuhr. Mit etwa 45 km/h überfuhr die Lok glatt und mühelos den Prellbock, durchstieß die etwa 1 m dicke Stirnwand des Bahnhofs und fiel auf die vor dem Bahnhof gelegene Straße, gerade auf einen Zeitungskiosk. Dessen Besitzerin fand dabei den Tod, die Fahrgäste des immerhin 14 Wagen umfassenden Zuges kamen mit leichten Verletzungen davon.

Natürlich erschienen schon bald nach Einführung des Westinghouse-Systems Bremsen ähnlicher Art. Es würde zu weit führen, hier alle Systeme zu beschreiben, unter denen die Bahnverwaltungen die Auswahl hatten. Wichtig ist zu wissen, dass es sich bei den Einkammerbremsen um »einlösige« Bremsen handelte, die nicht stufenweise gelöst werden konnten. Wollte man nur den Bremsdruck reduzieren, so musste man die Bremsen dennoch vollständig lösen; dadurch vergingen oft, besonders bei Bergabfahrten, kostbare Sekunden völlig ungebremst, bis die erneut eingeleitete Bremsung wirksam wurde. Darüber hinaus klagte man, dass auch der Bremsdruck nicht nach Bedarf dosiert werden könne.

Die »Zweikammerbremse« mit zwei Luftbehältern unter jedem Wagen sollte diesem Übelstand abhelfen. So tendierte man wieder zu Westinghouse, der inzwischen eine Zusatz-Schnellbremsvorrichtung entwickelt hatte, bei der die Bremsluft nicht nur aus den Hilfsluftbehältern, sondern durch »Überströmen« des Steuerventils direkt aus der Hauptluftleitung entnommen wurde, um den Bremsvorgang zu beschleunigen. Preußen rüstete seine Eisenbahn auf die aus der Westinghouse-Bremse entwickelte Knorr-Bremse um, die zusätzlich den Vorteil bot, durch Zwischenschaltung von Ausgleichbehälter und Ausgleichventil eine Dosierung des Druckabfalls in der Hauptluftleitung und des Drucks auf den Bremszylinder zuzulassen.

Mit dem Einzug der durchlaufenden Bremse war jedoch keineswegs das Problem der ungebremsten Wagen aus der Welt. Diese erhielten eine durchlaufende Bremsleitung und wurden fortan Leitungswagen genannt: auf den

Nr. 103 von Baldwin (1920) auf der Schmalspurbahn von Huancayo nach Huancavelica (Peru) im Mantarotal. Jeder Wagen hat einen Bremser (die hier teilweise auf dem Dach stehen). Beachten Sie die Signalleine.

nachträglichen Einbau von Bremsen verzichtete man. So wurde um 1920 berichtet, in Deutschland sei etwa ein Drittel aller Güterwagen mit (durchgehenden) Bremsvorrichtungen ausgerüstet. Ab 1925 wurden in Deutschland alle Güterzüge mit durchlaufender Bremsleitung gefahren. Mit steigender Zahl der gebremsten Achsen konnte auch die Geschwindigkeit der Güterzüge, die lange bei 30 bis 40 km/h gelegen hatte, erhöht werden.

So sah man um 1920 eine rosige Zukunft mit gelösten Problemen: »Es wird nach Einführung der neuen Bremse die seit langem in Fachkreisen bitter genug empfundene Tatsache verschwinden, dass die langsam fahrenden Güterzüge auf vielen wichtigen Strecken der deutschen Bahnen die dringend erforderliche Verdichtung des Verkehrs sowohl für Personen wie für Güter hemmen. Tag und Nacht folgen auf den großen Linien die Züge einander in engstem Zwischenraum. Überholungsgleise, die in immer steigender Zahl angelegt werden, können doch nur mit Mühe ein Durchbringen der Schnellzüge ermöglichen.

Darum haben allmählich die Stimmen derer immer mehr an Bedeutung gewonnen, die eine grundsätzliche Trennung des langsamen Güter- vom schnellen Personenverkehr verlangen. (In England war man schon 1850 dazu übergegangen, Güterzüge hauptsächlich in den Nachtstunden verkehren zu lassen, um zusätzliche Gleisbauten zur Trennung von Personen- und Güterzügen einzusparen.) Sicherlich wäre auf sehr vielen Strecken die Verlegung dritter und vierter Gleise binnen kurzem unabwendbar geworden, wenn nun nicht die sichere Aussicht bestünde, durch eine grundsätzliche Beschleunigung des Güterverkehrs eine durchgreifende Entlastung der Strecken herbeizuführen. Die vielen Millionen, welche für die neue Bremse ausgegeben werden müssen, lassen sich also durch Ersparnis der außerordentlich hohen Ausgaben für den Ankauf neuer Geländestreifen und Anlegung von Erweiterungsgleisen wieder einbringen.«

Im Gegensatz zu den Druckluftbremsen gab es nichtselbsttätige und später auch selbsttätige Luftsaugebremsen. Bei Ersteren wurde zum Bremsen ein Vakuum erzeugt, bei Letzteren ein in der Hauptbremsleitung bestehendes Vakuum für die Bremsung durch Außenluft aufgelöst. Die Vakuumbremsen waren in England, Österreich, Schweden und Dänemark sowie auf einer Reihe deutscher Nebenbahnen eingeführt. In Deutschland wurde die von Körting gebaut. Luftsaugebremsen waren zwar stufenweise zu lösen, benötigten aber überdimensionale Bremskolben, sollte eine befriedigende Bremswirkung erzielt werden. Aus diesem Grunde hatte man sich in Deutschland für die Hauptbahnstrecken, auf denen man auf eine stufenweise zu lösende Bremse nicht verzichten konnte, für eine Zusatzeinrichtung, die Zusatzbremse des Franzosen Henry, entschieden. Diese Doppelbremse mit zweiter Hauptluftleitung und Doppelrückschlagventilen wurde für die Schwarzwald- und Höllentalbahn eingeführt. Ein entsprechender Wagenpark musste umgerüstet werden, wozu auch alle in die Schweiz gehenden Schnellzugwagen gehörten.

Mittlerweile gibt es bei den verschiedenen Bahngesellschaften eine solche Fülle verschiedener Bremssysteme (deren Kennbuchstaben jeweils an den Wagen angeschrieben sind), dass es für den Laien ein hoffnungsloses Unterfangen bedeutet, diese alle unterscheiden zu wollen, zumal viele untereinander kombinierbar sind.

Neben den Bremsklötzen, die auf die Radkränze wirken, werden auch die vom Kraftfahrzeug her bekannten Scheibenbremsen und Magnetschienenbremsen verwendet. Dabei erzeugt ein elektromagnetisch erregter Eisenkern zusätzliche Reibung auf den Schienen. Beides findet man an Triebwagen und Reisezugwagen.

Übrigens wurde die schrecklichste Eisenbahnkatastrophe durch eine nicht ausreichende Bremse und durch die Borniertheit eines Offiziers hervorgerufen:
Am 12. Dezember 1917 verunglückte ein mit französischen Soldaten, die in Heimaturlaub fuhren, besetzter Zug auf der Rampe des Mont Cenis. Es ist einfach unglaublich, dass eine einzige, für diese Strecke auf eine Anhängelast von 144 t beschränkte Lokomotive mit einem mehr als 550 t schweren Zug abgefertigt wurde. Trotz Protestes des Lokomotivführers und trotz der Tatsache, dass nur die ersten drei Wagen des Zuges mit Druckluftbremsen ausgestattet waren! Die Schienen waren nass, zum Teil vereist. Unter diesen Umständen musste der Lokomotivführer die Gewalt über den Zug verlieren, dieser schoss mit steigender Geschwindigkeit zu Tal und endete in einer Kurve. In dem riesigen brennenden Trümmerhaufen fanden dabei mehr als 800 Menschen den Tod.
Der Lokomotivführer, der wie durch ein Wunder überlebte, wurde verhaftet und nach acht Monaten von einem Kriegsgericht freigesprochen. Ob der Offizier, der den Befehl zur Fahrt durchsetzte, bestraft wurde, ist nicht bekannt.

Wie sehr das Problem einer höheren Zuggeschwindigkeit auch gleichzeitig das einer effektiven Bremsung ist, kam bei den Schnellfahrversuchen mit Stromlinienlokomotiven und Schnelltriebwagen in den 30er-Jahren zum Ausdruck. Gewiss war es schon damals technisch möglich, mit 200 km/h zu fahren, aber es war nicht oder kaum möglich, einen in diesem Tempo fahrenden Zug auf einer Distanz von 600 m zum Halten zu bringen. 600 m war die kritische Entfernung, da das Blockstellensystem der Deutschen Reichsbahn mit seiner Anordnung von Vor- und Hauptsignalen darauf aufgebaut war. Die Inkaufnahme eines längeren Bremsweges hätte unendliche Kosten durch die Umstellung der Signalanlagen und Umstellung der Organisation bedeutet, und daran war nicht zu denken. So kommt es, dass manche Rekordfahrt für die Abwicklung des täglichen Eisenbahndienstes unergiebig war und Lokomotiven wie Triebwagen, die wesentlich schneller fahren konnten, auf 120, 140, höchstens und ausnahmsweise 160 km/h beschränkt waren.

Die Lösung, höhere Geschwindigkeit und zuverlässige Bremsung miteinander zu vereinen, hieß lange Zeit »Indusi«: Die größere Geschwindigkeit stellt nicht nur größere Anforderungen an die Bremsen eines so schnellen Fahrzeugs, sondern auch an die Wachsamkeit des Personals auf der Lokomotive. Hinzu kommt, dass aus Gründen der Rationalisierung mehr und mehr Züge mit Einmannbesetzung fahren. Die Aufgabe war also zunächst, zu verhindern, dass Signale übersehen werden, obgleich die Zeit, in der sie der Lokomotivführer sehen kann, immer kürzer wird. Schon vorher hatte man dem Hauptsignal ein Vorsignal zugeordnet und auf dieses wieder durch davorgestellte Baken aufmerksam gemacht. Flügelsignale wurden durch Tageslichtsignale ersetzt. Aber die Erfahrung lehrt, dass in der Geschichte der Eisenbahn immer wieder grässliche Unglücke entstanden sind, weil Lokomotivführer, die jahrelang zuverlässig ihren Dienst verrichtet hatten, aus unerklärlichen Gründen auf »Halt« stehende Signale nicht wahrgenommen und somit überfahren haben. Erfinder haben sich deshalb mit Verfahren beschäftigt, Signaleinrichtungen zu konstruieren, die den vorbeifahrenden Zug zwangsweise abbremsen und somit zum Halten nötigen.
Die notwendige Übermittlung von Informationen und Befehlen an das Lokomotivpersonal geschah anfänglich durch Winken, durch das Schwenken von Tüchern und Laternen, durch Pfiffe und Hörnerblasen. Bis zur Einführung von Fernmeldeeinrichtungen längs der Strecke fuhr man auf Zeit, beinahe »blind«, denn Sicherheitsab-

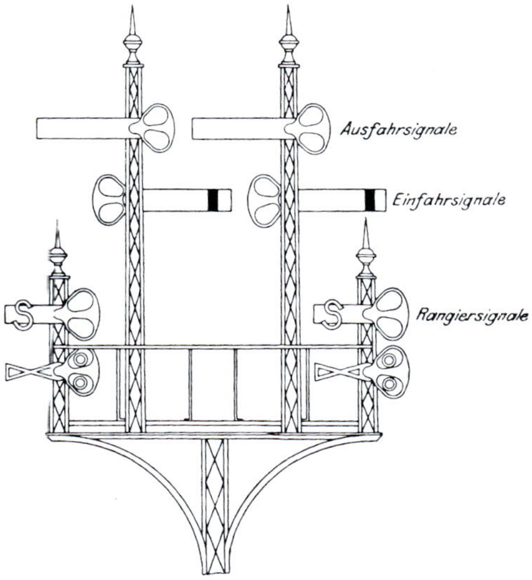

stände zwischen zwei aufeinander folgenden Zügen wurden in Form verzögerter Abfahrt festgelegt.

Was dann auf der Strecke geschah, musste dem Zufall überlassen werden. Blieb nun ein Zug liegen – sei es, dass der Lokomotive der Dampf ausging oder durch eine Entgleisung –, dann wurde dem nächsten Zug schnellstens ein Mann mit einer Signallampe entgegengeschickt, und alle Beteiligten konnten nur noch beten, dass der Führer des folgenden Zuges diesen trotz Regens und Nebels, trotz unübersichtlicher, steigungs- und kurvenreicher Strecke rechtzeitig zum Halten brachte.

Sicherlich besann man sich bald auf die Möglichkeit, durch eine Postenkette Signale, die Bewegungen des Zuges betreffend, optisch oder akustisch weitergeben zu lassen. Der optische Telegraf, der sich zwischen Berlin und Koblenz so gut bewährt hatte, war ein gutes Beispiel dieser Technik und Vorbild zugleich. Doch wer sollte das bezahlen? Die Kosten einer solchen auf Sicht gestellten Postenkette waren immens – nur reiche Gesellschaften mit regem Bahnverkehr konnten überhaupt daran denken. Da wurde die Einführung des Bahntelegrafen als eine Erlösung aufgenommen. Hatte man endlich ein praktikables Informationsinstrument längs der Strecke.

Mit der Differenzierung des Eisenbahnverkehrs stiegen die Anforderungen an das Signalsystem. Aus der Frühzeit der Eisenbahn sind Korb- und Ballonsignale bekannt. Wie bei Seezeichen wurde ein runder Korb an einem Gestell hochgezogen und sowohl zur Zeichengebung an den Lokomotivführer als auch als optischer Telegraf eingesetzt, um dem nächsten Streckenwärter den Zug zu melden.

Bei der Leipzig-Dresdner Eisenbahn meldete der ganz nach oben gezogene Ballon das Herannahen des Zuges. Der Ballon auf halber Höhe signalisierte dem Lokomotivführer, langsam zu fahren. Der Haltebefehl wurde durch schnelles Aufziehen und Herunterlassen des Ballons übermittelt. Das war sicherer als die Weitergabe von Informationen längs der Strecke durch Pfeif- und Hornsignale.

Englische Art der Signale um 1900 auf einer Signalbrücke.

Rechts daneben Signalbrücke im israelischen Eisenbahnmuseum Haifa.

Die Leipzig-Dresdner Eisenbahn gab 1840 ein Signalbüchlein mit 24 Signalen heraus. 1842 wurden die Formsignale mit zwei Flügeln erstmalig aufgestellt.
In Frankreich verwendete man flache Tafeln, die zur Sperrung der Strecke quer zur Schiene geklappt wurden. Bei freier Strecke hingen sie parallel der Schiene, waren also für den Lokomotivführer nicht sichtbar: man ging

Stellwerk aus den 30er-Jahren.

A12/13
A13

Vorhergehende Doppelseite: Verwirrendes Licht – Der Lokomotivführer sucht sich seinen Weg durch die flimmernde Vielfalt.

noch von der einfachen Devise aus, dass, wenn nicht ausdrücklich ein Gleis gesperrt war, gegen die Weiterfahrt keine Bedenken bestünden. Die vielen verschiedenen Eisenbahnverwaltungen hatten natürlich jede ihr eigenes Signalsystem. Eine Vereinheitlichung wurde notwendig, sobald es durchgehende Züge gab.

Am 1. April 1875 trat dann die »Signalordnung für die Eisenbahnen Deutschlands« in Kraft. Man unterschied bzw. unterscheidet Haupt- und Vorsignale, Fahrverbot- und Fahrerlaubnissignale, Schutzhaltesignale und Langsamfahrsignale. Komplizierend kommt hinzu, dass als »Signal« unter Eisenbahnern nicht nur das auf einer Stange stehende optische Zeichen bezeichnet wird, sondern auch Zeichen, die von Bahnbediensteten auf Bahnhöfen und unterwegs, optisch und akustisch, übermittelt werden. Dazu gehören nicht nur das Winken oder Laternenschwenken zum Nothalt, sondern ebenso der Abfahrtspfiff, das warnende Horn in der Streckenbaukolonne und die auf die Schienen gelegte Knallkapsel. Schließlich gibt auch die Lokomotive Signale, wenn die Pfeife oder das Läutewerk in Betrieb gesetzt werden. In die Familie der Signale gehört ebenfalls die besondere Kennzeichnung des letzten Wagens eines jeden Zuges durch Signalscheibe und Schlusslicht: sie geben die Gewähr, dass nicht ein Teil des Zuges sich unterwegs gelöst hat. Durch Signaltafeln wird der Lokomotivführer auf Langsamfahrstellen, Wegeübergänge, Krümmungen und Steigungen aufmerksam gemacht. Ein Lexikon verzeichnet 86 verschiedene Eisenbahnsignale.

Das heute größtenteils praktizierte System der elektrischen Streckenblockung (Block steht hier für blockieren) wurde in England entwickelt und von der Firma Siemens & Halske als Reaktion auf das »Bahnpolizeireglement« für die deutschen Eisenbahnen von 1871 weiterentwickelt. Die Eisenbahnstrecken wurden in relativ kurze Abschnitte, Blockstrecken genannt, eingeteilt, zwischen denen Einfahrtsignale stehen. Diese werden durch die in den Blockstellen stationierten Wärter bedient. Das Besondere an diesem System ist nun, dass ein »Blocken« durch den elektrischen Zeichengeber ausgelöst wird, der den Zug jeweils der nächsten Blockstelle meldet und gleichzeitig die Möglichkeit gibt, die durchfahrene Strecke zu entblocken. Es wird jedes Mal hinter einem in eine Blockstelle eingefahrenen Zug das an ihrem Anfang stehende Signal auf »Halt« gelegt und in dieser Stellung durch ein Wechselstromfeld verschlossen. Der Verschluss wird erst dann unwirksam, wenn der Zug die betreffende Blockstelle verlassen hat und das an ihrem Ende stehende Signal in der Haltlage durch ein Wechselstromfeld verschlossen ist. Der Blockstellenwärter kann also nur ein entblocktes Signal stellen.

Elektromagnetische Schwingkreise der »Indusi«.

Ebensolche Systeme wurden für die in zwei Richtungen befahrene, eingleisige Strecke entwickelt sowie für Bahnhöfe, wo Weichenstellung und Signale zwangsweise so miteinander gekoppelt sind, dass das Einfahrtsignal erst betätigt werden kann, wenn eine Fahrstraße innerhalb des Bahnhofsbereichs hergestellt und durch Verschlüsse sowohl gegen Querverkehr als auch gegen Einmündungen sowie gegen vorzeitige Auflösung gesichert ist.

Signale und Weichen müssen dazu mit einer Einrichtung zur Fernbedienung versehen sein. Man arbeitete mit Drahtzügen, die durch Gewichte in Spannung gehalten werden. Die holländischen und deutschen Eisenbahnen führten das Doppeldrahtsystem ein, bewegen also einen ganzen Drahtkreis. Weichen wurden durch Gestänge aus Röhren oder Profileisen gestellt. Daneben erschienen elektrisch gesteuerte Systeme, die mit Druckluft arbeiteten. Das war in England weit verbreitet. Und schließlich eroberte auch hier die Elektrizität das Feld. Signale – sie fallen bei Defekten automatisch in die Haltstellung – werden nun weitgehend durch elektrisch gesteuerte Magnete gestellt, Weichen durch Elektromotoren.

Block, wie er in 30er-Jahren gebaut wurde.

Über den in der Gleismitte verlegten Linienleiter findet ein ununterbrochener Datenaustausch zwischen der Lokomotive und dem Computer in der Leitstelle statt.

1935, im Jahre des 100-jährigen Jubiläums der Eisenbahn in Deutschland, hatte die Deutsche Reichsbahn 18.000 Stellwerke mit 300.000 Hebeln in Betrieb, mit mehr als 100.000 ortsfesten Signalen. Allerdings war nur knapp die Hälfte der Strecken mit der elektrischen Streckenblockung ausgerüstet.

Inzwischen hat sich ein Großteil der Stellwerkshebel in Knöpfe verwandelt. Die Elektronik hat Einzug gehalten. Zunächst fasste das Gleisbildstellwerk größere Bahnhöfe, die sonst auf Sichtweite von mehreren Stellwerken bedient wurden, in eine Stellwerkseinheit zusammen. Heute wird der Verkehr langer Strecken von einer Zentrale aus gesteuert und überwacht.

Die induktive Zugbeeinflussung (»Indusi«) macht die Sicherheit des Zuges unabhängig von der Aufmerksamkeit des Lokomotivführers. Relaismagneten sind an den Schienen und unter den Lokomotiven angebracht. Eine solche Indusi-Anlage arbeitet mit drei Frequenzen (2000, 1000 und 500 Hertz), um »möglicherweise unterlassene Handlungen und Fehlhandlungen des Lokführers auszugleichen«. Alle Züge in Deutschland mit mehr als 100 km/h müssen mit dieser »induktiven Zugbeeinflussung« ausgerüstet sein, die – um es ganz einfach zu sagen – eine Zwangsbremsung auslöst, wenn der Lokomotivführer ein Haltesignal überfährt oder ein Signal ignoriert, das eine Geschwindigkeitsbegrenzung anzeigt.

Was Indusi punktuell sicherstellt, soll mit der Linienzugbeeinflussung (LZB) entlang der ganzen Strecke erreicht werden. Die Koppelung von Leit- und Überwachungssystem macht dann auch die Aufstellung von Signalen unnötig (da diese ja auf dem Display viel besser erscheinen als die mit Tempo 250 vorüberhuschenden Zeichen) und am Ende auch die Blockstelleneinteilung, da der Computer statt mit diesen starren Einteilungen blitzschnell mit dem neuen Wert »Bremsweg + Sicherheitsabstand« arbeiten kann und so zu einer wesentlich engeren Zugfolge ohne Minderung der Sicherheit kommt, denn die Verbindung zwischen der Leitstelle und allen Fahrzeug-Führerständen ist jederzeit gegeben wie der Eingriff der Leitstelle in alle Fahrzeugbewegungen. »Das bei der Deutschen Bundesbahn entwickelte Konzept vereinigt Elemente der Steuerungs- und Sicherungstechnik und ermöglicht eine maximale Ausnutzung der Fahrwegskapazität sowie eine optimierte Durchführung und Sicherung des Betriebsablaufs«, schreibt Friedrich W. Möller. Tatsächlich werden durch die Verengung der Zugfolge und durch die Möglichkeit, zwei Züge auf den Parallelgleisen einer zweigleisigen Strecke in einer Richtung fahren zu lassen, die Kapazität der Strecke um bis zu 40 % erhöht. und ein drittes Gleis, das je nach dem Anfall der Züge eingesetzt wird, hat hier erst Sinn. Der Lokomotivführer hat dann nur noch Kontrollfunktionen. Die europäischen Bahnen haben meist eigene gewachsene Sicherheitssysteme, sodass bei einer Grenzüberschreitung besondere Einrichtungen notwendig sind.

Überwachungs- und Leitstelle der TGV in Paris.

Unter dem Fahrdraht

Nachdem sich die elektrische Zugförderung durchgesetzt hat, ist es recht einfach, ihre Vorteile zu preisen: Stärkere Lokomotiven mit größerer Geschwindigkeit und größerer Anzugkraft sowie ständige Betriebsbereitschaft bei geringerem Personal und leichterer Arbeit.
Auf den gleichen Strecken fahren mehr Züge mit mehr Fracht. Hätte man auf die Elektrifizierung der Hauptstrecken im Netz der Deutschen Bundesbahn verzichtet, so wäre der Bau einer ganzen Reihe von Entlastungsstrecken und vieler zusätzlicher Gleise und Gleispaare notwendig geworden. Dagegen nehmen sich die Kosten für Masten und Draht, für das ganze System der Stromgewinnung und -verteilung, ja selbst für die notwendigen Umbauten an Tunneln, Brücken und Bahnhofsanlagen gering aus.

Schon 1840 war einmal eine elektrische Lokomotive aufgetaucht. Ein Johann Philipp Wagner aus Fischbach in Nassau führte seinem erstaunten Publikum einen Wagen vor, der, selbst 40 Pfund schwer, einen weiteren Wagen, der mit 60 Pfund belastet war, über ein kreisrundes Gleis zog. Angetrieben wurde das Ganze durch einen Elektromotor und den Strom einer galvanischen Batterie. Als Wagner aber eine richtige Lokomotive bauen sollte, funktionierte das nicht, weil die Batterien für eine solche Aufgabe zu schwach waren. Ähnliche Versuche muss etwa um dieselbe Zeit ein Mechanikus Störer in Leipzig angestellt haben, wie ein Privileg der sächsischen Regierung von 1841 besagt.

Die Zeit war noch nicht reif, doch muss es irgendwie in der Luft gelegen haben. Auf der Strecke Glasgow – Edinburgh führte Robert Davidson 1842 eine von einer Batterie gespeiste elektrische Lokomotive vor, die immerhin schon 6 t Last hinter sich herzog. Sie hatte Zylinder und Stangen wie eine Dampflok, allerdings wurde der Kolben durch einen Elektromagneten gezogen.

Die erste elektrische Lokomotive von Werner von Siemens, 1879.

Der große Wurf gelang dann Werner von Siemens im Jahre 1879. Am 31. Mai stellte er auf der Berliner Gewerbeausstellung eine Lokomotive vor, die »ohne Kohle und Wasser« drei Wagen mit zusammen 18 Fahrgästen »mit ansehnlicher Geschwindigkeit« über eine 300 m lange Kreisbahn zog. In vier Monaten beförderte sie 90.000 Passagiere.

Werner von Siemens hatte auf das von ihm entwickelte dynamoelektrische Prinzip gesetzt. Er erzeugte mit einem Generator Strom, leitete diesen durch eine »dritte Schiene«, nämlich ein isoliertes, hoch stehendes Flacheisen, zur Lokomotive, die so an jeder Stelle des Rundkurses mit einem »Schleifbesen« Strom übernehmen konnte, und betrieb damit den Elektromotor, der sich in der Lokomotive befand.

Erstmalig also trug die Lokomotive den Rohstoff, aus dem sie Kraft zu erzeugen hatte, nicht bei sich. Gewicht und Leistung der Fahrmaschine konnten deshalb in einem äußerst günstigen Verhältnis zueinander stehen. Siemens arbeitete mit einer Fahrspannung von 150 Volt. Die Rückleitung des Stroms erfolgte durch die Schienen. Doch damit begannen die Schwierigkeiten erst. Man war zwar beeindruckt, aber niemand wollte den elektrischen Wagen haben. Niemand traute ihm die rasante Entwicklung zu, auf die wir heute zurückblicken können. Vielmehr erschienen Propheten, die zwar die Elektrizität der Eisenbahn nutzen, dabei aber ganz andere Wege gehen wollten. Sie versuchten, mit elektrischem Strom (wie bei einer Kochplatte) die Kessel von Dampflokomotiven zu beheizen. Die Heilmann-Lokomotive, eine auf zwei vierachsigen Drehgestellen ruhende Brückenkonstruktion, ging davon aus, mit dem Dampf einer herkömmlichen Lokomotive einen Generator zu betreiben und den so gewonnenen Strom in acht auf die Achsen wirkende Fahrmotoren zu leiten; eine elektrische Kraftübertragung, wie wir sie später bei der Diesellok wiederfinden werden. Achtmal 125 PS, zusammen 1000 PS Leistung, sollten der Lokomotive eine Höchstgeschwindigkeit von 100 km/h verleihen.

Um der Streiterei ein Ende zu machen, baute die Firma Siemens & Halske, die das alles ja nicht zum Spaß getan hatte, sondern mit der neuen Erfindung Geld verdienen wollte, auf eigene Rechnung eine Straßenbahn in Groß-Lichterfelde bei Berlin. 1881 wurde sie eröffnet. Sie fuhr mit 180 Volt Gleichstrom, der Motor leistete 5 PS, und die Geschwindigkeit war 40 km/h; Hin- und Rückleitung des Stroms übernahmen die beiden Schienen. 1882 folgte eine weitere Straßenbahn zwischen Charlottenburg und

Die erste elektrische Lokomotive von Werner von Siemens auf der Gewerbeausstellung 1879. »Ohne Kohle und Wasser« beförderte sie 90.000 Passagiere in vier Monaten.

dem Spandauer Block mit einer doppelten Fahrleitung. Damit schien das Schlimmste überwunden. In Gruben und Betrieben, vor allen Dingen aber als Straßenbahn, verbreiteten sich die elektrisch betriebenen Vehikel nun rasch. Straßenbahnen wurden gebaut von Frankfurt nach Offenbach, und u. a. in Dresden, Halle, zwischen Düsseldorf und Krefeld, in Österreich, in Amerika. Elektrisch fuhr 1903 die Schwebebahn zwischen Elberfeld und Barmen und die Hoch- und Untergrundbahn in Berlin (1902) und Hamburg (1912). Dabei gab es die verschiedensten Arten der Stromzuführung. Auf zwei oberirdischen Fahrdrähten fuhren kleine Wagen, vom Triebfahrzeug an einem Kabel gezogen. Zwischen Frankfurt und Offenbach hatte man Kupferrohre, die an der Oberseite geschlitzt waren, in die Straße eingelassen; in ihnen wurden schiffchenähnliche Monstren lustig klappernd hinter der »Elektrischen« hergezogen.

Die Hausbesitzer liefen Sturm, man ruiniere die Straßen, und Gutachter traten auf, die gegen die Fahrdrähte polemisierten: sie befürchteten, diese würden mit den hoch gespannten Strömen einen Schaden in der Vogelwelt anrichten, der wesentlich größer sei als die »angebliche Belästigung« durch den Rauch der Dampflokomotiven. 1889 erfand der Amerikaner Sprague den Rollenstromabnehmer, 1891 führte Siemens & Halske den Bügelstromabnehmer ein, aber auch damit schien die Frage der zweckmäßigen Stromzuführung nicht entschieden

Die erste normalspurige elektrische Eisenbahn in Deutschland: Meckenbeuren – Tettnang, 1895. Das Bild zeigt den Motorwagen und einen Beiwagen.

zu sein. Insbesondere beim Betrieb von Stadt- und Vorortbahnen findet sich noch heute die seitlich angebrachte Stromschiene.

1894 wurde in der Eisenbahn-Hauptwerkstätte in Potsdam eine elektrische Rangierlokomotive eingestellt, aber die Eisenbahnverwaltung war immer noch mit nur halbem Herzen bei der Sache, wenn es um die Elektrizität ging. Besagten doch alle bis dahin gemachten Erfahrungen, dass sich das elektrische Zugförderungssystem nur bedingt für Fernbahnen eignete. Und Eisenbahnbetrieb war damals vorwiegend Verkehr über längere Strecken. Um diese Zeit war eigentlich schon das Monopol des Gleichstroms gebrochen. 1893 hatte Ferrari einen ersten brauchbaren Dreiphasen-Synchronmotor gebaut. 1895 richtete die Firma Brown, Boveri & Cie. in Lugano die erste mit Dreiphasen-Wechselstrom betriebene Straßenbahn ein. Als in Amerika im gleichen Jahr die erste (mit Gleichstrom betriebene) elektrische Vollbahn-Lokomotive in Dienst gestellt wurde, begannen die heißen, Jahrzehnte währenden Diskussionen um das für den elektrischen Betrieb von Fernbahnen geeignete Stromsystem.

Betrachten wir die Wege und Umwege der Elektrifizierung am Beispiel Italien: Dass Italien bei der Einführung des elektrischen Lokomotivantriebs experimentierfreudig und führend war, lag in erster Linie daran, dass man im Lande keine Kohle fand, aber über recht beachtliche natürliche Wasserkräfte verfügte. Als Pionier wirkte der Ungar Kálmán Kandó von der Firma Ganz in Budapest, der dann auch der Vater der ersten Versuchsstrecken und -fahrzeuge wurde. Die Schwierigkeit bestand darin, dass verschiedene Systeme elektrischer Zugförderung zur Auswahl standen, und da die Entscheidung für eines von ihnen von unübersehbarer Tragweite für das gesamte italienische Eisenbahnsystem war, sollten Erprobungen in der Praxis vorgenommen werden, wobei Triebfahrzeuge mit Akkumulatoren, Gleichstrom- und Dreiphasen-Wechselstrom-Fahrleitungsbetrieb praktisch erprobt wurden.

1899 und 1900 wurden, von Mailand und Bologna ausgehend, zwei Strecken mit Akkumulatoren-Triebwagen versehen. Man begann zunächst – wahrscheinlich wegen der baulichen und technischen Besonderheiten der Triebwagen – mit der Elektrifizierung besonders verkehrsarmer Strecken. Mittlerweile hat die Praxis ja ergeben, dass der Rationalisierungseffekt bei der Umstellung einer Strecke auf elektrische Zugförderung um so größer ist, je dichter und schwerer der Zugverkehr. Kurz: Die mit allerhand Vorschusslorbeeren bedachten Speichertriebwagen bewährten sich – allein schon wegen des immensen Gewichts der Akkumulatoren im Verhältnis zur Leistung – nicht, und die Sache schlief bald ein.

Zwischen Mailand und Varese wurde 1901 ein Gleichstrombetrieb mit Stromschiene eingerichtet; später folgte auch die Strecke Neapel – Pozzuoli. In der Mitte der Gleise lag eine mit Holz abgedeckte Stromschiene, gut 14 cm über der Schienenoberkante. Man begann mit elektrischen Triebwagen, die den Dampfzugverkehr ergänzten, gab aber schon 1901 auch die erste Gleichstromlokomotive in Auftrag, eine Bo'Bo' mit 440 kW Leistung. Von den fünf Lokomotivtypen, die bis 1925 gebaut wurden, hatten drei (vierachsig, zweiachsig, sechsachsig) Einzelachsantrieb und zwei mit der Achsfolge 1'C1' Stangenantrieb.

Die interessanteste unter den Lokomotiven dürfte die E 320 aus dem Jahre 1912 gewesen sein, eine 1'C1' mit Stangenantrieb und einer Leistung von 1200 kW. Man fuhr mit einer Spannung von 650 Volt. Von acht Schleifschuhen mussten immer vier auf der Stromschiene aufliegen. Die Höchstgeschwindigkeit war 100 km/h. Züge von 200 t Gewicht wurden auf 12-‰-Rampen mit 80 km/h befördert. Einige Lokomotiven wurden nach dem Zweiten Weltkrieg mit Stromabnehmern versehen und für das 3000-Volt-Gleichstromsystem umgebaut. 1902 ging das dritte System in die Erprobung. Es handelte sich um Dreiphasen-Wechselstrom (Drehstrom) mit einer Frequenz von vorerst 15,8 Hertz und einer Spannung von 3000 bis 3300 Volt. Die Versuchsstrecken, die 106 km lange »Valtellina-Bahn« um Lecco, Sondrio und Chiavenna, wurden mit Oberleitung, die Lokomotiven mit den so charakteristischen unförmigen Stangenstromabnehmern versehen, die aus zwei Fahrdrähten Energie übernehmen mussten, was die Führung der Oberleitung an Weichen und Kreuzungen recht kompliziert machte. Ein weiterer Nachteil des Drehstrombetriebes bestand darin, dass die Lokomotiven mit einigen wenigen Fahrstufen auskommen mussten; die Gleichstromlok E 320 hatte 14 Geschwindigkeitsstufen, die ersten Drehstromloks der Valtellina-Bahn nur zwei, nämlich 32 und 64 km/h, auf die Erfordernisse des Güterzugverkehrs abgestimmt. Daneben hatte man fünf Triebwagen eingesetzt. Zunächst waren für den Güterzugverkehr zwei Doppellokomotiven mit Einzelachsantrieb aus Amerika importiert worden. Dann lieferte Ganz & Cie. aus Budapest 1'C1'-Lokomotiven mit Stangenantrieb. Bei dieser Art der Kraftübertragung, die man von der Dampflokomotive übernommen hatte, konnte größere Energie bewältigt werden als mit Zahnrädern. Eine 1'D1' aus Budapest wurde in nur zwei Exemplaren gebaut. Weitere 1'C1'-Lokomotiven erschienen mit Geschwindigkeiten von 37/70 und 23/47 km/h; ab 1906 versahen sie auch den Dienst auf der Simplonroute.

1908 war das Stadium des Experimentierens beendet. Der Drehstrombetrieb hatte sich auf der ganzen Linie durchgesetzt – allerdings nur vorläufig, was damals niemand ahnte. Als erste in Italien gebaute Drehstromlokomotiven kamen fünfgekuppelte Güterzugloks, die als E 550, 551, 552 und 554 in einer Zahl von 557 Stück gebaut wurden. E 550, 551 und 554 besaßen einen Mittelführerstand, die E 552 hatte einen Endführerstand. Die italienischen Staatsbahnen bauten ein Drehstromnetz mit 3300/3600 Volt Spannung und einer Frequenz von $16^2/_3$ Hertz auf, die Lokomotiven hatten die Geschwindigkeitsstufen von 22,5 bis 25 km/h und 45 bis 50 km/h. Über die Schwierigkeiten bei Mehrfachbespannung berichten wir im Kapitel »Die Eroberung des Gebirges«. Neben der 500er-Reihe erschienen 1921 »Streckenlokomotiven« für den Personen- und Schnellzugverkehr mit der Achsfolge 1'D1'. Die Zahl der Geschwindigkeitsstufen wurde durch eine neue Schaltung auf vier erhöht, 37,5,

50, 75 und 100 km/h. Erstmalig wurden Drehstromloks auch mit Pantograph-Stromabnehmern ausgerüstet, außerdem baute man einen elektrischen Dampfkessel für die Zugheizung ein. Eine 2'C2'-Lokomotive von 1916 bewährte sich wegen des ungünstigen Verhältnisses von Gesamt- und Reibungsgewicht nicht.

Der Zweite Weltkrieg setzte dieser Entwicklung ein Ende; 1960 gab es in Italien noch zwei »Drehstrom-Enklaven« in Piemont und am Brenner. Für den durchgehenden Reiseverkehr wurden Zweistromzüge eingesetzt. Keinen Erfolg hatte der Versuch, Industriestrom von 45 Hertz/10.000 Volt für den Bahnbetrieb einzuführen. Es blieb bei einer Versuchsstrecke. Dagegen erschien

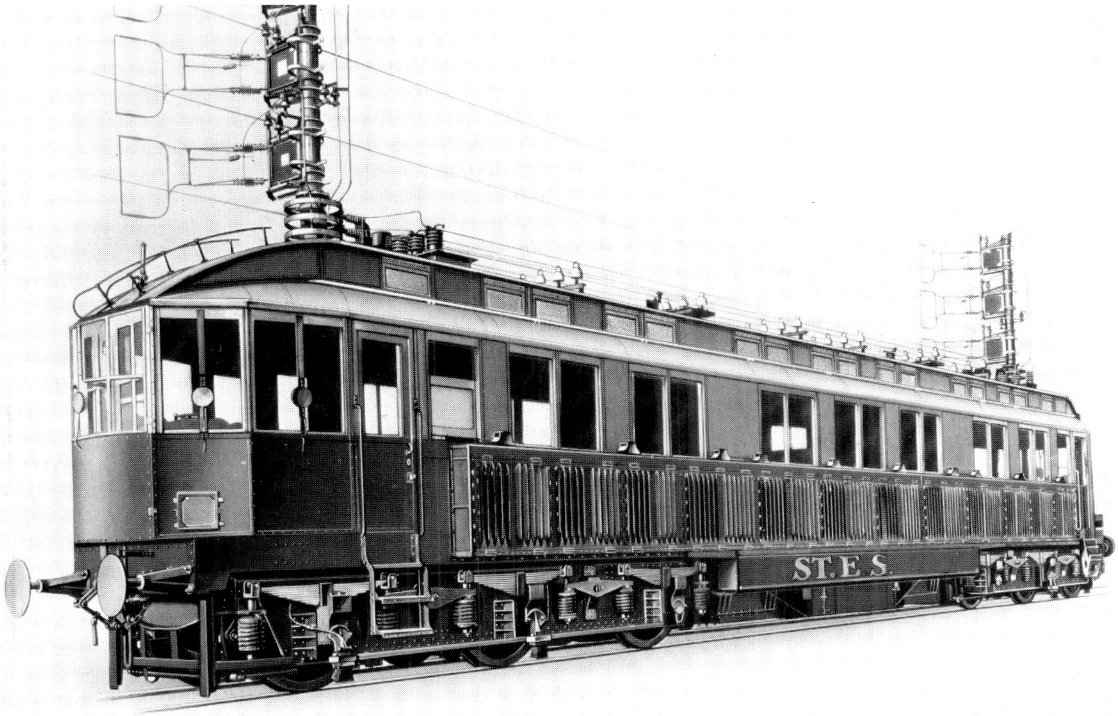

Der Drehstrom-Schnelltriebwagen von Siemens & Halske erreichte im Jahre 1903 einen Rekord von 210,2 km/h auf der Militäreisenbahn Marienfelde – Zossen bei Berlin. Die Schnellfahrversuche von Zossen waren ein voller Erfolg.

ein neues System – die Wiederaufnahme der alten Idee der Verwendung von Gleichstrom, allerdings mit einer erhöhten Spannung von 3000 Volt und mit Fahrdrähten und Stromabnehmern. Bei diesem Verfahren, das bei stufenlos regelbarer Geschwindigkeit mit nur einem Fahrdraht auskommt, ist es in Italien bis heute geblieben. 1926 begann man mit dem Bau der Lokomotivserie 625 (die erste Ziffer steht für die Zahl der angetriebenen Achsen). Die daraus entwickelte Serie 626 (letzte Ziffer = 6 Fahrmotoren) mit 2100 kW Leistung wurde in einer Menge von 448 Stück gebaut und ist damit die erfolgreichste elektrische Lokomotive der Welt.

Auch Preußen experimentierte um die Jahrhundertwende mit den verschiedensten Systemen von Strom und Antrieb. Das Versuchsgelände lag rund um Berlin, handelte es sich doch in erster Linie um eine Kooperation der preußischen Staatsbahn, hier vertreten durch den Wirklichen Geheimen Oberbaurat D.-Ing. e. h. Gustav Wittfeld und die Firmen Siemens und AEG. Höhepunkt dieses Betriebes waren die von der »Deutschen Studiengesellschaft für elektrische Schnellbahnen« durchgeführten Schnellfahrversuche auf der Militärbahn Marienfelde – Zossen. Zwei mit Drehstrom – 10.000 Volt, 55 Hertz – betriebene Triebwagen erreichten im Herbst 1903 dort Geschwindigkeiten von 206,7 und 210,2 km/h. Sie fuhren mit vier Motoren von je 500 kW Höchstleistung, die in den Drehgestellen untergebracht waren. Ihr Achsbild war (A1A) (A1A). Eine Drehstromlokomotive der Firma Siemens & Halske mit Achsfolge (1A)(A1) erreichte eine Geschwindigkeit von 150 km/h. Sie nahm mit halbhohen Vorbauten und einem Mittelführerstand die so typische

Elektrolokomotiven der Deutschen Bahn, die in Baureihen von mehr als 10 Stück produziert wurden

Baureihe	Achsbild	Treibrad/Laufrad Ø mm	Motoren	Antrieb	Länge über Puffer mm	Achslast max. t (kN)	Dienstlast t	Stundenleistung kW	Anfahrzugkraft kp (kN)	Höchstgeschwindigkeit km/h	Baujahr
E 01 (preuß. ES 9-19)	1'C1'	1350/1000	1	Stangen	12.405	17,0	84,0	1325	16.000	110	1914
101	Bo'Bo	1250/–	4	Einzelachs	18.950	21,7	86,9	6400	(300)	220	1996–98
E 03	Co'Co	1250/–	6	Einzelachs	19.500	(186,4)	117,0	7200	(312)	200	1970–74
E 04	1'Co1'	1600/1000	3	Einzelachs	15.120	20,5	92,0	2190	15.500	130	1933/34
E 06 (preuß. ES 51-57)	2'C2'	1600/1000	1	Stangen	15.700	20,0	111,6	2780	18.700	110	1925–27
E 10^1	Bo'Bo'	1250/–	4	Einzelachs	16.490	(211,9)	84,6	3700	(274,72)	105	1956–68
E 10^3	Bo'Bo'	1250/–	4	Einzelachs	16.440	(206)	84,0	3700	(274,72)	160	1956–68
E 11	Bo'Bo'	1350/–	4	Einzelachs	16.260	20,6	82,5	2920	22.000	120	1974–84
112	Bo'Bo'	1250/–	4	Einzelachs	16.640	20.6	82,5	4220	(248)	160	1991–94
E 16 (bayer. ES 1)	1'Do1'	1640/1000	4	Buchli Einzelachs	16.300	20,1	110,8	2340	14.500	120	1926–31
E 17	1'Do1'	1600/1000	4 x 2	Einzelachs	15.950	20,2	111,7	2800	24.000	120	1928
E 18	1'Do1'	1600/1000	4	Einzelachs	16.920	19,6	108,5	3040	21.000	150	ab 1935
120	Bo'Bo'	1250/–	4	Einzelachs	19.200	(206)	84,0	5600	(340)	200	1987–89
E 32 (bayer. EP 2)	1'C1'	1400/850	2	Stangen	13.010	18,8	84,8	1170	10.700 8.850	75 90	1925 u. 3
E 40	Bo'Bo'	1250/–	4	Einzelachs	16.490	20,9	83,0	3700	32.000	100	1946/73
E 41	Bo'Bo'	1250/–	4	Einzelachs	15.660	16,8	67,0	2400	(206)	120	1956–69
E 42	Bo'Bo'	1350/–	4	Einzelachs	16.260	20,6	82,5	2920	25.000	100	1963–76
243	Bo'Bo'	1250/–	4	Einzelachs	16.640	20,6	82,5	3720	(240)	120	1984–90
E 44	Bo'Bo'	1250/–	4	Einzelachs	15.290	19,5	78,0	2220	20.000	90	ab 1932
145/146	Bo'Bo'	1250/–	4	Einzelachs	19.900	21,0	84,0	4200	(300)	140	ab 1997
E 50	Co'Co'	1250/–	6	Einzelachs	19.490	21,4	128,0	4500	(441)	100	1957
151	Co'Co'	1250/–	6	Einzelachs	19.490	19,7	118,0	6000	(441)	120	1972–77
E 51	Co'Co'	1250/–	6	Einzelachs	19.600	20,5	123,0	5400	(380)	125	
E 52 (bayer. EP 5)	2'BB 2'	1400/850	2 Doppel	Stangen	17.210	19,6	140,0	2200	20.000	90	1924
152	Bo'Bo'	1250/–	4	Einzelachs	19.580	22,0	88,0	6400	(300)	140	ab 1996
E 60	1'C	1250/850	1 Doppel	Stangen	11.100	19,3	72,5	1074	15.300	55	1927–34
E 71 (preuß. EG 511-37)	B'B'	1350/–	2	Stangen	11.600	16,9	64,9	785 780	14.000 10.800	50 65	1914–21
E 75	1'BB1'	1400/1000	2	Stangen	15.380	19,7	106,2	1800	24.000	70	1927
E 77 (preuß. EG 701-25) (bayer. EG 3)	(1B)(1B)	1400/1000	2	Stangen	16.250	19,8	113,0	1880	24.000	65	1924
E 90^5 (preuß. EG 551/52-569/70)	C+C	1250/–	2 Doppel	Stangen	15.970	16,5	98,2	1530	20.000	50	1920
E 91 (preuß. EG 581-94) (bayer. EG 5)	C'C'	1250/–	2 Doppel	Stangen	16.700	20,7	123,7	2200	30.000	55	1925
E 91^3 (preuß. EG 538 abc-549 abc)	B+B+B	1350/–	3	Stangen	17.200	17,2	101,7	1500	16.900	50	1915–22
E 91^9	C'C'	1250/–	2 Doppel	Stangen	17.300	19,6	116,4	2200	30.000	55	1929
E 93	Co'Co'	1250/–	6	Einzelachs	17.700	19,7	117,6	2500	36.000	70	1933–37
E 94	Co'Co'	1250/–	6	Einzelachs	18.600	20,0	118,5	3300	37.000	90	1940–56
E 310	Bo'Bo'	1250/–	4	Einzelachs	16.950	21,0	84,0	3240	28.000	150	1968
E 251	Co'Co'	1350/–	6	Einzelachs	18.640	21,0	126,0	3660	38.600	80	1965

(1500 Volt, 16 2/3 Hertz)

Bemerkungen	Neue Bezeichnung DB
Für Schnellzugdienst auf Flachlandstrecken, elf Stück	–
145 Stück für Fernreiseverkehr, später für Güterzüge	101
Für TEE- und F-Züge, 145 Stück	103
Schnellzugdienst, 23 Stück	104
Schnellzugdienst, 2 Typen, 7 und 5 Stück	–
379 Stück + 20 Rheingold-Lokomotiven, 160 km/h	110
Nachfolger zu 10[1], aerodyn. Aufbau, 277 Stück	111
DDR-Neubau	109
130 Stück, z. T. Gemeinschaftsbestellung DB und DR, Schnellzuglok	112
schwerer Schnellzugdienst, 21 Stück, 3 Typen	116
Schnellzugdienst, 38 Stück	117
Schwerer Schnellzugdienst, 55 Stück	118
Universallok mit Drehstrom-Asynchron-motoren, 60 Stück	120
Personenzuglok, 38 Stück	132
Baureihe 139 für Steilrampen mit fahrdraht-unabhängiger Widerstandsbremse	139/140
Mehrzwecklok für leichteren Dienst, 451 Stück	141
Mehrzwecklok, DDR-Neubau	142
Mädchen für alles, Vorortverkehr, 646 Stück	143
89 Stück, Baureihe 145 mit elektrischer Bremse	144
eichte Mehrzweckklokomotive, zunächst 80 Stück, 2 Stück 146 andere Getriebeübersetzung 160 km/h), 300 Stück in Dreisystemausführung 185	145/146/185
chwerer Güterzugdienst, 194 Stück	150
ür schwere Güterzüge, 170 Stück	151
DDR-Neubau für schwere Züge	155
ür schwere Personenzüge, 35 Stück	152
chwerer Güterzugdienst, 195 Stück, in Vierstrom-usführung 100 Stück Baureihe 189	152/189
'erschiebedienst, 14 Stück	160
. T. 1931/32 umgebaut, Güterzuglok, 27 Stück	–
ir Personenzüge, 31 Stück	175
üterzuglokomotive, 3-teiliger Aufbau mit Falten-älgen, 56 Stück	–
oppellokomotiven, 10 Stück	–
hwerer Güterzugdienst, Bauart wie E 77, 34 Stück	191
üterzuglok für Gebirgsstrecken, 3-teilig mit Falten-älgen, 12 Stück	–
r schweren Dienst auf Steilrampen, El. Widerstands-remse, 3- teiliger Aufbau mit Faltenbälgen, 12 Stück	191
r die Geislinger Steige, 18 Stück	193
Weiterentwicklung von E 93, schwere Güterzuglok mit ektrischer Widerstandsbremse, 202 Stück	194
weistromlok für den grenzbeschreitenden Verkehr Frankreich	181
DR-Neubau für die Rübelandbahn (Blankenburg-önigshütte), 50 Hertz, 20.000 V, 15 Stück	171

»Krokodil«-Form vorweg. Der Strom wurde aus drei seitlich des Gleises angebrachten Leitungen entnommen. Doch hatte man zu diesem Zeitpunkt an höherer Stelle schon gegen den Dreiphasen-Wechselstrom entschieden, man befürchtete unüberwindliche Schwierigkeiten beim Bau der mindestens zweipoligen Fahrleitung, insbesondere in größeren Bahnhöfen. Auch der Gleichstrom war weitgehend »aus dem Rennen«, da er sich nicht wirtschaftlich über längere Strecken transportieren lässt; er erfordert ein enges Netz von teuren Unterwerken mit rotierenden Umformern anstelle der ruhenden Transformatoren, die von den Wechselstromlokomotiven mitgeführt werden. Gleichstrom kommt also nur für Nahverkehrsmittel in Frage. Dagegen setzte man auf den Einphasen-Wechselstrom große Hoffnungen. Die erste Versuchsstrecke baute die Preußische Staatsbahn zusammen mit der UEG (später AEG) 1903 zwischen Niederschöneweide-Johannisthal und Spindlerfeld. Man arbeitete mit 6000 Volt und 25 Hertz, der Versuchszug bestand aus zwei Triebwagen und drei Beiwagen. Und schon wenig später, am 24. Januar 1905, fuhr auch die erste Einphasen-Wechselstrom-Bahn in Süddeutschland,

Früher elektrischer Triebwagen der Baureihe ET 186.02 von 1896. 550 Volt, Achsanordnung A1A, 2 Fahrmotoren mit 52 kW Stundenleistung, 36 kW Dauerleistung.

die Lokalbahn von Murnau nach Oberammergau. Sie wurde für 5,5 kV/16 Hertz gebaut, dann auf 5 kV/16 2/3 Hertz abgeändert und schließlich 1954 auf die im deutschen Netz üblichen 15 kV/16 2/3 Hertz umgestellt. Dieses System stellt insofern eine glückliche Lösung dar, als Wechselstrom in hoher Spannung recht billig transportiert und in der Lokomotive auf etwa 600 Volt Spannung herabtransformiert werden kann.

Bei der Betrachtung der nun folgenden Elektrifizierung fallen ein paar Punkte, die typisch für die elektrische Zugförderung sind, besonders auf.

Zunächst einmal spielt der Triebwagen von Anfang an eine ganz besondere Rolle. Solange es sich um Personenzüge handelt, die während des ganzen Zuglaufs unter dem Fahrdraht bleiben, ist die elektrische Lokomotive eigentlich sogar überflüssig. Platz und Gewicht sparend

Ein Beispiel für die bei verschiedenen Stromsystemen auftretenden Schwierigkeiten ist die Schweizer Rhätische Bahn, die sich aufgrund historischer Gegebenheiten in ihrem Netz mit drei verschiedenen Systemen plagen musste. »Zweikraft-Lokomotiven«, die sowohl mit verschiedenen Gleichstromspannungen als auch mit Dieselmotoren betrieben werden können, sind natürlich eine recht aufwändige Sache, aber immer noch die beste Lösung, da die Umstellung eines ganzen Netzes ungeheure Kosten verursachen würde. In Deutschand fiel lange Zeit die Höllentalbahn im südlichen Schwarzwald aus dem Rahmen. Man hatte sie auf »Industriestrom« von 50 Hertz Frequenz eingestellt, um ein eigenes Bahnstromwerk einzusparen, zog aber bei der Elektrifizierung der Oberrheinlinie eine Angleichung vor.

Die Furka-Oberalp-Bahn mit dem Glacier-Express im Goms. Die Lokomotive hat Zahnräder System Abt, die an bestimmten Steilstrecken eingesetzt werden.

lassen sich die Antriebselemente elektrischer Traktion unter den Wagen unterbringen. Und es lassen sich Züge jeder gewünschten Länge aus solchen Wagen mit Eigenantrieb zusammenstellen. Dabei gehen wir normalerweise von Triebwageneinheiten aus, die aus einer abgewogenen Zahl von angetriebenen und antriebslosen Wagen (letztere Beiwagen genannt) bestehen. Durch einen Steuerwagen am Ende der »Garnitur«, der einen für Fernbedienung eingerichteten Führerstand enthält, wurde bei der elektrischen Traktion schon Wendezugbetrieb praktiziert, als man an solchen bei Dampflokomotiven noch nicht dachte. In anderen Ländern aber, zum Beispiel in der Schweiz, wird der elektrische Triebwagen weitgehend als eine Lokomotive für leichte Züge verstanden. Triebwagen ziehen sowohl Personen- als auch Güterwagen, sie erhalten und bieten auf Bergstrecken Vorspann und Schub. Ein vierachsiger Triebwagen der Schweizerischen Südostbahn zieht selbst auf einer Rampe mit 50 ‰ Steigung 155 t. Die Schweizer Privatbahnlinie Orbe – Chavornay unterhält einen Gepäcktriebwagen (Baujahr 1902, ursprünglich 78 PS) und einen Gütertriebwagen (Baujahr 1921, 120 PS). Elektrische Triebwagen (selbstverständlich im Einmannbetrieb) geben die besten Voraussetzungen für den für den Vorortbetrieb notwendigen Verkehr kleinerer Einheiten in kürzen Abständen.
Von Anfang an wurden Eisenbahnstrecken im Hinblick auf günstige Stromversorgung elektrifiziert. Das gilt sowohl für ganze Landesnetze als auch für Teile davon. Typisch ist doch, dass das kohlearme Italien die Elektrifizierung seiner Eisenbahnen forcierte – dasselbe gilt für

Berninabahn. Die höchste Überquerung der Alpen ohne Tunnel und ohne Zahnstange. Vorn zwei Triebwagen für 1000 Volt Gleichstrom.

die Schweiz und die Niederlande –, während man in England, dem Land der Bergwerke, sich damit Zeit ließ. Zentren der elektrischen Zugförderung in Deutschland wurden Mitteldeutschland mit seinen Braunkohlenvorräten, die sich zur Verfeuerung in Dampflokomotiven nicht eignten, und Bayern, das Land der Wasserkräfte, die man preiswert in Elektrizität umsetzen kann. Auch einige schlesische Gebirgsstrecken wurden auf elektrischen Betrieb umgestellt.

Noch ein anderer Gesichtspunkt spielte eine wesentliche Rolle bei der frühen Elektrifizierung: »Nur der Umstand, dass man noch nicht übersehen kann, wie weit der elektrische Vollbetrieb den besonderen Bedürfnissen der Heeresverwaltung genügt, nötigt dazu, die neue Betriebsart zunächst auf Strecken zu beschränken, die für die Landesverteidigung keine ausschlaggebende Bedeutung haben«, schrieb man im Jahre 1913. Während die Techniker froh waren, eine Lokomotive entwickelt zu haben, die nicht mehr ein ganzes Kraftwerk mit sich herumschleppte und deshalb ein wesentlich günstigeres Verhältnis von Eigengewicht und Leistung hatte, gingen den Politikern die Bedenken flott von der Zunge: Ein solches System sei verwundbar, nicht nur im Krieg, sondern auch bei sozialen Auseinandersetzungen, Streiks, Terror. Eine außer Betrieb gesetzte Dampflokomotive könne man schnell ersetzen und der Betrieb ginge weiter, ein mutwillig gestellter Schalter aber im zentralen Kraftwerk würde den Eisenbahnbetrieb in einem ganzen Bezirk stilllegen; das war der Inhalt von Diskussionen, die nach dem Ersten Weltkrieg mit den stets einflussreicheren Gewerkschaften zum Thema Elektrifizierung geführt wurden.

Schwierigkeiten gibt es wegen der unterschiedlichen Systeme immer dann, wenn die als »Inseln« begonnenen elektrischen Streckennetze zusammenwachsen. Glücklicherweise hat die gründliche Preußische Staats-

bahn zumindest für eine Einheitlichkeit ihrer und der damaligen bayrischen Strecken gesorgt: Die Bundesbahn arbeitet heute mit 15.000 Volt und $16^{2}/_{3}$ Hertz. Österreich und die Schweiz haben dasselbe System eingeführt. Für den übrigen grenzüberschreitenden Verkehr wurden Zugfahrzeuge für Mehrfrequenzbetrieb gebaut.

Elektrische Triebfahrzeuge unterscheiden sich in erster Linie durch ihren Antrieb. Selbst der Laie unterscheidet auf den ersten Blick, ob ein oder zwei große Motoren über Schrägstangen – oft unter Zuhilfenahme einer Blindwelle – und Kuppelstangen die Achsen antreiben oder ob wir es mit Einzelachsantrieb zu tun haben.
Als Faustregel kann gelten, dass der Einzelachsantrieb der modernere ist, aber es gibt Ausnahmen. In Schweden baute man bis 1971 Lokomotiven mit Stangenantrieb.
Die erste Einphasen-Wechselstrom-Lokomotive in Deutschland war mit vier Tatzlagermotoren, also Einzelachsantrieb, ausgerüstet; sie wurde 1907 von der AEG geliefert, kam später auf die ebenfalls früh elektrifizierte Hamburger Hafenbahn und tat dort Dienst bis 1933. Es war eine kurzgekuppelte Doppellokomotive (Bo+Bo), die als Güterzuglokomotive mit 50 km/h Höchstgeschwindigkeit konzipiert, immerhin 1080 kW Dauerleistung und eine Anfahrzugkraft von 17.350 kp mitbrachte.
Danach dominierte jedoch der Stangenantrieb viele Jahre. Man baute riesige Motoren, die teilweise über das Dach der Lokomotive herausragten. Das hatte den Grund, dass man die beim Bau von Dampflokomotiven gemachten Erfahrungen auf die elektrischen Lokomotiven übertragen wollte. Man schwor auf die Notwendigkeit, die Treibachsen fest in den Fahrzeugrahmen einzuordnen und auf die sich daraus ergebende, nicht zu entbehrende Lenkfunktion der Laufachsen. So kam es zu den bekannten Typen mit der Achsfolge 1'C1' und 1'D1' unter weitgehender Verwendung der Bisselachse. Die preußische EP 236 hatte den mit 3,60 m Außendurchmesser größten Motor. In der Baureihe E 75 wurden zwei Motoren für die Achsfolge 1'BB1' verwendet. Da sich das nicht bewährte, wurde zwei- und dreiteiligen Gelenklokomotiven der Vorzug gegeben (E 77, E 90–92). Es waren zum Teil urweltlich aussehende Monstren, deren Aufbauten hoch und schmal gehalten waren, um der Mannschaft im Mittelführerstand seitlich davon Ausblick zu gewähren. Im Reisezugbetrieb eingesetzte elektrische Lokomotiven erhielten Kessel für die Wagenheizung. Zwischen 1909 und 1921 stellten die Preußischen Staatsbahnen 84 elektrische Lokomotiven von nicht weniger als 20 verschiedenen Typen in Dienst, Bayern steuerte fünf, Baden vier verschiedene Baumuster zu, sodass man sich mit 29 verschiedenen Typen herumplagen musste. Die mit Abstand stärkste unter den frühen deutschen Elektroloks war die E 2151 von 1927, eine 2'Do1' mit 4664 kW Stundenleistung. Um das zu erreichen, mussten auf jede Achse zwei Elektromotoren wirken, und das führte zu Schwierigkeiten im Betrieb.

Um die Mitte der 30er-Jahre setzte sich die »neue Linie« durch: Man begann, die Treibachsen in zwei- und dreiachsigen Drehgestellen zusammenzufassen, und damit war auch die Frage der Laufachsen und der Differenz von Dienst- und Reibungsgewicht aus der Welt. Moderne Elektroloks haben die Bauweise Bo'Bo' oder Co'Co', nur wenige sind wie die Schweizer Gotthardloks Ae 8/14 [mit der interessanten Achsfolge (1A)A1A(A1)+(1A)A1A(A1)] oder die Ae 8/8 der Bern-Lötschberg-Simplon-Bahn

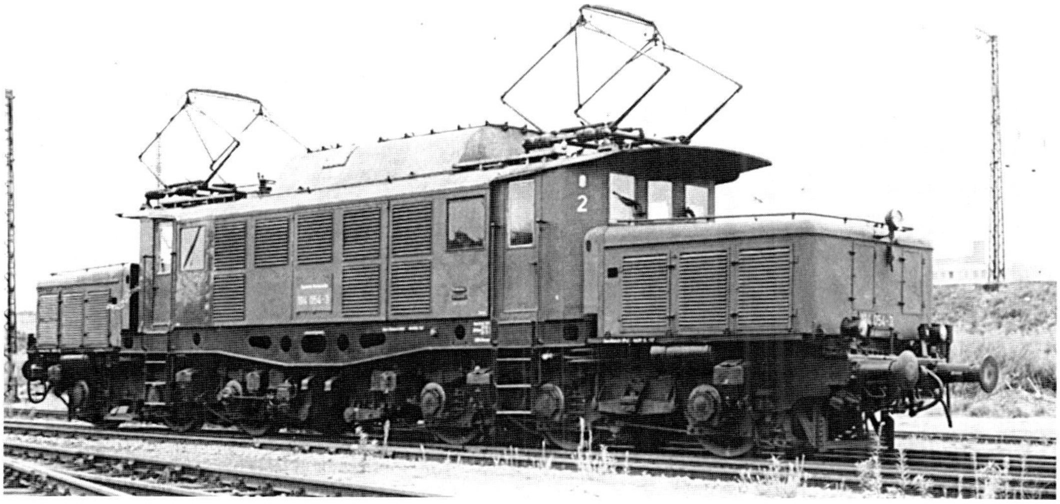

Schwere Güterzuglokomotive E 94 (194). Sie wurde 1940 aus der E 93 weiterentwickelt, nachdem diese sich an der Geislinger Steige bewährt hatte. Gebaut bis 1956, hieß sie »Kriegslokomotive Nr. 2«. Vielfach wurden »Heimstoffe« verwendet.

Doppelloks. Eher werden mehrere vier- oder sechsachsige Einzellokomotiven nicht nur zusammengekuppelt, sondern auch zusammengeschaltet, wodurch eine von einem Führerstand aus zu bedienende Zugeinheit beliebiger Stärke entsteht, die nach Erledigung ihrer Aufgabe wieder in ihre Einzelteile getrennt und bei Bedarf erneut zusammengestellt werden kann.

Das Problem des Einzelachsantriebs ist die Abfederung der Motoren gegenüber den unruhig laufenden Achsen, sodass die die Kraft übertragenden Zahnräder trotz gegenteiliger Bewegung von Achse und Motor nicht den Eingriff verlieren. Eine Reihe von Bauarten, die hier nicht näher erläutert werden kann, ist immer wieder in den Beschreibungen zu finden: Tatzlagermotoren, Buchli-Antrieb, Federtopf, Alsthom-Gelenkwellenantrieb, SSW-Gummiringfederantrieb.

Mittlerweile hatte die Deutsche Bundesbahn aus der Fülle der oft aus Experimenten hervorgegangenen »Länderbauarten« einen möglichst einheitlichen Lokomotivbestand zusammengestellt und planmäßig durch Neubauten ergänzt.

Daraus ergab sich ein kurzes und übersichtliches Typenprogramm:

110	für schweren Schnell- und Eilzugdienst
140	für schweren Güterzugdienst im Flachland
141	leichte Universallok
150, 151	für schweren Güterzugdienst im Gebirge

Das Bild zeigt die 7200-kW-Drillingslok der Erzbahn Kiruna – Narvik. Die eingleisige Strecke erfordert diese Leistung, denn die Kapazität ist begrenzt.

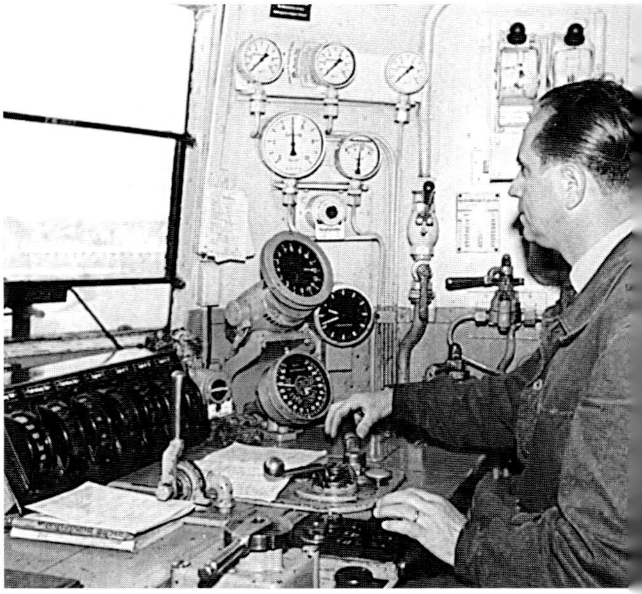

E 18, leistungsstärkste Schnellzuglok, 1933. Die erste Lokomotive im modernen Kleid. Rechts das Fahrpult.

103	Speziallok für TEE- und F-Züge
112	für »Rheingold« und »Rheinpfeil«
181, 182	Zweistromlok für den Einsatz vom Saargebiet nach Frankreich mit 15 kV/16²/₃ Hertz und 25 kV/50 Hertz
184	»Europa-Lok« für vier Frequenzen, also neben dem vorgenannten Wechselstrom auch Gleichstrom 1,5 kV und 3 kV.

Dabei ist die Vereinheitlichung so weit gegangen, dass die Reihen 110 und 140 sich nur durch die Übersetzung voneinander unterscheiden.
Nachträglich wurde die Reihe 111 dazugenommen, eine Version der 110.

Neu und anders als bisher ist die Baureihe 120, die als »Universallok« bezeichnet wird, also nicht nur den viereckigen Einheitskasten der modernen E-Loks hat, sondern auch eine einheitliche technische Ausrüstung, die es überflüssig macht, für »S« und »G«, »P« und »T« besondere Lokomotiven vorzuhalten. Sie befördert gleichermaßen zufriedenstellend Schnellzüge im 160-km-Tempo, schnelle Güterzüge mit 100 oder 120 km/h oder extraschwere Ganzzüge mit 80 km/h. Dazu stellte sie – nach Änderungen am Getriebe – mit 231 km/h einen neuen Geschwindigkeitsweltrekord für Drehstromfahrzeuge auf.

In diesem Zusammenhang wäre die Drehstromtechnik zu erläutern, die nach den sensationellen Fahrten zweier Drehstrom-Triebwagen im Jahre 1903 keine Rolle mehr gespielt hat und erst in unseren Jahren von der Deutschen Bundesbahn wie anderen Bahnverwaltungen wieder »entdeckt« wurde.

Es ist nach Einführung der »Umrichtertechnik« nicht mehr notwendig, mit drei Oberleitungen und geteiltem Stromabnehmer zu fahren, denn durch den Fahrdraht kommt der ganz gewöhnliche, optimal zu transportierende Einphasen-Wechselstrom. Der wird in der Lokomotive in einer Thyristorschaltung gleichgerichtet, also zu Gleichstrom, den wiederum Thyristoren in rhythmischer Folge unterbrechen. Drei Stromkreise werden so geschaltet, dass sie um jeweils ein Drittel einer Periode auseinander liegen, sodass Drehstrom entsteht und durch die Veränderung der Frequenz die Geschwindigkeit der Drehstrom-Asynchronmotoren stufenlos geregelt wird. Sie können deshalb viel näher als an bestimmte Fahrstufen gebundene Kollektormotoren an der Reibungsgrenze betrieben werden. Das System korrigiert trotzdem eintretenden Räderschlupf selbsttätig. Die Asynchronmotoren wiegen nur etwa ein Drittel der bisher verwendeten Kollektormotoren und sind weitgehend wartungs- und verschleißfrei.

Wesentlich erscheint neben vielerlei anderen Neuerungen die Gewinnung von Energie beim Bremsen, wobei die Motoren als Generatoren verwendet werden und die damit erzeugte Energie in das Versorgungsnetz zurückgeführt wird. So entstand mit einer Dauerleistung von 5600 kW und 340 kN Zugkraft bei nur 84 t Gewicht die stärkste vierachsige Lokomotive der Welt.

Da hier im Wesentlichen das gesagt wird, was die Erbauer und die Financiers der »120« zu ihrem Kind zu sagen wussten, kommt die Entwicklung etwas überraschend. Nach einem Baulos ist die Sache aus. Warum? Man geht wieder dazu über, eine Schnellzuglok oder eine Güterzuglok zu bauen. Dazu kamen die vielen hundert Elektroloks aus dem »Beitrittsgebiet«, die man schnellstmöglich loswerden will. Und man will vermeiden, die Lokomotiven an Konkurrenten zu verscherbeln, die dadurch eine gute Startposition bekommen.

Derweil hat die Industrie die »Familien« entdeckt und baut »modular«, das heißt einzelne Module, zusammen und bekommt daraus immer neue den Wünschen der Kunden angepasste Fahrzeuge. Also ade Neukonstruktion! So hat die Deutsche Bundesbahn die größte Neubeschaffung von Lokomotiven eingeleitet. Es kommen in Frage: Baureihe 101. Schnellzuglok. 145 Stück bestellt, restlos geliefert.

Baureihe 145. Leichtere Universallok. 80 Stück bestellt.
Baureihe 146. Wie 145, geänderte Übersetzung, Einrichtung für Wendezugverkehr. 12 Stück bestellt.
Baureihe 152. Güterzuglok. 195 Stück bestellt.
Baureihe 185. Dreispannungsvariante der Lok 145. 400 Stück bestellt.
Baureihe 189. Vierspannungsvariante der Güterzuglok 152. 100 Stück bestellt.

Als Eisenbahn der Superlative muss die Erzbahn von Luleå über Kiruna nach Narvik betrachtet werden. Die Schweden waren schon immer stolz auf sie. Seit der Eröffnung 1903 ist sie nicht nur eine der am stärksten befahrenen Strecken der Welt (der gesamte Verkehr wird von drei Stellwerken aus geregelt), sondern hatte auch stets die schwersten und leistungsfähigsten Lokomotiven – bis 1915 Dampflokomotiven, dann elektrische. Die

Baureihe 120, die Lok für alle Zwecke?

Baureihe 151, der jüngste Spross der »Eurosprinter-Familie« und Güterzuglok der Zukunft.

Elektroloks der »New York Central« aus dem Jahre 1930. Sie trugen den Namen »Panzerloks«.

Französische Elektrolokomotive mit Mittelführerstand, Baureihe BB 12000.

Druckluftbremse wurde hier ein Vierteljahrhundert früher als anderswo eingeführt, die Erzwagen sind längst mit der automatischen Zentralkupplung ausgestattet, deren Einführung mitteleuropäische Eisenbahnverwaltungen als die nächste große Zukunftsaufgabe ansehen.

Die Lokomotiven vom Typ Dm/3 bestehen aus drei kurzgekuppelten Teilen mit einer Leistung von zusammen 9800 PS, ihre norwegischen Gegenstücke leisten 7400 PS. Damit werden 5000 t schwere Erzzüge über Steigungen bis zu 10 ‰ mit einer Geschwindigkeit von 50 km/h befördert. Die Lok wiegt 270 t, die Erzwagen fassen – es gibt zwei Typen – 80 und 42 t. Ein gewaltiger Zug!

1916 bereits hatte die Chicago, Milwaukee, St. Paul & Pacific Railroad ein 1000-km-Netz mit 3000 Volt Gleichstrom. Darauf wurden schon damals 1000 t schwere Züge auf schwieriger Trasse gefahren. Allerdings standen auch für die damalige Zeit riesige Lokomotiven zur Verfügung: Schnellzuglokomotiven 1'Bo'Do'+Do'Bo'1' mit ca. 4000 PS und Güterzuglokomotiven 2'Bo'Bo'+Bo'Bo'2' mit ca. 3000 PS. Später wurde noch eine dritte Einheit zwischen den mit je einem Führerstand vorn und hinten versehenen Doppellokomotiven gefahren. Für 11.000 Volt Wechselstrom ließ die Pennsylvania 16-achsige Doppellokomotiven bauen, damals die stärksten der Welt.

Die holländischen Eisenbahnen haben ebenfalls früh mit der Elektrifizierung begonnen. 1908 nahm man die Hauptlinien unter Draht. Dadurch kommt es, dass man noch heute mit dem veralteten 1500-Volt-Gleichstrom-System arbeiten muss. 3000 Volt Gleichstrom wird in Belgien verwendet, die Umschaltung der Zweistromloks an der Grenze bereitet nicht viel Umstände. Frankreich stellt sein Gleichstromnetz auf 50-Hertz-Wechselstrom um, und zwar mit Gleichrichterloks. Die Frequenz von 50 Hertz hat den Vorteil, dass sie dem »Industriestrom« des öffentlichen Netzes entspricht, kostspielige bahneigene Elektrizitätswerke also überflüssig macht. Mit Gleichrichtern ausgestattete Lokomotiven formen diesen Strom in Gleichstrom um, sodass der Vorteil der Gleichstrommotoren voll in Anspruch genommen werden kann. Für das bestehende mitteleuropäische Netz ist solch eine Umstellung rein finanziell undenkbar. Hier zeigt sich der Vorteil derer, die aus den Erfahrungen anderer lernen. Großbritannien und die UdSSR folgen dem französischen Beispiel.

Die Sowjetunion verfügt über eine Anzahl bemerkenswerter Elektrolokomotiven: Gleichstromloks mit 5800 PS, Wechselstromloks mit 5450 PS. Krupp lieferte für die Transsib Co'Co's mit einer Zugkraft von 7155 PS. Für China wurden bei Alsthom in Belfort 6300-PS-Lokomotiven gebaut. Es muss in Rechnung gestellt werden, dass Elektromotoren kurzfristig überlastbar sind, die Angaben also keineswegs die Höchstleistung betreffen.

Die Japaner, die den Hochgeschwindigkeitsverkehr erfanden, haben ihre Eisenbahn in Teilunternehmungen zerlegt und privatisierten sie. 116 Millionen brachten die vier Shinkansen-Strecken. Unabhängig voneinander arbeiten die einzelnen Gesellschaften nun an ihren Zügen für Geschwindigkeiten bis 350 km/h. Das sind in jedem Fall leichte, windschnittige Triebzüge, teilweise mit einer aktiven Luftfederung, die eine Schräglage in den Kurven zulassen.

Den Anfang dieser Entwicklung machte 1946 der Tokaido-Express mit einer eigenen Trasse zwischen Tokio und Osaka auf der in Japan bis dahin unüblichen Normalspur. Stromlinienförmige Triebwagenzüge durchfuhren die 515 km lange Strecke in wenig mehr als drei Stunden. Auf deren Geschwindigkeit von 210 km/h folgte der »Hikari« (Blitz), der auf jeden Zwischenaufenthalt verzichtete. Er besteht aus zwölf Wagen. Alle Achsen sind einzeln angetrieben. Das ergibt bei einem jeweils 180 kW starken Motor eine Leistung von zusammen 8500 kW. Diese »dezentralisierte« Art des Antriebs verbindet hohe Anfahrgeschwindigkeit mit den Vorteilen eines niedrigen Achsdruckes. Hinzu kommt, dass durch konsequenten Leichtbau das Gesamtgewicht des Zuges nicht über 325 t liegt. Die nächste Stufe bildete der »Nozomi« (Hoffnung) mit 270 km/h, und im November 1997 kam der »500« zwischen Tokio und Hakata in der Präfektur Fukuora auf eine Spitzengeschwindigkeit von 300 km/h. Eine

E 66, elektrische Doppellokomotive für schwere Schnellzüge der russischen Eisenbahn. Gebaut von Skoda. Leistung 8000 kW.

Tokaido-Express vor dem »Fudschi«, dem höchsten und heiligen Berg Japans. 1964.

Magnetschienenbahn »MLX 01« erreichte am selben Tag bei einer Testfahrt 503 km/h, am 24. Dezember des gleichen Jahres 550 km/h. Damit ist der Rekord des französischen TGV von 515 km/h gebrochen. Sie ist allerdings keine Alternative zum Transrapid, da die Technik eine andere ist, nicht geeignet für lange Strecken.
Für den Fahrkomfort der schnellen Züge sorgen nicht nur ein optimaler Gleisbau mit großen Radien und weitem Gleisabstand im Tunnel, sondern auch – um ein konstruktives Beispiel zu nennen – luftgefederte Fahrgestelle. Auf Signale neben dem Schienenstrang wurde verzichtet, sie erscheinen dem Zugführer auf dem Bildschirm seines Arbeitsplatzes.

Lokomotive der ersten elektrischen Vollbahn Europas, Burgdorf – Thun, 1899.

Die ganze Strecke wird von der zentralen Leitung in Tokio kontrolliert, die, wenn der Zugführer ihre Weisungen missachtet, auch selbst eingreift und den Zug zum Stehen bringt. Vorbildlich wurde auch die Betreuung der Reisenden, für die der Luftverkehr Maßstäbe gesetzt hatte, organisiert. Der zentrale Computer reserviert die Plätze, und jeder kennt nicht nur seinen Platz, sondern auch den zugehörigen Einstieg, sodass es kein zeitraubendes Suchen und keine unnötige Drängelei gibt. Rollende Buffets sorgen für das leibliche Wohl der Reisenden. Allerdings erwartet das System auch von den Reisenden die sprichwörtliche Disziplin. Fünf Minuten ist der Halt am Start- und Zielbahnhof, auf Zwischenstationen nur 15 Sekunden.

Überhaupt tut man sich schwer mit Fahrzeugen, die nicht auf dem nun 200 Jahre alten Zusammenspiel von Schiene und Spurkranzrad beruhen, oder nur neue Abmessungen dort hinein bringen wollen. Hitlers 3-m-Spur einer Eisenbahn, die die Schätze des Ostens herbeibringen sollte, ging in Rauch auf. Die Alwegbahn, als eine Neuheit nach dem Krieg, ist vergessen. Das Luftkissenfahrzeug hatte nur auf dem Wasser Erfolg. Das Neueste (man sagt, dass immer wieder mit großem Hallo ein anderes Schwein durchs Dorf getrieben wird) ist der Transrapid, den trotz geschönter Rechnung niemand bei uns haben will. Hoffen wir, dass die Interessenten in Übersee mehr dafür übrig haben und dass nicht eine Periode des öffentlichen Verkehrs verschlafen wird.

Hier muss noch einmal von der Schweiz die Rede sein, wenn es um die Elektrifizierung der Eisenbahn geht. Die erste Drehstrom-Streckenlokomotive wurde 1899 bei den Firmen Sulzer AG und BBC gebaut und auf der 40 km langen Strecke Burgdorf – Thun eingesetzt, wo sie bis 1933 etwa 600.000 km zurücklegte. Die Strecke wurde mit einer Spannung von 750 Volt und 40 Hertz betrieben.

Ebenfalls in der Schweiz fuhren die ersten Einphasen-Wechselstrom-Lokomotiven der Welt, und zwar die »Eva« 1904 und »Marianne« 1905 von Seebach nach Wettingen mit 15.000 Volt/15 Hertz. Diesem Ereignis kommt insofern besondere Bedeutung zu, als es sich um das System handelt, das sich dann in Mitteleuropa weitgehend durchgesetzt hat. Die Lokomotiven waren von den Maschinenfabriken Oerlikon und Winterthur auf eigenes Risiko gebaut worden. Sie waren die ersten Lokomotiven, die eine Umspannvorrichtung mit sich führten und somit mit hochgespanntem Strom gespeist werden konnten. Ihre beiden Motoren arbeiteten mit einer Spannung von 700 Volt und leisteten jeder 200 PS. Sie wirkten auf Blindwellen, die durch Stangen die Kraft auf die Achsen eines jeden Drehgestells übertrugen.

Unklar erscheint dagegen eine Reihe von angemeldeten Ansprüchen auf Novitäten, die sich auf die Zeit kurz nach der Vorführung der ersten Siemens-Lokomotive in Berlin (1879) beziehen. Es ergibt sich diese Reihenfolge:

1883 Magnus Volk erbaut eine Schmalspurbahn bei Brighton (England).
1888 Elektrische Bahn Vevey – Montreux – Chillon. Eine Bahn, der sicherlich schon von ihrer Gleislänge her größere Bedeutung zugesprochen werden muss als den am Anfang des Kapitels erwähnten Straßenbahnen in verschiedenen deutschen Städten, aber keine Vollbahn.
1890 Elektrische Untergrundbahn in London.
1893 Vorführung einer elektrischen Lokomotive auf der Weltausstellung in Chicago. Inbetriebnahme der Hochbahn in Liverpool.
1895 Elektrifizierung eines 5 km langen Teilstücks der Baltimore-Ohio-Bahn mit Oberleitungsschiene. Erste elektrische Hauptbahnlokomotive mit vier durch Stangen gekuppelten Achsen.
Für das gleiche Jahr wird »die erste elektrische Vollbahn«, nämlich die Lokalbahn von Tettnang nach Meckenbeuren, angezeigt, sowie eine »erste elektrische Eisenbahn« in Schweden.
1899 Andere Quellen bezeichnen die Bahn zwischen Burgdorf und Thun als die »erste elektrische Vollbahn Europas«.
1901 Elektrische Versuchsstrecke Marienfelde – Zossen.

Resümierend muss festgestellt werden, dass die elektrische Traktion, sei es nun mit Lokomotiven oder mit Triebwagen, den beherrschenden Platz eingenommen hat, der früher der Dampflok gehörte, und dass sie sich weiter im Vormarsch befindet.

Neben-, Klein- und Schmalspurbahnen

Etwa um das Jahr 1870 war in Deutschland der Bau der Hauptbahnen abgeschlossen. Das waren die Eisenbahnlinien, deren Notwendigkeit unbestritten war, die also zum großen Teil mit staatlichen Mitteln angelegt wurden, und solche, deren Rentabilität offenkundig war. Hier hatten sich die Finanzleute um Konzessionen gedrängt. Doch stellte sich heraus, dass damit insbesondere das Bedürfnis der Bewohner des »flachen Landes« nach Eisenbahnen keineswegs gestillt war. Ja, deren Vertreter in den Landtagen rechneten ihren Regierungen anklagend vor, dass durch die fehlenden Eisenbahnen das wirtschaftliche und kulturelle Gefälle von der Stadt zum Land ein katastrophales Ausmaß annehmen würde. Und noch mächtiger als diese Volksvertreter waren die Interessenvertreter der Grundbesitzer und Fabrikanten, die der Rohstoffe, Arbeitskräfte und Absatzmärkte wegen die Eisenbahn brauchten, wollten sie im Konkurrenzkampf nicht unterliegen.

Um die Situation der nicht an die Hauptbahnen angeschlossenen Orte ermessen zu können, muss man sich vorstellen, dass es damals noch keinen Kraftfahrzeugverkehr gab – weder Omnibusse noch Lastkraftwagen. Es gab ganz einfach die Alternative: Eisenbahn oder Pferdefuhrwerk im gemischten Verkehr mit Schusters Rappen. Und das war wie Mittelalter und Neuzeit nebeneinander,

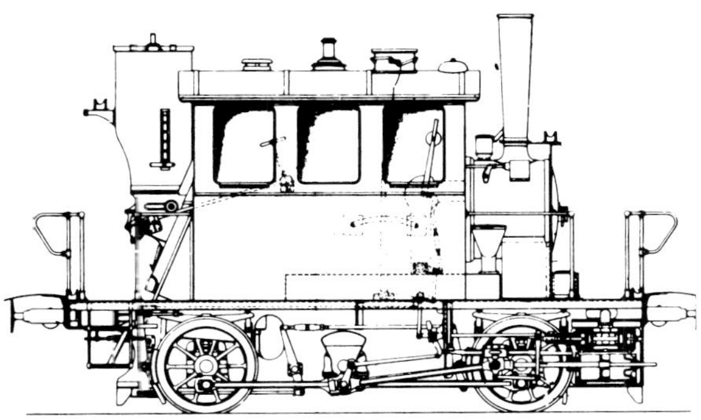

»Trambahn-Lokomotive« der Bayerischen Staatsbahn, 1904. Die letzten waren bis in die 50er-Jahre im Einsatz. Schüttfeuerung für Einmannbetrieb.

bedeutete Armut oder Reichtum, Stagnation oder Prosperität. Viele der Nebenbahnen, die nun unter dem Zwang dieser Alternative gebaut wurden, hat dann fünf Jahrzehnte später der Kraftfahrzeugverkehr überflüssig gemacht.

Zunächst ging es für die ländlichen Gebiete darum, den Anschluss zur großen Welt zu ertrotzen. Er hatte für Orte wie Industriebetriebe einen unschätzbaren Wert, wie aus der nachstehenden Eingabe hervorgeht.
Schrieb doch die Gemeinde Schwiegershausen am Harz im Jahre 1911 im Hinblick auf einen »aus Interessentenkreisen vor einiger Zeit an die Königliche Eisenbahnverwaltung gerichteten Antrag« zum Bau einer Eisenbahnstrecke Osterode – Göttingen: »Unsere 1301 Einwohner zählende aufstrebende Gemeinde ist von der Eisenbahn Seesen – Herzberg 7,5 km, von der Station Wulften der Eisenbahnstrecke Nordhausen – Ottbergen rd. 5 km entfernt. Sie entbehrt einer eigenen Eisenbahnverbindung. Seit langen Jahren ist es der selbstverständliche und dringende Wunsch unserer Gemeinde, eine Eisenbahnverbindung zu erhalten.« Die Konsequenzen eines Bahnbaues oder seiner Ablehnung wurden kurz darauf in einem Gutachten zusammengefasst: »Im Personenverkehr gibt die Bahn ihren Anwohnern die lang ersehnte Gelegenheit, in einem Tag in die Kreisstädte mit ihren verschiedenen Behörden fahren zu können; für Göttingen kommt dann noch hinzu, dass das ganze Bahngebiet zum Landgericht Göttingen gehört, und dass seine Bewohner auf die Universitätsstadt mit ihren Kliniken angewiesen sind. Den zahlreichen im Hinterland wohnenden Bauhandwerkern, die tagsüber oder meist die ganze Woche hindurch von Hause fort sind, oder täglich Märsche bis zu 20 km zurücklegen müssen, um zum Arbeitsort zu gelangen, wird eine bequeme Gelegenheit geboten, täglich in ihre Familie zurückzukehren und in der freien Zeit ihre Parzelle intensiver zu bewirtschaften, als das heute möglich ist. Der bedenklichen Abwanderung vom Lande würde nur so gesteuert werden. (Das Dorf Waake, das vor 25 Jahren ca. 1000 Einwohner zählte, hat jetzt nur noch 536.) Die Steinbrüche dortselbst haben wegen der teuren Landfrachten den Betrieb einstellen müssen. Ebergötzen ist im Laufe der letzten Jahre von 1000 auf 750 Einwohner zurückgegangen, die meisten Bauhandwerker des Ortes ziehen nach Göttingen, obwohl aus wirtschaftlichen und socialen Gründen ihr Verbleiben in dem Heimatort wünschenswerter wäre ...« Übrigens rechnete die Industrie- und Handelskammer Göttingen, als das Projekt 1928 immer noch nicht verwirklicht war, vor, dass man für eine normalspurige Bahn Clausthal – Osterode – Göttingen etwa 25 Millionen, für eine Schmalspurbahn dagegen nur 5 bis 6 Millionen Mark benötigen würde. »Jene sollen sich eine Bimmelbahn zulegen, aber keine elektrische Schnellbahn«, heißt es in einem Gutachten.

Die »Secundärbahn« war überall Zielscheibe von Spott: »Wie, Sie sind auch mitgekommen, Frau Bas!?« – »Ja, ich hab' meinen Mann auf d' Bahn 'bracht und überm Abschiednehmen bin ich halt so in Gedanken bis hierher neben dem Zug hergangen!«

Traditionslok im grünen Kleid auf der Schmalspurstrecke Radebeul – Radeberg. Eine »Meyer«, Baujahr 1899 (die Schilder werden nach jedem Einsatz abgenommen – der Jäger wegen – eines ist schon weg). B'B'n4vt. Der »Bindfaden« der Heberlein-Bremse ist gut sichtbar.

Diese unbefriedigende Situation war das Ergebnis einer halbherzigen Eisenbahnpolitik eines Teils der deutschen Länder, die dann zwischen 1870 und 1890 auch zu einer umfangreichen Verstaatlichung von Privatbahnen führte, worüber schon berichtet worden ist. Es wurden Gesetze und Verordnungen erlassen, wonach Nebenbahnen – man nannte sie auch Sekundär- und Lokalbahnen, in Bayern sprach man von Vizinalbahnen – nicht mehr den bisher für Eisenbahnen angelegten strengen Maßstäben zu entsprechen brauchten. Dadurch wurden, wie auch durch eine geringere Spurweite, wesentliche Einsparungen beim Bau und Betrieb solcher Linien möglich.

Zweiachsige Industrielok, wie sie auf vielen Klein- und Privatbahnen zum Einsatz kam.

Die Ansprüche an Signalanlagen und Wegekreuzungen sowie die Länge von Kreuzungs- und Überholgleisen wurden drastisch reduziert. Der sonst verbotene kombinierte Verkehr von Passagieren und Fracht in einem Zug wurde zur Regel. Die Geschwindigkeit sollte nach Ansicht der Aufsichtsbehörde nicht mehr als 20 oder 25 km/h auf eigenem Bahnkörper, 15 km/h bei der Mitbenutzung von Straßen betragen, sodass »in jedem Moment der Zug so rasch wie das Pferdefuhrwerk selbst zum Stehen gebracht werden kann«. Doch der Pferdefuß lag bei der Finanzierung, obgleich man die Mindestansprüche weit genug heruntergeschraubt hatte, um auch bei wenig befahrenen Strecken eine Rendite erwirtschaften zu können.

Es ist im Rahmen dieser Arbeit nicht möglich und würde die Mehrzahl der Leser auch langweilen, auf die verschiedenen Klassifizierungen, Benennungen und Finanzierungsarten der Nebenbahnen in den deutschen Ländern einzugehen. In Bayern erstellte der Staat ganz bestimmte, »Sekundärbahnen« genannte Strecken selbst, ohne fremde Mitwirkung oder Beteiligung, bei den »Lokalbahnen« genannten Strecken erwartete er eine Mitwirkung der Interessenten. Dazu gehörten in erster Linie Städte und Gemeinden, die ja auch klar auszumachen waren, handelte es sich doch meistens um Stichbahnen rechts und links der bestehenden Hauptstrecken.

In Preußen stockte der private Eisenbahnbau, weil die Kapitalgeber befürchteten, bei weiterem Ausbau des Netzes mit den wenig befahrenen Anschlussstrecken, die der Erschließung des flachen Landes dienen sollten, nicht auf ihre Kosten zu kommen. Der Staat musste, von der mächtigen Agrarier-Lobby gedrängt, einspringen. So wurde von 1880 bis 1885 der Bau von 3147 km Nebenbahnen in Preußen bewilligt, davon 2100 km in den Ostgebieten. Weiteres Entgegenkommen prägte auch die nächsten Jahre: 1892 war das Netz der Nebenbahnen von 1280 auf 6617 km ausgebaut, 100 Millionen Mark waren dafür ausgegeben worden. Doch längst nicht alle Wünsche waren befriedigt. So kam es zu dem Gesetz über Kleinbahnen und Privatanschlussbahnen vom 28. Juli 1892, das für den Bau von Sekundärbahnen wesentliche Erleichterungen brachte, insbesondere die Möglichkeit der Schmalspur, wodurch private Anleger ermuntert und der Staat entlastet werden sollte. Immerhin gab es in den 20er-Jahren – Karl-Ernst Maedel zählte sie auf – in Deutschland 411 private Klein- und Nebenbahnen, davon 121 auf Schmalspurgleisen.

Aber die Nebenbahnen waren nicht nur in Deutschland Sorgenkinder. Im damals dem privaten Eisenbahnwesen verschworenen Frankreich musste der Staat alle Nebenbahnen hoch subventionieren. In England bedurfte es 1896 eines besonderen Gesetzes, das den Bau von Nebenstrecken den Privatgesellschaften, die ihn sträflich vernachlässigt hatten, entzog und dem Staat auferlegte.

Als ein typischer Vertreter deutscher »Bimmelbahnen« sei hier die Kreisbahn Rathenow – Senske – Nauen vorgestellt. Sie wurde in den Jahren 1900 und 1901 eröffnet und besaß mit fünf Privatanschlussgleisen (das waren die »Interessenten«) eine Länge von 51,6 km. Eigentümer war der Kreis Westhavelland. Zwischen Rathenow und Nauen, die beide Hauptbahnanschluss hatten und Möglichkeiten des Frachtübergangs boten, verband die Bahn zwölf Dörfer mit der weiten Welt; in jedem dieser Dörfer und in noch ein paar anderen nahe der Bahnlinie gab es je ein großes Gut – das größte war das des Herrn von Ribbeck zu Ribbeck im Havelland. Den Aufgaben des dortigen Verkehrs genügte eine Schmalspur von nur 750 mm. Der Achsdruck war maximal 5 t. Und auch das »rollende Material« war auf den Abtransport der landwirtschaftlichen Produktion nach Berlin ausgerichtet: fünf C-Tenderlokomotiven, acht Personen-, Gepäck- und Postwagen und 82 Güterwagen. Der Spur entsprechend waren die meisten von ihnen vierachsig. Die eine Hälfte der Strecke wurde nach dem Zweiten Weltkrieg demontiert, der Rest 1963 stillgelegt. Das Kraftfahrzeug hat für die kurze Strecke und für die geringe Menge an Passagieren und Frachtgütern seine Überlegenheit bewiesen.

Schmalspur wurde in erster Linie dort bevorzugt, wo Bergland und enge, gewundene Flusstäler dem Bau der Trasse besondere Schwierigkeiten bereiteten. Das sächsische Nebenbahnsystem hat die 750-mm-Spur in Deutschland eingeführt. Dort waren, bei Krümmungen von bis zu 40 m Halbmesser, die Gelenklokomotiven der Systeme Mallet, Meyer und Fairlie zu Hause.

Eine »Fairlie« auf Meterspur ist noch 1957 durch die Straßen der Stadt Reichenbach im Vogtland gedampft. Übrigens mussten Lokomotiven, die auf Stadtstraßen fuhren, besonders verkleidet sein, und so entstanden die »Trambahnlokomotiven«, in denen hinter einer straßenbahnähnlichen Umkleidung Kessel, Schornstein und Dampfdom, Lokomotivführer und Heizer, alles was zu einer richtigen Lokomotive gehörte, verborgen war (»Plätteisen« genannt).

Schmalspur ist auf vielen österreichischen Strecken zu finden, auch in der Schweiz. Im Gebirge ist sie oft mit Zahnradantrieb verbunden, wie bei den großartigen

Schmalspurlokomotive G 4/5 der Rhätischen Bahn.

Achertalbahn. Haltestelle Gasthaus Rebstock in Furchenbach im Eröffnungsjahr 1898.

Schweizer und österreichischen Gebirgsstrecken, aber davon soll an anderer Stelle die Rede sein.

Die besondere Situation der Klein- und Nebenbahnen hatte sich schon früh in der Tatsache dokumentiert, dass diese wegen des geringen Fahrgastaufkommens besonders an dem Ersatz von Dampfzügen durch Triebwagen interessiert waren. Mancher benzol-mechanische Wagen lief schon früh auf Nebenstrecken und Privatbahnen. Aus England wurde berichtet, man habe ganz einfach für den Straßenverkehr gebaute Omnibusse mit ausgewechselten Rädern auf Schienen laufen lassen, doch habe sich das nicht bewährt, weil sie für den Schienenbetrieb zu leicht gebaut seien.

Das Thema der »Kleinbahnen« ist neuerdings wieder modern geworden, und zwar durch den Entschluss, den Lokalverkehr in die Hände der Länder zu legen. Man

Karlsruher Verkehrsverbund: eine vorbildliche Adresse in Deutschland. Die Stadtbahn fährt mit Zwei-System-Stadtbahnwagen sowohl in der Stadt als Straßenbahn als auch auf den Gleisen der DB bis nach Bretten.

Dänische Kleinbahnlok auf der Museumsbahn Angelner Dampfeisenbahn Kappeln – Süderbrarup.

hofft, dass dadurch manches, was bisher nur mit großen Mühen und vor allen Dingen mit großen Kosten zu bewerkstelligen war, in einem übersichtlichen, kleineren Betrieb besser und billiger zu machen ist. Dass die Bahn näher am Kunden sein muss, auf seine Wünsche eingeht, ist ein gutes Argument.

Dass aber manches von den sozialen Leistungen fortfällt, ja fortfallen muss, um konkurrenzfähig zu sein oder zu werden, ist ein Zug der Zeit, und die private Bahn hat zwei Konkurrenten, den Bus und die Kollegen bei der Ausschreibung. Die Unternehmen müssen neue Beförderungsmittel beschaffen. Wo bisher eine sonst ausrangierte Lok mit einigen alten Wagen verkehrte, wird nun der Leichtbautriebwagen eingesetzt. Das führte zu relativ vielen Neuentwicklungen.

Ein anderer Punkt darf nicht ausgelassen werden: die Museumsbahnen. Es gibt sie, als Anschluss an private Eisenbahnmuseen und in allen anderen Formen mit und ohne eigene Strecken. Aber eins haben sie alle gemein, sie werden getragen von einer Hand voll Idealisten, Eisenbahnern oder Möchte-gern-Eisenbahnern in ihrer Freizeit. Wenn die Fahrt auch teuer erscheint, so reicht die Zahlung doch kaum für die Kohlen, die dabei verheizt werden. Aber das Ganze ist ein großartiges Hobby, für Fahrer wie Gefahrene. Es gibt kaum eine Tätigkeit, die Freizeit sinnvoller zu nutzen.
Mit der Frage der Kleinbahnen wird natürlich auch die der verschiedenen Spurweiten zu behandeln sein. Es gibt immer noch eine beinahe unübersehbare Vielfalt davon, allerdings haben die meisten nur ganz untergeordnete

Rollböcke und Rollwagen zum Transport normalspuriger Wagen auf Schmalspurgleisen. Rechts vorn die Kuppelstange.

Vorhergehende Doppelseite: Bahnfahrt mit Spitzkehren. Die Schmalspurbahn von Guayaquil nach Quito (Ekuador).

Die Darjeelingbahn mit 600 mm. Oben eine der engen Kurven in den Vorbergen des Himalaja vor dem nebelverhangenen Katchenjunga. Unten Lokomotive der Darjeelingbahn.

Bedeutung. Die Regierungen Englands und der USA haben einen jahrzehntelangen Kampf um die Vereinheitlichung der Spurweiten geführt. Gerade in diesen beiden Eisenbahn-Pionierländern hat es Dutzende von Spurweiten gegeben, ein durchgehender Eisenbahnverkehr erschien als Utopie. In Spanien hat man den Anschluss verpasst. Die Sonderspur beruht auf einem Regierungsbeschluss und heute, nachdem man dessen Schädlichkeit eingesehen hat, würden die Mittel zum Umbau des gesamten Eisenbahnnetzes die Möglichkeiten des Staates überschreiten. Schnellbahnen werden in 1435 mm gelegt. Es gibt heroische Berichte über das »Umspuren« von Eisenbahnstrecken. Die Japaner sollen die gesamte Mandschurische Eisenbahn in einer Nacht »umgenagelt« haben (wahrscheinlich blieb es dort aber auch beim »Nagel«). Englands Eisenbahnen haben mit 5000 Arbeitern in 31 Stunden am 21. und 22. 5. 1892 die letzten 168 Meilen der Brunel'schen Breitspur umgestellt. Und wenn von Sonderspuren die Rede ist, muss die Sowjetunion genannt werden. Amerikaner haben den Russen einst eine ihrer verschiedenen Spurweiten verkauft, die verhängnisvollen Folgen sind noch heute in den Grenzbahnhöfen zu sehen.

Für die Leistungsfähigkeit einer Eisenbahn ist heute keineswegs allein mehr die Spurweite maßgebend. Das beweist die Kapspur (1067 mm) in afrikanischen Staaten, auf der Transportleistungen erbracht werden, die sich mit denen europäischer Bahnen durchaus messen können. Die auf schmaleren Spurweiten gefahrenen Geschwindigkeitsrekorde sind 163 km/h auf 1067 mm und 97 km/h auf 381 mm. Das Handikap ist in den meisten Fällen das Lichtraumprofil, das irgendwann vor annähernd 150 Jahren festgelegt wurde und nun nicht erweitert werden kann, weil alle Bauten darauf abgestimmt sind. Die technischen Möglichkeiten erlauben heute eine Bahn in Meterspur unter Ausnutzung des europäischen Lichtraumprofils. Es könnte demnach in Europa eine wesentlich größere als die heute vorhandene Eisenbahn fahren, die auch entsprechend leistungsfähiger wäre. Nun ist es übertrieben, von einem europäischen Lichtraumprofil zu sprechen. Auch dort gibt es Unterschiede, und es kann noch lange nicht jeder Wagen in jedes Land fahren.

Am schlechtesten sind die Engländer mit ihrem Lichtraumprofil dran. Die kontinentaleuropäischen Eisenbahnverwaltungen halten Wagen mit speziellen kleineren Abmessungen für den Güterverkehr mit England bereit. Englische Personenwagen haben wegen der geringen Breite auch oft eine andere Sitzeinteilung als die kontinentalen, z. B. 1+1 bei Mittelgangwagen der ersten Klasse.

Für den Übergang zwischen Eisenbahngebieten verschiedener Spurweite gibt es eine ganze Reihe von Rezepten und Hilfsmitteln. Im Lokalverkehr mit der Kleinbahn dominieren noch die Rollböcke und Rollwagen. Um zu unterscheiden: Rollböcke sind zweiachsige Gestelle, die unter jeweils eine Achse eines normalspurigen Wagens gesetzt werden, Rollwagen sind Schienenstücke, die ihrerseits von zwei Achsen mit recht gering dimensionierten Rädern getragen werden. Werden nun die Wagen einer anderen Spur auf solche Vehikel gestellt, so sind sie besonders hoch, und bei größeren Geschwindigkeiten erscheint die Sache auch recht unsicher.

Hauptbahnen kennen da schon lange, bei besonders konstruierten Wagen, den Wechsel von Radsätzen oder Drehgestellen, der mit Hilfe eines Kranes über einer Grube vorgenommen wird und etwa eine halbe Stunde dauern soll. So setzt man in Brest-Litowsk die aus Mitteleuropa in Richtung Moskau rollenden Fernzüge auf andere Drehgestelle.
Ingenieure haben Spurwechselradsätze entwickelt, also Achsen, auf denen die Räder verschoben und in der neuen veränderten Lage wieder festgelegt werden können. Auch die Bremsklötze müssen ihre Position verändern. Die Apparatur soll einfach und die Spurweitenänderung schnell auszuführen sein. Allerdings müssen die Räder dabei durch eine Hebevorrichtung weitgehend entlastet sein. Für ihren Verkehr zwischen Barcelona und Mitteleuropa haben die Spanier eine solche Einrichtung geschaffen.

Der Traum britischer Kolonialpioniere war immer eine durchgehende Eisenbahnverbindung von Südafrika zum Mittelmeer, die Kap-Kairo-Linie, die für sie das »Rückgrat des Empire« bedeutet hätte. Aber dazu ist es nie gekommen. Noch heute wird die Nord-Süd-Verbindung unter Einbeziehung der großen innerafrikanischen Seen und des Nils im »gemischten Verkehr« betrieben. Und dazu gibt es ja auch noch das Auto und das Flugzeug die im Busch keine Konkurrenten sind, sondern überall dort gute Dienste tun, wo sich die Neuanlage einer Eisenbahn nicht rentieren würde.

Doch vor deren Auftauchen waren die Kolonialmächte allein auf die Bahn angewiesen. Eine Kolonie ohne eine praktikable Möglichkeit, die »Kolonialwaren« einschließlich der gewonnenen Bodenschätze abzutransportieren, war so gut wie wertlos. Man hatte sich diese Länder wohl oft als Ausbeutungsobjekte angeeignet. Und so zogen sich überall dort, wo nicht Flüsse natürliche Verkehrswege bildeten, Stichbahnen ins Land. Nun sind viele afrikanische Ströme als Verkehrswege denkbar ungeeignet. Ein Beispiel dafür ist der Kongo (heute Zaire-Fluss), der den Kolonisatoren zwar den Weg in das mit reichsten Bodenschätzen gesegnete Katanga im tiefsten Innern Afrikas wies, ihnen in Form unpassierbarer Stromschnellen in seinem Unterlauf aber auch eine unüberwindliche Barriere in den Weg legte. »Der Kongo – ohne Eisenbahn keinen Penny wert« und »Ein Schienenweg durch die Hölle« lauten zwei Überschriften eines Buches, das den Bau der Eisenbahn schildert, die von der Kongomündung aus, 388 km weit bis zum ehemaligen Stanleyville, die für die Schifffahrt unpassierbaren Strecken des Stroms umfährt. Nachdem Belgiens König Leopold II. den Kongo als sein Privateigentum reklamiert und damit bei der von Bismarck einberufenen Berliner Konferenz von 1884 Gegenliebe gefunden hatte, schalteten die Berliner »Disconto« und das Bankhaus Bleichröder, ebenda, sich in die Finanzierung der Bahnlinie ein, welche die Schätze der Region erschließen sollte. Bauleiter wurde Hauptmann

Thys. Und was er unter schwierigsten Bedingungen schaffte, ist eine der ganz großen Taten im Verlauf der Geschichte der Eisenbahn. Allerdings nahm er wie andere vor und nach ihm, die Großes schaffen wollten, auch keine Rücksicht auf seine Mitarbeiter. Der Verbrauch an Menschen war beim Bau furchtbar. Aus ganz Afrika, aus Amerika, ja selbst aus China wurden sie herangebracht. Schwarze wagten aus Verzweiflung zu streiken. Von 500 Chinesen – bei allen anderen großen Bahnbauten bekannt für ihre Bedürfnislosigkeit und Zähigkeit – waren nach wenigen Wochen 300 gestorben oder geflüchtet. 1889, nach neun Jahren Bauzeit, wurde die Strecke vollendet. Prominenz aus Europa weihte mit einem rauschenden Fest die »Kataraktenbahn« ein. Gleich gegenüber Leopoldville, in Brazzaville, endete die 1927 fertig gestellte Kongobahn der Franzosen. Sie kostete 45 % der Beschäftigten das Leben. 15.000 Tote! Doch zu dieser Zeit war längst Katanga und der Tanganjika über die »Große-Seen-Bahn« dem Netz angeschlossen. »Jeder Schienenstrang wird hier zum blanken Schlüssel einer Schatzkammer, deren Ausmaße im Bewusstsein der Völker erst zu dämmern beginnen.«

Die Entfernungen in Afrika sind immens. Was auf der Karte wie eine Lokalbahn wirkt, ist in Wirklichkeit eine Strecke, wie sie in Europa selten von einem Zug durchfahren wird. Die Eisenbahnlinie von Dakar zum Niger ist 1298 km lang (woraus sich ergibt, dass Eisenbahnen und Binnenschiffe gemeinsam ein Verkehrssystem ergeben), mehrere innerafrikanische Staaten sind noch immer ohne Eisenbahnanschluss. Die durch Jahrzehnte diskutierte Transsaharabahn wurde nicht gebaut und wird es im Zeitalter der Lkws und Flugzeuge auch nicht mehr werden.

Ganz nahe der Magellanstraße, nicht weit vom sturmgepeitschten Kap Hoorn, fährt eine 750-mm-Schmalspurbahn Kohlen für Buenos Aires von der Mine bei El Turbio zum Tiefwasserhafen Rio Gallegos. Das sind 235 km, und die Züge sind bis zu 1500 t schwer. Demzufolge sind auch die Dampflokomotiven (womit sonst soll man am Ende der Welt Kohlen fahren?), deren jüngste erst ab 1956 von Mitsubishi in Japan kamen, rechte Weltmeister auf der schmalen Spur, mit 900 kW Leistung und dem Achsbild 1'E1'. Aus dem sechsachsigen Tender wird die Kohle mechanisch zum Rost gebracht – so sieht die neue Zeit am Südrand Patagoniens aus.

Kohlentransport am Südende der Welt.

Die Wagen

Die ersten Eisenbahnwagen bestanden aus Holz. Sie waren 5 m lang. Auf einem Gestell aus festen Balken, das die Zug- und Stoßvorrichtungen zu tragen hatte, erhob sich der ebenfalls hölzerne Wagenkasten. Zwischen dem Untergestell und dem Achslagergehäuse befanden sich die Federn, wiederum anfangs aus Holz, später immer häufiger aus Stahl gefertigt, als übliche »Blattfeder« in mehreren Lagen übereinander und in der Mitte verschraubt.

Mit der Länge und dem Gewicht der Züge steigerten sich auch die Zugkräfte, die auf das Untergestell eines jeden Wagens übertragen wurden. Ab 1860 begann man deshalb, dieses tragende Gestell aus Walzstahlprofilen zusammenzusetzen. Schon früh waren auch Kupplungen und Puffer gefedert. Das Problem bestand darin, die uneinheitlichen Wagen der verschiedensten Eisenbahngesellschaften im Verkehr über längere Strecken miteinander zu verbinden. Es gab Zwischenstücke, verstellbare Puffer und spezielle Zwischenwagen, denn sowohl die Höhe als auch die seitliche Anordnung der Puffer waren außerordentlich verschieden.

Die zunächst gusseisernen, dann mit geschmiedeten Speichen versehenen Räder bekamen einen auswechselbaren Radreifen, um die Betriebskosten zu senken. Es wurden anfangs auch hölzerne Radscheiben mit eiserner Nabe und eisernem Radreifen verwendet.

Die Wagenkästen der Personenwagen bestanden aus einem Holzgerippe mit einer doppelten Holzverschalung. Das galt auch für Fußböden und Dächer. Außen wurden sie, ehe man zur Blechverkleidung überging, farbenprächtig wie Kutschen bemalt. Besonders in England und Frankreich haben die einzelnen Eisenbahngesellschaften mit ihren Hausfarben der Eisenbahn ein fröhliches Aussehen gegeben, wie es Eisenbahnfans am liebsten wieder einführen möchten (dazu kamen die herrlich blank geputzten Kupferteile der Lokomotiven). Man saß in der ersten Klasse zu dreien, in der zweiten zu vieren, in der dritten zu fünfen auf einer Bank. In der vierten Klasse, die in Preußen bis 1928 gefahren wurde, stand man lange Zeit, bis einige primitive Holzbänke in die Großabteile einmontiert wurden. 1840 gab es auf der Taunusbahn auch eine fünfte Klasse – ein einfacher offener Wagen mit Stehplätzen, dabei entsprechend billig. Die erste und die zweite waren »Polsterklassen«.

In England hatte 1844 das Parlament den Eisenbahngesellschaften zur Pflicht gemacht, alle Wagen, gleich welcher Klasse, mit einem Dach und Sitzgelegenheiten zu versehen. Die Gesellschaften mussten dem zwar nachkommen, dachten sich aber andere Maßnahmen aus, um die Passagiere von der Benutzung der wohlfeilen dritten Wagenklasse abzuschrecken. So wurden deren Wagen nicht über die ganze Strecke des Zuges mitgeführt, sondern unter irgendwelchen fadenscheinigen Gründen unterwegs stehen gelassen und erst mit einem späteren Zug wieder ein Stück weiter befördert, sodass die Benutzer der dritten Klasse mit einer viel längeren Reisedauer als die der oberen Klassen rechnen mussten. Oft waren insbesondere die Wagen der unteren Klassen in einem erbarmungswürdigen Zustand. In einem Schweizer Reisebericht von 1891 heißt es: »Durch die breiten Risse und Spalten des elenden Bretterbodens sah man Steine, Schwellen und Unkraut blitzartig vorbeiziehen. Die Fahrt ging im schnellsten Tempo, doch sehr unregelmäßig und ruckweise, sodass ein Gespräch unmöglich war.«

Etwa um 1860 wurde der Bau von Güterwagen durch die Verwendung von Eisen geradezu revolutioniert. Eiserner Kohlewagen der Niederschlesisch-Märkischen Eisenbahn.

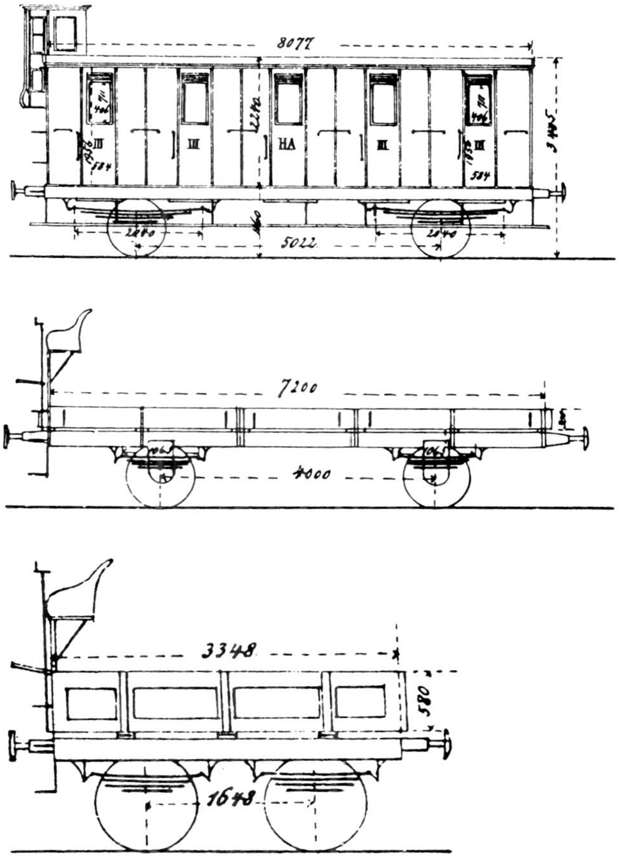

Abteilwagen dritter Klasse mit 50 Plätzen, Flachwagen und Arbeitswagen (Kieswagen) der Hannover-Altenbekener Eisenbahn, 1872.

Der steigende Umfang des Verkehrs legte die Einführung größerer Wagen nahe. Das Gewicht einerseits und die größere Sicherheit bei Achsenbrüchen ließen die dreiachsigen Wagen sich steigender Beliebtheit erfreuen. Die mittlere Achse war wegen der besseren Kurvenläufigkeit seitlich verschiebbar angeordnet. Da Wagen um so ruhiger laufen, je weiter die Achsen außen angeordnet sind, bestand die Notwendigkeit, die äußeren Achsen als »Lenkachsen« auszubilden, die sich in Kurven radial stellen.

Dazu ist es notwendig, dass ein gewisses Spiel zwischen Achslagergehäusen und Achshaltern sowie Lagerschalen und Achsschenkeln gegeben ist. Zunächst versuchte man die Achsen mit Hilfe von Hebeln zu »lenken«.
Doch es stellte sich heraus, dass die Achsen bei konischen Radreifen sich selbsttätig radial einstellen. Diese Stellung wird durch den seitlichen Anlauf der vorderen Spurkränze an die äußere, der hinteren an die innere Schiene gegeben, da die Radreifen nach außen größeren Durchmesser haben. Ab 1886 wurden im Bereich des Vereins Deutscher Eisenbahnverwaltungen für Schnellzüge nur noch dreiachsige Wagen mit den »freien Vereinslenkachsen« zugelassen, die die alten »Knochenschüttler« zu beinahe luxuriösen Reisegefährten machten.

Ab 1860 wurden die Züge auch mit Toiletten ausgestattet. Doch zunächst gab es diese im Gepäckwagen, sodass der Reisende sie nur an Stationen aufsuchen und verlassen konnte. Dann gab es solche Einrichtungen auch in Abteilwagen, doch die Notwendigkeit des Umsteigens blieb, denn es dauerte lange, bis man zwei gegenüberlie-

Zweiachsiger Durchgangswagen der Bayerischen Staatsbahn, 1892.

Personenzug mit vierachsigen Durchgangswagen im Bahnhof Rüdesheim.

Um den Ansprüchen des Publikums einer Kurstadt nachzukommen, wurden bei Wiesbaden die »Langenschwalbacher« Wagen eingesetzt, vierachsig, mit großzügiger Raumaufteilung.

genden Abteilen je ein solches Kabinett spendierte. Problemlos war die Sache bei Durchgangswagen. In den niedrigen Abteilen konnte auf eine Entlüftung nicht verzichtet werden. Herablassbare Fenster wurden eingebaut. Und recht früh begann man auch, zweigeschossige Wagen herzustellen.

Um einen Einblick zu geben, wie es um 1870 bei den deutschen Eisenbahnen um die Wagen bestellt war, hier die Zusammenstellung des Wagenparks der Hannover-Altenbekener Eisenbahn von 1875:
48 Wagen erster und zweiter Klasse (26 oder 30 Plätze),
2 Wagen erster, zweiter und dritter Klasse (44 Plätze),
3 Wagen zweiter und dritter Klasse (48 Plätze),
60 Wagen dritter Klasse (50 Plätze bzw. 32 Plätze oder 30 Plätze und Postabteil),
33 Wagen vierter Klasse (50 oder 60 Plätze).
Die Wagen waren teils Abteil-, teils Interkommunikationswagen, der Radstand schwankte zwischen 4,08 und 5,02 m, die Länge der Wagen zwischen 9,04 und 10,30 m. Alle Wagen waren zweiachsig mit festen Achsen, und ihr Gewicht lag zwischen 7,3 und 9,5 t. An Gepäck- und Güterwagen (mit 10 t Ladegewicht) gab es:
310 gedeckte Güterwagen,
812 offene Güterwagen,
64 Niederbordwagen,
6 Kalk(Klappdeckel-)wagen,
40 Viehwagen.
Für den Eigenbedarf waren 26 Kies(Arbeits-)wagen vorhanden und 26 Packwagen.
Postwagen waren Eigentum der Reichspostverwaltung und wurden von dieser gestellt.
Ein Teil der Wagen war mit Handbremsen ausgestattet, die bei Interkommunikationswagen auf der Einstiegsplattform, bei Abteilwagen in einem Bremserhäuschen und in den Zugführerabteilen der Gepäckwagen untergebracht waren. Erwähnenswert ist, dass nur Personenwagen dritter und vierter Klasse gebremst wurden, damit die Passagiere teurerer Klassen nicht mit den beim Bremsen auftretenden Zerrungen und Geräuschen belästigt würden. Die offenen Bremsersitze der Güterwagen befanden sich auf dem Dach der geschlossenen und an der Stirnwand der offenen Wagen.
Personenwagen wurden eng gekuppelt; die Puffer stießen aneinander und standen unter Spannung. Dagegen kuppelte man Güterwagen locker. Beim Anfahren brauchte die Lokomotive dann nicht die ganze Last auf einmal in Bewegung zu setzen, sondern die Wagen erhielten nacheinander, wenn sich die Kupplungen spannten, einen Ruck in Fahrtrichtung. Ebenso erfolgte das Verringern der Fahrgeschwindigkeit ruckweise mit dem Auflaufen eines jeden Wagens auf den vorherlaufenden, soweit das nicht durch eine weiter hinten erfolgte Bremsung vermieden wurde.

In England, so berichtet ein Zeitgenosse, stelle man die Wagen mit Abteilen erster Klasse in die Mitte eines jeden Zuges. »Es geschieht dies aus rein kaufmännischen Erwägungen: die Mitte des Zuges ist bei Unglücksfällen am wenigsten gefährdet, die Reisenden erster Klasse haben gewöhnlich das höchste Einkommen, also müssen bei

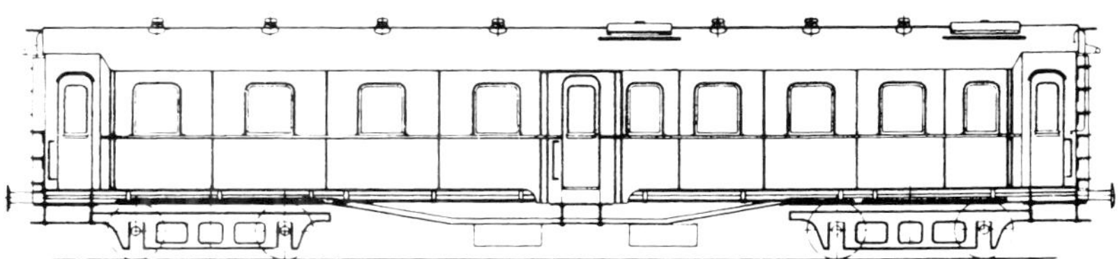

Vierachsiger D-Zug-Wagen der Königlich Sächsischen Staatseisenbahn mit Mitteleinstieg, erster/zweiter/dritter Klasse, 1903.

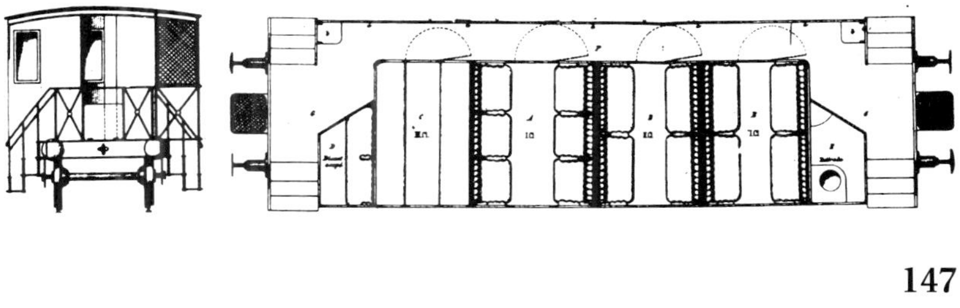

Darunter: »Coupéwagen mit Seiteneinstieg« von Heusinger von Waldegg, 1870. Das Abteil erster Klasse hat auf jeder Seite drei Einzelsitze, das zweiter Klasse je zwei Doppelsitze und das dritter Klasse eine ungepolsterte Bank.

Länderbahn-Personenwagen dritter Klasse.

Unfällen die größten Entschädigungen für sie gezahlt werden, man bringt sie daher zweckmäßig dort unter, wo sie der geringsten Gefahr ausgesetzt sind. Sie haben wohl auch aus dem Grunde ein Anrecht auf den besten Platz im Zuge, weil sie die höchsten Fahrgelder zahlen.«

Was allerdings die Gefährdung der Passagiere betrifft, so bestand in Deutschland lange die Vorschrift, dass vor den mit Personen besetzten Wagen, gleich hinter der Lokomotive, ein Packwagen oder ein anderer, nicht mit Personen besetzter liefe, zumindest aber im ersten Personenwagen hinter der Maschine ein Schutzabteil eingerichtet sei, das leer bleiben sollte, oder als Post- oder Dienstabteil benutzt wurde.

Schon um 1900 war festzustellen, dass die dritte Wagenklasse, die Scharrer schon beim Bahnbau zwischen Nürnberg und Fürth als das geschäftliche Rückgrat erkannt hatte, mit der Demokratisierung unserer Welt weiter an Bedeutung für den Passagierverkehr zunahm. »… und die Verschiebung in der Benutzung der Wagenklassen ist so gewaltig, dass auf einen Reisenden erster Klasse nur zwei Reisende zweiter, dagegen 29 Reisende dritter fallen,« stellte man in England fest. »Leute, die vor 25 bis 30 Jahren ihrer gesellschaftlichen Stellung schuldig zu sein glaubten, dass sie erster oder zweiter Klasse fuhren, benutzen jetzt ohne Zögern die dritte Klasse.« Und es wird im Anschluss daran vorgerechnet, dass die Gesellschaften an den Passagieren oberer Klassen nichts, aber auch gar nichts verdienen, sie aber trotz alledem besser behandeln als die der dritten Klasse. Die Bereithaltung von Plätzen in ausreichender Zahl in jeweils mehreren Wagenklassen – das wurde schon damals erkannt – bedeutet auf jeden Fall mehr Wagen und mehr Gewicht als bei einem Zug mit nur einer Wagenklasse. Und so hat sich die Reduzierung der Wagenklassen immer als probates Rationalisierungsinstrument erwiesen.

In den 70er-Jahren setzte sich allgemein die Wagenheizung mit Dampf durch. Regeln konnte sie sowohl der Lokomotivführer als auch der einzelne Reisende, unter dessen Sitz sich der Heizkörper befand. Schlafwagen erhielten Warmwasserheizungen. Dagegen bereitete die Beleuchtung mancherlei Kummer. Sie war inzwischen auf Gas umgestellt worden und jeder Wagen trug einen Gasbehälter mit sich. Das Problem war, dass dieses Gas sich bei Eisenbahnunglücken leicht entzündete und Holz und Polstermaterial dann im Augenblick lichterloh brannten. Manche Eisenbahnunglücke haben gerade dadurch zusätzlich Menschenleben gefordert und man war deshalb erleichtert, als die elektrische Abteilbeleuchtung eingeführt werden konnte.

Erster-Klasse-Abteil eines D-Zug-Wagens System Heusinger und Dritter-Klasse Abteil eines vierachsigen preußischen Abteilwagens.

Ebenfalls in den 70er-Jahren erschienen auf den deutschen Eisenbahnstrecken Wagen mit Seitengang, die auf den Entwurf des Ingenieurs Heusinger von Waldegg zurückgingen, der wegen seiner Vielseitigkeit hier schon einige Male erwähnt wurde.
Die Vielfalt der Personenwagen, die von den einzelnen deutschen Länder- und Privatbahnen in Auftrag gegeben und in Betrieb genommen wurden, übersteigt jede Vorstellung. Es soll versucht werden, mit Hilfe dreier Merkmale:
der Anordnung der Abteile,
der Zahl und Anordnung der Achsen und
des Verwendungszweckes der Wagen
eine gewisse Übersicht herzustellen.

1. Anordnung der Abteile. Norddeutschland stand weitgehend unter der Kuratel der preußischen Eisenbahnverwaltung, die bis auf wenige seitensprungartige Abweichungen konsequent an der Abteilbauweise festhielt. Zu den zwei- und dreiachsigen Abteilbauwagen kamen vierachsige. Diese haben in ihrer charakteristischen Außenlinie das Bild der Personenzüge bis zum Zweiten Weltkrieg bestimmt. Abweichend davon enthielten jedoch die preußischen »Normalien« von 1878, die der Vereinheitlichung des aus vielen Privatbahnen übernommenen Wagenparks dienen sollten, Entwürfe für preußische Durchgangswagen. Für die Wagen der ersten und zweiten Klasse waren teilweise, für die der unteren Klassen, zeitweise, ausschließlich Durchgangswagen vorgesehen. Und es ist anzunehmen, dass diese vorübergehende Wendung zum Durchgangswagen auf Betreiben der Militärbehörden erfolgte, die eine ausreichende Anzahl von Wagen zur Verfügung haben wollte, die mit minimalem Aufwand zum Transport von Truppen und vor allen Dingen Verwundeten hergerichtet werden konnten.

Überhaupt war man in Preußen der Ansicht, dass, wenn es schon Durchgangswagen sein müssten, diese in langsame Züge mit nur lokaler Bedeutung und auf Nebenbahnen einzusetzen wären. So wurden mit den »Normalien für Betriebsmittel der Bahnen untergeordneter Bedeutung« Durchgangswagen für Nebenbahnen eingeführt. Die Tatsache, dass Preußen für Nebenbahnen damals den Durchgangswagen favorisierte, führt man auf eine »zeitweilige«, beinahe private »Durchgangsfreundlichkeit« des zuständigen Referenten im Ministerium zurück. So entstanden die bekannten zwei- und dreiachsigen Personenwagen mit offener Plattform und Übergang. Für die Polsterklassen spendierte man geschlossene Plattformen und entwickelte die wegen ihrer Dröhnanfälligkeit so genannten »Donnerbüchsen«.

Wie im Wilden Westen der USA. Schmalspurbahn mit Erster-Klasse-Wagen in Ekuador auf der Strecke zum 2850 m hoch gelegenen Quito.

Sowohl in der Bundesrepublik Deutschland als auch in der DDR sind nach dem Zweiten Weltkrieg tausende älterer Personenwagen – Abteilwagen wie solche mit Mittelgang – modernisiert, umgebaut und »rekonstruiert« worden, indem man fahrtüchtige alte Gestelle überarbeitete und mit modernen Aufbauten versah. Eisenbahnverwaltungen anderer Länder führten lange Zeit »Galeriewagen« mit seitlichem offenen, durch ein Gitter geschützten Durchgang.

Nicht zu vergessen ist in diesem Zusammenhang die Rolle der Bahnsteigsperren. Sie wurden in Preußen spätestens an dem Tag unumgänglich notwendig, an dem man dem Zugbegleitpersonal aus Sicherheitsgründen verbot, während der Fahrt auf den durchlaufenden Trittbrettern der Abteilwagen herumzuturnen. Später wurde bei längeren Zugläufen das Vorhandensein von Speisewagen ein wesentliches Argument für die Einführung von Durchgangswagen mit Übergängen. Bei den Nebenbahnen aber hieß die Frage: Durchgangswagen mit der Möglichkeit der Fahrkartenkontrolle im Zug oder Abteilwagen und Bahnsteigsperren. So sind fast überall in Deutschland besondere Nebenbahnwagen beschafft worden, nur die pfälzischen Eisenbahnen brauchten auf ihren vollspurigen Nebenbahnstrecken »herabgesetzte« Abteilwagen auf – selbst der kleinste Haltepunkt in der Pfalz hatte deshalb eine Bahnsteigsperre.

Eilzugwagen und Eilzug-Packwagen der Deutschen Reichsbahn.

Ganz anders als nach preußischen Grundsätzen versuchte man in Wiesbaden die Wünsche der Passagiere zu erfüllen, und diese Gegensätzlichkeit der Anschauungen charakterisiert die Unübersichtlichkeit im Wagenbau, der mit keiner ordnenden Logik beizukommen ist. Dort beschaffte man für die in den Taunus führende Bahn Wiesbaden – Langenschwalbach (heute Bad Schwalbach) vierachsige Durchgangswagen mit Plattform, die als »Langenschwalbacher Bauart« in die Geschichte der Eisenbahn eingingen. Man entschied sich hier für Durchgangswagen, weil man den Wünschen des verwöhnten Wiesbadener Badepublikums bei seinen Ausflügen in die Taunus-Kurorte »in Bezug auf die Raumverhältnisse und die Ausstattung der Wagen … thunlichst Rechnung« tragen wollte. Dieselben Gründe, die in Preußen dazu führten, dass man für die Polsterklassen an der Abteilbauart festhielt.

In Bayern lag der Schwerpunkt beim Abteilwagen, von den übrigen süddeutschen Bahnverwaltungen wurde der Interkommunikationswagen bevorzugt, aber man war nicht einseitig festgelegt und entschied sich von Fall zu Fall. Wagen mit Seitengang wurden, zunächst zwei- und dreiachsig, allerorten nach und nach eingeführt. Dabei gab es eine Fülle gemischter Bauarten, bei denen innerhalb eines Wagens Abteile verschiedener Klassen mit Mittel- und Seitengang einander folgten.

2. Zahl und Anordnung der Achsen. Der zunehmende Verkehr erforderte größere Wagen und diese größere Achsstände. Die Ludwigsbahn zwischen Nürnberg und Fürth hatte Personenwagen mit einem Achsstand von nur 1,43 m gehabt. 1860 wurden für die Bayerische Ostbahn Personenwagen mit einem Achsstand von 3,21 m gebaut. 1872 riskierte die Hessische Ludwigsbahn 5 m, Preußen stellte 1894 Dreiachser mit 6,75 m Achsstand

In der Kriegs- und Nachkriegszeit waren die Eisenbahnen stark zerstört, gleichzeitig wuchsen ihre Aufgaben. Soldaten wollten nach Hause, Hamsterer aufs Land.

ein. Die Reichsbahn ließ ihre längsten Personenwagen mit 8,5 m (zweiachsig) und 8 m Achsstand (dreiachsig) bauen. Den absoluten Längenrekord für den Achsstand schlug ein zweiachsiger Württemberger mit 12,5 m Achsstand und 17,8 m Länge. Das war natürlich nur mit Lenkachsen möglich, die sich radial einstellten.

Es war keineswegs so, dass mit der Einführung von Schnellzügen auch die für uns heute selbstverständlichen Drehgestellwagen dafür eingesetzt wurden. Genau wie bei den Lokomotiven hatte man besonders in Preußen eine Abneigung gegen Drehgestelle. Bis in die 80er-Jahre waren Drehgestellwagen nur für langsamere Züge zugelassen. So bestanden Schnellzüge aus zwei- und dreiachsigen Wagen. Die zweiachsigen wurden mit einer dritten Achse versehen, als aus Sicherheitsgründen in schnellen Zügen keine zweiachsigen Wagen mehr eingestellt werden durften. Selbst der Orient-Express Paris – Giurgiu führte 1883 dreiachsige Schlaf- und Speisewagen und zweiachsige Gepäckwagen.

Lange wurden auch dreiachsige Schnellzugwagen im Verkehr mit Österreich und der Schweiz eingesetzt. Dass sie gegenüber den Drehgestellwagen 40 bis 50 % (!) weniger Gewicht hatten, spielte auf den Gebirgsstrecken eine nicht zu unterschätzende Rolle. O. S. Nock, ein früher Eisenbahnfan, berichtete um 1900 erstaunt über das Vorhandensein zweiachsiger Schnellzugwagen. Einem Briten schien das unbegreiflich, zumal es sich keineswegs nur um altes »Rollmaterial« handelte, sondern: »Neue Wagen für die Fernschnellzüge wurden bis zu einer Länge von beinahe zwölf Metern zweiachsig gebaut und liefen nach allen Berichten sehr ruhig.«

So setzten sich, abgesehen von den bekannten Interkommunikationswagen amerikanischer Bauart, die bei einigen süddeutschen Eisenbahnverwaltungen verwendet wurden, vierachsige Personenwagen zunächst bei Neben- und Schmalspurbahnen durch. Auf kurvenreichen Strecken hatten sie bessere Laufeigenschaften. Später wurden auch in Deutschland einige schwere Schnellzugwagen mit dreiachsigen Drehgestellen gebaut, wie sie in England und den USA weit verbreitet waren.

3. Verwendungszweck der Wagen. Lange Zeit hindurch hat man die neuesten Personenwagen stets für die repräsentativen Fernverbindungen eingeteilt. Später wurden sie dann für den Lokalverkehr heruntergesetzt. Zwischen Schnellzug- und Personenzugwagen bestand also abgesehen vom Alter und Erhaltungszustand kein Unterschied.

Die ersten in Preußen speziell für Schnellzüge gebauten Personenwagen waren vierachsige Abteilwagen. Es ist anzunehmen, dass sie die Eisenbahnverwaltung endgültig von den Vorteilen von Drehgestellwagen auch für

Preußischer Abteilwagen dritter Klasse.

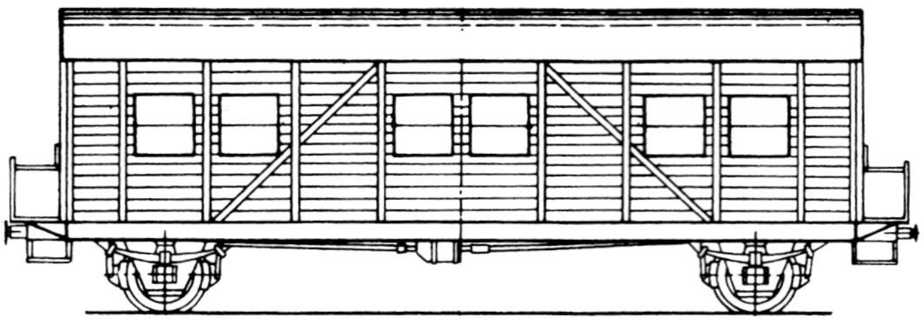

»Donnerbüchse«, Personenwagen vor dem Zweiten Weltkrieg.

Darunter: Behelfspersonenwagen im und nach dem Zweiten Weltkrieg.

schnelle Züge – ruhigerer, ausgewogener Lauf – überzeugt haben, denn 1892 wurden im Schnellzug Berlin – Köln zum ersten Mal die Wagen gefahren, die wir heute als D-Zug-Wagen kennen: vierachsige Drehgestellwagen mit Abteilen und seitlichem Durchgang, geschlossenen Plattformen und Übergängen von Wagen zu Wagen. Die Übergänge wurden bis 1950/60 allerdings noch von Faltenbälgen gebildet. Damit war die Typenbildung für Personenwagen (sie ist bis in unsere Zeit gültig) bis auf einige wenig ins Auge fallende Verbesserungen abgeschlossen. Dazu gehört, dass das preußische, sich durch Personen- wie D-Zug-Wagen ziehende Oberlicht zugunsten des »Bayerischen Tonnendaches« aufgegeben wurde. Der Achsstand der Drehgestelle wurde auf 3 bis 3,6 m vergrößert. Zu dem zwei- und dreiachsigen Personenzugwagen und dem D-Zug-Wagen kam der vierachsige Eilzugwagen mit Mittelgang und geschlossenen Plattformen. Es erschienen Vierachser mit Mittelgang und Mitteleinstieg, die besonders für den Nahverkehr konzipiert waren. Der Zweite Weltkrieg brachte zweiachsige und vierachsige Behelfspersonenwagen, deren Aussehen innen und außen an das von gedeckten Güterwagen weitgehend angelehnt war (Mci und Mc4i).

Aus Sicherheitsgründen ging man in den 20er-Jahren dazu über, auch die Wagenoberteile aus Eisen zu bauen. Zuerst 1931 und dann wieder nach dem Zweiten Weltkrieg experimentierte man in Frankreich mit luftbereiften Eisenbahnrädern. Es ist kein Geheimnis, dass der Reifenhersteller Michelin dahinterstand und zumindest die ersten Projekte auch finanziert hat, weil er sich eine enorme Erweiterung seines Umsatzes von der Einführung seiner Produkte bei der Eisenbahn versprach. Die Berichte nennen eine »Lebensdauer« der Reifen von 35.000 bis 100.000 km. Tatsache ist, dass die Pneus, die in Leichtbautriebwagen und Expresszügen, deren Wagen nur 14 t wogen, getestet wurden, den Fahrkomfort wesentlich verbesserten. Bei Schnellzugwagen allerdings waren der geringen Belastbarkeit halber fünfachsige Drehgestelle nötig, also 20 Pneus pro Wagen. Die Pariser Metro hat die Idee aufgenommen. Die Reifen garantieren maximale Reibung beim Anfahren und beim Bremsen.
Zweistöckige Personenwagen – Doppelstockwagen – hat es immer wieder gegeben, doch haben sie sich erst spät durchsetzen können. Die Idee war, genau wie bei Pferde- und Kraftomnibussen, das Gewicht pro Sitzplatz herabzusetzen und damit die Kapazität des Zuges bei gleichen Kosten zu erhöhen. Immerhin konnte die Eigenmasse pro Sitzplatz auf 231 kg herabgesetzt werden, das ist gut ein Drittel von dem, was ein D-Zug-Wagen älterer Bauart wiegt, zwei Drittel des entsprechenden Gewichts eines modernen Wagens. Die älteren Doppelstockwagen, wie sie in Frankreich und in Spanien, auf thüringischen Bahnen, zwischen Hamburg und Kiel und auf den Stadtbahnen von Hamburg und Berlin gelaufen sind, bestanden aus zwei durchlaufenden übereinander liegenden Stockwerken, waren zum Teil oben offen und hatten bisweilen

Wendezug aus »Silberpfeilen«. Der Wendezug ist an sich nichts Neues, nur seine konsequente Durchsetzung auch im Fernverkehr wirkt wie eine Revolution. Der feste Platz für die Lokomotive – nach Fortfall des Lokomotivwechels bei der Dampflok – kürzt die Reisezeit ab. Nun sind nur noch die Kopfbahnhöfe wie eine Bremse.

Der »Flying Scotchman«. Für lange Zugläufe gab es einen Gang durch den Tender, um die Lokomotivmannschaft während der Fahrt wechseln zu können.

eine gewundene Treppe innerhalb oder außerhalb des Wagenkörpers.

Seit 1936 gibt es moderne zweigeschossige Wagen. Von der Einstiegsplattform aus laufen Treppen sowohl nach oben als nach unten. Das Lichtraumprofil macht es notwendig, die untere Sitzebene nicht auf, sondern zwischen die Drehgestelle zu legen. Deshalb werden auch Zugteile von mehreren Wagen mit je einem Jakobs-Drehgestell gebaut. Das liegt dann unter dem Ein- und Ausstieg und lässt mehr Platz für das Untergeschoss. Es gibt sie nun in allen Formen, als Einzelwagen vierachsig und als Teil einer größeren Garnitur, ein oder zwei Treppen, im Wagenkasten selbst oder zwischen den Wagen.

Die Bauart ist dem Gebrauch angemessen. In erster Linie kam, oder kommt noch, der Doppelstockwagen für den Vorortverkehr in Frage. Daneben fahren aber auch Fernzüge, so in der Schweiz zwischen den einzelnen Agglomerationen, wobei der Wendezugverkehr fest eingeplant ist – neue Steuerwagen wurden angeschafft – und die Fahrzeiten durch einen leichten Zug und einen festen Platz für den Antrieb herabgesetzt werden konnten. Der Zug nimmt den Platz ein, den in Frankreich der doppelstöckige TGV und in Deutschland der doppelstöckige ICE behaupten (werden). Amerika mit seinen »Super-Liners« auf den transkontinentalen Strecken hat auch Doppelstockwagen eingeführt. Der Durchgang ist im oberen Stockwerk, das die unterschiedlichsten Einrichtungen

Museumslok »Sir Nigel Gresley« aus der Reihe A4. Eine Schwester der »Mallard«.

Doppelstöckiger Wagen der Berliner Stadt- und Vorortbahn 1880. Eine Kombination von Abteil- und Durchgangswagen.

hat, von »Coach«, verstellbaren Sitzen in der zweiten Klasse bis zum Aussichtswagen, Speisewagen und »Bedroom«, der von zwei übereinander liegenden Klappbetten bis zu Suiten – erster Klasse – reicht. Das Untergeschoss der Wagen hat Gepäck- und Serviceräume und dient der Unterbringung der Begleitmannschaft.

Eigentlich ist es kaum einzusehen, dass trotz immer wiederkehrender Versuche lange Jahre der Doppelstockwagen sich nicht durchsetzen konnte. Nun kam er plötzlich und er wurde – die DDR als Wellenbrecher – relativ schnell angenommen. Sind doch die Doppelstockzüge leichter und kürzer. Das neue System lässt mehr Fahrgäste auf geringerem Raum und mit weniger Energie befördern – und die kurzen Bahnsteige und Ausweichgleise auf den Unterwegshalten können weiterbenutzt werden.

Im Zusammenhang mit Personenwagen muss auf eine reizvolle Besonderheit der englischen Eisenbahngeschichte eingegangen werden, die »Slip-Coaches«. Das sind Kurswagen, die, wie auf dem Kontinent, von einem Schnellzugwagen auf den anderen übergehen, also eine direkte Verbindung zwischen zwei Orten unter Zuhilfenahme verschiedener Züge herstellen. Während aber bei normalen Kurswagen das Abhängen und Anhängen an den neuen Zug während eines Haltes geschieht, haben Englands Eisenbahner jahrzehntelang bestimmte Kurswagen während der Fahrt abgekuppelt und dann mit der Handbremse in dem Übergangsbahnhof zum Halten gebracht, während der Zug durchfuhr. Ein zeit- und kostensparendes Vorgehen, das aus dem Jahre 1888 datiert und sich großer Beliebtheit erfreute, gab es doch nicht weniger als 170 Slip-Coaches. Ein Zug, der »Cornish Riviera Limited«, übte das Verfahren auf jeder Hinfahrt dreimal – bei der Rückfahrt musste man, um die entsprechenden Gegenwagen aufzunehmen, allerdings halten. Die letzten Slip-Coaches wurden erst im Jahre 1960 abgeschafft.

An Neubauwagen hat die Deutsche Bundesbahn nach dem Zweiten Weltkrieg ausschließlich vierachsige Personenwagen eingestellt, die sowohl für den Nah- als auch für den Fernverkehr 26,4 m (gegenüber bisher 21,5 m) lang sind. Der Achsstand der Drehgestelle wurde auf 2,5 m reduziert. Alle Wagen sind eng gekuppelt und statt der alten Faltenbälge mit Gummiwülsten versehen. Von den Fenstern ist nur die obere Hälfte zu öffnen. In einer Übergangsphase benötigten die Reisezugwagen Dampf- und elektrische Heizung. Die größere Wagenlänge verlangt des Lichtraumprofils halber eine Reduzierung der Breite um einige Zentimeter. Doch hat man sich entschlossen, die Zahl der Sitze zu reduzieren. In neuen Wagen gibt es auch in der zweiten Klasse nur drei nebeneinander. Die Bundesbahn rühmte sich, ihren Passagieren zwei- bis dreimal soviel Platz zur Verfügung zu stellen wie die konkurrierenden Straßenverkehrsmittel Pkw und Omnibus!

Moderner Doppelstockwagen. Rechts Aufgang.

Super-Liner der Amtrack, USA. Das obere Stockwerk ist den Passagieren vorbehalten, während unten Gepäck- und Serviceräume sind.

Was nun die »Klassen« angeht, so haben sie beim Eisenbahnfahren einen großen Teil ihrer Bedeutung eingebüßt, nachdem ihre Zahl von vier auf zwei zusammengeschrumpft ist. Gepolstert – mehr oder weniger weich – sitzt man heute überall. Die Ausstattung der Wagen und vor allen Dingen ihre Pflege ist aber nach wie vor sehr unterschiedlich und lässt ein neues Klassensystem erkennen, das sich nicht in einer Ziffer dokumentiert, sondern in der Länge des Kurses – hier der Fernzug mit dem durchweg voll zahlenden Publikum, dort der Nahverkehr mit den Pendlern, die mit ihren Fahrpreisermäßigungen für eines der großen Löcher im Haushalt der DB verantwortlich sind.
Ganz grob verallgemeinert kann man sagen, dass die »Plebejer« unter den Reisenden im Saalwagen mit Mittelgang transportiert wurden. Den Reisenden der gehobenen Schichten (und den Fernreisenden, was früher wohl dasselbe war) standen geschlossene Abteile zur Verfügung. Nun hat sich diese Einteilung aber verschoben. Wir werden beim Kauf einer Fahrkarte befragt, ob

Moderner Personenwagen für die lange Strecke.

wir im Großraumwagen oder im Abteil sitzen wollen. Denn der Großraumwagen hat bestimmte Vorteile. Zuerst: Es gibt kein Einander-gegenüber-Sitzen und das sich daraus ergebende Gezerre um die Beine. Dann: Die Sessel sind verstellbar, in den verschiedenen Wagen sind Stecktischchen für den Imbiss angebracht. Wie über den Wolken … An bestimmten Plätzen kann man arbeiten oder den Tisch für ein anderes Hobby, wie zum Beispiel eine Runde Skat, verwenden. Da testen Sie einmal die Züge der MOB oder den Glacier-Express!

Da wir meist dazu neigen, die Bedeutung des Personenverkehrs in der Bilanz von Eisenbahnunternehmen zu überschätzen, sei hier der Fahrzeugbestand der Deutschen Reichsbahn 1931 zusammengestellt:

Dampflokomotiven	23.308
Verbrennungslokomotiven	3
Elektrische Lokomotiven	399
Triebwagen für Oberleitung und Stromschiene	913
Andere Triebwagen	269
Personenwagen	65.630
Gepäckwagen	21.348
Güterwagen	654.022

1860 erzielt, als die Eisenindustrie Voraussetzungen geschaffen hatte, zunächst für den Rahmen, später aber auch für Teile des Aufbaus Eisen zu verwenden und damit die Festigkeit und Ladekapazität der einzelnen Wagen zu erhöhen.

Die Einführung einer durchgehenden Kupplungsstange war bei Güterwagen noch wesentlicher als bei Personenwagen. Solange die Kupplungen an den Kopfbalken der Wagen befestigt waren, wurde der gesamte Zug der Lokomotive auf das Untergestell der angehängten Wagen übertragen und musste von diesen weitergegeben werden. Bei langen, schweren Güterzügen war das für die ersten Wagen hinter der Lokomotive natürlich eine wahnsinnige Belastung. Das führte dazu, dass erstmalig 1866 die beiden Zugvorrichtungen unter dem Wagen miteinander verbunden wurden, der Kopfbalken der einzelnen Wagen also nicht mehr dem Halten, sondern nur mehr der Führung des Zughakens diente. Schließlich wurden auch bei Güterwagen mit wachsender Größe und Länge die sattsam bekannten »Vereinslenkachsen« eingeführt. Die Betriebsordnung schreibt vor, dass der Achsstand zweier fester Achsen nicht größer als 4500 mm sein darf.

»Blue Train« aus Südafrika. Das beste rollende Hotel – auf 1076 mm Spurweite. Mehrfachbespannung ist kein Problem.

Für die USA gibt es folgende Zahlen (1928):

Lokomotiven	63.311
Personenwagen	54.800
Güterwagen	2.346.751

(der vierachsige Güterwagen war damals schon in den USA die Norm)
Personenkilometer/Tonnenkilometer 1:15

Der Fortschritt im Güterwagenbau ist an der Verbesserung des Verhältnisses von Eigengewicht und Ladegewicht abzulesen. Die ersten Wagen, die um 1840 gebaut wurden, hatten ein Eigengewicht um 5,5 t bei einer möglichen Zuladung von 3 bis 4 t. Innerhalb von etwas mehr als zehn Jahren war das Ladegewicht auf 10 t gesteigert. Der eigentliche Durchbruch allerdings wurde dann nach

Güterwagen waren ursprünglich »Loren«, wie man sie vom Bergwerk her kannte. Nässeempfindliche Güter wurden wie auf dem Pferdewagen mit wasserdichten Planen abgedeckt. Doch schon nach wenigen Jahren kamen die ersten »Geschlossenen« mit seitlich angebrachten Schiebetüren, während man die offenen Güterwagen mit Klapptüren ausstattete, wegen der besseren Entladung von Schüttgütern. Bald kamen Verschlagwagen dazu, überdachte Güterwagen mit offenen, aus Latten gebildeten Seitenwänden zum Transport von Vieh, wobei für Kleinvieh Zwischenböden eingezogen wurden.

Schienen- und Rungenwagen wurden zunächst von den Eisenbahnverwaltungen für eigene Zwecke angeschafft. Als Flachwagen haben sie entweder gar keine Vorder-

wand oder niedrige, umlegbare Wände (Niederbordwagen). So sind sie zu Universalvehikeln für den Transport sperriger Güter geworden. Natürlich: Schienen kann man auf ihnen transportieren, auf ganze Wagenzüge gelegt in beliebiger Länge, denn im Zeichen der nahtlos geschweißten Schiene werden auch die Einzelstücke immer länger. Kraftwagen und Omnibusse, alle Arten von schweren Einzelstücken, Maschinen, Transformatoren; in den Fußboden sind Binderinge zur Befestigung des Gutes eingelassen. Bei Rungenwagen können in die Bordwand senkrecht stehende Stäbe eingelassen werden, die sonst in den Rungentaschen unter dem Wagen stecken: so ist der Wagen zum Transport von Langholz und Profilwalzstahl eingerichtet. Sind Holz oder Stahl jedoch länger, so bewältigen mehrere Plattformwagen mit aufgesetzten Drehschemeln den Transport.

Der Bau und Einsatz von Güterwagen steht unter zwei sich widersprechenden Gesetzen. Zum einen sind die Bahnverwaltungen bestrebt, einen möglichst einheitlichen Güterwagenpark zu haben. Das verbilligt Anschaffung, Einsatzplanung, Bereitstellung, Verkehr und Unterhaltung. Andererseits steht die Bahn aber den Wünschen der Verfrachter nicht ablehnend gegenüber. Sie darf es nicht, will sie nicht noch mehr Kunden an den Straßenverkehr verlieren. Aus den Wünschen der Verfrachter hat sich nun eine Fülle konstruktiver Besonderheiten ergeben, die dazu geführt haben, dass Großverfrachter eigene Güterwagen besitzen, die sie von Fall zu Fall zum Transport der Bahn übergeben. Mehr und mehr geht man dazu über, eigene Züge – genannt Ganzzüge – auf die Reise zu schicken und dort dann private Bahngesellschaften, die sich auf solche Sachen spezialisieren, oder das eigene Haus mit den Transporten zu betrauen. Lokomotiven jeder Art stehen bei ebenfalls privaten Firmen als Leihobjekte zur Verfügung, von leichten Rangierloks bis hin zu den schweren Streckenlokomotiven für elektrischen oder Dieselbetrieb. Das sind zum Teil ausländische Fabrikate, die den Staub der weiten Welt auf die deutschen Schienen bringen.

Durch Einführung moderner Konstruktionsprinzipien und nicht zuletzt durch den Vormarsch vierachsiger Güterwagen ist es gelungen, das Verhältnis von Ladegewicht und Eigengewicht auf durchschnittlich 10:4 zu verbessern. Wesentlich war die optimale Ausnutzung vorhandener Wagen, sodass diese sowohl für Schüttgut als auch für nässeempfindliches Stückgut eingesetzt werden können – im Hin- und Rücklauf einer Strecke ergeben sich oft ganz verschiedene Schwerpunkte. So hat man

Aus dem Archiv einer Waggonfabrik: Vieles wird heute auf dem Lkw transportiert.

Die »15er« vor einem Güterzug der Zimbabwe Railways.

Wagenkippe – bevor man Wagen mit Selbstentladevorrichtung hatte.

UNION PACIFIC
63X

geschlossene Güterwagen mit Schiebedächern und Stahlfaltdächern entwickelt, bei denen mindestens die halbe Dachfläche zur Beladung per Kran oder Förderband geöffnet werden kann. Güterwagen sind in steigendem Maße mit Einrichtungen für die Selbstentladung versehen.

Die Ersten mit solch praktischer Ausrüstung waren die skurril aussehenden »Trichterwagen« der Aachener Waggonfabrik Talbot. Schwere Spezialwagen für Schüttgut verkehren in geschlossenen Zügen nach festen Fahrplänen zwischen Kohlengruben, Erzhäfen und Hochöfen, wobei sich die Möglichkeit ergibt, zumindest hier unser längst überholtes Kupplungssystem durch eine moderne Mittelpufferkupplung zu ersetzen.

Neu sind auch die speziell für den Transport von Containern konstruierten Wagen. Die Bahn hat für diese Riesenkisten besondere Verladebahnhöfe geschaffen. Und neu sind Spezialwagen für den Autotransport. Da gibt es zweistöckige offene Spezialwagen, mit Überfahrten, sodass der Zug von einer Spezialrampe aus ohne weitere Hilfsmittel beladen werden kann. Die Autos werden Stück für Stück mit eigener Kraft auf den letzten Wagen und von dort im bzw. auf dem Zug bis zu ihrem Standplatz weitergefahren. Andere Spezialwagen werden für die »rollende Landstraße« gebraucht. Gerade diese drei Wagentypen sind in der Zukunft wesentlich, da sie große Teile des auf den Straßen rollenden Frachtgutes aufnehmen können.

Die Ladegewichte der einzelnen Wagentypen sind mit der Zeit enorm gesteigert worden. Ein Großgüterwagen für Erz hat 55 t Ladefähigkeit; der Rauminhalt geht bis zu 69 m^3. Die Rekordhalter unter den Güterwagen allerdings sind spezielle Schwerlastwagen, Flachwagen durchweg, die wegen des Gewichtes bis zu 32 Achsen haben. Je nach der Konstruktion des zwischen den vier Drehgestellen hängenden Mittelteils, welches das Frachtstück zu tragen hat, kann dieses Prachtstück der DB bis zu 530 t Last tragen. Die beiden vorderen und hinteren fünfachsigen Drehgestelle haben je ein übergeordnetes Drehgestell, auf dem die Mittelbrücke aufliegt. Ein Teil der Achsen ist verschiebbar.
Den Europäern oft um mehr als eine Nasenlänge voraus, hat man in Amerika von Anbeginn an vorwiegend vierachsige Güterwagen gebaut. Das führte dazu, dass man mit größeren Gewichten pro Wagen rechnen konnte, und auch recht früh zu Zuggewichten kam, an die wir heute noch kaum denken können. Doch war die mögliche höhere Tragkraft pro Wagen keinesfalls der ursprüngliche Grund dieser Konstruktion, haben wir doch gehört, dass die recht lieblos angelegten amerikanischen Eisenbahnstrecken zunächst wesentlich geringere Achsdrücke als die europäischen zur Auflage machten.

Das Drehgestell erleichterte ganz einfach die Fahrt auf den buckligen, unregelmäßig gelegten Gleisen, verhinderte das Entgleisen, wo zweiachsige Wagen gefährlich geschlingert hätten, und vereinigte die Kurvengängigkeit

Sullivan's Kurve auf dem Cajonpass. Man fährt bis zu 110 vierachsige Güterwagen, bis zu fünf Loks oder acht als ferngesteuerte Zwischenloks über den Zug verteilt.

Verschiedene neuere Güterwagen.

Flachwagen für den Fahrzeugverkehr, es gibt ihn nicht erst seit gestern. Er soll die Straßen entlasten, und – wenn der Lkw alles das zahlt, was er an Kosten verursacht – auch billiger und genau so schnell oder schneller fahren wie die Konkurrenz auf der Straße.

eines kurzen, zweiachsigen Drehgestells mit der Laufruhe eines langen Wagens. Amerikanische Güterwagen mit einem Bruttogewicht von 100 t sind keine Seltenheit.

Der Güterverkehr wickelt sich in drei Stufen ab. Nach wie vor sammelt ein Nahgüterzug die auf einer Strecke anfallenden Wagen ein. Auf dem »übergeordneten« Knotenbahnhof wird dieser Zug bei der Fahrt über den Ablaufberg zerlegt. Die einzelnen Wagen laufen je nach ihrem Bestimmungsbahnhof in Richtungsgleise, wo sie durch Rangierer mit dem Bremsschuh abgebremst werden. Die so formierten Züge gehen zum nächsten Knotenbahnhof, werden neu zusammengestellt, und die Fahrt endet nach einer gewissen Zahl von Zwischenläufen und Umstellungen, die sich nach der Länge der Strecke und den betrieblichen Verhältnissen richtet, wieder in einem Nahgüterzug, der Wagen über die Bahnhöfe »seiner« Strecke verteilt. Dieser Zug allerdings wurde nicht gleich im Richtungsgleis, sondern in dem sich anschließenden Bereitstellungsgleis endgültig formiert, da die Reihenfolge der Wagen sich nach der der Zielbahnhöfe zu richten hat, um unterwegs unnötige Rangiermanöver zu vermeiden.
Vor nicht allzu langer Zeit rechnete man noch mit einer Faustregel von 10 km/h beim Gütertransport. Das Verfahren erscheint nicht nur dem Außenstehenden »steinzeitlich«, sondern ist auch eine der schwachen Stellen des Schienenverkehrs. Die durchschnittliche »Umlaufzeit« eines Güterwagens betrug elf Tage.

Hier begann man zu rationalisieren, um nicht noch mehr Frachtgut an »die Straße« zu verlieren. Ein großer Teil der »Knotenbahnhöfe« mit Ablaufberg und allem anderen üblichen fiel fort. Mit automatischen Zentralstellwerken, Computerisierung und Gleisbremsen wurde die Arbeit bei den übrigen forciert. Das Entkuppeln und Kuppeln

Schwertransport. Das ist oft eine Sache, die langer Vorbereitung bedarf. Wenn die Last das Lichtraumprofil überschreitet, und das ist fast immer der Fall, muss die Strecke danach festgelegt und Hindernisse beseitigt werden.

der einzelnen Wagen blieb Handarbeit. Es ist reine Knochenarbeit und gefährlich.

Die automatische Kupplung, wie sie in Japan und der Sowjetunion schon 1925 und 1929 eingeführt wurde, wäre noch ein wesentlicher Punkt der Rationalisierung, sie müsste aber von allen beteiligten Unternehmen gleichzeitig eingeführt (und auch finanziert) werden. Man drückt die Wagen nur noch nachts über den Ablaufberg und hat innerhalb weniger Stunden die Züge neu zusammengestellt. Der Anteil der »Ganzzüge« steigt ständig, und man will die Kleinsendungen, die durch die Bahn nicht rentabel zu transportieren sind, reduzieren. Frachtgutannahmestellen wurden geschlossen. An bestimmten Punkten sind Container-Umschlaganlagen gebaut, sodass die Bahn die Container auf der langen Strecke, der Lkw zum Haus befördern kann. Parallel zu dieser Entwicklung wurden große Teile des Transportgeschäfts ausgegliedert und Spediteure mehr als früher eingeschaltet. Speditionen verschicken allwöchentlich Güterzüge, Industriewerke fahren ihre Erzeugnisse selbst, es wurden kleine Einheiten zum Transport nur weniger Güter geschaffen. Lkw-Auflieger werden mit Eisenbahnachsen versehen. Die Gesetzgebung hat hier der Initiative von Privatleuten (die DB soll ja selbst nach privatwirtschaftlichen Grundsätzen arbeiten und an die Börse gehen) weiten Raum gegeben, und wir werden sehen, wie sich die Dinge in den nächsten Jahren wandeln.

Auf zwei Typen von Eisenbahnwagen muss noch eingegangen werden, auf Gepäckwagen und Postwagen. Gepäckwagen – ganz gleich, ob sie in Güter- oder Perso-

Geschweißte Schienen auf Spezialwagen.

Rechts: Ganzzug. Kohlentransport.

In den USA baute man Dampfloks mit Ölfeuerung. Da kann der Führerstand vorn sein. Eine Mallet.

Verschiebebahnhof mit Ablaufberg.

Kuppeln und Entkuppeln – die letzten mit der Hand ausgeführten Tätigkeiten am »Eselsrücken«.

nenzügen laufen – sind dem Typ und Baustil der übrigen Wagen des Zuges angepasst. Eigentlich müsste man sie »Begleitwagen« nennen. Lange Zeit hatten sie einen Dachaufbau mit Fenstern nach vorn und hinten, durch die der Zugführer, erhöht sitzend, den Zug samt Lokomotive überblicken konnte. Güterzug-Gepäckwagen enthalten den oft erhöht angelegten Arbeitsraum des Zugführers und Aufenthaltsräume für das Zugbegleitpersonal, das allerdings mit der Einführung durchlaufender Bremsen drastisch reduziert werden konnte. So fragte es sich bald, ob allein für den Zugführer ein ganzer Wagen mitgeschleppt werden müsse. Man begann, durch Umbauten von Tendern ihm eine Kabine dort zwischen Kohle und Wasser zuzuweisen und räumte ihm nach der Einführung der Diesel- und elektrischen Traktion einen Platz auf der Lokomotive ein, soweit das überhaupt noch nötig war, denn die meisten Güterzüge fahren mittlerweile ohne Zugführer.

Dagegen trugen Gepäckwagen in Reisezügen ihren Namen zu Recht. Sie transportierten neben dem Zugführer das aufgegebene Gepäck der Gäste, Fahrräder, Kinderwagen und dazu Expressgut. Deshalb war es bei Reisezügen nicht so einfach, den nicht voll ausgenutzten Gepäckwagen ersatzlos zu streichen, obwohl der Zugführer mit seinem »Schreibkram« und die übrige Begleitmannschaft sehr wohl auch in irgendein Abteil eines Reisezugwagens gesetzt werden kann. Fahrräder werden, wenn überhaupt, in Personenwagen befördert.

Mit dem Postwagen ist es auch zu Ende gegangen. Er hatte eine lange Tradition, und seine Besonderheit ist, dass er nicht nur der Beförderung von Postsachen diente,

Güterzug-Packwagen der »Nederlands Staatsspoorwegen«. Der Zugführer hat mit Ornamenten am Dach und Gardinen an den Fenstern einen gemütlichen Arbeitsplatz. Beachten Sie das Fenster oben unter dem Dach.

sondern auch deren Sortierung und übriger Bearbeitung unterwegs, was die gesamte Beförderungsdauer einer Postsendung nicht unwesentlich abkürzte. Das ist – zumindest was die Deutsche Post und ihre Postwagen betrifft – vorbei. Der Grund dazu dürfte bei den vollautomatischen Briefsortieranlagen liegen, die in den Postämtern und Briefzentren stehen und die Zugsortierung überflüssig werden lassen. Der Versand der Container erfolgt dann wie jedes Frachtgut, im Flugzeug, auf der Straße und per Bahn.

Die in Deutschland laufenden Postwagen gehörten von Anfang an nicht den Bahngesellschaften, sondern der jeweils »zuständigen« Postanstalt, also der Landes- oder Reichspost. Sie wurden auf Grund einer Vereinbarung zwischen Post und Bahn (in die auch die Beschränkung des »Post-Regals« gehört) von der betreffenden Bahngesellschaft befördert. Bis etwa 1865 waren sie in Gelb gehalten, wurden dann aber, wegen der Verschmutzung, dunkel gestrichen. Ihr Äußeres gleicht jeweils den Personenwagen der Bauepoche, in der Ausstattung wurde durchweg nicht gespart und die Postwagen waren mit allen Einrichtungen des Reisekomforts wie guter Federung, Heizung und optimaler Beleuchtung versehen, weil man ja von ihren »Passagieren« konzentrierte und verantwortungsvolle Arbeit erwartete. Sie sind durch die geringe Zahl ihrer Fenster von Reisezugwagen zu unterscheiden; die Wandflächen wurden weitgehend für Sortierregale benötigt.

Württembergischer Nebenbahn-Bahnpostwagen. Der Zutritt zum Postabteil war Nicht-Postlern verboten, weshalb der Laufgang außen vor den Fenstern angelegt war.

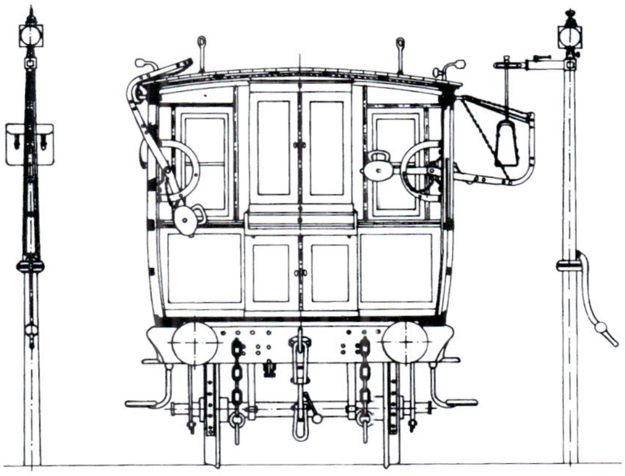

Briefbeutel-Fangvorrichtung in Preußen um 1867. Links ist der Fangbügel am Postfangpfahl eingezogen, rechts ausgeschwenkt.

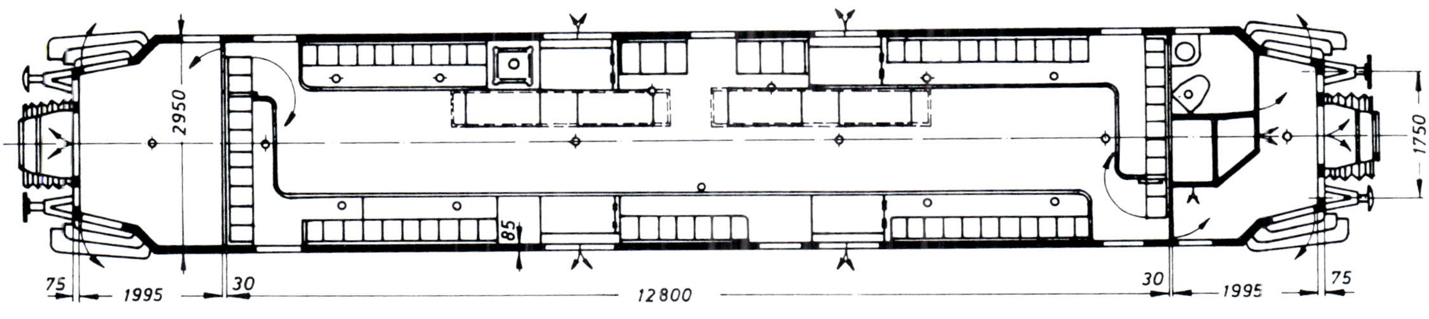

Grundriss eines vierachsigen Bahnpostwagens mit Mitteldurchgang, 1915.

Diesellokomotiven

Rudolf Diesel selbst hatte 1908 eine Lokomotive entworfen, die mit dem von ihm erfundenen Motor angetrieben werden sollte. Er rechnete mit einer Leistung von etwa 1000 PS, gebaut wurde diese Lokomotive allerdings nicht. Statt dessen gab im Jahre 1912 die Preußische Staatsbahn zwei Probelokomotiven in Auftrag. Borsig in Berlin und die Firma Gebrüder Sulzer in Winterthur teilten sich die Fertigung – der Entwurf stammte von dem württembergischen Oberbaurat Klose. Die Lokomotive erhielt die Achsfolge 2'B2' und einen Stangenantrieb wie die elektrischen Lokomotiven ihrer Zeit. Ihr Zweitakt-Vierzylinder-Dieselmotor hatte eine Leistung von 1000 PS.

Das große Handikap des Dieselmotors ist, dass er nicht aus dem Stand unter Last anfahren kann, wie das für Systeme mit Dampf- und elektrischem Antrieb keine Schwierigkeit bedeutet. Vielmehr muss der Dieselmotor mit fremder Kraft angeworfen, oder, wenn er, wie bei der ersten Diesellok, fest mit den Treibachsen verbunden ist, gar angeschoben werden. Ein Getriebe mit Kupplung, wie es vom Kraftwagen her bekannt ist und in leichten Verbrennungsmotor-Triebwagen angewendet wird, scheidet von vornherein aus, da eine Kupplung nie den hier auftretenden Kräften gewachsen ist. Die Konstrukteure hatten deshalb dem Dieselmotor eine Hilfsmaschine beigefügt, einen leichteren Diesel, der seinerseits mit Hilfe eines Kompressors Druckluft erzeugte. Mit dieser »Anfahrvorrichtung« wurde die Lokomotive jeweils bis zu 16 km/h beschleunigt, bis der Hauptdiesel eine Drehzahl von 60 U/min hatte und – anspringen sollte. Doch das tat er nicht immer und schon gar nicht sofort. Dann war fremde Hilfe notwendig. Und die Direktion der Preußischen Staatsbahnen stellte sich auf den verständlichen Standpunkt, dass eine Lokomotive, für die an jeder Station eine Schiebelok bereitgehalten werden müsse, nicht den Erfordernissen ihres Betriebes entspräche.

Doch das Problem der zweckmäßigen Anwendung des Dieselmotors im Eisenbahnbetrieb beschäftigte zahlreiche Erfinder. Der Italiener Zarlatti propagierte die »pneumatische Kraftübertragung«. Das heißt, dass man die inzwischen als unzweckmäßig erkannte direkte Kraftübertragung vermeiden wollte, gleichzeitig aber auch die im Zusammenhang mit dem Verbrennungsmotor bekannte elektrische Kraftübertragung, die zu aufwändig erschien, ausschloss. Auch beim Antrieb durch einen Dieselmotor sollte auf die bewährten Zylinder und Kolben – wie bei einer Dampflok – nicht verzichtet werden. Zarlatti konstruierte seine Lokomotive so, dass sie – nach seiner Meinung – alle Vorteile einer Dampfmaschine behielt, deren Nachteile aber durch den neuen Antrieb vermieden wurden. Ein Dieselmotor verdichtete mit Hilfe eines Kompressors Luft und blies diese durch das Kühlwasser eben dieses Motors, das damit gekühlt wurde. Es entstand ein Gemisch aus Wasser und Luft von 100° Celsius Hitze, das durch die Dieselabgase auf 200° Celsius aufgeheizt wurde. Dieses Wasser-Luft-Gemisch wurde in den Kolben gegeben und leistete dort Arbeit wie bei einer Kolben-Dampflokomotive. Trotz Brennstoffkosten, die 50 % unter der einer Dampflokomotive lagen, konnte sich die Konstruktion nicht durchsetzen.

Ähnlich ging es der Konstruktion der italienischen Lokomotivfabrik Giov. Ansaldo, die, vom Scheitern der deutschen Klose-Sulzer-Borsig-Diesellokomotive unbeeindruckt, wiederum eine Dampflokomotive mit direktem Antrieb baute, mit einem Sechszylinder-Zweitakt-Dieselmotor, dem Achsbild 1'C2' und einer pressluftgetriebenen »Anfahrhilfe«, die über Zylinder und Stangenantrieb wirkte wie der Antrieb einer Dampflok. So hatte die Lokomotive zwei ganz unabhängig voneinander funktionierende Antriebssysteme. Der Pressluftantrieb konnte bei Sonderbelastungen, wie zum Beispiel bei schwieriger

Versuche, den Dieselmotor zum Antrieb für die Eisenbahn zu verwenden. Professor Lomonossow, Volkskommissar für das Eisenbahnwesen, ließ in Deutschland Probelokomotiven bauen.

Bergfahrt, zeitweise vom Lokomotivführer zugeschaltet werden. Die Idee einer druckluftgetriebenen Diesellok mit Kolben, Zylinder und Treibstangen wurde 1925 noch einmal von der Maschinenfabrik Eßlingen und der MAN aufgegriffen. Es entstand die 1928 fertig gestellte Versuchslokomotive V 3201.

Es ist nicht übertrieben, wenn man sagt, dass nach all diesen Irrwegen und fruchtlosen Versuchen die meisten Konstrukteure, Maschinenfabriken und Eisenbahnverwaltungen die Sache herzlich satt hatten. Es schien unmöglich, für Eisenbahnen ein befriedigendes Hochleistungszugfahrzeug mit Dieselmotor zu schaffen. Neue Anstöße kamen demzufolge nicht aus dem Kreis der hoch industrialisierten Nationen, sondern aus einer ganz anderen Richtung. Die junge Sowjetmacht, die vor der schier unlösbaren Aufgabe stand, die alten Bahnlinien wieder in Gang zu setzen und weitere zur Erschließung des weiten Landes zu bauen, aus finanziellen Gründen aber an eine Elektrifizierung nicht denken konnte, begann sich für das neue Vehikel zu interessieren, war es doch jenseits von Brest-Litowsk an der Tagesordnung, sich mit unkonventionellen Lösungsmöglichkeiten zu befassen. Reizvoll war die Tatsache, dass eine mit Dieselmotor angetriebene Lokomotive nicht alle paar hundert Kilometer größere Mengen von Wasser übernehmen musste. Reizvoll war ebenso, dass der mitzuführende Brennstoff ein Bruchteil des Gewichtes ausmachte, den eine Dampflokomotive an Kohle verbrauchte.

Wer Güter über lange, sehr lange Strecken transportieren will, und die Route von Moskau nach Wladiwostock ist länger, als es sich ein Mitteleuropäer vorstellen kann, bei dem schlägt allein der Transport der Lokomotivkohle erheblich zu Buche, und die Nutzlast wird – je länger die Strecke – immer geringer.

Es gab also eine ganze Reihe triftiger Argumente, die den russischen Professor Lomonossow, seit 1921 Volkskommissar für das Eisenbahnwesen, bewogen, in Deutschland zunächst zwei Probelokomotiven zu bestellen. Die erste, 1924 ausgeliefert, hatte die Achsfolge 1'E1' und dieselelektrischen Antrieb, wie er kurz vor dem Krieg schon einmal aufgetaucht war. Mit Einzelachsantrieb versehen, wurde sie zur Stammmutter einer unübersehbaren Reihe erfolgreicher Dieselloks.

Das Eis war gebrochen. Eisenbahngesellschaften in aller Welt horchten auf. Insbesondere in Afrika und Asien, wo lange, öde und wasserlose Strecken zu durchqueren waren und man nicht mit einer dichten Zugfolge rechnen konnte, die eine Elektrifizierung gerechtfertigt hätte, saßen die potenziellen Kunden für solche Lokomotiven. Aber auch in den USA begann man sich für den dieselelektrischen Antrieb zu interessieren.

Die zweite Lokomotive dagegen war ein Experiment, den »umständlichen« Weg der elektrischen Kraftübertragung abzukürzen. Ihr Achsbild war 2'E1'. Man meinte, mit direkter Kraftübertragung, mit Blindwelle und Stangenantrieb, die Bauweise zu vereinfachen und gleichzeitig zu verbilligen. Die bei Hohenzollern in Düsseldorf gebaute und ebenfalls 1924 fertig gestellte Lokomotive bewährte sich allerdings nicht. Das war kein Grund, nicht weitere Versuche anzustellen. 1926 wurde von der Deutschen Reichsbahn eine Diesellok mit Magnetkupplung, gebaut von der Hohenzollern AG Düsseldorf, in Betrieb genommen. Sie leistete 1200 PS. In England gab es eine Lokomotive der Bauart Still, ausgerüstet mit Kolben und Zylinder; beim Anfahren wurde der Kolben von der einen Seite mit Dampf, von der anderen durch Kompressionszündung getrieben.

Die erste Diesellokomotive, die von der Deutschen Reichsbahn einer Baureihennummer gewürdigt wurde, war die schon genannte V 3201 aus dem Jahre 1928, eine 1200 PS starke 2'C2'-Lokomotive, die für den Schnellzugdienst vorgesehen war, aber von Anfang an nicht befriedigte. Kleine Rangierlokomotiven mit 20 bis 150 PS und pneumatischer Kraftübertragung dagegen konnten reüssieren. 1933 folgte die V 16, erste serienmäßig hergestellte deutsche Diesellokomotive mit elektrischer Kraftübertragung, mit der Achsfolge C und 200 PS Leistung für den Rangierverkehr entwickelt.

Eine Diesellok bei der Montage.

3112
3112
Grande

3146

Vier dieselgetriebene SD-40 der Rio-Grande-Bahngesellschaft mit je 3000 PS vor einem 2 km langen Güterzug am Helperpass.

1935 dann erschien die V 140 (1'C1') mit hydraulischer Kraftübertragung und 1400 PS Leistung. Deutschlands größte dieselelektrische Lokomotive war die 1942 gebaute Doppellok V 188, von der drei Exemplare zum Transport von Eisenbahngeschützen gebaut wurden; nach dem Krieg schleppten sie schwere Güterzüge von Würzburg nach Bebra. Sie waren »Spitze«: 2 x 940 PS, Dienstgewicht 153 t, Achsfolge Do+Do, Höchstgeschwindigkeit 75 km/h. Dazu muss gesagt werden, dass eine dieselelektrische Lokomotive ja eigentlich eine elektrisch getriebene ist, die im Gegensatz zur normalen Elektrolok den Fahrstrom nicht aus der Fahrleitung nimmt, sondern an Bord erzeugt.
Größere dieselelektrische Lokomotiven – geeignet für die Beförderung von Reise- und Güterzügen, wurden seit dem Ende der 30er-Jahre auch in den USA gebaut. Doch hier hemmte ebenfalls der Krieg die Entwicklung, die dann erst um 1950 einen raschen Sprung nach vorn tat. Mit diesem Jahr begann – besonders dort, wo aus irgendwelchen Gründen die Elektrifizierung von Bahnstrecken bis dahin unterblieb – eine rasante Entwicklung zu Gunsten der Dieseltraktion. Amerika war der Vorreiter.

Es stellte sich heraus, dass noch mehr als bei Dampf- und elektrischen Lokomotiven bei Diesellоks das Lichtraumprofil der Eisenbahn dafür sorgte, dass eine bestimmte Leistung pro Lok nicht überschritten wurde. Die Außenmaße des Diesels waren die Grenze. Hat man nun in den USA schon immer eher mehrere Lokomotiven vor einen Zug gespannt, als die Züge nach europäischem Vorbild in mehrere kleinere Einheiten zu zerlegen, so wurde mit der Einführung der Diesellok dieses Mehrfach-Lokomotiven-System erst richtig entwickelt. »Multiple-unit« nennt man diese Einheiten von drei oder vier Lokomotiven, die von einem Lokomotivführer und einem Beimann (früher Heizer) geführt werden. Dabei hat man nur noch einen Führerstand an der Spitze des Zuges, die übrigen Lokeinheiten sind lediglich an die gemeinsame Steuerung angeschlossene Maschinenwagen. In Europa ginge das nicht, da man nicht über die in Amerika üblichen Gleisdreiecke zum Wenden größerer Einheiten verfügt. Hat nun solch eine Einheit normalerweise 2000 bis 2500 PS Leistung, so kann man mühelos damit eine Streckenlokomotive mit 8000 bis 10.000 PS zusammenstellen. Der Rekord für eine Einzellok lag bis 1955 bei 3300 PS (CoCo) und wurde durch eine von Krauß-Maffei 1961 gebaute Lokomotive mit hydraulischer Kraftübertragung auf 4000 PS heraufgesetzt. Eine gleich starke Lok mit dieselelektrischem Antrieb wurde in England 1967 gebaut, sodass die Systeme einander nicht nachstehen. Dagegen wirken die Lokomotiven der Deutschen Bundesbahn mit maximal 2700 PS wie Zwerge.
Es wird behauptet – und wo Rauch ist, befindet sich bekanntlich auch Feuer – dass es bei der so schlagartigen Einführung von Dieseltriebfahrzeugen nach dem Zweiten Weltkrieg nicht ganz mit rechten Dingen zugegangen wäre. Tatsächlich hat sich das Sterben der auf einer hervorragenden Stufe der technischen Durchbildung und Leistung stehenden Dampflok in den USA in wenigen Jahren vollzogen, gerade in jenen Jahren, in denen die riesige Rüstungsmaschinerie zum Stillstand kam und eine Rezession drohte. Neue Programme mussten angekurbelt werden, und die Lokomotivfabriken sollen kräftig mitgekurbelt haben. Jedenfalls dürfte feststehen, dass neuwertige Lokomotiven verschrottet, ja beinahe aus den Montagehallen weggekauft und aus dem Verkehr gezogen wurden, um der Diesellok Platz zu machen. Maedel schreibt, die Dampflok sei buchstäblich dem Profitstreben einzelner Industriemagnaten geopfert worden.

In Deutschland war von solchem Überfluss und den daraus erwachsenden Schwierigkeiten keine Rede. Ja, in ganz Europa war man froh, die schlimmsten Kriegsfolgen in Ruhe beheben zu können, und die Rekonstruktion war zunächst einfacher und schneller zu bewerkstelligen als das Einschlagen neuer Wege. Doch hatte man in Deutschland noch einen Trumpf, der zunächst nur örtliche Bedeutung zu haben schien, doch bald darüber hinauswuchs: das dieselhydraulische Antriebssystem. 1905 hatte der Ingenieur Hermann Föttinger ein »Flüssigkeitsgetriebe« erfunden. 1931 wurde dieses Getriebe erstmalig von der Firma Henschel in einen Schienenbus eingebaut. Worum handelte es sich?

Englische Diesellok mit einem Städte-Schnellzug. Dieser Antrieb ist in Großbritannien noch weit verbreitet.

Die israelische Eisenbahngesellschaft hat Diesselloks von General Motors.

Wahrscheinlich wird allen, die sich schon einmal mit automatischen Getrieben in Kraftwagen beschäftigt haben, die Bezeichnung »Drehmomentwandler« nicht fremd sein. Der Dieselmotor treibt eine Kreiselpumpe, die einen kräftigen Ölstrom erzeugt und durch diesen eine Turbine treibt. Ist die Arbeit getan, so wird das Öl durch einen Leitschaufelkranz umdirigiert, gerät wieder vor die Kreiselpumpe, und der Rundlauf beginnt erneut. Die Kraft wird also – an Stelle einer Kupplung – durch den Ölstrom übertragen, und zwar stufenlos. Vor- und Rückwärtsfahrt müssen durch ein Getriebe geschaltet werden, für verschiedene Übersetzungen besitzen schwere Dieselloks mehrere dieser hydraulischen Getriebe, die durch Einpumpen und Ablassen des Öls in Betrieb genommen und abgeschaltet werden.
Die erste brauchbare Diesellok mit solchem Antrieb war die 1935 gebaute, hier schon genannte V 140. Die stärkste europäische Lokomotive vor dem Zweiten Weltkrieg baute Henschel 1938 für die Rumänische Staatsbahn. Sie hatte zwei Zwölfzylinder-Dieselmotoren mit zusammen 4400 PS Leistung und die Achsfolge 2'Do1'+1'Do2'.
Ab 1936 wurden für die deutsche Wehrmacht dieselhydraulische leichtere Lokomotiven in größerer Zahl gebaut. Soweit sie den Krieg überstanden, sind sie als Rangierloks V 20 (B) und V 36 (C) von der Deutschen Bundesbahn übernommen worden – die ersten in Serien gebauten deutschen Diesellokomotiven.
Inzwischen hat sich das dieselhydraulische System durch Exporte deutscher Lokomotivfabriken in einer ganzen Reihe von Ländern eingeführt, ist doch das Antriebssystem einfacher und dadurch die Lokomotive sowohl in der Anschaffung als auch im Betrieb billiger.

Die Deutsche Bundesbahn hatte in ihren Lokomotiv-Normalbaureihen nur Fahrzeuge mit dieselhydraulischem Antrieb. Ihr Programm konzentriert sich in drei Baureihen von Streckenlokomotiven und einer Baureihe Rangierlokomotiven. Die Teile sind weitgehend austauschbar. So hat die Rangierlok 290 den Motor und

Dieselloks der Deutschen Bahn AG: In der oberen Reihe die Rangierloks V 36 und V 60, dann die Baureihe 218.

noch viele andere Bauteile der Streckenlokomotive 211; dieselben Motoren wie die leichten Streckenloks 211 und 212 fuhren die schweren Typen 220 und 221, jedoch jeweils zwei Stück. Und so könnte man beliebig fortfahren, indem man aufzählt, was zu den Vorzügen einer gut geplanten »Fahrzeugfamilie« gehört.

Die Reihe beginnt mit der alten Köf II, der die Köf III folgte. 2 Achsen, 7830 mm lang, Leistungsübertragung durch Rollenketten, 200 PS. Das ist die 332. 333 steht für die neuere Ausführung mit Gelenkwellenantrieb, 334 mit Funksteuerung. Die V 60, die Rangierlokomotive der mittleren Leistungsklasse mit 650 PS, belegt die Nummern 360 bis 365, alle mit Stangenantrieb. 960 Lokomotiven wurden davon gebaut, man sagt, dass mit dem Rückgang der Rangierfahrten auch diese bald aussterben.

211 und 212 (V 100) sind oft als leichte Streckenlokomotiven zu sehen. 211 und 212 unterscheiden sich nur durch die Stärke des Motors voneinander. Die 213 wurde als Sonderausführung der 212 gebaut und mit einer hydrodynamischen Bremse versehen. Sie wird im Schwarzwald eingesetzt. Der Dieselmotor leistet 1100 bis 1350 PS. die Achsfolge ist B'B', das Gewicht der Lok 62 bis 63 t, die Höchstgeschwindigkeit 100 km/h. Als schwere Rangierlok und für den leichten Güterzug-Streckendienst wurde die Reihe 290/295 aus der 212 weiterentwickelt.

Die Reihe von 215 bis 218 ist ebenfalls äußerlich gleich. 215 hatte einen Dampfheizkessel, die 217 einen Zusatz-Dieselmotor für die Zugheizung, der an den kleinen Auspuffstutzen auf dem Dach kenntlich ist. Die BR 218 ist der vorläufige Höhepunkt und Schlusspunkt der Serie. Sie hat einen Generator für elektrische Zugheizung, der vom Hauptdieselmotor gespeist wird. Alle Loks der Baureihe 218 sind mit hydrodynamischer Bremse sowie Vorrichtungen für Vielfachsteuerung und Wendezugbetrieb ausgerüstet. Die 215/218 (früher V 160/164) ist das Rückgrat der Zugförderung auf allen nicht elektrifizierten Strecken. Die 2500 PS der 218 sind auf diesem Raum kaum zu überbieten, das Gewicht ist 70 bis 80 t, die Achsfolge B'B' und die Höchstgeschwindigkeit liegt zwischen 120 und 140, im Ausnahmefall 160 km/h.

Die fortschreitende Elektrifizierung des Netzes hat zur Folge, dass in den letzten Jahren keine Diesel-Streckenlokomotiven gebaut wurden. Ja, es wurde aussortiert, und so hat zum Beispiel die V 200 Unterschlupf im In- und Ausland bei fremden Eisenbahnverwaltungen gefunden. Es kam noch eine Menge von Dieselloks auf die DB zu, als die beiden deutschen Eisenbahnen vereinigt wurden. Über die verschiedenen Rangierloks wollen wir hier nicht sprechen. Die 202, 204 und 298 (Baureihe 110 bis 112) entsprechen der bundesrepublikanischen 211 bis 213. Sie bilden – auch in Doppeltraktion – das Rückgrat des leichten Verkehrs. Unter der Baureihe 118 beschaffte die DDR-Reichsbahn C'C'-Loks für Nebenstrecken (die B'B' der Baureihe 118 sind Vergangenheit). Unter der neuen Bezeichung 219 fahren sie noch. 20 Loks wurden von Krupp mit neuem Innenleben versehen. Sie erhielten die Baureihenbezeichnung 229.

Schließlich erhielt die DDR noch als Besonderheit die russischen Baureihen 120, 130/132 und 142 mit diesel-

120, die erste der »Taiga-Trommeln«.

elektrischem Antrieb, »Taiga-Trommel« genannt. Während die 120 als überaltert ausgemustert wurde und die 142 als Splitterbauart galt, fährt die 130/132, von der die DR 709 Stück erhielt, noch als 232 im Personen- und doppelt bespannt im Güterverkehr. Einige Lokomotiven wurden für 140 km/h umgebaut und erhielten die Nummer 234. Viele dieser DDR-Lokomotiven wurden verkauft oder verschrottet.

Fachleute basteln an einer Gasturbinenlok, bisher konnte sie sich nicht durchsetzen. Die Sache funktioniert so: Ein Kompressor presst verdichtete und erwärmte Luft in eine Brennkammer, in der sie mit Kraftstoff gemischt und entzündet wird, und zwar in einem kontinuierlichen Brennvorgang. Das ist genauso wie bei einem Düsenflugzeug, einem »Jet«. Doch unser Jet auf Schienen bläst nun nicht die verdichteten Abgase ins Freie, um Rückstoß zu erzeugen, sondern leitet sie auf eine Turbine. Die so gewonnene Kraft wird entweder mit einem Generator elektrisch auf Fahrmotoren oder durch ein Getriebe oder Gestänge mechanisch auf die Treibachsen übertragen.

V 200, der Stolz der deutschen Eisenbahner. Wie die Zeit vergeht …

Turbo-elektrischer Stromlinienzug der »Penn Central« zwischen Boston und New York. Die angegebene Höchstgeschwindigkeit war 170 Meilen/h.

Triebwagen, Triebzüge

Es ist gar nichts Neues, dass unter den Zügen, die möglichst gleichmäßig über den Tag verteilt auf einer Strecke verkehren, einige, die zu »ungünstigen Zeiten« abfahren, weniger besetzt sind als andere. In den Kindertagen der Eisenbahn erledigte man solche Fahrten mit Pferden, die dafür in Reserve gehalten wurden. Doch mit der Steigerung der Geschwindigkeiten auf dem Gleis wurden Pferde nicht mehr als Partner der Lokomotive akzeptiert und im Interesse der eigenen Sicherheit »aus dem Verkehr gezogen«. Sie konnten im wahrsten Sinne des Wortes nicht mehr mithalten.

Hatten sich nun die Gesellschaften damit abzufinden, dass ein Teil ihrer Fahrten den Einsatz von Lokomotive und mehreren Wagen nicht lohnte, ja nicht einmal die aufgewendeten Selbstkosten einbrachte, so wurde die Situation vollends unbefriedigend, als die Zahl der Nebenbahnen wuchs und damit die Zahl der Fahrten, für die der lokomotivbespannte Zug als Transporteinheit zu groß und unrentabel war. Man suchte nach einer weniger aufwändigen Art der Fortbewegung, wie es die Pferdebahn mit wenigen Sitzplätzen, einem einzigen Kutscher und einem Zugtier gewesen war. Logisch ist, dass man zunächst die Möglichkeiten untersuchte, welche die Dampftraktion in dieser Richtung bot.

Ein englischer Autor berichtet, schon um 1850 hätte man die ersten Versuche mit »Selbstfahrern, also automobilen Eisenbahnwagen«, gemacht, die aber zu keinem Ergebnis geführt hätten. Immerhin sind schon auf den breiten Gleisen der »Great Western« einige Triebwagen gelaufen, »die den Übergang zwischen der Lokomotive und dem gewöhnlichen Personenwagen bilden, indem sie nach Form und Bauart ganz einem Personenwagen gleichen, sich von diesem aber dadurch unterscheiden, dass sie ihre eigene Maschine mitführen«. Und es wird auch mitgeteilt, wo solche Triebwagen Einsatz fanden:
»Auf Linien, die unter dem Wettbewerb anderer Verkehrsmittel, wie Straßenbahnen, gleislose Bahnen, Selbstfahrer-Omnibusse usw. zu leiden haben, auf Linien, auf denen der Verkehr … während der verschiedenen Tageszeiten stark schwankt und zu den mittleren Tagesstunden so gering ist, dass er tatsächlich durch Triebwagen bewältigt werden kann, auf Linien mit schwachem Verkehr überhaupt, der einen Betrieb mit gewöhnlichen Zügen nicht lohnt.«

Dieser Aufstellung entnehmen wir mit Vergnügen, dass man schon damals Schwierigkeiten mit den Spitzen des Berufs- und Ausflugsverkehrs hatte (Letzteres mehr als heute), würden allerdings dem ersten Punkt in der Liste der Konkurrenten heute das Automobil und das Flugzeug hinzufügen. Letzteres hat ja als Abwehrmaßnahme der Eisenbahn die Konstruktion der besonders interessanten Fern- und Schnelltriebwagen ausgelöst, die von den einzelnen Verwaltungen als Flaggschiff und Höhepunkt genussvollen Eisenbahnfahrens überhaupt gebaut wurden. Im Übrigen stimmt die damalige Situation mit der unseren überein: Auf vielen Strecken kann die Eisenbahn es sich gar nicht leisten, den Abstand ihrer Fahrten so zu bemessen, dass immer ein ganzer Zug gefüllt ist. Das würde sich nicht mit der Gemeinnützigkeit und der Beförderungspflicht in Einklang bringen lassen, und es würde noch mehr Passagiere zum Abwandern auf andere Verkehrsmittel bewegen.

So entstanden Dampftriebwagen. Von der Konstruktion her waren sie von vornherein eine ziemlich unglückliche Sache, und das mag auch dazu beigetragen haben, dass sie so bald wieder verschwunden sind. Innerhalb des Wagenkastens nahm die Kesselanlage zwangsläufig einen recht großen Raum in Anspruch, und die Lagerung

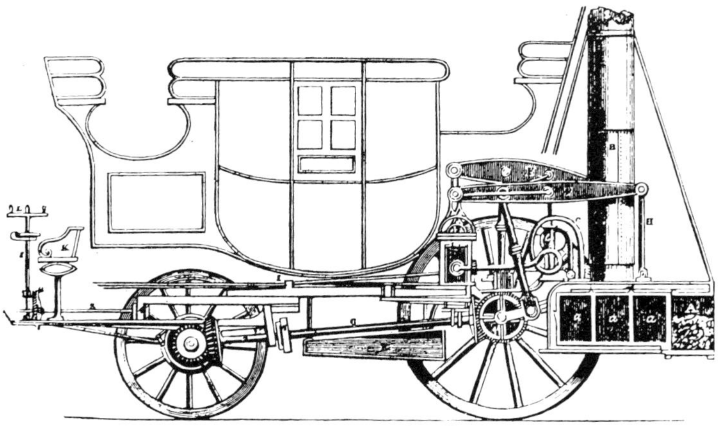

Aus einer englischen Patentschrift: Dampfwagen 1824.

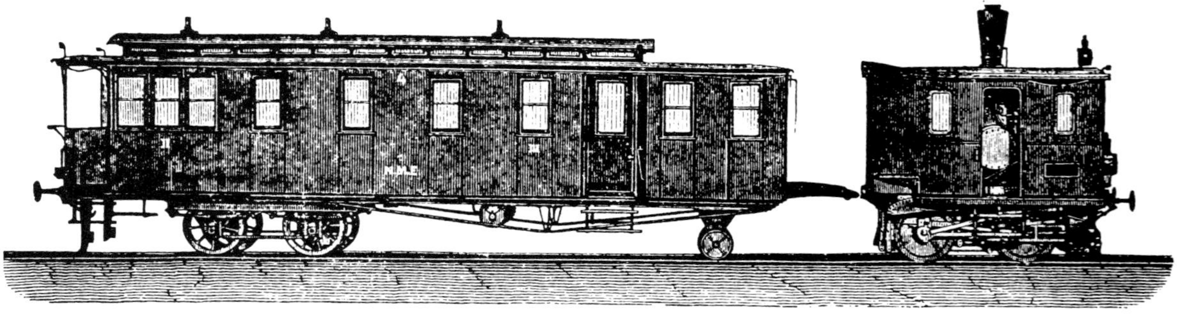

Dampftriebwagen der Niederschlesisch-Märkischen Eisenbahn, 1879 von der Berliner Maschinenfabrik Vorm. L. Schwartzkopff geliefert. Die hier getrennt gezeichneten Maschinen- und Passagierwagen wurden im Sinne eines Sattelschleppers miteinander verbunden.

Zweistöckiger Dampfomnibus von Krauß & Cie., München, 1883, Modell.

des Brennstoffs war ein zusätzliches Problem. Neben dem von der Lokomotive gewohnten Langkessel entsann man sich des längst nicht mehr gebauten senkrecht stehenden Kessels, der neben vielen Nachteilen immerhin den einen Vorteil hatte, wenig Platz einzunehmen. Man ging dazu über, auf einen Rahmen vorn eine komplette kleine Lokomotive und hinten den Wagen – jedes Teil auf Drehgestellen – zu montieren, weil »beides unter einem Dach« sich schlecht vertrug. Und man entwickelte »Krüppellokomotiven«. Das sind auf kleinstem Raum zusammengedrängte Kessel- und Dampfmaschinen-Einheiten mit Führerstand, die – das alles hat es gegeben – entweder vom Wagen getrennt und ausgewechselt werden konnten oder als vorderes Drehgestell den Wagen trugen wie ein Sattelschlepper. Die Trennung von Zug- und Transportfahrzeug hatte den Vorteil, dass die unruhigen Bewegungen des Triebwerks sich nicht auf den Passagierraum übertrugen. Dampftriebwagen wurden auch mit zwei Stockwerken gebaut.

Der erste deutsche Dampftriebwagen fuhr 1879 auf der Berliner Ringbahn. Er hatte zwei Drehgestelle und einen stehenden Dampfkessel. Mit einem Gewicht von 23,5 t und einer Leistung von 24 PS beförderte er 13 Personen in der zweiten und 30 Personen in der dritten Klasse, sowie deren Gepäck, mit einer Höchstgeschwindigkeit von 35 km/h. 1884 wurde er auf die Strecke Hoyerswerda – Falkenberg abgeschoben. (Wie bei vielen anderen Daten der frühen Eisenbahngeschichte ist auch hier die Sache unklar. Dr. Born datiert diesen Triebwagen der Niederschlesisch-Märkischen Eisenbahn für den Berliner Ringverkehr auf 1873. Andere Quellen besagen, dass der erste deutsche Dampftriebwagen 1879 auf der Hessischen Ludwigsbahn gelaufen sei.)

Zweistöckige Dampftriebwagen erschienen zwischen 1880 und 1883 auf der Hessischen Ludwigsbahn und in Sachsen. Darunter waren solche mit innen liegender Dampfmaschine und andere – eine überlieferte Zeichnung weist es nach – dreiachsig mit freiliegendem Kessel. Vierachsig dagegen muss ein in Bayern von der Firma Krauß & Cie gebauter Doppelstock-Dampftriebwagen gewesen sein, da dessen Maschinenteil als Triebdrehgestell ausgebildet war. Bedienungsstände sollen sich für die Vor- und Rückwärtsfahrt auf beiden Seiten des Fahrzeugs befunden haben. 1904 kam ein neuer Dampftriebwagen von Ganz in Budapest nach Bayern, mit nur 50 PS, nicht einmal ausreichend, einen zweiten Wagen anzuhängen, und 1906 wurden sieben vierachsige Dampftriebwagen von Maffei beschafft. Ihr Antriebsteil glich einer Lokalbahnlokomotive. Dass sie für den Vorortverkehr konzipiert waren, ergibt sich aus der Platzeinteilung: 52 Sitzplätze dritter Klasse und 20 Stehplätze. Vier dieser Triebwagen wurden 1924 für elektrischen Antrieb umgebaut, ein weiterer mit einem Verbrennungsmotor versehen. Daneben gab es noch ein paar andere Typen und Einsatzorte; sie hier aufzuzählen, würde zu weit führen.

Kaum war der Dampftriebwagen aus den ersten Entwicklungsphasen heraus, da wurde er auch schon von der neuen elektrischen Traktion überholt und verdrängt. Die ersten Versuche mit elektrischer Zugförderung beruhten auf der Idee, den Strom einer mitgeführten Batterie zu entnehmen. Und auf dieser Basis konnte auch die Idee schon in die Praxis umgesetzt werden, als alle, die an Elektrolok, Stromschiene und Oberleitung experimentierten, über das Versuchsstadium noch nicht hinausgekommen waren. Gewiss, man brauchte nicht darauf zu warten, dass lange Strecken mit Masten und Oberleitung versehen waren, dafür war aber auch der Speichertriebwagen nur eine halbe, eine Übergangslösung, ließ er doch eine große Chance ungenutzt: die Maschine konnte ihre Energie nicht aus dem Fahrdraht entnehmen, sondern musste ihren Kraftvorrat mit sich herumschleppen.

Die ersten deutschen Speichertriebwagen wurden 1896 in der Pfalz in Betrieb genommen. Die zwei Wagen konnten bei einem Eigengewicht von 45 t je 114 Fahrgäste

Der berühmte und weit verbreitete Wittfeldt'sche Speichertriebwagen (1907).

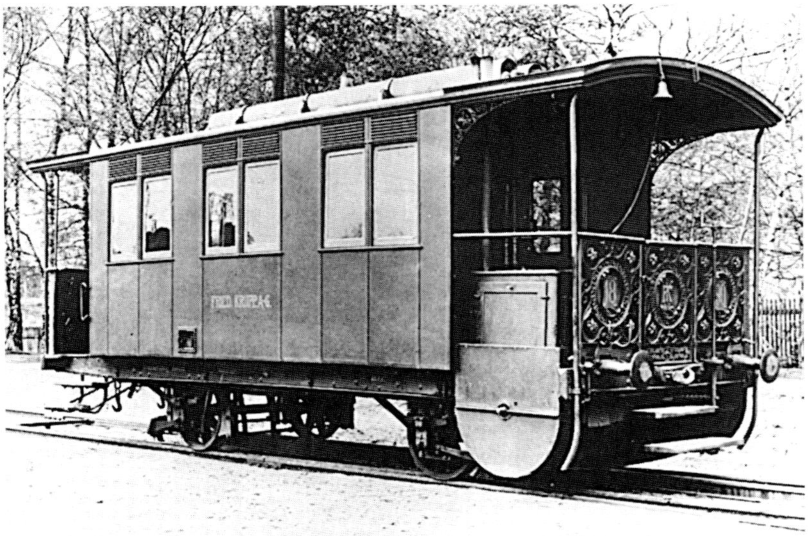

Kleinbahn-Triebwagen mit Daimler-Verbrennungsmotor, gebaut von Krupp, 1890.

befördern. Der »Saft« reichte 30 bis 40 km weit, dann war eine neue Ladung der Batterien fällig; die Fahrzeuge waren so anspruchslos und zuverlässig, dass sie in den 30er-Jahren noch im Dienst standen. 1901 baute man in Bayern einen Dampftriebwagen zum Speichertriebwagen um, 1905 lief auch ein Probewagen in Preußen; beide hatten die Batterien unter den Sitzen.

Doch 1907 nahm dann der bereits genannte Oberbaurat Wittfeldt die neuen Triebwagen unter seine besondere Obhut: Bis zum Ausbruch des Ersten Weltkrieges hatte die Königlich Preußische Eisenbahnverwaltung nicht weniger als 171 Doppeleinheiten der Speichertriebwagen Bauart Wittfeldt beschafft. Dabei handelte es sich um jeweils zwei kurzgekuppelte Wagen; beide trugen außen in einem halbhohen Vorbau eine Batterie, was ihnen ihr charakteristisches Aussehen gab, und darunter ein zweiachsiges, nicht angetriebenes Drehgestell. Eine angetriebene feste Achse hatte jeder Wagen gleich neben der Kupplung. Zwei Motoren je Doppeleinheit leisteten zusammen 100 PS.

Bald kamen auch dreiteilige Speichertriebwagen in den Verkehr – man stellte zwischen die beiden Motorwagen einen Beiwagen. Aber viel wesentlicher war, dass nach dem Ersten Weltkrieg der Übergang von der Großoberflächen-Batterie zur Gitterbatterie vollzogen wurde und damit die Speichertriebwagen einen größeren Radius erhielten, die Wittfeldt'schen zum Beispiel 300 km. Man baute Triebwagen, die eine Batterie auf einem angehängten Tender mitführten, diesen konnte man unterwegs auswechseln wie eine Lokomotive auf einem langen Kurs. Schließlich gestattete die Konstruktion kleinerer und leistungsfähigerer Batterien, diese beinahe unsichtbar unter dem Wagenkasten anzubringen und auf die Vorbauten an den Stirnseiten der Motorwagen zu verzichten. So hatte der Speichertriebwagen, der auf bestimmten Strecken immer noch gefahren wird, seine moderne Form gefunden, und unterscheidet sich äußerlich von dem unter dem Draht fahrenden elektrischen Triebwagen nur mehr durch die Aufschrift. Nach dem Zweiten Weltkrieg hat die Deutsche Bundesbahn noch zwei Speichertriebwagen mit der Achsfolge Bo'2' in Serien aufgelegt, den 500 PS starken, in seiner Form an einen Schnelltriebwagen erinnernden ETA 176, und den mehr dem Schienenbus verwandten ETA 150, der mit 27 m das längste einteilige Reisefahrzeug der DB ist, aber nur 250 PS zugestanden bekam. Beide haben eine Höchstgeschwindigkeit von 90 km/h und fahren auf verkehrsarmen Nebenstrecken.

Hart auf den Fersen folgte dem Speichertriebwagen eine neue Bauart, bei der auch die Möglichkeiten des Verbrennungsmotors genutzt werden sollten. Die ersten Triebwagen mit Verbrennungsmotor sollen 1887 und 1894 von der Maschinenfabrik Eßlingen und den Daimler-Werken gebaut worden sein. Sie hatten Riemenantrieb und leisteten 30 PS.

Vier Triebwagen mit Vergasermotor lieferte Daimler im Jahre 1900 an die württembergischen und einen an die sächsischen Eisenbahnen. Sie sahen aus wie Straßenbahnwagen. Der 32 PS leistende Vierzylindermotor stand abgedeckt im Passagierraum und musste mit einer Kurbel angeworfen werden. Dann trat der Fahrer an die Bedienungshebel draußen auf der offenen Plattform, im Winter stark vermummt, und hatte da die Möglichkeit, das Getriebe auf eine der vier Geschwindigkeiten zwischen 7,5 und 35 km einzustellen. Ein Wagen hatte

44 Sitzplätze und acht Stehplätze – aber ein Vergnügen war die Fahrt für alle nicht.
So vergingen auch nur wenige Jahre, bis nach einigen von Privatbahnen unternommenen Versuchen die preußische Staatsbahnverwaltung 1908 bei der AEG und der Gasmotorenfabrik Deutz einen vierachsigen Versuchswagen bestellte, der mit benzol-elektrischem Antrieb ausgestattet werden sollte: Der Verbrennungsmotor treibt einen Generator, der elektrischen Strom herstellt. Mit diesem wiederum werden die an die Wagenachsen angeschlossenen elektrischen Fahrmotoren gespeist. Der 90 PS leistende Verbrennungsmotor wurde mit Druckluft angelassen. Da sich das System bewährte, wurden ab 1912 16 weitere stärkere Triebwagen (170 PS, 80 km/h, 95 Fahrgäste) gebaut. Inzwischen waren auch (1912) in Schweden die beiden ersten dieselelektrischen Triebwagen der Welt gebaut worden. Damit war eine für den Antrieb von Schienenfahrzeugen mit Verbrennungsmotoren eminent wichtige Stufe erreicht worden. Noch vor dem Ersten Weltkrieg, im Jahre 1914, erschien in Sachsen dann auch der erste von einem Dieselmotor getriebene Triebwagen auf deutschen Schienen. Der Motor leistete 200/250 PS. Doch mit Kriegsausbruch wurden weitere Pläne zurückgestellt. Eine hoffnungsvoll begonnene Entwicklung brach ab.

Nach 1918 begann man praktisch wieder von vorn. Es wurden die leichtesten Einheiten mit Getriebe-Kraftübertragung gebaut, und es war, als habe man die guten Erfahrungen mit der elektrischen Kraftübertragung nie gemacht. So kamen zweiachsige Triebwagen mit 75 PS Leistung, dieselben als Doppeltriebwagen, und vierachsige mit 2 x 100 PS in den Drehgestellen, die nicht in den Wagenkasten hineinreichten – erste Dokumentation der sich später allgemein durchsetzenden Büssing-Unterflur-Bauweise. Dann ging es wegen der geringen Leistungsfähigkeit der Motoren darum, das Gewicht der Fahrzeuge durch konsequente Leichtbauweise herabzusetzen. Eine Reihe von zweiachsigen Triebwagen, die 1931 ausgeliefert wurde, wog Stück für Stück nur 13,3 t, und die Beiwagen gar nur 9 t, bei 43 Sitzplätzen!
Als neben den bekannten, meist stationär betriebenen, langsam laufenden Dieselmotoren auch schnelllaufende entwickelt waren, wurden diese die besonderen Lieblingskinder der Eisenbahnverwaltungen. Hatten sie doch gegenüber dem Benzinmotor zwei unübersehbare Vorteile: die geringere Feuergefahr und die niedrigeren Brennstoffkosten. Mit eingekuppeltem ersten Gang wurden die Wagen mit Hilfe von Pressluft in Bewegung gesetzt, und lief der Triebwagen erst einmal, dann waren Motor und Getriebe in der Lage, die erwartete Leistung von 75 bis 150 PS zu erbringen, womit eine Geschwindigkeit von 65 km/h erreicht wurde. Und wie man das Bestreben hatte, leichte, für den Dampfbetrieb unrentable Züge durch Triebwagen abzulösen, bestand auch die Tendenz, außer den bewährten Leichtgüterzügen Gütertriebwagen auf Strecken mit geringem Frachtaufkommen einzusetzen. 1930 stellte die RB drei dieselmechanische Triebwagen dieser Art in Dienst.

Noch in den 20er Jahren begann dann eine Entwicklung, die die Einschätzung des Triebwagens ganz wesentlich verändern sollte. Der Triebwagen wurde aus seiner Lückenbüßerstellung auf wenig befahrenen Nebenbahnen erlöst und auf Hauptstrecken geholt. Das geschah aus einem ganz besonderen Grund: Man wollte zwischen nahe beieinander gelegenen Großstädten – zwischen Frankfurt, Wiesbaden, Mainz und Darmstadt – einen Pendelzugverkehr einrichten. Das wäre heute kein Problem, und man pendelt mit einer elektrischen Lokomotive und

Historische 1000-mm-Triebwagen auf den Schienen der Selfkantbahn. Der größere von der Triebwagen- und Waggonfabrik Wismar, 1941, B'B', bei der Mittelbadischen Eisenbahn, der kleinere A1, 1939, bei Orenstein & Koppel, Gothaer Waggonfabrik. Die Wagen haben 49 und 33 Sitzplätze.

Triebwagen der »Bauart Wismar«, von der Triebwagen- und Waggonfabrik Wismar 1937 erbaut. Er gehörte zum Bestand der Kleinbahnen. Der abgebildete hat zwei Motoren zu 50 PS und 55 Sitzplätze. Er hört auf den Namen »Ameisenbär«.

Rechts: »Zweiwegefahrzeug« für die Schiene und die Straße. Es wurden nur 15 Einheiten gebaut und 1968 das letzte aus dem Verkehr gezogen.

einem Steuerwagen. Da der damals übliche Dampfbetrieb den Pendelzugverkehr aber zu einem höchst unsicheren und aufwändigen Geschäft machte, entsann man sich der Vorzüge des Triebwagens und löste damit eine beinahe unübersehbare Entwicklung aus.

Natürlich konnten solche für den Transport größerer Mengen von Passagieren ausgelegten Triebwageneinheiten nicht mehr mit mechanischer Kraftübertragung auskommen. Man entsann sich der Generatoren und koppelte sie mit speziell entwickelten 12-Zylinder-Dieselmotoren von 410 PS Leistung. Ohne Übertreibung kann man wohl sagen, dass diese Triebwagen den Weg bereiteten für die nächste Generation der »Fliegenden Hamburger«, die über das ganze damalige Reichsgebiet ein Netz bequemer Tagesverbindungen legten. Sie wurden zum Stolz der Deutschen Reichsbahn, wie heute das ICE-Netz die Visitenkarte der DB ist.

Abgesehen von Straßenbahnen und straßenbahnähnlichen Gefährten und den Versuchswagen von Zossen gab es in Deutschland die ersten elektrischen Triebwagen 1905 auf den elektrifizierten Strecken um Berchtesgaden. Sie fuhren unter der Fahrleitung, hatten zwei Achsen und zwei Motoren zu je 50 PS, die mit 750 Volt Gleichstrom betrieben wurden. Dabei zogen sie meist einige Anhänger, offene Sommerwagen, wenn der Fremdenverkehr es gebot. Für dasselbe Streckennetz wurde ein elektrischer Gütertriebwagen angeschafft.

Elektrische Triebwagen stellten sich als eine sehr praktikable Sache heraus – das optimale Mittel für den Personenverkehr auf der Kurz- und Vorortstrecke. Auf den Stadtbahnen behielt man weitgehend die seitlich angebrachte Stromschiene bei. Außerhalb dieses Netzes fuhr man unter dem Fahrdraht. Die Form der elektrischen Triebwagen wurde zunächst weitgehend aus der der üblichen Personenwagen entwickelt. So baute man für die Berliner S-Bahn und die Hamburger Vorortbahn (1906) Triebzüge, die den alten vierachsigen, preußischen Abteilwagen aufs Haar glichen. Im Londoner Vorortverkehr fuhren die motorisierten Abteilwagen. Dabei empfinden wir es als unschön, in der Stirnwand statt einer durchgehenden Scheibe Türen und gar Übergangsvorrichtungen zu sehen. Wie ein gut gestalteter Triebwagen auszusehen hatte, das wusste man ja seit 1903, als in Zossen die Hochleistungstriebwagen der Firmen AEG und Siemens zu sehen gewesen waren.

Ganz besonders interessant war die Entwicklung von Triebwagen für die Privat- und Nebenbahnen, handelte es sich doch dabei – unabhängig von der Spurweite – um die Strecken mit der geringsten Verkehrsdichte. Natürlich kam in solchen Fällen der Bau einer Oberleitung nicht in Frage. Daher dominierten hier Diesel und Batterie. Die Vielzahl der Eisenbahnverwaltungen führte dazu, dass es von den leichten Triebwagen mit Verbrennungsmotor bald eine unübersehbare Anzahl von Typen und Ausführungen gab. Als Vorläufer der weit verbreiteten Schienenomnibusse entwickelte die Deutsche Reichsbahn 1930 einen omnibusähnlichen Triebwagen, der vorn eine vorgebaute Motorhaube, freischwebend, wie ein Straßenfahrzeug hatte. Dazu kam ein Zweiwege-Fahrzeug, ein Omnibus, der sowohl Schienenräder als auch Pneus hatte und bei Bedarf die ersteren hochklappte. Die Idee setzte sich nicht durch, von den 15 Einheiten wurde die letzte 1968 aus dem Verkehr gezogen.

Selbst auf die Gefahr hin, hier der Wiederholung geziehen zu werden, muss noch einmal auf die verschiedenen Arten der Traktion mit Triebwagen hingewiesen werden. Der deutsche Eisenbahnbenutzer kennt Triebwagen – ganz gleich welcher Art der Antrieb ist – als besondere Einheiten, bestehend aus Motorwagen mit dazupassenden, meist in der Farbe und Form vom üblichen Personenwagen stark abweichenden Steuer- und Mittelwagen. Aus diesen werden meist ständig zusammenlaufende Kompositionen gebildet.

Doch schon auf Nebenbahnen erscheinen hin und wieder Triebwagen in der Funktion der Lokomotive: vor einem Zug, zusammengesetzt aus gewöhnlichen Personenwagen und gar Güterwagen. Dem Besucher der

Schweiz allerdings ist das in kurzer Zeit etwas Selbstverständliches. »Schwertriebwagen« führen lange Züge, sie ziehen 167 kN = 2000 kW und wurden ursprünglich für den Gotthard beschafft. Im Übrigen sind Triebwagen mit Gepäck- und Postabteilen nicht selten, wenn es sich um ausschließlich von Triebwagen befahrene Strecken handelt.

Die Älteren unter uns erinnern sich, dass in den 30er-Jahren viel vom Schienenzeppelin (»Schienenzepp«) gesprochen wurde. Schöpfer des Schienenzeppelins war Franz Kruckenberg, Er war im Ersten Weltkrieg Konstruktionschef des Schütte-Lanz-Flugzeugbaus in Mannheim gewesen und war – da weiterer Bedarf an Flugzeugen nach Kriegsende nicht mehr bestand – bestrebt, die Vorzüge von Luft- und Schienenfahrzeugen miteinander zu kombinieren, d. h. die im Flugzeugbau gewonnenen Erfahrungen für die Entwicklung neuer, schienengebundener Fahrzeuge auszuwerten. Seine Idee war der Bau einer an einer Schiene hängenden und durch einen Propeller getriebenen Kabine, die nach seiner Ansicht bis dahin kaum erträumte Geschwindigkeiten hätte erreichen können. Doch niemand war bereit, die für eine Demonstrationsstrecke nötigen 30 bis 40 Millionen Goldmark (nach heutigem Geldwert mindestens 300 Millionen DM) aufzubringen. So beschloss Kruckenberg, seine Pläne dem Publikum über den Umweg eines auf Eisenbahnschienen laufenden Propellerwagens schmackhaft zu machen. Damit wurde das Projekt auch für die Deutsche Reichsbahn interessant, die seit einiger Zeit selbst verstärkt mit Triebwagen experimentierte.

Das Ziel war ein mit 200 km/h verkehrender Triebwagen, und man hatte gar keine Zweifel, dass das im Bereich der Möglichkeiten lag. Immerhin war bei Zossen diese Geschwindigkeit schon erreicht worden, dabei verbrauchte man allerdings so viel Energie, dass die Experimente abgebrochen wurden, da sie für die Praxis nicht anwendbar erschienen. 1916 hatte die Deutsche Versuchsanstalt für Luftfahrt einen »Propellerwagen« gebaut. 1919 war ein anderer Propellerwagen mit 35 Personen auf den Strecken um Berlin gefahren, war dieser Belastung aber nicht gewachsen, war zu schwach und zu langsam gewesen. 1928 fuhr Fritz von Opel mit einem raketengetriebenen Wagen auf einer Eisenbahnstrecke bei Hannover die fantastische Geschwindigkeit von 253 km/h und flog mit seinem Fahrzeug aus den Schienen, als er mit einer noch stärkeren Pulverladung experimentierte. Doch brachte dies Kruckenberg auf die Idee, sich eben diese Eisenbahnstrecke näher anzuschauen und er fand eine stillliegende, fast schnurgerade Strecke von 8 km Länge, deren Benutzung ihm gestattet wurde.

Nun konnte er – es war 1929 geworden – mit dem Bau seines ersten Triebwagens beginnen. Es war eine eher einem starren Luftschiff als einem Eisenbahnwagen gleichende Konstruktion, ein mit Blech beplanktes Gerippe aus Rohren mit nur zwei Achsen und einem Achsstand von 19,6 m. Der weite Radstand machte eine Lenkeinrichtung nötig, die es gestattete, bei engen Kurven, zum Beispiel beim Rangieren, vom Führerstand aus per Hand die Achsen radial einzustellen. Der Nutzraum war 16 m lang, aber nur 2,50 m breit. Der Antrieb erfolgte durch einen 600-PS-Flugzeugmotor über eine hölzerne Luftschraube, deren Achse 7° nach oben geneigt war, um den Wagen auf die Schienen zu pressen und die Luftsäule nach oben zu leiten, damit das Publikum auf den Bahnsteigen nicht mehr als unbedingt nötig belästigt würde. Für Bahnhofs- und Rangierfahrten trug die Vorderachse einen zusätzlichen Elektromotor.
Das Fahrzeug wog 18,6 t.

Kruckenbergs Schienenzeppelin, 1930. Er sollte die Vorzüge von Luft- und Schienenfahrzeugen miteinander verbinden.

Zweifellos erbrachte der Schienenzepp ganz erstaunliche Fahrleistungen, hatte aber auch Eigenschaften, die ihn für den Einsatz im Bahnverkehr recht problematisch machten, was zu Enttäuschungen und Verbitterung auf Seiten Kruckenbergs, seiner Freunde, Mitarbeiter und Finanziers führte, denn seine Geldgeber in der »Gesellschaft für Verkehrstechnik« hatten sich doch durch dieses Fahrzeug die Beschäftigung brachliegender

Kapazitäten und ein gutes Geschäft versprochen. Der Schienenzeppelin erreichte auf seinen Testfahrten bald eine Spitzengeschwindigkeit von 230 km/h.
Das war eine Sensation auch deshalb, weil das mit einem Motor von 600 PS erfolgte, während der Rekordtriebwagen von Zossen 3000 PS für eine Geschwindigkeit von 210 km/h gebraucht hatte. Ein eindeutiger Sieg des Flugzeugkonstrukteurs. Die Gründe, die die Deutsche Reichsbahn aber bewogen, die Übernahme und den Serienbau des Schienenzeppelins abzulehnen, sind darauf zurückzuführen, dass Kruckenberg weniger von den Realitäten des Schienenverkehrs als vom Flugbetrieb ausgegangen war: Ganz abgesehen von dem engen und spartanisch eingerichteten Innenraum (das hätte man unter Zugabe einiger hundert Kilogramm ändern können) war das Fahrzeug für den täglichen Eisenbahnverkehr nicht robust genug. Die Lenkachse war ebenso problematisch wie der Antrieb, der dicht neben der Strecke stehende Bauwerke gefährdete und schon allein wegen der Saugwirkung des Propellers auf den Schotter des Bahnkörpers eine Fülle von Problemen aufgab. Dazu kam die sehr beschränkte Möglichkeit des Richtungswechsels.

Eine weitere Frage, die aber nicht nur den Schienenzeppelin, sondern auch andere parallel dazu von der Reichsbahn verfolgte Projekte betraf, war die, inwieweit eine erhöhte Reisegeschwindigkeit überhaupt zu realisieren war. Die Züge der Reichsbahn durften im Hinblick auf den Bremsweg und die vorgeschriebenen Abstände von Vor- und Hauptsignal nicht schneller als 110, in Ausnahmefällen 120 km/h fahren. Und man argumentierte, dass ein schnelleres Fahrzeug den auf 60 bis 100 km/h eingestellten Gesamtfahrplan durcheinander bringen und alle anderen Fahrzeuge behindern würde.

Das Lieblingskind der Reichsbahn wurde unter dem Namen »Fliegender Hamburger« weltberühmt und eröffnete die glorreiche Vorkriegsepoche deutscher Schnelltriebwagen, die den Verkehr insofern umkrempelten, als sie es Geschäftsleuten, Politikern und anderen eiligen Reisenden gestatteten, von Berlin aus die wichtigsten deutschen Städte und umgekehrt von diesen aus Berlin zu besuchen und am gleichen Tag zurückzukehren. Ähnlich den IC-Strecken spannte sich bald ein Netz von Schnelltriebwagen-Kursen von Berlin »ins Reich«, dazu kamen Querverbindungen wie Köln – Hamburg, Nürnberg – Frankfurt und Dortmund – Basel. Der Prototyp war ein Doppel-Schnelltriebwagen mit nur drei Drehgestellen, das mittlere war als Jakobs-Drehgestell ausgebildet und hatte an jeder Achse einen elektrischen Fahrmotor; die Kraft gaben zwei 410-PS-Diesel. Neu war die windschlüpfige Form mit herabgezogenem Dach. Türen, Fenster, Griffe und Stangen waren so angeordnet, dass eine glatt durchgehende Außenhaut entstand. Statt der Puffer gab es nur Gummipolster. Der Triebwagen war für eine Geschwindigkeit von 160 km/h ausgelegt. Man sagt, die Konstrukteure der Reichsbahn hätten eine Fülle von Erfahrungen, die Kruckenberg ihnen freimütig mitgeteilt habe, für ihre Zwecke verwertet, und dieser fühlte sich geprellt, um so mehr, als die Reichsbahn »ihren« Triebwagen als schnellsten Zug der Welt in den Sommerfahrplan einstellte.

Nach dem »Fliegenden Hamburger« führte die Reichsbahn ihre Entwicklungsarbeit zielstrebig weiter. Es entstanden zwei-, drei- und vierteilige Garnituren, bis zum Typ »Leipzig (de)« mit dieselelektrischem, danach, beginnend mit »Leipzig (dh)«, mit dieselhydraulischem Antrieb. Hier ergibt sich die Gelegenheit, über die Vor- und Nachteile des Jakobs-Drehgestells ein paar Worte zu sagen. Gewiss, es ermöglichte die Einsparung von Gewicht, wenn sich zwei Wagen auf ein Drehgestell stützen konnten, und sicherlich verbilligte es auch den Bau. Die für den Betrieb verantwortlichen Stellen allerdings opponierten dagegen, musste doch bei einem Schaden der ganze Zug aus dem Verkehr genommen werden, während man bei normaler Ausstattung aller Einzelwagen mit je zwei Drehgestellen jeweils nur einen Wagen herauszunehmen oder auszuwechseln brauchte. Ähnliche Überlegungen gab es natürlich auch nach dem Krieg bei den Gliedertriebzügen, die zwar durch Herausnahme einzelner Glieder verändert werden konnten, aber nur mit relativ großem Aufwand.

Bei den Jakobs-Drehgestellen kam man durch die Vorschläge der Dänen zu einem tragbaren Kompromiss. Da auf den Trajekten der vierteilige Schnelltriebwagen ein-

Schnelltriebwagen der Deutschen Reichsbahn 1932–1939 (nach Gottwald)

Bezeichnung	VT 877	SVT Fliegender Hamburger	SVT Leipzig (de)*	(dh)	SVT Köln	SVT Berlin	SVT München
Lieferjahr	1932	1935	1935/36	1935/36	1938	1938	geplant
Stückzahl	1	13	2	2	14	2	–
Teile	2	2	3	3	3	4	4
Drehgestelle	2 normal 1 Jakobs	2 normal 1 Jakobs	2 normal 2 Jakobs	2 normal 2 Jakobs	6 normal –	8 normal –	4 normal 2 Jakobs
Motorleistung PS	2 x 410	2 x 410	2 x 600	2 x 600	2 x 600	1320	2 x 650
Betriebsgewicht t	93,8	100	129	119	165	212,7	170
Länge m	41,9	44,2	59,6	59,6	70,2	86,7	83,9
Gesamtplatzzahl	98	77	139	139	132	155	150
Gewicht je Sitzplatz t	0,96	1,31	0,93	0,86	1,25	1,37	1,13

* dieselelektrisch bzw. dieselhydraulisch

Der Schnelltriebwagen STV 137 »Köln« im Werksmuseum in Salzgitter. Das Ausstellungsstück wurde auf zwei Wagenlängen verkürzt.

mal geteilt werden musste, setzte man ihn aus zwei zweiteiligen Einheiten zusammen, in deren Mitte sich je ein Jakobs-Drehgestell befand.

Doch fuhr die Reichsbahn damals keineswegs eingleisig. Es waren die Jahre, in denen sowohl die Stromlinienlokomotiven der Baureihe 05 als auch der Henschel-Wegmann-Zug entstanden. Die Elektrolok E 18 fuhr einen neuen Rekord; als einziger elektrischer Triebwagen für Fernstrecken – und das gilt fast bis zum heutigen Tag – wurde der Et 11 gebaut; die Lübeck-Büchener Eisenbahn praktizierte den Wendezugbetrieb mit Stromlinienlok und Doppelstockwagen. So hatte auch Kruckenberg noch eine Chance, und es ist überliefert, dass Dr. Dorpmüller,

Innenansicht des STV 137.

Auch dem zweiten, 1938 gebauten Kruckenberg-Triebwagen war kein Erfolg beschieden. Er war 70 m lang, für 100 Passagiere vorgesehen und wurde von zwei 600-PS-Dieselmotoren getrieben. Franz Kruckenberg arbeitete nach dem Krieg an der Entwicklung von VT 10 und TEE-Zügen mit. Er starb 1965.

Zwei Exemplare des »Gläsernen Zuges« wurden 1935 gebaut. Einer ging im Krieg verloren, der andere stand im Dienst der DB im Ausflugsverkehr vor allem im Voralpengebiet. Er kam kürzlich in Ruhestand ins Museum. 64 + 8 Sitzplätze, Motorleistung 350 kW.

damals Chef der Deutschen-Reichsbahn-Gesellschaft, auf seine Klagen antwortete: »Bringen Sie mir eine Waggonfabrik, die nach Ihren Plänen einen Wagen bauen will.« – Das ist praktisch die Geburtsurkunde des zweiten Kruckenberg-Triebwagens, der wiederum revolutionäre Details aufwies, in der Praxis aber nicht befriedigen konnte. Eine kurze Datenübersicht zeigt den Ablauf des Geschehens:

7. 1. 1938: Verspätete Fertigstellung bei der Vereinigten Westdeutschen Waggonfabrik in Köln-Deutz. Leistung 200 km/h. Dreimonatige Reparatur wegen eines Schaltfehlers. Kruckenberg beschäftigt sich mit einer vergrößerten Form seines Schienenzeppelins.
1. 7. 1938: Die Reichsbahn will den Triebwagen einsetzen, doch läuft bei einer Probefahrt ein Achslager heiß. Die Reparaturdauer wird in den mit Rüstungsaufträgen überlasteten Werkstätten auf ein Jahr veranschlagt.
Juni 1939: Neue Probefahrten mit 215 km/h. Zwei Tage später Achsenbruch. Die Reparatur soll 14 Monate dauern. Der Wagen hatte bis dahin 1.000.000 RM gekostet, die entsprechenden SVT der Reichsbahn dagegen waren für 600.000 RM zu beschaffen.
September 1939: Das mit Kriegsbeginn ausgesprochene Fahrverbot für mit Dieselkraftstoff betriebene Triebwagen legt die weitere Entwicklung still.

Es erscheint wie ein Kuriosum, dass sich in den 30er-Jahren auch wieder der Dampftriebwagen zu Wort meldete, und zwar gleich zweimal in Deutschland. Der erste nahm gegenüber seinen Ahnen die inzwischen entwickelte Ölfeuerung für sich in Anspruch und arbeitete mit einem Betriebsdruck von 100 atü, wodurch die Kesselanlage sehr klein gehalten werden konnte. Die Art der Feuerung ließ Fernbedienung, Einmannbetrieb und kürzeste Anheizzeiten zu. Dampftemperatur, Dampfdruck und Brennstoffzufuhr regelten sich automatisch. Doch hat der nach seinem Erfinder genannte »Doble-Dampfantrieb« sich nicht durchsetzen können.

Ähnlich erging es dem Dampftriebwagen Dt 95. Er war das Ergebnis eines Preisausschreibens, mit dem das Rheinisch-Westfälische Kohlensyndikat den Verbrauch einheimischer Kohle statt fremden Öls fördern wollte. Auch er hatte eine an einen Triebwagen mit Verbrennungsmotor erinnernde Form, doch wurde mit Koks gefeuert. Allerdings ergab sich nur eine Leistung von 300 PS. Das Gewicht war 54 t, die Achsfolge Bo'2', das Fahrzeug hatte eine Höchstgeschwindigkeit von 110 km/h.

Nach dem Zweiten Weltkrieg wurden die deutschen Schnelltriebwagen – genauer, was davon übrig geblieben war – von den Besatzungsmächten beschlagnahmt und für eigene Zwecke eingesetzt. Die Deutsche Bundesbahn knüpfte aber an der Vorkriegstradition an und orderte als erstes 1951 20 dreiteilige Garnituren des dieselhydraulischen Triebwagens VT 08 mit einer auf 2 x 1000 PS gesteigerten Leistung für den Langstreckenverkehr und den ganz ähnlich aussehenden VT 12, der für den Bezirksverkehr vorgesehen war und sich von seinem kostbareren Bruder nur durch die Aufteilung und Inneneinrichtung unterschied.

Auf der Deutschen Verkehrsausstellung in München 1953 waren die Triebwagen wieder im Mittelpunkt des Interesses. Es handelte sich um zwei Garnituren des VT 10, eines Gliedertriebzuges, der übrigens unter Mitarbeit von Hans Kruckenberg entstand und demzufolge voller neuer Ideen steckte. Die beiden neuen Gliedertriebzüge mit sieben bzw. acht Teilen waren auch kaum schwerer als eine Lokomotive und konnten demzufolge durch ihre vier 210-PS-Motoren mit 120 km/h fortbewegt werden. Andere Eigenheiten hatte man vom spanischen Renommierzug »Talgo« übernommen, nämlich die mit 11,50 m äußerst kurzen Mittelglieder. Zwei solcher Glieder stützten sich jeweils auf eine einzige, zwischen ihnen liegende Laufachse. Zwei Kopfglieder, die unter anderem die Motoren trugen, waren gut 17 m lang. Der gesamte Zug wurde in großzügigster Form eingerichtet, je zwei Glieder waren durch einen großen Stirnwandausschnitt zu einer salonartigen Einheit zusammengefasst.

Ist so der »Tageszug« mit seinen Sitzwagen charakterisiert, muss nachgetragen werden, dass der achtteilige Nachtzug zweiachsige Jakobs-Drehgestelle hatte. Mit 40 Schlafplätzen, 12 Liegesesseln und einem für einen Nachtzug immerhin ungewöhnlichen Speiseraum mit 22 drehbaren Fauteuils war auch er »einsame Spitze«.
Die Presse war begeistert, die Betriebsleitung weniger, da sich die komplizierte Maschinerie als äußerst störanfällig erwies. Insbesondere der Tageszug lief sehr unruhig. Die Züge, die zunächst als »Senator« zwischen Hamburg und Frankfurt und als »Komet« zwischen Hamburg und Zürich eingesetzt waren, wurden 1958 zurückgezogen und 1963 verschrottet.

Damit sind wir beim Thema TEE (Trans-Europ-Express), worunter wir ein gemeinsam betriebenes Netz von internationalen Schnellverbindungen der Eisenbahngesellschaften der Niederlande, Belgiens, Frankreichs, Luxemburgs, der Bundesrepublik Deutschland, der Schweiz und Italiens verstehen. 1957 begann der Aufbau. Auf Grund der damaligen Verhältnisse hatte man sich entschlossen, den Betrieb ausschließlich mit Dieseltriebwagen abzuwickeln; von den verschiedenen dafür gebauten Typen hat der deutsche VT 11 die größte Anerkennung gefunden, er erschien allen Kritikern als der Schönste und Repräsentativste. Was die Form betrifft, so konnte man an eine Weiterentwicklung des VT 10 glauben, aber dessen Schwächen hatte man nicht mit übernommen. Die Maschinenleistung war auf 2 x 1100 PS erhöht, alle »Glieder« sind als leicht heraus- und wieder einzustellende vollwertige Wagen mit zwei Drehgestellen ausgebildet. Die Leistung der Triebköpfe gestattete auch die Aufnahme weiterer Wagen über die sieben normal gefahrenen hinaus. Immerhin ist der Zug schon mit diesen 130 m lang. Die Zeit der schnellen Dieseltriebzüge währte allerdings nur kurz. Bereits 1961 stellte die Schweiz Elektro-Triebwagenzüge für vier verschiedene Stromarten ein. 1962 gab es insgesamt 18 TEE-Triebwagen. Und 1964 gaben Franzosen und Belgier – nach weitgehend durchgeführter Elektrifizierung ihres diesbezüglichen Streckennetzes – dem lokomotivbespannten TEE den Vorzug, womit das Ende des schnellen Dieseltriebwagens eingeläutet war.

Es kamen erst ein paar Jahre, in dem die schnellsten Züge der Bundesbahn mit Lokomotiven bespannt wurden. Man baute dafür die 103. Dass das Thema Schnelltriebwagen aber nicht – wie zum Beispiel in der Schweiz und in Österreich – endgültig vom Tisch war, beweist der Triebwagen 403, dessen Vorausexemplare noch jahrelang über die Schienen geisterten.

Ende 1985 wurde mit dem IC-Experimental ein neues Konzept vorgestellt. Die Franzosen waren ein gutes Stück voraus: 1970 hatten sie einen Prototyp fertig gestellt,

ICE 1. Der Zug hat eine aerodynamisch durchgebildete Form mit integriertem Spoiler an Bug und Heck. Griffe und Handstangen sind versenkt, Fenster und Wagenübergangsverkleidungen bündig mit der Außenhaut.

ICE 2. Der Unterschied ist an der »Schnauze« ersichtlich, wo der ICE 2 die Öffnung für die Kupplung hat.

Der ICE T sieht im Grunde genommen dem ICE 3 ähnlich. Doch ist der ICE 3 etwas schnittiger.

1973 erfolgte infolge der Ölkrise die Umstellung von der Gasturbine auf Elektrizität, 1981 wurde der Verkehr auf der Strecke Paris – Lyon aufgenommen. Allerdings wurden für die TGV-Züge gesonderte Strecken gebaut. Das wollte man in Deutschland vermeiden.

Der ICE, wie er, seit 1991 im Einsatz, sich uns zeigt, hat zwei Triebköpfe von 4 x 1200 kW = 4800 kW Leistung bei 280 km/h und dazwischen zwölf Wagen, die nur in der Werkstatt voneinander gelöst werden können. Damit hat der Zug eine Länge von 410 m und hat Platz für 192 Sitzplätze erster Klasse und 567 Sitzplätze zweiter Klasse. Der Drehstromantrieb entspricht weitgehend dem der Lokomotive 120. Er hat die Bezeichnung ICE 1, seit es weitere Mitglieder der »Familie« gibt. Die Wagen sind zunächst drei der ersten Klasse, dann folgt der Speisewagen mit der Küche zwischen dem Speiseabteil und dem Bistro. Es folgt der »Servicewagen«, der über Rollstuhlplätze und ein behindertengerechtes WC verfügt, über Babywickeltisch, öffentliches Telefon, einen Konferenzraum und Arbeitsraum des Zugchefs. Der restliche Platz wird von der zweiten Klasse eingenommen, die auch die restlichen fünf Wagen belegt. Jeder Wagen hat einen Großraum sowie einzelne Abteile. Raucher und Nichtraucher sind in getrennten Wagen. In Schließfächern deponiert man das Gepäck, wenn man in den Speisewagen geht. Der Müll wird getrennt, nicht einfach in die Box geworfen. Der Zug hat drei Bremssysteme. In der Reihenfolge, wie sie eingesetzt werden, steht zunächst die Generatorbremse in den Triebköpfen, die die Energie in Strom zurückverwandelt. Dann folgt die Wirbelstrombremse, eine Art Magnetschienenbremse, die aber 7 mm über den Schienen liegt und nicht verschleißt. Die Wirbelstrombremse liegt in allen Drehgestellen. An allen Achsen ist eine Scheibenbremse. Die Streckensignale können bei einer Geschwindigkeit über 200 km/h nicht mehr zuverlässig erkannt werden. Deshalb werden sie auf ein Display des Führerstandes übertragen. Dabei rechnet der Computer den Bremsweg + Sicherheitsabstand aus, sodass die Züge in optimalem Abstand ohne Blockstelleneinteilung fahren können. Und von »übergeordneter Stelle« kann jederzeit eingegriffen werden.

Der ICE 2 ist ein Halbzug: Ein Triebkopf, sechs Mittelwagen, davon ein Speisewagen, und ein Steuerwagen. Der Zug wird gezogen oder geschoben und automatisch sekundenschnell an einen anderen gleichen Typs angekoppelt, sodass die früher umständlich mit Kurswagen erforderlichen Rangiermanöver wegfallen und, rein theoretisch, von Hannover aus die eine Hälfte nach Bremen, die andere nach Osnabrück weiterfahren kann. Er ist 250 m lang (als

Langzug doppelte Werte), hat 105 Sitzplätze erster Klasse und 263 Sitzplätze zweiter Klasse und eine Leistung von 4800 kW. Er sieht so aus wie der ICE 1, hat aber an den Enden eine Klappe für die versteckte Kupplung. Natürlich sind einige Details gegenüber dem ICE 1 verbessert. Displays zeigen an der Tür Name, Ziel und Fahrstrecke des Zuges, im Innenraum die reservierten Plätze, es gibt Steckkontakte für Laptops und so weiter. Luftfederung macht jeden Wagen 5 t leichter. So kann er mit gleicher Motorkraft besser beschleunigen. Das ändert aber nichts daran, dass es sich um einen Bruder des ICE 1 handelt.
Der ICE 3 bringt einen Sprung in der technischen Entwicklung. Man spricht von einer Geschwindigkeit bis zu 330 km/h. Das Wesentlichste ist aber, dass der ICE 3 keine Triebköpfe hat, vielmehr werden die Endwagen und der dritte und sechste Zwischenwagen angetrieben. Alle Antriebsteile sind unter den Wagen untergebracht, die bei dem achtteiligen Zug wie folgt verteilt sind:

403.0 Endwagen, erste Klasse
403.1 Trafowagen, erste Klasse
403.2 Stromrichterwagen, erste Klasse
403.3 Mittelwagen, Restaurant
403.8 Mittelwagen, zweite Klasse
403.7 Stromrichterwagen, zweite Klasse
403.6 Trafowagen, zweite Klasse
403.5 Endwagen, zweite Klasse.

Dabei bilden die vier ersten und letzten Wagen eine Einheit. Die Reisenden hinter dem Fahrzeugführer können durch eine Glasscheibe »mitfahren«. Der Zug ist 200 m lang, hat 130 Plätze in der ersten Klasse und 244 in der zweiten Klasse und eine Motorleistung von 4000 kW. Ein Teil der neuen Flotte wird als Viersystemzüge gebaut (und wiederum zum Teil für die Niederländische Staatsbahn), da die Züge auf der neuen Strecke (Amsterdam –) Köln – Frankfurt eingesetzt werden sollen.

Aus dem ICE 3 wurde der ICE T (Baureihe 411 und 415) entwickelt. Wo der teure Streckenneubau aus irgendwelchen Gründen nicht möglich ist oder »sich nicht rechnet«, wird der sieben- oder fünfteilige Triebwagen mit dem Fiat-Pendolino-System des italienischen ETR 460 ausgestattet. So kommt er auch auf herkömmlichen Gleisen auf eine Geschwindigkeit von 230 km/h. Die Reihenfolge ist beim siebenteiligen 411:

411.5 Endwagen, erste Klasse
411.6 Stromrichterwagen, erste Klasse
411.7 Fahrmotorwagen, Restaurant
411.8 Mittelwagen, zweite Klasse
411.2 Fahrmotorwagen, zweite Klasse
411.1 Stromrichterwagen, zweite Klasse
411.0 Endwagen, zweite Klasse

TGV A. Ein Zweisystemzug, der in den Westen und Südwesten Frankreichs fährt. Die speziell für ihn angelegte LGV wird mit 25.000 Volt/50 Hertz Wechselstrom betrieben, die übrigen Strecken mit 1500 Volt Gleichstrom.

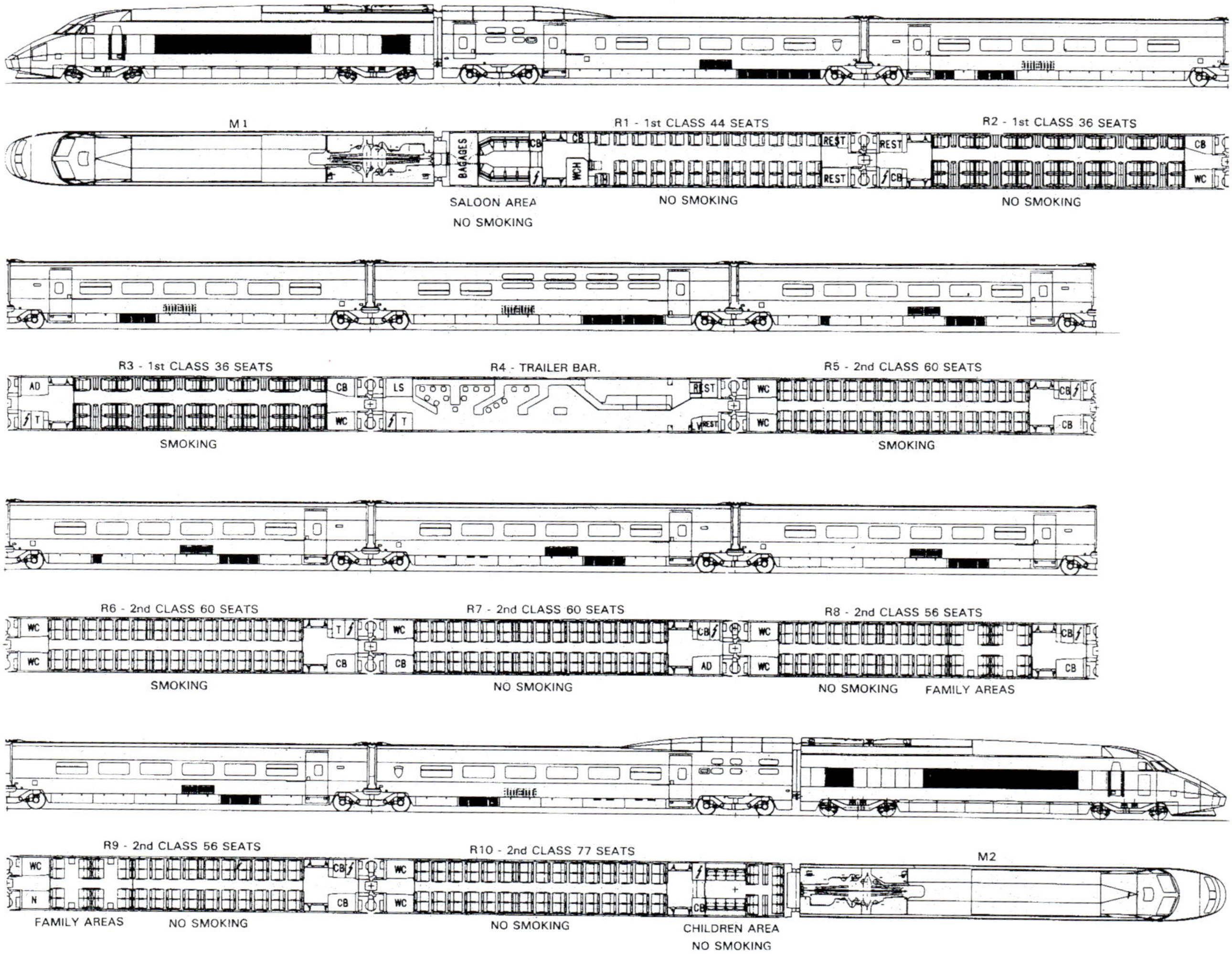

Grundriss des TGV A.

Der schwedische Hochleistungszug.

Jeweils drei Wagen vorn und am Schluss bilden eine Einheit, der antriebslose Mittelwagen wird dazwischengestellt. Die Länge über Puffer beträgt 185 m, die Antriebskraft 4000 kW. Ähnlich sieht auch der fünfteilige Zug aus, wobei die Einheiten vorn und am Schluss zwei Wagen umfassen und statt des Restaurantwagens nur ein Bistro vorhanden ist.

So wie in Deutschland wird in vielen Ländern an Hochgeschwindigkeits-Triebzügen gebastelt. Von Frankreich war schon die Rede. Auf den TGV PSE folgt der TGV A, der TGV Duplex (Bild Seite 9) und der Thalys, für den Verkehr nach Benelux und Deutschland als Viersystem-Zug gebaut. Auch die Belgische Eisenbahn-NMBS, die Niederländische Eisenbahn und die Deutsche Bahn erhielten Züge aus der gemeinsamen Fertigung. Zum Einsatz in der Schweiz wurde der TGV PSE auch als Dreisystem-Zug gebaut. Ein TGV Pendulaire wird vorbereitet. Der Eurostar lässt sich auf den Gleisen der SNCF bis ans Mittelmeer sehen. In Schweden ist es der X2, in Italien der ETR.500. Der ETR.470 läuft als Cisalpino in der Schweiz, in Spanien der AVE-Triebzug. Dabei geht durch die Bildung von Arbeitsgemeinschaften mit Firmen des Gastlandes das Know-how oft auf die weniger entwickel-

Bedienungstisch des TGV A. Hier hat man Paris immer direkt am Draht.

ten Länder über. Taiwan gibt dazu ein gutes Beispiel. Aber Japan, das Mutterland des Schnellverkehrs, liegt immer noch an der Spitze und hält den Geschwindigkeitsrekord.

Neben den Großen, die alle Blicke auf sich ziehen, gibt es natürlich noch eine Vielzahl von elektrischen und Dieseltriebwagen, die täglich zwar keine Aufsehen erregenden Leistungen erbringen, aber auf vielen Strecken das Rückgrat des Personenverkehrs bilden. Auf längeren, wenig befahrenen dominierten die dieselelektrischen Garnituren VT 23 und 24, beide dreiteilig, mit 2 x 450 PS. Wesentlich schneller und spurtfreudiger sind die für den Vorortverkehr konzipierten elektrischen Triebwagen ET 30 und 56. Sie konnten den Berufsverkehr im Rhein-Ruhr- und Rhein-Main-Gebiet abwickeln, ohne den Fernverkehr allzu sehr zu behindern. Die Motoren waren in den Endgestellen untergebracht, dadurch konnte der Wagenboden tiefer gelegt und das Ein- und Aussteigen wesentlich beschleunigt werden.

Eigentlich wollte ich sie hier gar nicht aufführen, die Berliner und Hamburger S-Bahn. Sie hängt an der seitlichen Stromschiene (die Hamburger erst seit 1939, nach der Oberleitung) und hat im Laufe der Zeit eine ganze Reihe von Typen gefahren. In Berlin kommt die Teilung in West und Ost noch erschwerend hinzu. In Hamburg hat man drei Wagen in einer Einheit, zwei Motorwagen und in der Mitte einen unmotorisierten. In Berlin (wenn nicht ein Lokomotivzug den Dienst versah) ein »Viertelzug« zu zwei Wagen, woraus sich ergibt, dass ein ganzer Zug acht Wagen hat. Der Viertelzug hat normalerweise übrigens

Ein japanischer Hochgeschwindigkeitszug der neuen Shinkansen-Serie 500.

Stadtbahn-Triebzug 1924. Vorn ist die Stromschiene sichtbar.

einen Motorwagen und einen Beiwagen, denen man ihre Funktion nicht ansieht.

Der nostalgische S-Bahn-Benutzer freut sich immer noch über die 476 (früher 276), obwohl die Wagen umgebaut sind und damit den Hunger nach modernem oder modernisiertem Wagenmaterial stillten. Der neueste Stand ist mit der Baureihe 481 erreicht. Obwohl der Viertelzug noch immer die Norm ist, wird die Baureihe 481 mit nur einem Führerstand geliefert und einer Durchgangsmöglichkeit in den angehängten zweiten Viertelzug. So ist der Halbzug die kleinste Möglichkeit, ein komplettes Fahrzeug auf die Schienen zu stellen.
Im Rhein-Ruhr-Gebiet wurde der Triebwagen durch den Lokomotivzug abgelöst. Dabei kamen zweistöckige Wagen zum Einsatz. Ähnlich ist es in München (und Zürich). Zweistöckige Triebzüge stehen in der Erprobung.

Die Jahre des Schienenbusses, auch Sandmännchen oder Ferkeltaxe im anderen Teil Deutschlands genannt, sind – bis auf wenige Ausnahmen – vorbei. Er wurde nach dem Zweiten Weltkrieg als leichtes, im Gegensatz zu anderen Fahrzeugen nur für eine begrenzte Lebensdauer vorgesehenes Fahrzeug entwickelt. Er hatte mechanische Kraftübertragung, also Kupplung und Gangschaltung, allerdings mit Druckluft oder hydraulisch betätigt. Viele Nebenstrecken konnten nur durch den Einsatz der genügsamen Schienenbusse einermaßen rentabel erhalten und damit vor der Stilllegung bewahrt werden.

Zunächst wurde die einmotorige Ausführung (VT 95, 150 PS) in einer Stückzahl von 584 gebaut, dazu 581 Beiwagen. Der zweimotorige VT 98 (2 x 150 PS) erreichte eine Stückzahl von 332, dazu 317 Beiwagen und 313 Steuerwagen – er war für einen Wendezugbetrieb mit drei Einheiten vorgesehen. Der ähnlich aussehende Typ der DDR (Baureihen 171.0, 172.0 und 172.1) hatte einen 180 bis 200 PS starken Dieselmotor. Es wurden 159 Triebwagen, 70 Beiwagen und 89 Steuerwagen ausgeliefert. Die gesamte Maschinenanlage lag unter dem Wagen. Die Bundesbahn benutzt den Schienenbus heute noch in ihrem Park für Arbeitsfahrzeuge. Der Einsatz zur Personenbeförderung findet bei einigen Privatbahnen statt.
Es musste eine ganze Reihe von Triebwagen durchprobiert werden, bis der rechte Nachfolger für den Schienenbus und darüber hinaus ein Fahrzeug für den Nah- und Nebenbahnverkehr gefunden wurde. Es musste eine höhere Geschwindigkeit als die 90 km/h des Schienenbusses haben, um sich in den allgemeinen Verkehrsfluss einzuordnen. Dann musste das Einzelachs-Laufwerk den Drehgestellen weichen, da es für den erwarteten Fahrkomfort nicht ausreichte. Schließlich musste auch die alte Sitzplatzordnung 3+2 aufgegeben werden.

Endlich war es soweit – 12 Jahre, von 1974 bis 1986, hatte der Ausleseprozess gedauert. Heute geht das schneller. Das Ergebnis war der »Nebenbahn-Retter« 628² und 628⁴. Das ist ein Doppeltriebwagen, in Leichtbauweise erstellt

Bergbahn Obstfelderschmiede – Cursdorf. Beginn der Flachstrecke in Lichtenhain. Drei Triebwagen stehen auf der 3 km langen Flachstrecke. Die Stromabnehmer sind seitlich versetzt.

(Leichtbautriebwagen), mit einem Motor von 410 oder 485 kW. Er wirkt auf das hintere Drehgestell des ersten (Motor-)Wagens, sodass das Achsbild 2'B'+2'2' entsteht. Es können per Vielfachsteuerung mehrere Triebwagen hintereinander gefahren werden. Die beiden Wagen sind kurzgekoppelt und haben durch einen Gummiwulst einen verbreiterten Durchgang. Die Bundesbahn erhielt 453 Stück.

Es verging wenig Zeit, dass auch der Regionalverkehr mit Neigezügen ausgestattet wurde. 1992/93 beschaffte die DB 20 Triebwagen 610, bei denen Beschleunigungsmesser und Sensoren Anfang und Ende der Kurven erkannten und Hydraulikzylinder die Wagenkästen um 8° neigten. FIAT stellte diese Steuerung bei und der Wagen heißt im Volksmund »Pendolino«, während die Bahn von »NeiTec«-Zügen spricht. Der Doppeltriebwagen, 51,75 m lang, zwei Motoren von je 485 kW treiben über Dreh-

Zweimotoriger Schienenbus mit Anhänger. Davon wurden 332 Stück, 317 Beiwagen und 313 Steuerwagen gebaut. Er war der Retter der Nebenbahnen – heute noch werden solche Busse bei Privatbahnen gefahren.

strom-Synchrongeneratoren die Radsatzgetriebe von drei Drehgestellen an. Das vierte Drehgestell ist ohne Antrieb. Es können vier Triebzüge von einem Führerstand bedient werden, was die Möglichkeit gibt, Flügelzüge zu verschiedenen Endpunkten zusammenzustellen. Die Baureihe 611 blieb äußerlich fast unverändert, doch wurde die seitens der DB beliebtere hydraulische Kraftübertragung gewählt. Die Doppeltriebwagen haben je einen 540-kW-Motor, der auf das innen liegende Drehgestell wirkt, die Höchstgeschwindigkeit ist 160 km/h. Hatten die Hersteller schon mit dem Triebwagen 611 ihre Schwierigkeiten – die führten 1996/97 zu einem Abnahme- und Einsatzstopp, später nach heftigen Schadensersatzdrohungen und der Androhung der Stornierung weiterer Aufträge zum Umbau –, so ist auch die Geschichte des VT 605 nicht ohne Pannen. Früher wurden die Macken ausgebügelt, als die Versuchsfahrzeuge einer neuen Reihe von Lokomotiven oder Triebwagen jahrelang getestet wurden. Heute drängen unausgereifte Neuheiten auf den Markt, der wie so vieles andere allein dem schnellen Umsatz dient. Aber zurück zum dieselgetriebenen Neige-ICE. Man hat ein neues, noch nirgends angewandtes elektrisches Neigesystem von Siemens eingesetzt. Der Vierwagen-Triebzug hat 184 Sitzplätze, eine Höchstgeschwindigkeit von 200 km/h und eine Motorisierung von 2240 kW. Der erste Zug wurde im Herbst 1998 fertig gestellt, ab Mai 2000 sollten die ersten der in Auftrag gegebenen 20 Einheiten fahrplanmäßig eingesetzt werden.

Es mag an dem Bestreben liegen, den Regionalverkehr zu privatisieren, dass die Hersteller mehr oder weniger über Nacht eine ganze Reihe von Angeboten präsentierten. Dabei geht es nicht um einen fertigen Triebwagen, sondern um Systeme, die man geringfügig abwandelt und daraus eine »Familie« macht. Es liegt eine Liste vor, welche Regional-Triebzüge die DB für den im Auftrag der Länder durchzuführenden Regionalverkehr bestellt hat:

640. Coradia Lint-27. Einteilige Version der Lint-Fahrzeuge. 27 m lang, 60 Sitzplätze erster und zweiter Klasse,

Als Baureihe 614 wurde der dreiteilige Dieseltriebzug bezeichnet, der 1971 bis 1977 geliefert wurde. Es war noch Bedarf für den Bezirksverkehr. Die beiden Endwagen hatten dieselhydraulischen Antrieb von je 367 kW. Mehrere Triebzüge können von einem Führerstand gefahren werden.

Leichttriebwagen LVT/S von Bombardier für die Burgenlandbahn.

geschlossenes Toilettensystem, 315 kW, 120 km/h. Alstom-LHB, 30 Stück.
641. Desgl. Aber mit zwei Motoren je 257 kW für bergige Strecken. 40 Stück.
642. Desiro (Regio-Sprinter). Zweiteilig mit einem Jakobs-Drehgestell. 42 m Länge, 124 Sitzplätze. Zwei Triebwerke mit je 275 kW, Höchstgeschwindigkeit 120 km/h. Siemens/Duewag, 150 Stück.
643. Talent. Dieselhydraulischer Drei-Wagen-Triebzug. Die motorisierten Endwagen sind durch Jakobs-Drehgestelle mit dem nicht motorisierten Mittelwagen verbunden. Länge 52 m, Motorleistung 2 x 315 kW, Höchstgeschwindigkeit 120 km/h. 137 Sitzplätze, 150 Stehplätze. Bombardier/Talbot, 75 Stück.
644. Talent. Wie 643, aber 590 statt 800 mm Fußbodenhöhe, sechs Einstiege pro Triebzugseite und dieselelektrischer Antrieb für den Vorort-Betrieb. 59 Stück.
646. GTW 2/6. Die Ursprungsform wurde von Stadler in Bussnang (Schweiz) entwickelt. Die Fußbodenhöhe für die Usedomer Bäderbahn ist 585 mm, für das Land Brandenburg 760 mm. Bombardier DWA/Adtrans, 44 Stück.
648. Coradia Lint-41/H. Alstom-LHB. 8 Stück.
650. Regio-Shuttle RS-1. Einzelwagen. Adtrans. 47 Stück.

Ein zweistöckiger und zweiachsiger Dieseltriebwagen ist durchgefallen. Von sechs ist nur noch ein Wagen dieses Typs unterwegs. Der »Integral«-Triebzug von den Jenbacher Werken, fünfteilig, mit 168 Sitzplätzen, bei der Bayerischen Oberlandbahn macht auch durch Reklamationen von sich reden. Der LTV/S, ein einzelner Wagen mit nur zwei Achsen und 21 t Gewicht, kommt dem alten Schienenbus am nächsten. Ebenso kommen für den Container-Transport versuchsweise die neuen Cargo-Sprinter von Windhoff und Talion von Talbot auf die Schienen. Es ist im Augenblick so und wir müssen uns erst daran gewöhnen, dass viele, viele Firmen um den Passagier und die Fracht in Wettbewerb der verschiedensten Art treten. Und dabei werden Fahrzeuge an- und verkauft, gemietet und geleast, von der DB und gewerblichen Vermietern. Es kann deshalb gar nicht mehr wie vor wenigen Jahren gesagt werden, welche Triebfahrzeuge und Wagen auf bestimmten Strecken fahren, mit welcher Farbe und mit welchem Signet.

BR 643 Dieseltriebzug Talent (dieselmechanisch).

Berg- und Zahnradbahnen

Blenkinsop hatte einst seine Lokomotive über eine Zahnstange laufen lassen, weil er der Kraft der Adhäsion nicht zu trauen vermochte. Gut ein halbes Jahrhundert später kam man auf eben diese beinahe vergessene Zahnstange zurück.

Der Amerikaner Sylvester Marsh und der Schweizer Nikolaus Riggenbach ließen sich 1863 beinahe gleichzeitig ein Antriebssystem für Schienenbahnen mit Zahnstangen und Zahnrädern patentieren. (Riggenbach erklärte später, er habe erst sechs Jahre danach von dem amerikanischen Patent erfahren, von einem »Absehen« der Erfindung könne deshalb nicht die Rede sein.) 1866 verwendete Riggenbach seine Idee beim Bau der österreichischen Kahlenberg-Eisenbahn. 1869 nahm die erste Zahnradbahn, auf den 1917 m hohen Mount Washington in New Hampshire, den Betrieb auf. Die Steigung war 3:1. Zunächst baute Marsh eine Lokomotive mit senkrecht stehendem Kessel. Ihr Name war »Old Peppersass«, weil die Form des Kessels an eine bestimmte Soßenflasche erinnerte. Später schob keuchend eine kleine Schlepptenderlok einen einzigen Wagen die sehr schiefe »Schiefe Ebene« hinauf, bergab lief sie vor dem »Zug«, um selbst im Falle eines Kupplungsbruchs eine Katastrophe zu verhindern. Der Kessel dieser seltsamen Lokomotive lag nicht parallel der Schienenoberkante, sondern, da die gesamte Strecke ein starkes Gefälle aufwies, des Wasserspiegels halber schräg im Winkel dieses Gefälles nach vorn auf die vordere Achse geneigt.

Die Idee erwies sich als außerordentlich zukunftsträchtig. Kaum zwei Jahre nach der ersten Fahrt auf den Mount Washington gab es auch in Europa eine Zahnradbahn, von Vitznau am Vierwaldstätter See hinauf auf den Rigi. Zunächst aber nur bis zur Staffelhöhe, denn der »Kulm« wurde erst 1873 erreicht. Die erste Lokomotive der Vitznau-Rigi-Bahn hatte ebenso wie diejenige, die auf den Mount Washington fuhr, einen senkrecht stehenden, genau auf die Steigung der Strecke »ausgeloteten« Dampfkessel. Sie führte den Namen »Stadt Luzern« und ist noch heute im Verkehrshaus in Luzern zu sehen. Weitere Linien folgten Zug um Zug, bis 1912 auf dem Jungfraujoch die höchste Eisenbahnstation des Kontinents eingeweiht werden konnte. Dabei haben wir es mit einer ganz neuen Form von Eisenbahnen zu tun, abhängig von der ungeheuren Welle des Tourismus, die ihrerseits durch den Bau leistungsfähiger Fernbahnen in den weiten Ebenen und den Tälern ausgelöst wurde.

Der Mensch war mobil geworden, hatte die Möglichkeit, mit relativ geringen Mitteln und in kurzen Ferienwochen sich die Schönheiten der Welt anzusehen, die ihm in illustrierten Büchern so eindringlich geschildert wurden. Und um die Situation im Hinblick auf die Schweiz zu konkretisieren: Durchschnittsengländer konnten es sich endlich leisten, sich in das Berner Oberland auf den Weg zu machen, in dem spleenige, reiche Vertreter ihrer Nation das Bergsteigen als neuen Sport entdeckt hatten.

Der Bedarf löste einen ungeheuren Bauboom aus, sodass das Gebiet vom Vierwaldstätter See bis zu den Lütschinentälern hinter Interlaken so reich mit Zahnradbahnen bedacht ist wie kein anderes; in Berglandschaften, die später dem Fremdenverkehr erschlossen wurden, dominiert die zeitgemäßere Seilschwebebahn.
Bei der Technik der Fortbewegung sind einige Systeme zu unterscheiden. Marsh nahm für seine Bahn auf den Mount Washington zwei Winkeleisen, durch die er Zapfen steckte und vernietete. Dagegen verwendete Riggenbach für seine erste Rigi-Bahn Leiter-Zahnstangen mit seitlichen Wangen. Emil Viktor Strub entwickelte eine Keilkopfschiene mit ausgefrästen Zähnen. Zwei Greifer

Links: Arth-Rigi-Bahn mit Dampfbetrieb, um 1880.

Rechts: Erste Lokomotive der Vitznau-Rigi-Bahn, etwa 1871. Die Personenwagen waren »Sommerwagen« zum ungehinderten Hinausschauen. Die Lokomotive ist ganz auf die Bergauffahrt eingestellt.

SCHÖLLENEN-BAHN
GRAPH. ANSTALT J.E. WOLFENSBERGER ZÜRICH

umfassten zangenartig den verdickten Schienenkopf und sollten so bei stärkeren Steigungen ein Aufsteigen des Zahnrades verhindern. Eine Zahnstange nach System Strub wurde erstmalig für die Jungfraubahn eingebaut, und später bei vielen Bergbahnen in ganz Europa, sogar bei Gebirgsbahnstrecken in Süditalien und auf Sizilien. (Gebirgsbahnen nennt man Eisenbahnen in gebirgigem Gelände, die größere Steigungen überwinden, und Bergbahnen dem Tourismus dienende Stichbahnen zu einem bestimmten Aussichtspunkt.) Roman Abt setzte mehrere – zwei bis drei – schmale Zahnstangen nebeneinander, und zwar um ein Drittel der Stärke eines Zahnes versetzt. Er erreichte damit eine größere Sicherheit, denn, und das ist besonders beim Transport schwererer Güterzüge wichtig, eines der nebeneinander laufenden Zahnräder war immer im festen Eingriff. Seine Zahnstangen sind zum Beispiel bei der Furka-Oberalp-Bahn zu sehen und bewährten sich auf südamerikanischen Trans-Anden-Strecken. Schließlich muss das von Eduard Locher-Freuler entwickelte System Locher erwähnt werden. Hier hat die Zahnstange zwei seitlich angeordnete Zahnreihen und wird von zwei horizontal liegenden Zahnrädern umfasst. Diese aufwändige Konstruktion war notwendig, weil die damit versehene Pilatusbahn mit 48 % Gefälle die weitaus steilste Zahnradbahn der Welt ist und die Gefahr eines »Aufsteigens« der Zahnräder bei diesem Steigungswinkel nicht auszuschließen ist.

Der Vollständigkeit halber muss noch das System des Schweizers Kaspar Wetli erwähnt werden. Er versuchte, die Zahnstange durch seitlich an den Schienen angebrachte pfeilförmige Profileisenstücke zu ersetzen, in die die Lokomotive mit einer Walze eingriff, die ebenso – im Fischgrätmuster – mit Profileisen versehen war. Doch bei einer Probefahrt auf der Schweizerischen Südost-Bahn bei Wödenswil stellte sich das System als unbrauchbar heraus. Die Lokomotive machte sich selbstständig und zerschellte. Über das System Fell wurde bereits berichtet; nicht aber darüber, dass auch für Bergbahnen auf kurzen und geraden Strecken bis heute das Seilzugverfahren angewendet wird, wie es Stephenson zwischen Stockton und Darlington und im Tunnel unter Manchester baute. Die Strecke Lauterbrunnen – Mürren ist in eine steil bergan laufende Seilzugbahn und eine sich daran anschließende, an der Berglehne entlangführende Adhäsionsbahn geteilt. Die Konjunktur war so gut, dass schon 1875 die zweite Bahn auf den Rigi, von Arth aus den Berg erklimmend und deshalb Arth-Rigi-Bahn genannt, eröffnet werden konnte. 1889 folgte die schon erwähnte Bahn auf den Pilatus – sie lagen alle rings um Luzern und den Vierwaldstätter See.

In Deutschland fand der große Erfolg selbstverständlich sein Echo: In den 80er-Jahren entstanden auch hier einige Zahnradbahnen, so die auf den Drachenfels im Siebengebirge (1884), zwei Bahnen von Rüdesheim und Aßmannshausen zu den Höhen des Niederwalds und die Zahnradbahn Stuttgart – Degerloch.
Bis 1912 wurden im Berner Oberland zwölf Bergbahnen eröffnet, davon sind zwei als gemischte Adhäsions- und Zahnradbahn, zwei ausschließlich als Zahnradbahn und acht als Seilzugbahn gebaut. Von Letzteren werden drei durch Wasserübergewicht angetrieben – das ist eine praktikable und billige Sache, wenn an der Bergstation genügend Wasser zur Verfügung steht. Mit Abstand waren die zusammen 23,5 km langen Wengernalp- und Jungfraubahnen die wichtigsten. Die drei Großen des Oberlandes, Eiger, Mönch und Jungfrau, hatten es den Bahnplanern angetan, sie waren geradezu Magneten für den Zustrom der Fremden. Schon als 1890 die Bahn von Interlaken nach Lauterbrunnen und Grindelwald gebaut wurde, gab es Proteste der Kutscher: Während des Sommers waren zuvor die Gäste mit 24.000 und 18.000 Fuhren zu den beiden Orten am Ende der Lütschinentäler gebracht worden.

Die Schöllenenbahn ist eine bis 180 ‰ steile Zahnradbahn als Verbindung der Gotthardstrecke nach Andermatt. In einem irrte der Graphiker: Das Triebfahrzeug steht immer an der Talseite.

Die Dampfloks der Vitznau-Rigi-Bahn von 1913. Zwei solche Lokomotiven machen noch Sonderfahrten für Eisenbahnfreunde.

Eigentlich sollte die Bahn, die nun auf dem Jungfraujoch in einem in den Fels gemeißelten Tunnel endet, auf den Jungfraugipfel geführt werden. Daraus ist nichts geworden, doch hat ihr Erbauer Adolf Guyer-Zeller den 7122 m langen Tunnel so angelegt, dass er innerhalb von Eiger (dicht hinter der Nordwand) und Mönch sich emporarbeitet und damit die beiden Berge für die Konkurrenz sozusagen »besetzt«, ja, die Tunnelschleife verläuft beinahe exakt unter dem Gipfel des Mönch, und man könnte ohne allzu große Mühe eine Fahrstuhlverbindung dorthin herstellen.

Es hat damals einen Wettlauf von Konzessionären und eine ganze Reihe von Plänen gegeben, wie man das Berner Oberland, speziell die Jungfrau-Region, erschließen könne. Vier Standseilbahnen hintereinander plante der eine, andere wollten Zahnradbahnen mit einer 50%igen Steigung wie auf den Pilatus anlegen (schließlich ist die in großem Bogen fahrende Jungfraubahn mit 25 % ausgekommen). Ein Alexander Trautweiler bewarb sich um eine Konzession für vier übereinander folgende Tunnel-Seilbahnen, er meinte, wegen Steinschlags und Lawinen könne man dort eine Bahn unmöglich durch offenes Gelände führen. Die Teilstücke sollten eine Steigung von 98/48/67/33 ‰ haben, und an den Übergangsstellen plante er Hotels und Aussichtsterrassen. Schließlich schaltete sich Eduard Locher, Erbauer der Pilatusbahn, mit dem Entwurf einer Art riesiger Rohrpost ein; es waren zwei je 6 km lange nebeneinander liegende Tunnel, in denen abwechselnd runde, geschossförmige Kabinen auf einer Säule komprimierter Luft geradezu nach oben geschossen werden sollten. Er versprach die Überwindung des Höhenunterschiedes von 3300 m innerhalb

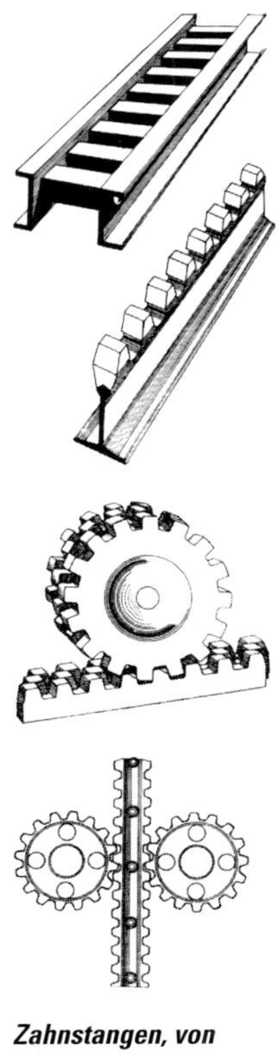

Zahnstangen, von oben nach unten: System Riggenbach, System Strub, System Abt, System Locher (Pilatusbahn).

Pilatusbahn. Oben der Dampftriebwagen, der bis 1937 fuhr. Die Abteile sind wegen der enormen Steigung versetzt, wie es sonst nur bei den Standseilbahnen üblich ist. – In der Mitte und unten die modernen Triebwagen.

von 15 Minuten. Drei Ventilatoren von 6,5 m Durchmesser sollten die dazu nötige Druckluft liefern.

Es empfahl sich, für die Jungfraubahn schnellstens die elektrische Traktion einzuführen, da die Strecke größtenteils im Tunnel lag. Die übrigen bekannten Bergbahnen folgten bald. Auch hier konnte eine Einheitlichkeit nicht erreicht werden. Die Reise zum Jungfraujoch erfolgt zunächst mit der Wengernalpbahn (Gleichstrom 1500 Volt), mit Umstieg auf die Jungfraubahn (Drehstrom 1125 Volt, 50 Hertz; früher 7000 Volt, 40 Hertz). Mit Drehstrom geht es auf das Gornergrat bei Zermatt, Rigi und Pilatus werden mit Gleichstrom erklommen.

Die Furka-Oberalp-Bahn. Die 1926 fertig gestellte und 1942 elektrifizierte Strecke hat einen minimalen Kurvenradius von 80 m, 11 Abschnitte mit Zahnstangen, 32 km lang, und bis zu 110 ‰ Steigung.

Die Bahn auf den Pilatus hat insofern noch eine Sonderstellung, als sie ihrer enormen Steigung halber Wagen mit abgestuften Abteilen benutzt, wie sie sonst nur bei Standseilbahnen üblich sind. Sie ist erst seit 1937 elektrifiziert, die neuen Triebwagen fassen 40 Personen und haben eine Geschwindigkeit von 7 bis 12 km/h.

Die Vielfalt der Berg- und Zahnradbahnen fasziniert den Eisenbahnbegeisterten; hinzu kommt der majestätische Eindruck der Berge sowie die herrliche Aussicht von der jeweiligen Endstation. Deshalb kann dem Reisenden durch die Alpenländer nur empfohlen werden, möglichst viele Bahnen zu berücksichtigen – es ist sicherlich ein Programm für eine ganze Reihe von Jahren.

Wer genug Zeit hat, und genug Geld – denn die Fahrt auf Berg- und Gebirgsbahnen ist nicht billig und wird nicht nach dem üblichen Kilometertarif berechnet –, der sollte mit dem Gletscher-Express (die mehrsprachige Schweiz nennt ihn auch Glacier-Express) fahren, der im Sommer die Kurorte Zermatt und St. Moritz miteinander verbindet. Das ist eine Tagesfahrt quer durch die Schweizer Alpen, dort, wo sie am höchsten und schönsten sind; man kann sie mit gleichbleibendem Genuss noch durch eine Weiterfahrt auf der Bernina-Bahn bis ins italienische Veltlin fortsetzen. Der Gletscher-Express wird auf seiner Fahrt von den Loks dreier Eisenbahngesellschaften gezogen: die private Brig-Visp-Zermatt-Bahn, die der SBB gehörende Furka-Oberalp-Bahn und schließlich die hier schon besprochene Rhätische Bahn. Die Furka-Oberalp-Bahn hat die weitaus bewegteste Vergangenheit. Es ist schon eine tolle Idee, eine Eisenbahn vom Tal der Rhône zum Tal des Rheins quer über das Dach der Schweiz bauen zu wollen. 1911 begann man mit dem Bau; der Erste Weltkrieg brachte die Arbeiten zum Erliegen, zeigte aber gleichzeitig, dass die Linienführung für die Landesverteidigung von größtem Interesse ist. Man erinnerte sich der erfolgreich durchgeführten Militärtransporte auf den ersten Teilstrecken, als 1923 das Unternehmen in Konkurs ging: Die bis dahin fertig gestellten Teilstrecken allein konnten keinen rentablen Verkehr gewährleisten.

Der Bund sprang also ein; die an einem Anschluss nach Westen interessierte Rhätische Bahn stellte ihre Erfahrungen beim Weiterbau zur Verfügung, und so konnte die Linie 1926 eröffnet werden.

Nun ist seit einigen Jahren der Furka-Basis-Tunnel durchgestochen und damit kann auf der gesamten Strecke ein Ganzjahresbetrieb gefahren werden. Zwischen Realp und Oberwald steht die alte Strecke, in der allwinters die Steffenbachbrücke demontiert werden muss, der Furka Bergstrecke AG zur Verfügung. Das ist eine mit viel Begeisterung unterhaltene Privatbahn, die Vereinsmitgliedern aus ganz Europa gehört.

Ein geradezu abschreckendes Beispiel dafür, welche Schwierigkeiten sich aus einem gemischten Betrieb, aus der Anordnung einer Zahnradstrecke inmitten normalen Adhäsionsbetriebes ergeben, ist die Höllentalbahn von Freiburg im Breisgau nach Donaueschingen. Sie stand von vornherein unter einem ungünstigen Stern, hatte ihr doch die 1873 eröffnete Schwarzwaldbahn schon viel von ihrer Bedeutung genommen, sodass sie von wenig mehr als lokalem Interesse war, als 1887 zunächst die Teilstrecke von Freiburg auf die Hochfläche des Schwarzwaldes in Betrieb genommen wurde. Die Fortsetzung bis Donaueschingen wurde erst 1901 fertig gestellt.

Man hätte die Höllentalbahn als eine ganz normale, problemlose und leistungsfähige Adhäsionsbahn bauen können, mit einer einfachen Schleife und einem Kehrtunnel. Indem sich aber interessierte Kreise darauf versteiften, des Fremdenverkehrs halber die Strecke durch die »Höllentalklamm« zu führen, beschworen sie Probleme herauf, deren endgültige Lösung fast ein Jahrhundert in Anspruch nahm. Um die Schaulust der Fremden mit den wirtschaftlichen Belangen der Schwarzwaldregion in Übereinstimmung zu bringen – bald stellte sich heraus, dass der Kompromiss ein außerordentlich fauler und teurer war –, wurde zwischen Hirschsprung und Hinterzarten eine Steilstrecke von 55 ‰ mit einer Zahnstange eingelegt. Diese Mühe ließ sich die Eisenbahn von ihren

Güterzug-Tenderlokomotive der Baureihe 85, speziell für den Dienst auf der Höllentalbahn bestimmt, wo bis dahin Zahnradloks verkehrten.

Fahrgästen durch einen »Bergzuschlag« honorieren, der dem Fahrpreis für zusätzliche 12 km entsprach.
Es schien trotz aller Anregungen und Bemühungen so gut wie unmöglich, Durchgangsverkehr auf diese Route zu ziehen. Der Zahnstangenabschnitt stand der schnellen und reibungslosen Zugförderung im Wege. Als 1923 Offenburg und Appenweier von französischen Truppen besetzt wurden, leitete die Reichsbahn eine Reihe von Fernzügen, zuletzt vier Schnellzugpaare täglich, über die Höllentalbahn um. Das dabei entstehende Verkehrschaos war unbeschreiblich. Die Züge mussten auf der Zahnradstrecke in drei, manchmal sogar in vier Teile zerlegt werden und konnten nur mit stundenlangen Verspätungen die Strecke passieren.

1933 wurde dann im Höllental eine neue schwere Tenderlokomotive eingeführt, 1'E1', Baureihen-Nr. 85. Nachdem man schon 1901 bei der Talfahrt auf die Zahnstange verzichtet hatte, wurde diese nun ganz außer Betrieb gesetzt. Ebenfalls 1933 begann man mit der Elektrifizierung der Höllental- und Dreiseenbahn. Und wieder gab es eine Sonderlösung: Um ein bahneigenes Kraftwerk für den relativ kurzen Streckenabschnitt Freiburg – Neustadt zu sparen, wurde die Industriefrequenz 50 Hertz gewählt und die Spannung auf 20.000 Volt erhöht. Besondere Triebfahrzeuge mussten gebaut werden, und weil deren Zahl nicht ausreichte, wurde daneben noch der Betrieb mit Dampf aufrechterhalten. Immerhin konnte man durch die Elektrifizierung die Zuggeschwindigkeiten erheblich steigern (60 km/h bergauf, 40 km/h bergab aus Sicherheitsgründen). Als letztes Kapitel der Besonderheiten im Südschwarzwald wurde dann die Höllentalbahn der inzwischen elektrifizierten Hauptstrecke Mannheim – Basel angeglichen. Die Triebfahrzeuge wurden zum Teil auf das $16^{2}/_{3}$-Hertz-Normalsystem umgestellt, zum Teil ausgemustert.
Die Höllentalbahn hatte ihr kostspieliges Eigenleben aufgegeben.

Eine weitere für Zahnradbetrieb eingerichtete Strecke war die der Halberstadt-Blankenburger Eisenbahngesellschaft mit einer Steilrampe von 60 ‰ in den Harzbergen. Die Gesellschaft erhielt 1920 eine eigens für die dortigen Verhältnisse konstruierte schwere 1'E1'h2-Tenderlok, die zwar für Adhäsionsbetrieb vorgesehen, aber trotzdem noch mit einem Zahnrad-Bremsgestell versehen war.

Württembergische K- (DB Baureihe 59) Güterzuglok mit sechs Kuppelachsen für die Schwarzwaldbahn und die Geislinger Steige, später am Semmering.

Doch die Riggenbach-Gegendruckbremse, bei der der Zylinder als Kompressor arbeitet, ermöglichte den völligen Verzicht auf die Zahnstange. Drei weitere Lokomotiven wurden beschafft. Die vier erhielten die beziehungsreichen Namen »Mammut«, »Wisent«, »Elch« und »Büffel« und wurden bei Übernahme durch die Reichsbahn als Baureihe 95^{66} eingereiht. Die Lokomotiven leisteten so viel wie jeweils drei ihrer mit Zahnrädern arbeitenden Vorgängerinnen im Adhäsionsbetrieb und nahmen – mit fünf gekuppelten Achsen – Krümmungen bis zum Halbmesser von 140 m. Später kam auch die T 20 – mit 1620 PS noch stärker als die »Tierklasse« – auf die Rübelandbahn. Man fuhr mit je einer Lokomotive vorn und hinten 300-t-Züge und mit einer weiteren als Vorspann, also mit drei Lokomotiven, Züge mit 450 t Gewicht. Aber dann war auch keine weitere Steigerung mehr möglich.

Die wurde gefordert, als der Ministerrat der DDR 1958 das »Chemieprogramm« beschloss, wonach die Produktion der chemischen Industrie wesentlich erhöht werden sollte. Doch es begab sich das Problem eines elektrischen Inselbetriebs, dessen Stromversorgung aus dem Landesnetz erfolgen musste, und es standen keine Umformer zur Verfügung. Man griff auf Erfahrungen mit den Versuchslokomotiven LEW I und II zurück, die der Erprobung anderer Bahnstromsysteme (wohl auch im Hinblick auf Exporte) dienten. Sie wurden so Vorläufer der Baureihe 251, die nur für die Rübelandbahn für den Betrieb mit Einphasen-Wechselstrom 50 Hz, 25 kV gebaut wurde, und zwar 15 Lokomotiven mit der Bezeichnung 251 001 bis 015. Zwei Lokomotiven befördern Züge von 600 t Gewicht bergwärts meist als Leergüterzüge, von Rübeland »runter« Züge mit gebranntem oder Rohkalk bis 1500 t. Dabei ist sowohl vorn als auch hinten die Lokomotive besetzt! Und wegen der Steilstrecke gibt es auch auf jeder Lokomotive noch einen »Beimann«, sodass der Zug mit vier Mann Personal fährt. Nach neuesten Meldungen soll die Strecke »verdieselt« werden.

Unter den Zahnradbahnen Österreichs ist die bekannteste und am schönsten gelegene die gute alte Achenseebahn, die nur noch im Sommer fährt. Die Lokomotive »2«, die nicht nur in überwiegend offenen Aussichtswagen Scharen von Fremden, sondern auch Kohle für die Achenseeschifffahrt transportieren muss, drückt auf der Zahnradstrecke den kleinen Zug, und setzt sich auf der Höhe eilfertig davor, um fröhlich dampfend und läutend auf der Adhäsionsstrecke zum See weiter zu ziehen. Das Personal besteht weitgehend aus Pensionären, denen der Betrieb genauso viel Spaß macht wie dem Publikum – sonst wäre an den Unterhalt dieser Strecke gar nicht zu denken.

Achensee- wie Zillertalbahn sind dem Eisenbahnfreund doppelt teuer, nachdem nach langen Fehden die Salzkammergut-Lokalbahn, die sogar ins Volkslied eingegangen ist, dem Rotstift zum Opfer fiel. Übrig blieb allein ihre frühere Zweiglinie, ein Zahnradbähnchen vom Wolfgangsee auf den Schafberg. Übrigens baut eine Schweizer Lokomotivfabrik moderne Dampfloks, die mit Öl befeuert und damit im Einmannbetrieb zu fahren sind. Drei Stück sind geliefert an die Schafbergbahn und an die Brienz-Rothorn-Bahn, die damit ihre Attraktion erhalten konnten, auf den Berg wie vor 100 Jahren zu dampfen: Ihr … wisst's … ja … net … wia … schwa … das … is … zum … Schaf … berg … spitz.

Die längsten Zahnstangen liegen in Südamerika, in den Rampen zu den hohen Andenübergängen. Da gibt es zwischen Valparaiso und Buenos Aires auf der einen Seite 30 und auf der anderen 35 km Zahnstange, zwischen Arica und La Paz 36 km. Diese Zahnstangenbahn konnte die Strecke gegenüber der vorher benutzten Adhäsionsbahn um 750 km abkürzen.

Im Bergischen Land (nomen est omen) zwischen Düsseldorf und Barmen lagen auf 26 km Strecke 99 m Höhenunterschied. Man hatte Stephenson befragt und der hatte eine 2800 m lange Steilrampe mit ortsfesten Dampfmaschinen empfohlen. Später wurden diese demontiert und eine dritte Lokomotive (je eine zog und schob den Zug vorn und hinten) half, bergab fahrend, den Zug hinaufzuziehen. Das ging so bis 1927, bis starke Lokomotiven das umständliche Verfahren unnötig machten.

Essen, Schlafen, Repräsentieren

George Mortimer Pullman war oft geschäftlich unterwegs, und über die Schlafwagen – in Amerika gab es so etwas seit 1840 – ärgerte er sich jede Nacht. Solch eine Gefängniszelle mit Pritschen war nach seiner Meinung eines Amerikaners unwürdig. Also begann er Schlafwagen zu konstruieren und zu bauen. 1859 war es dann so weit; zwischen Chicago und Buffalo bestand sein Wagen die Probe glänzend. Nie sei man so gut gefahren, nie habe man auf Rädern so erquickend geschlafen, bestätigten die Passagiere. Und bald kamen zu den Schlafwagen genauso komfortable Wagen, in denen man sitzen, rauchen und essen konnte. Pullman machte das Reisen zum Genuss, sein Zug führte eine Druckerei mit, die die »Bord«-Zeitung »Transcontinental« druckte, seine Fahrgäste waren ständig über den Telegrafen mit der Welt verbunden; es gab da eine Weinstube und einen Frisier- und Rasiersalon auf Rädern. Hier liefen die Ahnherren unserer Salonwagen. Der Zug wurde überall in Amerika mit Jubel wie ein Botschafter einer neuen Zeit empfangen.

Solche Pracht taugte zur Repräsentation – das tägliche Geschäft aber musste realistisch nach Angebot und Nachfrage organisiert werden. Pullmans Prinzip war, nicht seine Wagen an die Eisenbahngesellschaften zu verkaufen, sondern sie in normale Züge einzustellen oder gar ganze Züge eigener Wagen von einer Lokomotive der betreffenden Bahngesellschaft ziehen zu lassen. Er übernahm die Unterhaltung und »Bewirtschaftung« seiner Wagen selbst, und es gab fortan zwischen Schlafwagengesellschaften – denn andere folgten ihm mit demselben System nach – und Eisenbahngesellschaften komplizierte Verträge und zähe Verhandlungen über die Verteilung der Gelder, die die Passagiere für das normale Billett und mancherlei Zuschläge zu zahlen hatten.
Pullmans Schlafwagen hatte an den Längswänden übereinander angeordnete Reihen von Betten. Die oberen wurden über Tag hochgeklappt, die unteren mit wenigen Handgriffen in je zwei einander gegenüberliegende Sitze verwandelt, sodass ein Saalwagen entstand. Waren die Betten für die Nacht hergerichtet, so wurden vor ihnen Vorhänge heruntergelassen, sodass jeder für sich sein geschlossenes Eckchen hatte. Zwei Dutzend Männer und Frauen konnten so mehrere Tage recht komfortabel reisen. Obwohl das An- und Ausziehen in den verdeckten Kojen sicherlich recht umständlich war und Geschick und Erfahrung erforderte, und obwohl der Vorhang nicht immer und in jedem Falle neugierige Blicke ausschloss, empfanden die Amerikaner diese Art zu reisen als recht angenehm. Die an den Wagenenden vorhandenen abgeschlossenen »Privatabteile« sollen meist nur von Europäern benutzt worden sein. Wer im Geld schwamm, dem stellte Pullman einen Salonwagen ganz für sich allein zur Verfügung.

Europas Schlafwagenkonstrukteure haben sich mit dem Großraum nie anfreunden können. So besaß ein russischer Schlafwagen von 1867 fünf Abteile zu vier – quer zur Fahrtrichtung angebrachten – Betten, je zwei übereinander, und war damit für die weitere Entwicklung richtungweisend.

Dagegen experimentierte man in Mitteleuropa zunächst mit Schlafplätzen, die sich durch heruntergeklappte Rückenlehnen und verschobene (d. h. herausgezogene) Sitzpolster ergaben, also in Längsrichtung des Zuges. Um 1855 gab es die ersten Liegeplätze. Ab 1870 setzten die Hannover'schen und Preußischen Staatsbahnen in den »Courierzügen« zwischen Berlin und dem Rheinland Schlafwagen ein; es waren Abteilwagen erster Klasse, in denen drei nebeneinander liegende Sitze zu Schlafstellen ausgeklappt werden konnten. Einen Seitengang gab es nicht. Das ganze Abteil war bis auf einen lächerlich kleinen Stehplatz an der Tür Liegefläche.

Im Gegensatz zu den Verhältnissen in den USA ist die Geschichte des europäischen Schlafwagens besonders kompliziert, weil wir hier sowohl die durch einzelne Eisenbahngesellschaften eingesetzten Schlaf- und Speisewagen als auch mehrere Schlafwagengesellschaften haben, die aber nebeneinander, in steigendem Maße im »Pool«, zusammenarbeiten. (Dem 1971 gegründeten »Internationalen Schlafwagenpool« gehören die Eisenbahngesellschaften Belgiens, Dänemarks, der Bundesrepublik Deutschland, Frankreichs, Italiens, Luxemburgs, der Niederlande, Österreichs und der Schweiz an.) Das Problem des Schlafwagens wurde natürlich zunächst in den größeren Staaten akut, wir finden also die ersten in Russland und in Österreich-Ungarn. In Ländern geringerer Ausdehnung war man eher mit behelfsmäßigen Lösungen zufrieden. Nicht recht reüssieren wollte aber der Schlafwagenverkehr über die Grenzen, obgleich er für die Entwicklung des internationalen Verkehrs sehr wichtig war. Ihn eingeführt zu haben, ist das Verdienst privater, international arbeitender Schlafwagengesellschaften; die Staatsbahnen wären zu der damaligen Zeit wahrscheinlich nicht in der Lage gewesen, die damit zusammenhängenden Probleme zu lösen. Zentrale Figur dabei war ein Belgier namens Nagelmacker.
In seinen jungen Jahren war der Ingenieur George Nagelmacker nach Amerika ausgewandert, und er hatte dort die Pullmanwagen gesehen. Seine Idee war, solche Wagen auch in Europa laufen zu lassen. Dazu gehörte allerdings als Voraussetzung, dass er für den Einsatz seiner Wagen und ganzer Züge mit den vielen Eisenbahnverwaltungen, die die Strecken zwischen Abfahrts- und Zielort betrieben, entsprechende Verträge schloss, und das war das Schwierigste und Zeitraubendste an dem ganzen Unternehmen. 1872 gründete er in Brüssel mit einem Stammkapital von nur 500.000 Francs seine Gesellschaft »Compagnie Internationale des Wagons-Lits«. Als er dann 1873 den ersten seiner Schlafwagen – fünf hatte ihm eine Wiener Waggonfabrik gebaut – auf

Schlafwagen der »Mann's Railway Sleeping Compagnie« mit George Nagelmacker und Oberst Mann.

der Weltausstellung zeigen konnte, und anlässlich dieses Ereignisses probeweise einen Schlafwagenkurs Paris – Wien einrichtete, war das Publikum begeistert. »Welcher Reisende«, so hatte er prophezeit, »sei er nun Tourist oder Geschäftsmann, würde nicht glücklich sein, wenn er zum Beispiel bei einer Reise von Berlin nach Cöln oder von Paris nach Marseille einen Wagen benutzen könnte, in welchem er während der Nacht in ein wohlaufgemachtes Bett sich legen und, ohne gestört zu werden, den Annehmlichkeiten des Schlafes sich hingeben könnte, um am anderen Morgen bei dem Erwachen sich in geringer Entfernung von seinem Bestimmungsort zu befinden.« Ende 1873 hatte Nagelmacker die benötigten Verträge. Seine Schlafwagen liefen zwischen Berlin und Ostende, Köln und Paris, Paris und München.

Nagelmackers erste Schlafwagen (Bild unten) ähnelten denen, die er in Amerika gesehen hatte. Aus zwei gegenüberliegenden Sitzen entstand ein Bett unten, ein weiteres Klappbett lag darüber, beide also längs der Fahrtrichtung. Allerdings lagen die Betten in Abteilen rechts und links des Mittelgangs, zu diesem hin offen. Abgeschlossenheit konnte also nur durch ein Absperren des Mittelgangs erreicht werden. Drei Abteile lagen hintereinander, der Wagen war 9 m lang, hatte 4,6 m Achsstand und muss recht unruhig gelaufen sein. Der Import des Drehgestells gelang Nagelmacker nicht. Dagegen glückte es, eine Fusion mit der härtesten Konkurrenz, der von dem amerikanischen Ingenieur und Oberst Mann in England gegründeten »Mann's Railways Sleeping Carriage Compagnie«, herbeizuführen. Das war äußerst wichtig, denn Mann hatte bessere Schlafwagen und bereits Verträge mit einer ganzen Reihe weiterer Eisenbahnverwaltungen in der Tasche.

Natürlich hat auch Pullman versucht, seine Wagen in Europa einzuführen, und es ist ihm auch 1874 in England und für den »Indischen Postzug« nach Brindisi in Italien gelungen. Dieser Zug holte auf der kürzeren und schnelleren Route über den Mont Cenis die nach Indien gehenden Dampfer in Brindisi ein und hatte für den Post- und Passagierverkehr eine enorme Bedeutung. Doch Pullman hatte im europäischen Schlafwagenverkehr niemals den rechten Erfolg. Seine massiven Drehgestellwagen waren für die europäischen Lokomotiven viel zu schwer. Dazu kam, dass man sich an der »unmoralischen« Anordnung der Betten in einem Großraum stieß. Auch Pullmans Hinweis, dass diese Wagen auf den Strecken von 120 amerikanischen Eisenbahngesellschaften mit bestem Erfolg liefen, half nichts. So wurde der Pullman-Schlafwagen für den »Indischen Postzug« mit Einzelabteilen versehen.
Wenn aber immer noch von Pullmanwagen die Rede ist, so meint man damit ganz einfach die nach den Regeln und Erfahrungen von Pullman gebauten, besonders aufwändig eingerichteten und bequemen Wagen, meist Salon- und Saalwagen mit drehbaren oder verstellbaren Einzelsitzen – ja, man spricht sogar, und da muss es eine Lücke im Patentrecht geben, von Pullman-Autobussen, wenn man die feine Art des Reisens beschreiben will.

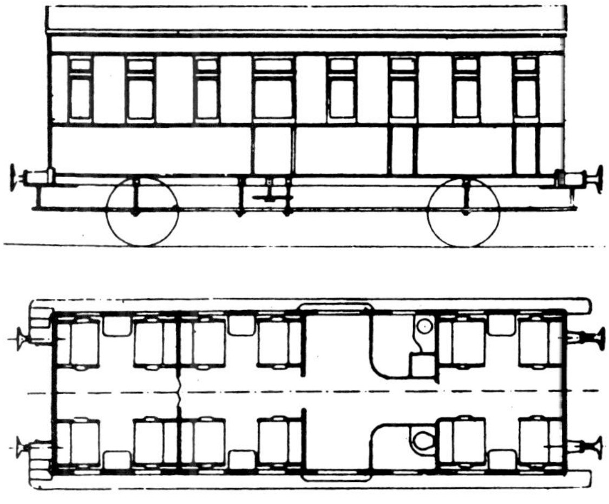

Erste Schlafwagen von Nagelmacker 1872. Aus zwei gegenüberliegenden Sitzplätzen entstand ein Bett, ein weiteres lag darüber. Durch das Absperren des Mittelgangs konnten Abteile mit vier Betten gemacht werden.

Englische Speisewagen um 1880. Hier fehlen wieder die konkreten Daten; der erste »richtige« europäische Speisewagen soll ein 1881 bei Rathgeber in München gebauter Dreiachser gewesen sein.

1877 hatte Nagelmacker die ersten dreiachsigen Schlafwagen bauen lassen. Sie hatten einen Seitengang, der auf offene Bühnen mündete. In zwei Voll- und zwei Halbabteilen konnten – nun quer zur Fahrtrichtung – insgesamt zwölf Schläfer untergebracht werden. 1880 pachtete Nagelmackers Gesellschaft von der Berlin-Anhaltischen Eisenbahn drei Wagen dritter Klasse und zwei Gepäckwagen, die in Speise- und Küchenwagen umgebaut wurden. Sie liefen zwischen Weimar und Bebra im Schnellzug Berlin – Frankfurt.

Damit hatte sich Nagelmacker mit sicherem Gespür in ein weiteres zukunftsträchtiges Geschäft eingeschaltet. Der erste Speisewagen, der auf Schienen lief, dürfte ein »Hotelwagen« der kanadischen Great Western Railway gewesen sein. Er wurde 1867 in Dienst gestellt. Hotelwagen nannte man damals eine Kombination aus Schlaf- und Speisewagen. Um dieselbe Zeit soll auch in Russland schon ein Speisewagen gelaufen sein. Pullman schickte seinen ersten Speisewagen 1868 auf die Reise. In Europa erschien er dann 1879 mit einem umgebauten Salonwagen namens »Prince of Wales«, der der erste Speisewagen Europas war. (Auch hier sind sich die Historiker wieder nicht einig. Nach anderen Quellen soll 1863 ein umgebauter Personenwagen mit Speiseraum, Küche und Bar auf der Philadelphia-Baltimore-Railway gelaufen sein. Der erste richtige europäische Speisewagen war danach ein für diesen Zweck bei der Firma Rathgeber in München 1881 gebauter Dreiachser.)

Nagelmackers bekannteste Schöpfung war die von Paris nach Istanbul durchlaufende Zuggarnitur, die später den Namen »Orient-Express« erhielt, und der in die Literatur und die Filmgeschichte einging – berühmt und geheimnisvoll. Zunächst war es eine ungeheure organisatorische Arbeit und Leistung, so viele Eisenbahnverwaltungen unter einen Hut zu bringen. Schon für die vorläufige Route bis Giurgiu war die Zustimmung folgender Eisenbahnverwaltungen notwendig:
EST-Eisenbahngesellschaft, Frankreich,
Kaiserliche Verwaltung der Elsässisch-Lothringischen Eisenbahnen,
Staatsbahnen des Großherzogtums Baden,
Königlich Württembergische Staatsbahnen,
Hauptverwaltung der Verbindungslinien im Königreich Bayern,
k. u. k. Staatsbahnverwaltung, Wien,
Königliche Hauptverwaltung der Rumänischen Staatsbahnen.
Am 5. Juni 1883 verließ der erste fahrplanmäßige Vorläufer des »Orient-Express« Paris. Die Drehgestellwagen waren nicht rechtzeitig fertig geworden, deshalb bestand der Zug aus zwei dreiachsigen Schlafwagen, einem dreiachsigen Speisewagen und zwei zweiachsigen Gepäckwagen der französischen Ostbahn, die vorn und hinten als Schutzwagen liefen. Das Zuggewicht wurde zum Problem, als dann im Oktober des gleichen Jahres (1883) vierachsige Schlaf- und Speisewagen fertig gestellt wurden: Die zweigekuppelten Schnellzuglokomotiven hatten nur eine begrenzte Leistung, und das Gewicht des Zuges

Orient-Express 1883. Hinter der damals üblichen B-Lokomotive zwei brandneue vierachsige Schlafwagen und der erste vierachsige Speisewagen. Zwei Gepäckwagen – der vordere auch als Schutzwagen gedacht – waren notwendig für das umfangreiche Gepäck der Passagiere und für die Reserven des Speisewagens. Teilweise enthielten die Gepäckwagen auch Schlafplätze für das Zugbegleitpersonal.

Aus dem Innern des Orient-Express. 1883.

musste zwischen Paris und Wien auf 110 t, hinter Wien auf 88 t beschränkt werden. Die Gepäckwagen mussten also in Wien abgehängt werden. Zum Thema Gepäckwagen muss angemerkt werden, dass Nagelmacker sich nicht nur um das Wohl schlafender, wachender und essender Passagiere kümmerte, sondern dass er sich auch um den Transport von Post bewarb. Das war für ihn sozusagen ein zweites Bein des Geschäftes, und es gelang ihm auch, den Postverwaltungen seine Dienste schmackhaft zu machen, da seine internationalen Verbindungen mit Abstand die schnellsten Züge waren.

Der Gedanke von Nagelmacker, besondere Eisenbahnwagen herzustellen, war keineswegs waghalsig und neuartig: In den ersten Jahrzehnten der europäischen Eisenbahngeschichte gab es mehrere große »Eisenbahnmietwagengesellschaften«, die normale Güterwagen oder Spezialgarnituren besaßen und bei Bedarf vermieteten. Außerdem war die Idee eines »Schlafwagens« hie und da bereits zur Ausführung gekommen. So wurden schon 1878 Schlafwagen auf der Linie von Wien nach dem rumänischen Grenzpunkt Orsova eingesetzt, doch war solchen Versuchen kaum Glück beschieden, weil es noch an durchgehenden Strecken fehlte: In Giurgiu mussten die Reisenden den Zug verlassen und die Donau mittels Fähre überqueren; und auch das letzte Teilstück Orsova – Konstantinopel musste per Schiff bewältigt werden. Die Idee von Nagelmacker ließ sich erst vervollkommnen, als durchgehende Verbindungen hergestellt worden waren. Nagelmacker firmierte seine Gesellschaft stolz um in »Compagnie Internationale des Wagons-Lits et des Grands Express Européens«. Und er ließ nicht nach im Bemühen, das Goldene Horn so schnell wie möglich auf direktem Wege zu erreichen. Der Bahnbau in Serbien gab die Möglichkeit, Schlafwagen nur bis Niš zu schicken. Dann ging es ein beträchtliches Stück – drei Tagesetappen – per Kutsche weiter, und den Rest der Fahrt konnte man wieder bequem im Eisenbahnwagen genießen. Erst 1885 ermöglichte die Fertigstellung der Donaubrücke bei Fetesti einen durchlaufenden Verkehr über Bukarest nach Konstanza. 1888 fuhren dann die ersten durchgehenden Züge über Sofia bis Konstantinopel. Es gelang, die Reisezeit von Paris nach Konstantinopel von 1883 bis 1914 um 20 Stunden zu verkürzen.

Der Plan einer ähnlichen spektakulären Fernverbindung Lissabon – Madrid – Paris – Berlin – St. Petersburg ließ sich wegen verschiedenen Spurweiten nicht realisieren. Man dachte bereits an auszuwechselnde Achsen, und der Fahrplan war ausgearbeitet. Ein Zug, der am Sonntagnachmittag St. Petersburg verlassen hätte, wäre am Donnerstagvormittag in Lissabon eingetroffen.

Fahrzeuge von CIWL in HO-Modellen von Ravirossi. Ein Schmuck für jede Modellbauanlage.

Hier legte sich in erster Linie die preußische Eisenbahnverwaltung quer, die eigene Schlafwagen einsetzen wollte.

Aber auf anderen Strecken entstand beinahe über Nacht ein ausgedehntes Netz von ähnlichen Zügen mit Schlaf- und Salonwagen. 1894 startete der »Ostende-Wien-Express«, der London und Brüssel mit dem »Orient-Express« verbinden sollte. Die Orient-Züge hatten Anschluss nach Saloniki (Athen war erst ab 1917 an das mitteleuropäische Eisenbahnnetz angeschlossen). Es wurden ihnen Zubringer von Berlin nach Budapest, durch die Schweiz und über den Arlberg zugesellt. Bäderzüge verbanden die böhmischen Bäder Karlsbad, Marienbad und Eger mit Ostende, Paris, Berlin und Wien. Dabei kam eine Verbindung Berlin – Wien zu Stande. Bad Kissingen wurde durch Kurswagen bedient. Ähnlich wie die englischen Boat-Trains den Zubringer nach Brindisi, betrieb die ISG Dampferzüge aus West- und Mitteleuropa nach Lissabon, Marseille, Genua und Triest, sowohl für englische Dampferlinien als auch für den Norddeutschen Lloyd, abgestimmt auf die Schiffsabfahrten. Speziell für den russischen Adel waren die Direktverbindungen von St. Petersburg zur Riviera eingerichtet worden.

Als Nagelmacker 1905 starb, waren der Schlafwagen Nr. 1000 und der Speisewagen Nr. 999 (beide hatten dreiachsige Drehgestelle) in Lüttich, dem Sitz seiner Gesellschaft, ausgestellt.

Neben dem Orient-Verkehr lag Wagons-Lits die Route von den Kanalhäfen nach Südfrankreich, an die Riviera und nach Italien am Herzen; es gelang, Pullman den »Malle de Indes« auszuspannen. Man fuhr mit dem Oberland-Express nach Interlaken, mit dem Engadin-Express nach Chur, mit dem Simplon-Express durch den neuen Tunnel nach Mailand und weiter quer durch Oberitalien auf die Balkan-Route. Etwa ein Drittel der ISG-Fahrzeuge fuhren in geschlossenen ISG-Zügen, der Rest als Schlaf- und Speisewagen in normalen Zügen.

Der Erste Weltkrieg zerstörte die meisten Verbindungen. Danach fuhr man einige Zeit um die Feinde von gestern herum. Ein Zug von Paris nach Bukarest umfuhr Österreich und Ungarn südlich. Ein Zug von Paris nach Prag und Warschau umfuhr Deutschland über die Schweiz, den Arlberg und Linz (nach Prag) sowie Wien (nach Warschau). 1921 wurde dann zwischen Paris und Warschau der »Nord-Express« versuchsweise wieder durch Deutschland geführt; allerdings musste man, was die deutschen Zugläufe betraf, der neu gegründeten »Mitropa« Konzessionen machen; die Weiterführung bis nach Moskau und Leningrad war nicht möglich. Jenseits der russischen Grenze standen alte Wagons-Lits-Wagen, die einer Konzession des Zaren zufolge für die Transsibirische Eisenbahn gebaut und dort vor dem Krieg gelaufen waren; »Calais – Wladiwostok« hieß der Kurs, den man sich hatte genehmigen lassen.

Tages-Luxuszüge aus Pullmanwagen wurden ein Schwerpunkt der ISG-Arbeit. Es verkehrten fast zwei Dutzend, von denen die kürzesten nur zwei Wagen, die längsten

sechs Wagen hatten. Luxuszüge waren meist extrem kurz. Und so, wie nach dem Ersten Weltkrieg um die Besiegten, fuhr man nach dem Zweiten um die Ostblockländer herum. 1952 wurde der Direktverkehr Paris – Istanbul über Saloniki aufgenommen.

Wagons-Lits waren in Spanien und Portugal, Ägypten und im französischen Nordafrika, in China und der Mandschurei vertreten. Sie fuhren auch quer durch Anatolien bis Bagdad. 1967, als die ISG ihr 90-jähriges Jubiläum feiern konnte, gab es noch drei geschlossene ISG-Züge: den »Train Bleu« von Paris zur Riviera, den Schlafwagenzug Paris – Mailand und den Anatolien-Express von Istanbul nach Ankara.

Außen wie innen haben die Wagen sich im Zuge der Zeiten verändert. Aus einer Pracht von Plüsch wurde moderne Sachlichkeit, nicht zuletzt unter dem Mangel an Personal. ISG-Wagen waren aus braunem Teakholz mit aufgeschraubten Messingbuchstaben; in den ersten Jahren waren sogar die Initialen der Gesellschaft in die Fensterscheiben geätzt. Als 1922 Ganzstahlwagen eingeführt wurden, hat man auch diese teakholzfarben gestrichen. Erst 1925 entschied man sich für den blauen Anstrich. Und später ging man dazu über, alte Teakholzwagen blau zu streichen, um die Einheitlichkeit der zusammengestellten Kompositionen zu wahren.

Nach dem Zweiten Weltkrieg ist es jedoch nicht gelungen, die alten Luxuszüge und die internationalen Schlafwagenverbindungen im alten Glanz wiederauferstehen zu lassen. Gewiss, so verlautet es von den Schlafwagengesellschaften, hat der Schlafwagen ein ganz bestimmtes Publikum – meist Leute, die aus irgendwelchen Gründen das Flugzeug nicht benutzen wollen. Aber die Masse der Passagiere zieht es doch vor, in einem Tag das zu erfliegen, was sie im Schlafwagen ein paar Tage und Nächte kosten würde. »Nicht der Eiserne Vorhang«, meint George Behrend in einer Beschreibung des Orient-Express, »sondern die Zuschlagstaxen haben unsere Schlafwagenkurse ruiniert.« Und er rechnet vor, dass eine Schlafwagenfahrt von London ans Schwarze Meer teurer ist als eine vierzehntägige Flug-Pauschalreise einschließlich Unterkunft und Pension. Die überschwappenden »Reisewellen« der Touristen und Geschäftsleute ermöglichen es, dass die Schlafwagengesellschaften heute noch so viele Kunden haben mögen wie vor 20 oder 50 Jahren. Was damals aber eine Majorität war, stellt heute eine verschwindend kleine Minderheit dar. Daher änderte die Internationale Schlafwagengesellschaft (ISG) ihren Namen in »Internationale Schlafwagen- und Touristik-Gesellschaft (ISTG)«.

Die preußischen Eisenbahnen setzten in den 70er-Jahren des vorigen Jahrhunderts die ersten Schlafwagen auf den langen und langsamen Kursen Ostdeutschlands ein. Der »Bromberger Schlafwagen« hatte drei Achsen und geschlossene Abteile mit vier, vier, zwei und zwei Betten, also zwei Halb- und zwei Vollabteile. Der Eingang lag etwa in der Mitte, und die nach beiden Seiten abzwei-

Vienna-Rom-Express, 1913. Die Luxuszüge waren kurz und schnell. Dieser bestand aus drei Schlafwagen und zwei Gepäckwagen.

genden Seitengänge waren verschränkt, befanden sich also an verschiedenen Seiten des Wagens. Er hatte Toilette und Waschraum, aber keine Übergänge. Nachdem 1884 beschlossen war, keine weiteren Verträge mit der Schlafwagengesellschaft mehr abzuschließen und die bestehenden nicht zu verlängern, erschienen 1886 die ersten vierachsigen preußischen Schlafwagen, die in allen wesentlichen Teilen den heutigen Wagen entsprachen, allerdings mit offenen Bühnen, die erst später umbaut wurden. Sie hatten immerhin schon zwei bis drei Vollabteile und vier bis fünf Halbabteile. Die oberen Betten wurden durch Heraufklappen der Rückenlehne gewonnen. – In Preußen soll die Z-förmige Zwischenwand zwischen zwei Halbabteilen entwickelt worden sein, die es Dicken erlaubte, sich zumindest an einer Seite des engen Raumes zu bewegen.

Zur Jahrhundertwende besaß die Königliche Preußische Eisenbahn schon 65 solcher Wagen, die im Rahmen von Sonderfahrten auch in Auslandskursen verkehrten. Mecklenburg schloss sich an, während die süddeutschen Eisenbahnen lieber mit Nagelmacker zusammenarbeiteten. So kam es zu einem Baden umfahrenden Schlafwagenkurs Basel – Straßburg – Berlin in Zusammenwirkung mit den Reichseisenbahnen in Elsass-Lothringen.
Die preußischen Tendenzen bahneigener Schlafwagen wurden auch in Skandinavien verfochten.

Mit dem Ausbruch des Ersten Weltkrieges allerdings trat in weiten deutschen und österreichischen Gebieten, die bisher von der belgischen ISG versorgt wurden, ein Vakuum auf. Nationale Kreise hatten schon lange geplant, eine eigene deutsche Schlafwagengesellschaft zu gründen, und so wurde 1916 die »Mitteleuropäische Schlafwagen- und Speisewagen-Aktiengesellschaft« (»Mitropa«) in Berlin von den deutschen Länderbahnen, den österreichisch-ungarischen Staatsbahnen und verschiedenen Großbanken gegründet. Sie trat die Nachfolge einer ganzen Reihe von Speisewagenbetrieben an.

Die Einstellung von Speisewagen hat den Bahnhofswirten das Geschäft verdorben. Sie hatten bis dahin in den in den Fahrplan aufgenommenen Mittagspausen ein eiliges, doch teures Menü serviert. Das fiel nun fort und alle, Mittagsgäste wie Passagiere, die nur aus der Tüte lebten, kamen in den Genuss kürzerer Fahrzeiten. Es wundert nicht, dass die Bahnhofswirte der betroffenen Stationen – manche sind noch heute durch überdimensionierte Bahnhofsgebäude und weite Speisehallen kenntlich – sich zusammenschlossen und die Einstellung der Speisewagenkurse verlangten. Des Friedens willen wurde ihnen – voran dem Hallenser Bahnhofswirt Riffelmann – die Bewirtschaftung von Speisewagen übertragen. Dabei fuhr man sowohl mit eisenbahneigenen als auch mit Speisewagen der Gesellschaften. Es gab Halbspeisewagen, und man betrieb bereits das »Abteilgeschäft«, also den ambulanten Verkauf von Getränken und Speisen im Zug. Dabei gab es nur ein Menü; die Küche wurde oft verpachtet, und der Oberkellner hatte das weitere Bedienungspersonal aus eigener Tasche, d. h. von den eingenommenen Trinkgeldern, zu bezahlen, doch offenbar lebte man davon nicht schlecht. Jahrelang liefen in Deutschland noch Schlafwagen der Reichsbahn neben denen der Mitropa, aber schließlich bekam diese das Monopol auf den deutschen Kursen – war sie doch bereits in fast alleinigem Besitz der Reichsbahn.

1922/23 wurden dann die ersten Schlafwagen aus Stahl gebaut. Statt des gewohnten preußischen Dachaufsatzes zeigten sie ein glattes Tonnendach; die normalen Wagen hatten 10 Halbabteile mit 20 Betten, gleichzeitig erschienen aber auch Dritter-Klasse-Wagen mit 12 Halbabteilen zu je drei Betten. Beide Wagentypen waren 23,5 m lang; sie hatten im Stil der Zeit vorn konisch zulaufende Plattformverkleidungen. Ab 1928 wurde dann in Deutschland der Einheitswagen gebaut.

Pioniere des Schlafwagens der Touristenklasse waren die schwedischen Staatsbahnen gewesen; sie hatten Wagen mit sieben Abteilen zu sechs Betten, die ab 1910 durch Halbabteilwagen mit 15 Abteilen mit je drei Betten ergänzt wurden. Es war eine enge Sache: Die Abteile, also die Breite für ein Bett und den daneben nötigen Raum, maßen nur 1 m. Die Touristenschlafabteile hatten damals keine Waschgelegenheiten, man wusch sich in den an den Wagenenden befindlichen Waschräumen, und zunächst war auch die Benutzung von Bettzeug nicht obligatorisch, sondern an einen Aufpreis gebunden.

Es hat immer besondere, mit einem Küchenabteil und Vorratsraum ausgerüstete Schlafwagen gegeben – für Kurse, in denen kein Speisewagen mitläuft und der Schlafwagenschaffner das Frühstück in den Abteilen serviert. 1928 hatte die Deutsche Reichsbahn die Kriegsfolgen so weit überwunden, dass sie in der Lage war, mit dem FFD-Zug »Rheingold« eine neue Epoche luxuriösen Reisens einzuleiten. Vorerst allerdings war der »Rheingold« in erster Linie als Devisenbringer gedacht, für die in Hoek van Holland ankommenden Engländer, die auf verschiedenen Wegen von England zu ihren Reisezielen in der Schweiz und Italien gelangen konnten. Sollten sie sich für die Reichsbahn entscheiden statt für die auf kürzeren Strecken fahrenden Franzosen, dann musste diese etwas Besonderes bieten. Die Wagen des »Rheingold«-Zuges waren extra für diesen entworfen und gebaut worden. Was da täglich zwischen Holland und der Schweiz verkehrte, wurde von Zeitgenossen wie folgt beschrieben: »Jeder der Salonspeisewagen, von denen je zwei von einer gemeinsamen Küche versorgt werden, ist 23,5 m lang und hat eine Grundfläche von etwa 60 m². Auch wenn der Wagen vollkommen besetzt ist, verfügt der Reisende erster Klasse über einen Raum von 2 m², der Reisende zweiter Klasse über mehr als 1,5 m². Die Wagen, die ganz aus Stahl gebaut sind, bieten in der ersten Klasse 20 bzw. 28 und in der zweiten 29 bzw. 43 Sitzplätze, je nachdem, ob der Wagen die Küche enthält oder nicht. In der ersten Klasse stehen bewegliche Klubsessel mit hoher Lehne. Neben zwei Saalräumen – für Raucher und Nichtraucher – sind in der ersten Klasse noch abgeschlossene Abteile zu zwei und vier Plätzen verfügbar. Die Innenausstattung der Wagen ist von namhaften deutschen Innenarchitekten entworfen worden und in Formen und Farben verschieden gehalten. Jeder Wagen enthält ein besonderes Gepäckabteil für Koffer und Kleidungsstücke und einen Waschraum mit fließendem kaltem und warmem Wasser. Besonderer Wert ist – der ›Rheingold‹ durchfährt Deutschlands schönste Landschaft! – auf freie Sicht aus den Fenstern gelegt, von denen die größten fast anderthalb Meter in der Breite messen. Der Außenanstrich ist bei diesen Wagen violett und elfenbeinfarbig gehalten und mit goldenen Linien abgesetzt. Außer den üblichen Wendlersaugern sorgen noch elektrisch angetriebene Ventilatoren für die Entlüftung der Wagen.«
Der Beschreibung eines Luxuszuges wurde hier ein so großer Platz eingeräumt, weil er für die Entwicklung des Eisenbahnwesens dasselbe bedeutet wie ein hochgezüchteter Rennwagen für den Bau braver Alltagsautomobile. In Luxuszügen, Salonwagen und Staats- und Hofzügen wurden und werden all die komfortablen Einrichtungen erst einmal ausprobiert, ehe sie – wenn überhaupt – dem breiten Publikum der Eisenbahngesellschaften zugute kommen. Doch darüber hinaus hat der beschriebene Zug Merkmale, über die noch gesprochen werden muss:

CIWL-Wagen in Ägypten auf der Strecke Kairo – Luxor, 1908.

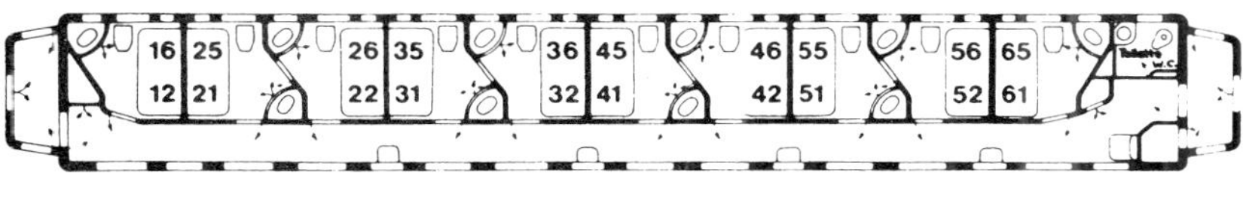

Schlafwagen mit Z-förmigen Zwischenwänden. Die Anordnung ergibt zusätzlichen Platz vor dem Waschbecken. Schlafwagen LX 20 der ISTG mit 20 Schlafplätzen.

FFD-»Rheingold«, zwischen den Weltkriegen der Luxuszug der Deutschen Reichsbahn. Die in Europa erste Aussichtskanzel, in den USA hat man sie nur am Zugende.

1. Es ist ein alter Streit, ob es besser wäre, das Essen an einem jeden Platz im Zug zu servieren oder die Hungrigen in den Speisewagen zu bitten. Je größer die Zahl derer ist, die das rollende Restaurant benutzen, desto größer ist zwangsläufig die Zahl der durch den temporären Wechsel in den Speisewagen frei bleibenden Plätze. Schließlich wird es zu einer Kalkulation, die höhere Platzzahl oder die längeren Wege des Bedienungspersonals samt der Dezentralisation der Kücheneinrichtung gegeneinander abzuwägen. Viele Reisende schätzen es nicht, den Platz wechseln zu müssen; ob es für den nicht essenden Fahrgast aber angenehm ist, zuschauen und den Bratengeruch mitgenießen zu müssen, sei dahingestellt. Es ist auch keine einheitliche Entwicklung festzustellen: Während man im spanischen »Talgo«, in dem früher am Platz serviert wurde, seit einiger Zeit einen Speisewagen einstellt, sind die neuen Triebwagen der DB so konstruiert, dass nicht nur im Speiseabteil, sondern auch am Platz des Reisenden serviert werden kann.

2. Von ganz persönlichen Anschauungen geprägt ist auch die Vorliebe für Großraumwagen oder Abteilwagen. Sicherlich ist der Geselligkeit das Gegenübersitzen in Abteilen förderlicher, doch mancher zieht die Unpersönlichkeit der flugzeugähnlichen Bestuhlung von Großraumwagen vor, die ihn auf jeden Fall davor bewahrt, von einem Gegenüber angestarrt zu werden. Die DB bemüht sich, in ihren ICE- und Interregio-Zügen sowohl Großräume als auch Abteile anzubieten.

3. Der »Rheingold« führt einen Aussichtswagen, ein besonderes Kennzeichen eines Zuges seiner Klasse. Doch während man sich im Allgemeinen auf eine Glaskanzel am Ende des Zuges beschränkt (auch hier dient der »Talgo« als Beispiel), hat der »Rheingold« eine Glaskuppel mit erhöht liegenden Sitzen; »Dom-car« nennt man so etwas in den USA. Dort scheint es überhaupt die ersten Aussichtswagen gegeben zu haben. Sie hatten offene Plattformen am Ende des Zuges, auf denen man

sich ergehen oder sitzen konnte; sie waren aus den bei allen amerikanischen Wagen vorhandenen Einstiegsplattformen entwickelt worden.
Erwähnt werden müssen die Liegewagen, die 1952 in Deutschland zunächst für Gesellschaftsreisen gebaut, danach aber auch in den normalen Verkehr übernommen wurden. Eine ganze Reihe europäischer Eisenbahnverwaltungen hat dabei nachgezogen. Da das Schlafen mit insgesamt sechs Personen in einem Abteil – in drangvoller Enge mit dem Gepäck – nicht jedermanns Sache ist, wurden auch Halbabteile mit einer Jalousie-Mittelwand eingeführt. In Frankreich kennt man Ähnliches schon seit der Jahrhundertwende, nämlich die heute noch existierenden »Couchettes«, die es in verschiedenartiger Ausführung und für beide Klassen gibt.
In Schweden gibt es aus Schlaf- und Speisewagen kombinierte »Hotelzüge« für Rundreisen in den Norden des Landes (wo sollten dort auch die für eine solche Reisegesellschaft benötigten Unterkünfte beschafft werden?).
Zum 30. Mai 1999 hat die DB noch 11 Nachtzüge im Programm, die zum Teil auch Liegewagen und Sessel mitführen. Es finden dabei sehr viele Veränderungen statt, die zum Teil auf internationalen Beteiligungen beruhen. Ich selbst kann mir kaum vorstellen, eine Nacht auf rollenden Rädern zu verbringen, wenn ich in wenigen Stunden per Hochgeschwindigkeitszug oder Flugzeug die Strecke überwinden und dann in einem Bett auf festem Boden schlafen kann.

So wie die Kaiser und Könige und die vielen Landesfürsten ihre Staatskarossen hatten, in denen sie ebenso bequem wie prunkvoll reisten, erwarteten sie natürlich von der Eisenbahn, dass diese ihnen eine vergleichbare Einrichtung zur Verfügung stellen könne. Es entstanden bald – nachdem man zunächst die besten Reisewagen für die hohen Gäste reserviert hatte – Salonwagen, Hofzüge und Staatszüge, denn man reiste mit Gefolge. Am ehesten kann sich der Leser beim Besuch des Nürnberger Verkehrsmuseums einen Begriff von diesen Zügen machen. Dort ist der Hofzug des Königs Maximilian II.

Peruanische Zentralbahn. Kehrschleife im unteren Teil des Rimactals.

Wagen des Kaisers und der Kaiserin aus dem preußischen Hofzug (um 1910) mit Salon, Schlaf- und Waschraum sowie Schlaf- und Aufenthaltsräumen für die Leibdienerschaft.

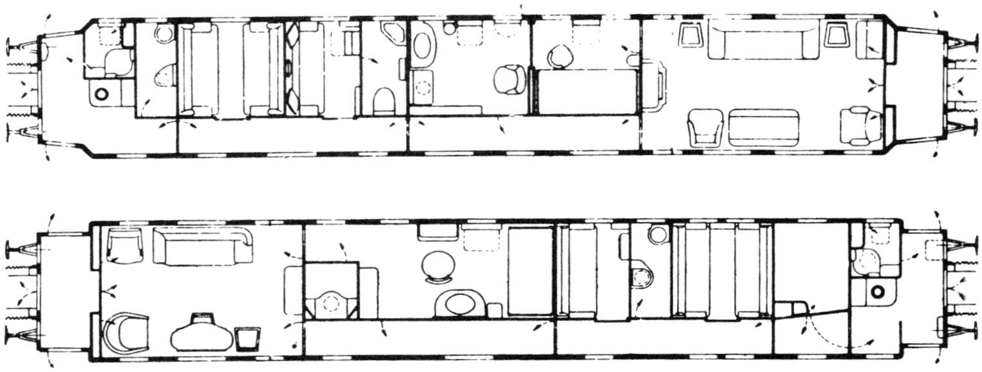

von Bayern (1848–1864) ausgestellt, »ein Gedicht aus hellem Blau, innen und außen viel, viel Gold, verschnörkelten Ornamenten, Deckengemälden, symbolischen Löwen, Putten, heraldischen Zutaten, einer riesigen goldenen Krone auf dem Dach des Salonwagens. Es ist ein Stück Herrenchiemsee oder Neuschwanstein auf Rädern«. Die Zugkombination besteht aus einem Salonwagen und einem »Terrassenwagen«; dazu benötigte man Packwagen und Wagen für das Gefolge, sodass Bayerns Monarch mit etwa sechs Wagen gefahren kam.

Der preußische Hofzug – es gab einen älteren mit zwei- und dreiachsigen Wagen und ab 1889 einen neueren aus vierachsigen – wurde normalerweise mit zehn Wagen gefahren: Gepäckwagen mit Arbeitsraum für den Zugführer und Schlafräumen für das Eisenbahnpersonal, Küchenwagen, Speisewagen mit großem und kleinem Speisesalon, zwei Schlafwagen für das Herrengefolge, Salonwagen des Kaisers, Salonwagen der Kaiserin, zwei Schlafwagen für das Damengefolge, Gepäckwagen. Insgesamt standen der Preußischen Staatsbahn 30 vierachsige Wagen für solche Hofzüge zur Verfügung, einschließlich »Telegraphenwagen«.

Das Verhältnis der Landesväter zu »ihren« Eisenbahnen war manchmal etwas lächerlich. Der bayerische König hatte es abgelehnt, zur Eröffnung der nach ihm benannten Bahn zu erscheinen. Kaiser Ferdinand von Österreich machte die Konzessionierung der Strecke von Wien nach Baden, wo er ein Schloss besaß, davon abhängig, dass diese einen Tunnel aufweisen müsse, obwohl der bautechnisch gar nicht nötig war.

Einer der deutschen Mini-Souveräne rief aus: »Ich muss eine Eisenbahn haben, und sollt sie mich tausend Taler kosten!« Der König von Hannover ließ sich 1854 einen Dreiachser mit Audienzraum und Thronsaal bauen – nur der Papst nahm außer ihm noch einen Thron mit auf Reisen.

Auch eine Menge gut betuchter Privatleute leistete sich einen eigenen Salonwagen, der von Fall zu Fall an Regelzüge angehängt wurde. Dazu gehörten natürlich in erster Linie die »Eisenbahnkönige«, die Großaktionäre der damals privaten Eisenbahngesellschaften (auch der Vorstandsvorsitzende der Deutschen Bahn AG hat seinen Dienstwagen). Die Liste der weiteren Besitzer ist wie ein Querschnitt durch den internationalen Hoch- und Geldadel. Wer aber nur hin und wieder sich den Luxus leisten will, kann einen Salonwagen mieten.

Staatsoberhäupter und Minister pflegen auch heute noch in solchen Sonderwagen, oft gar Sonderzügen, zu reisen. Die sind im Verhältnis zu ihren Vorgängern sachlich und nüchtern, aber mit allen technischen Raffinessen ausgestattet, sie stellen rollende Arbeitsräume mit Büro und Besprechungsräumen dar und vor allen Dingen mit allen nur denkbaren Nachrichtenverbindungen, sollen doch auch während der Reise die Amtsgeschäfte weiterlaufen. Beim Besuch der englischen Königin in der Bundesrepublik Deutschland wurde ein »Garderobenwagen« eingestellt (WG 10.816) mit einer 6 m langen Kleiderstange und einer Reihe von Bügeltischen. Das Vorhandensein eines Bades ist in einem solchen Salonwagen seit langer Zeit selbstverständlich.

Hofzug des Prinzregenten Luitpold, gebaut 1892, mit Lokomotive »Kalmit« der Pfalzbahn.

Die Transsib und die Zukunft der Eisenbahn

Russland ist ein Land der Gegensätze: Atommacht, dabei gleichzeitig, was den größten Teil ihrer fernöstlichen Gebiete betrifft, Entwicklungsland wie die vielen früheren Kolonien in Afrika und Asien. Das charakterisiert die Geschichte der Eisenbahn im zaristischen Russland wie in der Sowjetunion und im neuen Russland.

Russland gehörte zum engsten Kreis der ersten Eisenbahnländer. Um 1760 soll es in einem Bergwerk im Altai Bahnen gegeben haben, deren Wagen durch ein mit Wasserkraft angetriebenes Kabel gezogen worden seien – eine bisher nicht gehörte Variante früher Bahnantriebe. Der Sohn des Erbauers, ein Peter Frolow, richtete 1809 die erste mit Pferden betriebene Bahn Russlands ein, eine gut 2 km lange Linie zum Erztransport. Als der Ritter von Gerstner, den wir als Erbauer der Pferdebahn Linz – Budweis kennen gelernt haben, anlässlich seiner Russlandreise im Jahre 1816 dem Zaren das Modell einer Eisenbahn zeigte und sich gleichzeitig um ein Eisenbahnmonopol in Russland bewarb, wusste der Herrscher aller Reußen höchstwahrscheinlich genauso wenig wie Gerstner, dass es in seinem Reich bereits eine Eisenbahn gab. Durch ihre isolierte Lage hat die russische Schwerindustrie im Ural und Altai nur wenig zur Entwicklung der russischen Eisenbahn beitragen können.

Gerstner wurde der Bau einer kurzen Versuchsstrecke von St. Petersburg zur 23 km entfernten Sommerresidenz des Zaren, Zarskoje Selo, und noch 25 km weiter nach Pawlowsk gestattet. 1835 hatte man mit dem Bau begonnen, 1837 konnte mit Lokomotiven aus England und Belgien die Eröffnung gefeiert werden. Der Schneeverwehungen wegen lief das Gleis auf einem Damm. Die Spurweite betrug 6 Fuß. Damals stand die von Stephenson bevorzugte heutige Normalspurweite gar nicht zur Debatte. Von Gerstner hatte seine eigenen Vorstellungen. Man sprach über 5, 6 oder gar (wie Brunel entschieden hatte) 7 Fuß. Die erste russische Eisenbahnlinie wurde 1902 auf die vom Amerikaner Whistler, dem »Vater der Nikolai-Bahn«, eingeführte Spur von 5 Fuß umgenagelt. 1834 hatten die Mechaniker Vater und Sohn Tscherepanow fern im Ural bereits die erste russische Dampflokomotive gebaut.

Alle Beteiligten waren sich darüber klar, dass der Eisenbahnbau in Russland nach ganz besonderen Gesetzen vor sich gehen musste. Die zu überwindenden Entfernungen waren enorm. Allein die Anbindung der Zentren des europäischen Russland – Moskau, St. Petersburg, Kiew, Odessa – an das sich bildende mitteleuropäische Netz erforderte einen beispiellosen Aufwand. An Verbindungen zum Ural und Kaukasus – Schlüssel des Weges nach Indien – wagte man vorerst gar nicht zu denken. Es wurde schnell deutlich: Die Wasserstraßen mussten in ein russisches Eisenbahnsystem aufgenommen werden. Mütterchen Wolga war vorerst durch keinen Schienenstrang zu ersetzen, und die Eisenbahnlinie Moskau – St. Petersburg hatte nicht nur die Aufgabe, diese beiden Städte miteinander zu verbinden, sondern auch das Stromgebiet der Wolga mit der Ostsee. Die ersten Eisenbahnlinien, bis 1870 erbaut, ließen alle dieselbe Frachtrichtung erkennen: die Ausfuhr südrussischen Getreides über die Ostseehäfen. Stichbahnen endeten an

Der »Leningrader Bahnhof« in Moskau. So hieß er, als das Foto gemacht wurde.

Gliedertriebzug ER 200 zwischen Moskau und St. Petersburg. Der Zug besteht aus sechs von je acht Motoren angetriebenen Doppeltriebwagen und zwei antriebslosen Steuerwagen.

der Wolga in Rybinsk, Jaroslawl und Nischni-Nowgorod (Gorki); von Orel über Smolensk wurde die Direktverbindung nach Dünaburg und Riga hergestellt.

Vorerst hatte man aber als zweite russische Eisenbahn die Warschau-Wien-Bahn gebaut. Sie fuhr – sollte sie doch den Anschluss Russlands an Österreich sicherstellen – auf der Spurweite 1435 mm. Und ihre Baugeschichte ist so typisch für viele ihr folgenden russischen Eisenbahnlinien, dass sie kurz erzählt werden muss. Der Bau wurde einer privaten Gesellschaft übergeben, die auch die Betriebsrechte erhalten sollte. Dabei garantierte die Regierung den Aktionären der Eisenbahngesellschaft die Verzinsung ihrer Papiere zu banküblichen Sätzen, eine Zusage, die es nur in Russland gegeben hat. Sicherlich war es nötig, ganz besonders gute Bedingungen zu bieten, wollte man Kapital an den Rand der zivilisierten Welt, in die weiten russischen Steppen lenken, und das zum Zwecke riesiger Bahnbauten, die Unsummen verschlangen und nach Fertigstellung die Aufgabe hatten, das von ihnen durchschnittene Gebiet erst zu entwickeln. Vorerst konnte man also nicht mit mehr Verkehr rechnen, als auf einer mitteleuropäischen Sekundärbahn herrschte, war doch die Wirtschaft aufgrund der bisherigen Verkehrsverhältnisse kaum auf Warenaustausch über längere Strecken eingestellt. Doch der Bahnbau war (und ist) die Voraussetzung für die Erschließung der Möglichkeiten des Landes, für Gedeihen und Prosperität.

Und es kam genauso wie beim Bau der Eisenbahnlinien im Osten Preußens, wie in den USA: Findige internationale Finanziers – heute wären sie sicherlich Abschreibungsspezialisten – beuteten mit Hilfe dieser Privilegien Länder und Regierung aus, indem sie die Vorteile kassierten und möglichst wenig lieferten. Es wurde zum Beispiel zum Problem, wie man im Rahmen bestehender Gesetze nicht nur adeligen Grundherren, sondern auch Eisenbahngesellschaften das Recht auf den Besitz von Leibeigenen erteilen könne. Der Bau der Warschau-Wien-Bahn kam nach drei Jahren (1842) zum Erliegen. Der Zar befahl die weitere Finanzierung durch die Staatskasse, das lohnte sich für ihn, da mit Hilfe der Bahn die Truppen zur Niederschlagung des ungarischen Aufstandes von 1848 um vieles schneller ins Einsatzgebiet gebracht werden konnten. Doch schon 1857 wurde die Linie gemäß der Vorliebe des Zaren für das private Unternehmertum wieder gegen eine jährliche Abgabe privatisiert.

Eisenbahnbau, ob staatlich oder privat, wurde in Russland zu einer Aufgabe für Sträflinge und Soldaten. Die staatliche Garantie der Kapitalverzinsung war nicht nur eine Versuchung für die Konzessionäre, ein möglichst hohes Kapital aufzunehmen und beim Bau großzügig mit Zuwendungen und Provisionen zu sein und nicht unerhebliche Summen in die Tasche des Direktoriums, von Freunden, Gönnern und Verwandten fließen zu lassen Sie begünstigte auch einen aufwändigen und schluderigen Betrieb. Niemand dachte daran, zu sparen, hatte sich doch der Staat verpflichtet, die Gläubiger zu befriedigen. So wurden diejenigen, die ihre Zinsen selbst zahlten, als Dummköpfe angesehen. Westwood resümiert, der heftige Wettbewerb um Eisenbahnkonzessionen habe »eher den Hoffnungen auf kurzfristige Gewinne auf Kosten der Regierung als der Erwartung stetiger Einkünfte aus dem regelmäßigen Bahnbetrieb« gegolten. 1886 gab es 44 private Gesellschaften. Lediglich fünf davon waren dem Staat gegenüber schuldenfrei, die restlichen schuldeten

ihm 1100 Millionen Rubel. Das System stank zum Himmel, finanzierte doch der Staat mit immer größeren Beträgen Eisenbahnlinien, die er – um Geld zu sparen – nicht hatte bauen wollen.

Da die Eisenbahngesellschaften durchweg von Ausländern beherrscht wurden, war der Kampf gegen die Missstände eine nationale Frage. Eine Zeitung beklagte sich darüber, »dass die Eisenbahn Odessa – Balta nicht nur ausschließlich in deutschem Besitz stehe, sondern dass auch alle Beamten dieser Bahn Deutsche seien, welche die russische Sprache zumeist nicht verstünden und sich den Eingeborenen (!) nicht verständlich machen könnten; dass weiter die Fahrpläne und sogar die Bahnbillette in deutscher Sprache und mit deutschen Buchstaben gedruckt seien. So ist es nicht verwunderlich, dass auch Bücher und Abrechnungen, wie auch Korrespondenz der Gesellschaft in deutscher Sprache gehalten sind.«

Andererseits empört sich die deutsche Petersburg-Zeitung höchlich über diesen Ausbruch kleinlicher nationaler Eifersucht und versichert ihren russischen Zeitgenossen, dass Russland von Glück reden kann, wenn Deutsche sich herbeilassen, ihr Talent, ihre Intelligenz und ihr Kapital in ein Land zu bringen, das ohne sie überhaupt keine Bahnen hätte.

Die Mahnungen, dass man endlich eine Eisenbahnverbindung zum Fernen Osten benötige, wurden derweil immer dringender. Sicherlich, die Erschließung der sibirischen Weiten würde den Reichtum des Landes ungemein heben und das europäische Russland vom Bevölkerungsdruck befreien. Viel wichtiger war aber, dass im Osten die Dinge in Bewegung gekommen waren. Im Zeitalter des Kolonialismus hatte auch dort das Verteilen begonnen, und die Moskauer Regierung wollte dabei sein. 1858 hatte China das Amurgebiet an Russland abge-

Begegnung auf der Transsib: eine der legendären P 36 (2'D2') auf dem Nebengleis. Auch hier ist das Zeitalter der Dampfloks inzwischen beendet.

treten, 1860 die Küstenprovinz, und man hatte den Hafen Wladiwostok erbaut. Sachalin wurde gegen die Kurilen eingetauscht. (1898 kam es schließlich noch zum Pachtvertrag über Port Arthur, 1900 zur Besetzung der Mandschurei, was Japan auf den Plan rief und das Vorspiel zum Russisch-Japanischen Krieg von 1904/05 darstellte.)

England, die USA und Japan standen im Fernen Osten bereit, der Zar hatte seine Ansprüche zu sichern, und das konnte er am besten durch den Bau einer direkten Verbindungslinie vom europäischen Russland zum Pazifik; so war er präsent, konnte Einfluss ausüben und gegebenenfalls große Teile des russischen Heeres innerhalb kurzer Zeit in den Osten verfrachten. Nationalökonomen rechneten damit, daß bessere Verbindungslinien die Möglichkeit ergäben, den ungeheuren wirtschaftlichen Druck, den das überdimensionierte, stehende Heer auf Russland ausübte, zu verringern.

Sibirien hatte sich von jeher als sehr verkehrsfeindlich erwiesen. Infolge der extremen Temperaturen herrschte im nördlichen Teil weitgehend Dauerfrost. Das heißt, dass der Boden das ganze Jahr über gefroren ist. Im kurzen Sommer taut die Oberfläche auf. Das Land verwandelt sich in einen unpassierbaren Sumpf. Der Süden wiederum leidet unter Wassermangel, er besteht weithin aus baumloser Steppe oder wüstenartigen Landstrichen. Die einzigen natürlichen Wege, die Flüsse, durchqueren das Gebiet von Süden nach Norden und münden in das Eismeer, in dem die Schifffahrt so gut wie unmöglich ist. Sie sind deshalb nur für einen »lokalen Verkehr« geeignet und wurden als Zubringer für die Eisenbahn eingeplant. Der Ost-West-Verkehr, der Europa mit den fernöstlichen Besitzungen verband, verlief auf Pfaden, auf denen Wagen nur mit Mühe weiterkamen. Jenseits des Baikalsees im Amurgebiet gab es bis zum Bau der Eisenbahn keine durchgehende Wagenverbindung. Selbst die Post reiste auf einem Teilstück per Karawane. Trotzdem gab es im Innern Sibiriens große Städte mit Handelsunternehmen, die – allerdings zu fantastischen Preisen – europäische Waren feilboten; es gab dort Fabriken mit aus Europa herangeschafften Maschinen und viele, viele tausend mehr oder minder frei lebende Verbannte, politische und kriminelle, von zaristischen Gerichten zur Deportation Verurteilte.

Vor diesem Hintergrund ist der Bau der Transsibirischen Eisenbahn zu verstehen und zu werten. Er stellte höchste Anforderungen an alle Kräfte des gesamten Reiches. Die längste Eisenbahnlinie der Welt wurde in einer geradezu unglaublichen Bauzeit fertig gestellt. Möglich wurde das, indem man an mehreren Stellen zugleich begann und zunächst außerordentlich leicht baute (was dann jahrzehntelang die weitere Entwicklung behinderte), aber auch auf alle nicht unbedingt nötigen Bauten wurde verzichtet. Man erklärte der Öffentlichkeit, vor dem Bau der Stationsgebäude und Lagerhäuser wolle man erst Erfahrungen über die zu erwartenden Anforderungen sammeln.

Ausgangspunkt war Samara an der Wolga, Endpunkt der Eisenbahnlinie von Moskau über Rjasan und Pensa; 1886 wurde mit dem »Zubringer« nach Tscheljabinsk begonnen, der nicht zur eigentlichen »Transsib« zählt. Nördlich davon war aber schon eine interessante andere Linie eröffnet worden, um den Auswandererstrom nach Westsibirien und die Getreidelieferungen von dort in den Griff zu bekommen. Von Perm im Stromgebiet der Wolga und Kama hatte man 1878 ein Gleis über den Ural nach Jekaterinenburg gelegt und 1885 weiter nach Tjumen – erste Verbindung zwischen Wolga und Ob, zwischen Europa und Asien. Diese Brücke zwischen den beiden Stromgebieten, mit Schiffsanschluss hüben und drüben, wurde erst 1896 durch den Bau der Strecke Tscheljabinsk – Jekaterinenburg an das übrige Netz angeschlossen und sollte als Bestandteil des nördlichen Transsib-Zubringers nach Leningrad weitere Bedeutung erhalten.

Der Bau der Hauptlinie begann im Fernen Osten. Im Mai 1891 tat der Thronfolger, der wegen der Bedeutung der Gebiete eine Reise dorthin (rund um Asien per Schiff) unternommen hatte, den ersten Spatenstich in Wladiwostok. »Am 19. Mai 1891 geruhte der Thronfolger Cäsarewitsch den bereit gehaltenen Schiebkarren, nachdem Er denselben eigenhändig mit Sand gefüllt hatte, auf den Damm der dem Bau zu übergebenden Ussuri-Bahn zu fahren und den ersten Spatenstich bei der Grundsteinlegung der Großen Sibirischen Eisenbahn zu thun.«

Im Westen begann man 1892 am Ausgangsort Tscheljabinsk. Im Osten konnte man auch das erste Teilstück fertig stellen, die Süd-Ussuri-Sektion, die mit 400 km Länge Wladiwostok an das Stromgebiet von Ussuri und Amur anschloss, 1899 war die gesamte Ussuri-Linie bis Chabarowsk vollendet. Hier hatte man die größten Schwierigkeiten, ging es doch durch Gelände, Wälder und Taiga, die völlig unwegsam und beinahe unbewohnt waren. Es mussten nicht nur Arbeitskräfte herbeigeschafft, sondern auch Straßen gebaut werden, um Material, Werkzeuge und Maschinen zur Baustelle zu schaffen. Überhaupt ging man bei allen Teilstrecken der Transsib davon aus, dass bei den großen Entfernungen das Baumaterial weitgehend am Ort gewonnen werden müsse. Vortrupps legten also Sägemühlen, Steinbrüche und Wasserleitungen, Kalkwerke und Unterkünfte für Arbeiter und Pferde an. Bagger wurden durch Pferdekraft betrieben. Die Brücken über die großen Ströme Ob und Irtysch wurden erst später gebaut, vorerst behalf man sich mit Fähren.

Die westsibirische Eisenbahn von Tscheljabinsk bis zum Ob konnte 1895 eröffnet werden, die zentralsibirische von dort bis Irkutsk 1898. Eine Zweiglinie führte nach Tomsk, mehrere kurze Zweigbahnen führten von den Flussbrücken zu den neu angelegten Flusshäfen. Am Baikalsee jedoch war vorläufig Schluss. Die Trans-Baikal-Bahn war nicht, wie vorgesehen, fertig gestellt worden, vielmehr dauerte dies bis zum Jahre 1900. Zu dem Zeitpunkt standen zwei aus England importierte Eisbrecherfähren zur Verfügung, die den Verkehr auf dem Baikalsee übernahmen. Das mit großen Kunstbauten verbundene Zwischenstück am Südufer des Sees wurde erst 1904 fertig gestellt. Der Fährbetrieb auf dem Baikalsee gestaltete sich insofern ungewöhnlich, als auch da die Frostperiode lang und hart ist. Sicherlich, während der Zeit des strengen Frostes war an den Einsatz der Schiffe, obwohl sie als Eisbrecher konstruiert waren, nicht zu denken. Aber in der Übergangsperiode fuhr die stärkere »Baikal« voraus, und ihr folgte die schwächere »Angara«, bis das Eis zu dick wurde und die Passagiere auf ein gutes Hundert Pferdeschlitten umstiegen.

Da sich die Schwierigkeiten im Amurgebiet als nahezu unüberwindlich herausstellten, wurde in Übereinstimmung mit China die Ostchinesische Bahn gegründet (im Gegensatz zum gesamten Transsib-Projekt erhielt sie einen privaten Status), um in günstigerem Gelände und weniger aufwändig die westlichen und östlichen Teile über chinesischem Boden miteinander zu verbinden. Eine Abzweigung nach Süden erreichte die russischen Pachthäfen Port Arthur und Dairen. Die Trans-Baikal-Bahn wurde als Amur-Bahn von Tschita bis Srjetensk an der Schilka weitergeführt, um zumindest auch von Westen den Anschluss an das Amur-Ussuri-Stromsystem zu haben. 1916 war auch die Verlängerung bis Chabarowsk fertig gestellt.

Der Bau der Transsib war weitgehend ein kolonisatorisches Unternehmen. Unterkünfte und Fabriken blieben zurück, auch wenn die Eisenbahnarbeiter weitergezogen waren und sie nicht mehr benötigten. Andere Eisenbahner rückten nach, mit ihnen Handwerker und Händler. Die Bahn baute und unterhielt Schulen für die Eisenbahnerkinder; die Kirchen waren oft in Waggons untergebracht und brachten den Segen von Ort zu Ort.

Für die Strecken jenseits des Baikal musste man alle Materialien, die nicht im Lande gewonnen werden konnten, auf dem Seeweg nach Wladiwostok bringen und von dort aus per Bahn zur Baustelle. Lediglich einige Lokomotiven wurden in Einzelteile zerlegt und mit Schlitten über den zugefrorenen Baikalsee geschleift. Auf diese Art und Weise erreichten auch die beiden Baikalsee-Fähren ihren Einsatzort. Länger als zwei Jahre dauerte allein der Transport (zwei Jahre rechnete man auch vor dem Bau der Transsib für eine Landreise in den Fernen Osten).

»In ihre einzelnen Bestandteile zerlegt wurde sie (die ›Baikal‹) bis zum Dorfe Listwenitschnoje transportiert und dort am Ufer des Sees aufs neue montiert und ausgerüstet. Hier erst wurde die endgültige Vernietung ausgeführt und erhielt der Dampfer seine volle Ausstattung, soweit Tischlerei und Zimmermannskunst in Betracht kamen, und erfolgte die Aufstellung von Maschinen, Kesseln, Pumpvorrichtungen nebst allen einschlägigen Ausrüstungsarbeiten. Für den Stapellauf hatte man über und unter dem Wasser Gerüste aufgeführt, deren Bau infolge des steinigen Bodens und des häufig stürmischen Wetters mit großen Schwierigkeiten zu kämpfen hatte. Die endgültige Montierung der Eisbrecherfähre war russischen Arbeitern überlassen worden, die zum Teil aus St. Petersburg herübergebracht wurden, wo man sie dem Bestande der zünftigen Schiffsbauarbeiter entnommen hatte.« Die »Baikal« war fast 90 m lang, hatte eine Wasserverdrängung von 4200 t und trug auf drei Schienensträngen an Deck 25 Güterwagen. Sie hatte Räume für 150 Passagiere. 15 Dampfkessel versorgten drei Dampfmaschinen je dreifacher Expansion, und diese trieben drei Schrauben, von denen sich eine, zum Aufbrechen des Eises, am Bug befand.

Der Verkehr entwickelte sich rasant. Schon vor der Fertigstellung der Linie nur bis Irkutsk ergaben sich auf den Versandbahnhäfen für Getreide Stauungen; im Winter 1896 fehlte Transportmöglichkeit für 7000 Wagenladungen. Man musste das Ladegut im Freien lagern, wobei viel verdarb. Ebenfalls 1896 warteten 15.000 Auswanderer in Tscheljabinsk; sie konnten aus Mangel an Wagen nicht weiterbefördert werden. Die provisorischen Holzbrücken, die auf der eingleisigen Linie in zu großen Abständen angebrachten Ausweichgleise und die leichten

China als Endpunkt einer großartigen Eisenbahnreise: In der VR China spielen Dampflokomotiven noch eine große Rolle. Zwei QJs bei eisiger Kälte während der Ausfahrt in Harbin. Die QJ, Achsfolge 1'E1', Leistung 2200 kW, ist mit 4000 Stück die meist gebaute Lokomotive Chinas.

Zug der Transsibirischen Eisenbahn mit Wagen der CIWL im Jahre 1902. Beachten Sie die keineswegs auf Spitzengeschwindigkeiten zugeschnittene Universallok.

Schienen ließen eine dichtere Befahrung und den Einsatz schwerer Züge nicht zu. Eilig wurden Gegenmaßnahmen eingeleitet und zusätzliche Kredite bewilligt. Das Schotterbett wurde verstärkt, 600 weitere Wagen und 30 Lokomotiven wurden beschafft. Nur drei Zugpaare konnte das Gleis täglich bewältigen; der dringend notwendige zweigleisige Ausbau wurde erst 1918 abgeschlossen. Doch gab die Beseitigung der stärksten Steigungen die Möglichkeit, alle Züge überall mit 36 Güterwagen, statt ursprünglich nur 16, zu fahren. Des leichten Schienenmaterials wegen wurden Versuche mit Mallet-Lokomotiven angestellt. Standardbauart aber blieb die D-, später E-Güterzuglokomotive und für den schnellen Reisezug die 1'C1'.

Im Jahre 1898 richtete die Brüsseler ISG einen »Sibirien-Express« ein, der zum längsten durchlaufenden Zug der Erde wurde. Zunächst verkehrte er nur alle 10 Tage, bald häufiger, und es blieb dann bei zweimaligem Verkehr in der Woche. 1900 war der Endpunkt Omsk, dann Irkutsk. 1906 wird auch von der ISG der durchgehende Betrieb bis Wladiwostok aufgenommen, allerdings mit Umsteigen in Irkutsk. 1907 setzten auch die russischen Staatsbahnen einen ähnlich komfortablen Luxuszug ein; die Fahrzeit von Moskau bis zum Stillen Ozean wurde von 12 1/2 Tagen im Jahre 1906 auf 9 1/2 1910 reduziert und betrug nur noch 7 1/2 Tage, als 1913 auch die Züge durchfuhren. »London – China 13 Tage, London – Japan 14 Tage« verkündete die ISG – die Ersparnis betrug gegenüber der Schiffsreise mehr als 50 % der Zeit und der Kosten.

Ohne die folgenden politischen Umwälzungen hätte Sibirien ein wichtiges Transitland werden können. Zeitgenossen berichten, der »Internationale Zug« habe aus vier Wagen – alle mit elektrischer Beleuchtung – bestanden, zwei Wagen zweiter Klasse, einem Wagen erster Klasse und einem kombinierten Speise-, Küchen-, Bade- und Gepäckwagen. Jedes Abteil erster Klasse besaß Toilette, Armsessel und Schreibtisch und der ganze Zug war mit Teppichen ausgelegt. In den Baderäumen befanden sich mit Marmor verkleidete Porzellanwannen, das Klavier im Speisesaal allerdings soll lediglich als Ablage für schmutziges Geschirr benutzt worden sein. Die Auswanderer benutzten »Bummelzüge« mit Wagen vierter Klasse, Güterwagen mit Bänken, und schätzten sich glücklich, nicht in den angehängten Häftlingswagen mit den vergitterten Fenstern transportiert zu werden.

Der Bau der Transsib wurde in Russland – und nicht nur dort – als Leistungsbeweis umfassender Planung betrachtet. Doch bald nach der endgültigen Fertigstellung wurde sie, als der Erste Weltkrieg ausbrach, einer lange Jahre währenden außergewöhnlichen Belastung unterworfen; Krieg, Bürgerkrieg und Nachkriegszeit machten eine ordentliche Unterhaltung unmöglich, und es dauerte bis in die 30er-Jahre, ehe Oberbau und rollendes Material wieder den Vorkriegsstand erreicht hatten. Russische Eisenbahnen waren nie besonders schnell, von Petersburg nach Moskau fuhr man vor dem Ersten Weltkrieg mit dem schnellsten Zug 11 1/2 Stunden, 56 km/h zwischen den Stationen, an denen oft ausgiebig Pause gemacht wurde. Personenzüge brauchten für dieselbe Strecke 15 bis 20 Stunden. Auf den übrigen Linien war schon 25 km/h eine beachtliche Reisegeschwindigkeit, für die auch noch Schnellzugzuschlag verlangt wurde. Die unbefriedigenden Verhältnisse ergaben sich:
– durch den eingleisigen Bau der meisten Strecken und wenige Überhol- und Ausweichgleise. Je mehr die Reisegeschwindigkeit der Züge einander angeglichen wurde, desto höher war die Kapazität der Strecke.
– durch die Schwäche von Oberbau und Schienen, die es unmöglich machte, schwere und leistungsfähige Lokomotiven zu bauen und einzusetzen.

Die langsam fahrenden Züge transportierten jedoch sehr viele Güter, und die Tarife für Frachten und Personen waren in Russland, an europäischen Verhältnissen gemessen, spottbillig, der einfache Mann hätte sonst nie Fahrkarten für die langen Strecken erwerben können – für Auswanderer und »Kundschafter«, die nach Sibirien unterwegs waren, gab es darüber hinaus Sonderpreise. Die Sowjets bauten die »Turksib«, um Turkestan an das große Netz anzuschließen, die Karaganda-Bahn und parallel der »klassischen« eine zweite Transsib mit einigen hundert Kilometern Abstand. Mit 3,4 Milliarden Tonnen Güter und 3 Milliarden Reisenden wurde die Leistung der sowjetischen Staatsbahnen angegeben. Inzwischen sollen sämtliche Strecken entweder elektrifiziert oder »verdieselt« sein, die Dampflok hat also auch dort endgültig ausgedient.

Russland ist eines der wenigen Länder, in denen noch Eisenbahnen gebaut werden (in Europa gehört nur Spanien in diesen Kreis), während in allen anderen Industrienationen das Eisenbahnnetz reduziert wird und Strecken der Stilllegung und dem Abbau anheimfallen. Zwei Gründe gibt es dafür. Der eine hängt mit der Vergangenheit zusammen. Niemals ist das Eisenbahnnetz vor und hinter dem Ural so dicht gewesen wie in Deutschland, England, den USA oder Frankreich. Niemals hat es miteinander konkurrierende Parallel- und Doppelverbindungen gegeben, wie sie in der großen Zeit der Privatbahnen in England und den USA gebaut wurden. Nie hat es auch Kleinbahnen gegeben, die gebaut wurden, um das »flache«, zwischen den großen Strecken liegende Land bis in das letzte Dorf und bis zum letzten Gutshof sowie Ziegeleibetrieb zu erschließen, und die im Zuge der Weiterentwicklung des Kraftverkehrs hoffnungslos unrentabel geworden sind.

Der andere Grund, dass das russische Eisenbahnsystem gesund ist bis auf die Knochen, ist der, dass bis auf weiteres der öffentliche Verkehr gegenüber dem Individualverkehr den Vorrang genießt. Daran ändert nichts der Kraftwagenverkehr in Moskau und St. Petersburg und auch nichts die Maladität mancher Strecke. Die Entfernungen sind so groß, dass der Kraftwagen ausfällt. In den USA zeigen die Bahnen auch, dass sie den Güterverkehr auf der Schiene nicht einstellen können. Wer neu baut, kann auf den Erfahrungen der anderen aufbauen, so modern, dass er alle anderen hinter sich lässt. Die Frage der automatischen Kupplung war in der Sowjetunion lange gelöst. 1936 wurde auf der Rjasan-Eisenbahn – erstmalig in Europa – die zentrale Zugüberwachung eingeführt. Neubaustrecken werden direkt für elektrischen Betrieb und für Züge bis zu 8000 t eingerichtet. Abstell- und Überholungsgleise haben eine Mindestlänge von 1,5 km. Russische Standardgüterwagen fassen 40 und 50 t, Kesselwagen 50 m³, seit 1960 werden Großraumgüterwagen mit 100 t Ladefähigkeit eingesetzt. Hier fuhren auch erstmalig ganze Kühlwagenzüge mit Maschinenwagen. Sicherlich danken russische Ingenieure heute dem Schicksal, das ihnen eine breite Spur bescherte.

Doch ist es bemerkenswert, dass bei allem Reformeifer die Pläne, ganz neue Massenverkehrsmittel zu entwickeln, wie sie im Westen allerorten aus dem Boden schießen, hinter dem »Eisernen Vorhang« kaum Resonanz gefunden haben. Man hält die gute alte Eisenbahn für fähig, uns auch in das neue Jahrhundert zu fahren.

Was kann uns die Eisenbahn in der Zukunft bieten? Beginnen wir die Antwort mit dem, was sie uns nicht bieten kann. Kraftwagen und Luftverkehr haben sich als Konkurrenten etabliert und viel Kopfzerbrechen verursacht. Kopfzerbrechen wem? In einem hoch industrialisierten und dicht besiedelten Land wie dem unseren werden der Platz und die Ressourcen knapp. Auf der Erde wie in der Luft. Die Eisenbahn ist die schonendste und platzsparendste Art, Transporte zu bewerkstelligen. So wird der Luftraum denen vorbehalten bleiben müssen, die lange Strecken fliegen und wirklich auf den Luftverkehr angewiesen sind. Die Kurzstreckenflieger werden die Eisenbahn benutzen müssen, selbst wenn sie (bei 250 km/h) eine halbe Stunde länger unterwegs sind. Wie man es ihnen beibringt, ist eine andere Sache. Möglichst nicht mit einer Anordnung. Und auch diejenigen, die die Flugzeuge gen Himmel schicken, werden sich wenig um die Interessen der Allgemeinheit scheren. Sie sehen ihre Interessen und ihr Geld. Doch nicht alles ist durch Wettbewerb zu regulieren.

Eine ungelöste Frage ist weiterhin, wie man von Freilassing nach Husum kommt, denn was durch den Schnellverkehr an Zeit eingespart wird, kann man auf den lokalen Strecken mehr als zweimal zusetzen. Wer darüber nachdenkt, wird bald zu der Überzeugung kommen, dass irgendwo sich die Probleme unserer Zeit nicht allein durch Kapitaleinsatz zur Mehrwerterzeugung lösen lassen. Gerechte Aufteilung der Kosten (und wenn das nicht hilft, Bevorzugung der Eisenbahn) werden kommen. Denn der Straßenverkehr erdrückt sich selbst. Da kann man noch so viele Autobahnen bauen.

»Güter auf die Bahn« ist eine bekannte Parole. Jeder, der auf der Autobahn an nicht endenden Schlangen schwerer Laster vorbeifährt, ist von der Richtigkeit überzeugt. Aber lässt sich das machen, wenn die Firmen ihre Lagerhallen auf die Landstraße verlegen und die Anlieferung »zwischen sechs und sieben Uhr« erwarten? Die Rollende Landstraße, Alpenüberquerung per Autozug werden angeboten. Und haben wir nicht in unserer Siedlungs- und Standortpolitik der letzten Jahrzehnte viel zu wenig an die verkehrstechnischen Konsequenzen gedacht?

Der öffentliche Personen-Nahverkehr und der nationale Verkehr sind die Hauptaufgabe unserer Eisenbahn. In der Stadt muss man unter die Erde. Die U-Bahn hat es uns vorgemacht. Und der Güterverkehr muss wieder in vernünftige Bahnen gelenkt werden. Wer glaubt denn, dass ein Müsli von Hamburg aus bis nach Lörrach verschickt werden muss. Und der Pappkarton dafür kommt aus Dresden.

Von der Eisenbahn geht ein Zauber aus. Besonders von den Dampflokomotiven. Deshalb geben hunderte und tausende ihre Freizeit her, dass die »alten Zeiten« nicht aussterben und pflegen und fahren die Dampflokomotiven und anderes altes Gerät. Viele Vereine legen davon Zeugnis ab (und viele Eisenbahner, die auf der Elektrolok sitzen, schwingen in der Freizeit die Schaufel und schenken uns beglückende Stunden). Andere sammeln Eisenbahnmodelle und bauen Bahnhöfe und Bahnhofsvorplätze bis hin zur Landschaft. Die Elektronik lässt die Modelleisenbahn über das Kinderspiel hinauswachsen. Aber es ist Spiel. Gegenmittel gegen den beruflichen Stress unserer Tage.

Kommt sie oder kommt sie nicht? Schienenzeppelin und Hitlers Breitspurbahn, die Alwegbahn, der Gasturbinenzug, Luftkissen- und Magnetspurbahn sind über uns weggerollt. Ist es eine Reihe von Entwicklungen, die niemand haben will? Oder werden sich für den Transrapid doch noch die Stelzen durch das (welches?) Land ziehen?

Zeittafel

16. Jh. Holzbohlenbahnen in deutschen Bergwerken, später auch in englischen Kohlengruben und im Ural.

um 1760 Einführung gusseiserner Räder.

1763 In den Bergwerksgebieten des Altai (Russland) gibt es auf Schienen laufende »Plattenwagen«.

1765 Der Engländer James Watt baut die erste Niederdruckdampfmaschine.

1767 Richard Reynolds stellt gusseiserne Schienen her.

1775 Der Engländer Outram schlägt den Bau einer Pferdeeisenbahn vor.

1782 James Watt konstruiert eine doppeltwirkende Niederdruckdampfmaschine.

1784 Der Engländer William Murdock baut ein funktionstüchtiges dreirädriges Modell eines Dampfwagens.

1789 Dreirädriger Dampfwagen des Franzosen Cugnot.

1790 Erste stationäre Verbunddampfmaschine.

1794 Erste öffentliche pferdebetriebene Eisenbahn Cardiff – Merthyr – Tydvill in England.

1796 Der Engländer Richard Trevithick experimentiert erfolgreich mit Modellen von Dampfwagen.

1801 Bau einer Pferdebahn zur besseren Lebensmittelversorgung Londons.
Trevithicks Dampfwagen »Dicks Feuerdrachen«.

1802 Missglückte Inbetriebnahme eines Dampfwagens auf Schienen in der Coalbrookdale-Eisengießerei (England).

1803 Karl Anton Henschel entwirft einen Dampfwagen.
In Philadelphia missglückt die Jungfernfahrt des Dampfwagens von Oliver Evans.

1804 Februar. Trevithick lässt auf einer Waliser Grubenbahn die erste Lokomotive auf Schienen rollen.

1807 Ritter von Baader veröffentlicht einen Vorschlag »zu einer neuen kommerziellen Verbindung des Rheins mit der Donau durch eine Straße mit Eisenbahnen«.

1808 Trevithick mit einer Lokomotive in London als Schausteller.

1809 Bau des ältesten Eisenbahntunnels der Welt durch den Hay-Hügel in Wales.

1811 Der Engländer John Blenkinsop konstruiert eine Lokomotive mit Zahnstangenantrieb.

1812 Ritter von Baader verfasst eine Denkschrift »Zur Einführung der eisernen Kunststraßen im Königreich Bayern«.
William Chapmans Lokomotive mit Kettenantrieb bewährt sich nicht.

1813 »Puffing Billy«, erfolgreiche Lokomotive von Hackworth und Hedley.
Der Engländer Brunton konstruiert eine Lokomotive mit storchenbeinähnlichen Hebeln, die sich vom Boden abstößt.

1814 25. 7. Erste Lokomotive »The Blutcher« (»Blücher«) von George Stephenson.

1815 Erste deutsche Lokomotive wird in der Königlichen Eisengießerei in Berlin gebaut.

1822 Veröffentlichung eines Planes einer Pferdebahn von Frankfurt/Main nach Bremen durch den hessischen Oberbergrat Henschel.

1823 George Stephenson gründet zusammen mit seinem Sohn Robert in Newcastle upon Tyne eine Lokomotivfabrik.

1824 Eine Pferdebahn Braunschweig – Hannover – Hamburg und – Bremen wird von dem Braunschweiger Philipp August von Amsberg propagiert.
Erste Vorführung einer Dampflok in den USA durch John Stevens.

1825 27. 6. Eröffnung der ersten mit Dampf betriebenen öffentlichen Eisenbahnstrecke Stockton – Darlington mit Stephensons Lokomotive »Locomotion«.
Baubeginn der Pferdeeisenbahn Linz – Budweis.
Ritter von Baader errichtet in München eine Modelleisenbahn mit Dampfwagen zu Vorführungszwecken.

1826 Friedrich Harkort errichtet in Elberfeld eine Einschienen-Modellbahn.

1827 William Hackworth baut für die Eisenbahnlinie Stockton – Darlington eine C-Güterzuglokomotive.

1828 Der preußische Finanzminister Motz schlägt den Bau einer Eisenbahnlinie von Lippstadt nach Minden vor.
Stephenson baut auf Federn gelagerte Lokomotiven.
Eröffnung der zweiten österreichischen Pferdebahnlinie von Prag nach Lana.

1829 Franz Xaver Riepl veröffentlicht in Wien den Plan einer Eisenbahn quer durch Österreich, von der russischen Grenze über Wien nach Triest.
6. 10. Wettfahrt von Rainhill. Bei diesem Wettbewerb um eine geeignete Lokomotive für die Eisenbahn von Liverpool nach Manchester siegte Stephensons »Rocket«. Sie erbrachte den Beweis der Überlegenheit der Dampflokomotive gegenüber dem Eisenbahnbetrieb mit Pferden und stationären Dampfmaschinen.
Europäische Lokomotiven in Amerika. Peter Cooper baut die »Tom Thumb« für die Baltimore-and-Ohio-Bahn.

1830 Pferdeeisenbahn bei Essen im Ruhrgebiet.
15. 9. Eröffnung der Dampfeisenbahn zwischen Liverpool und Manchester, der ersten für den Personenverkehr gebauten Dampfeisenbahn. Dabei ereignet sich der erste Eisenbahnunfall: Ein Abgeordneter, Ehrengast der Eröffnungsfahrt, wird von der Lokomotive »Rocket« an der Wasserfüllstelle Parkside überfahren und getötet.
Erste allein mit Dampfkraft betriebene Eisenbahnlinie in England, die Canterbury and Whitstable Railway. Betrieb mit stationären Dampfmaschinen und Drahtseilen.
Erster Abschnitt der South-Carolina-Bahn mit Lokomotive »Best Friend of Charleston«.
Zwischen Charleston und Hamburg (USA) verkehrt ein durch ein Segel getriebener Eisenbahnwagen, der 15 Personen fasst.

1831 Gründung der Lokomotivfabrik von Baldwin in Philadelphia.
DeWitt Clinton baut eine B-Lokomotive für die Mohawk and Hudson Railroad.
Erste Eisenbahn in Kanada.

1832 1. 8. Inbetriebnahme der gesamten Pferdebahnstrecke Linz – Budweis.
Fertigstellung der ersten französischen Dampfeisenbahnlinie Lyon – St. Étienne.
Der Amerikaner Stevens erfindet die moderne Breitfußschiene.
Zwischen Jackson und New Orleans erreicht eine amerikanische Lokomotive eine Geschwindigkeit von 128 km/h.

1833 18. 7. Veröffentlichung des Entwurfes eines deutschen Eisenbahnnetzes durch Friedrich List (1789–1846).
Die Strecke von Charleston nach Hamburg in den USA ist mit 300 km die längste der Welt.

1834 Engländer wollen eine Eisenbahnlinie Hannover – Hamburg bauen.
Zweite große englische Bahnstrecke zwischen London und Birmingham eröffnet.
Erste Dampfeisenbahn in Irland.
Industrielle Dampfbahn in Nishni-Tagil (Russland).
Die Stadtverordneten von New York beschließen den Bau einer 1200 Meilen langen Eisenbahnstrecke vom Hudson zum Mississippi.

1835 5. 5. Erste Dampfeisenbahn in Belgien, Eröffnung der Strecke Brüssel – Mecheln.
Friedrich List gründet die Zeitschrift »Eisenbahn-Journal«.
25. 7. Gründung der Rheinischen Eisenbahn-Gesellschaft.
7. 12. Eröffnung der ersten deutschen Dampfeisenbahn Nürnberg – Fürth.
Bisher wurden 2400 km Bahnstrecken gebaut, davon 1200 in Amerika.

1836 17. 1. Bildung eines Komitees für Eisenbahnfragen in Baden.
31. 3. Gründung der Preußisch-Rheinischen Eisenbahngesellschaft.
Erster Schlafwagen in den USA.

1837 24. 4. Eröffnung der ersten Teilstrecke (Leipzig – Althen) der Eisenbahnstrecke Leipzig – Dresden.
November. Erste Dampfzugfahrten in Österreich auf der Strecke Floridsdorf – Wagram.
Erste zweifach gekuppelte Lokomotive in Deutschland: »Columbus« der Eisenbahn Leipzig – Dresden.
Einführung der Abteilbeleuchtung in Deutschland: Kerzen und Öllampen.
Erste spanische Eisenbahn auf Kuba.
Eröffnung der Eisenbahnstrecke Paris – St. Germain.

1838 6. 1. Erste österreichische Dampfeisenbahn Wien – Wagram.
10. 2. Hessen, Nassau und die Freie Stadt Frankfurt schließen einen Staatsvertrag über den Bau der Taunusbahn Frankfurt – Wiesbaden.
4. 4. Erste russische Eisenbahn St. Petersburg – Zarskoje Sjelo. Die mit einer Posaune und zwei Trompeten ausgerüstete Lokomotive verkehrte nur, wenn sich mindestens 40 Fahrgäste einfanden.
29. 10. Fertigstellung der Eisenbahnstrecke Berlin – Potsdam.
Bau der ersten Lokomotive in Deutschland. Entwurf: Professor Schubert, Ausführung: Maschinenfabrik Übigau, Dresden.
3. 11. Preußisches Gesetz über Eisenbahn-Unternehmungen.
1. 12. Eröffnung der ersten Staatseisenbahn in Deutschland: Braunschweig – Wolfenbüttel.
Erste Lokomotive mit Außenzylinder und Außenrahmen in Deutschland bei der Braunschweigischen Staatsbahn.
20. 12. Eröffnung der ersten Eisenbahnstrecke in Westdeutschland: Düsseldorf – Erkrath.
Die Leipzig-Dresdner Eisenbahn gibt ein Signalbüchlein mit 24 Signalen heraus.

1839 7. 4. Fertigstellung der Gesamtstrecke Leipzig – Dresden.
7. 7. Eröffnung der Strecke Wien – Brünn, der ersten längeren Dampfeisenbahnstrecke Österreichs.
26. 9. Fertigstellung der Taunusbahn Frankfurt/Main – Wiesbaden.
Zwischen Paris und Versailles bestehen zwei Eisenbahnverbindungen.
Erste Eisenbahn in Italien Neapel – Portici.
Erste Eisenbahn in Holland Amsterdam – Haarlem.
Erste Lokomotiven werden aus den USA nach Europa exportiert.
Der Engländer Robert Davidson experimentiert mit elektrischem Lokomotivantrieb.

1840 18. 8. Eröffnung der Gesamtstrecke Magdeburg – Halle – Leipzig.
12. 9. Eröffnung der Eisenbahnstrecke Mannheim – Heidelberg.
Erste gusseiserne Brücke in Baden.
Elektrische Lokomotive von Johann Philipp Wagner aus Fischbach in Nassau.
76 Eisenbahngesellschaften in England mit einem Streckennetz von 3500 km.
Erste Versuche mit elektrischen Eisenbahntelegrafen in England.
Einführung von Ballonsignalen.

1841 20. 6. Eröffnung der Strecke Wien – Wiener Neustadt.
3. 9. Fertigstellung der Gesamtstrecke Düsseldorf – Elberfeld.
Erste deutsche Lokomotiven von A. Borsig, Berlin, Emil Keßler, Karlsruhe, und J. A. Maffei in München.
1. 9. Fertigstellung der Eisenbahnverbindung Köln – Aachen.
8. 11. Staatsvertrag zwischen Preußen, Dänemark, Mecklenburg-Schwerin, Hamburg und Lübeck zum Bau einer Eisenbahnlinie Berlin – Hamburg.
20. 12. Die erste bei Maffei in München gebaute Lokomotive, »Der Münchner«, erreicht eine Geschwindigkeit von 59 km/h.

1842 Eröffnung der ersten Bahnen in Ostdeutschland, Berlin – Angermünde und Berlin – Frankfurt/Oder sowie Breslau – Brieg.
Durchgehende Verbindung Berlin – Stettin.
Hannover entscheidet sich für die Staatsbahn.
Der Engländer Robert Davidson führt eine batteriegetriebene elektrische Lokomotive vor.
Erste Aufstellung von Flügelsignalen.
Stephenson konstruiert Lokomotiven mit Langrohrkessel und überhängender Feuerbüchse.
Erstes Kursbuch in England.

1843 15. 10. Erste deutsche Eisenbahnverbindung mit dem Ausland, Köln – Aachen – Herbesthal.
Zeigertelegraf auf der Taunusbahn.
Erste C-Lokomotive in Deutschland auf der Braunschweigischen Staatsbahn.
Fertigstellung der Eisenbahnstrecken Paris – Orléans und Paris – Rouen.

1844 19. 5. Durchgehende Verbindung Berlin – Hannover.
Die preußische Regierung ordnet die Beleuchtung aller Abteile bei Dunkelheit an.
25. 8. Eröffnung der ersten bayrischen Staatsbahnstrecke Nürnberg – Bamberg.
1. 10. Die München-Augsburger Eisenbahn wird verstaatlicht.
Fertigstellung der Eisenbahnlinie Straßburg – Basel, zugleich die erste Eisenbahn in der Schweiz.
Eröffnung der dänischen Eisenbahn von Altona nach Kiel.
Erste viergekuppelte Lokomotiven in den USA.
Der Belgier Walschaerts erfindet die nach ihm benannte Schiebersteuerung.

1845 31. 7. Durchgehende Eisenbahnverbindung Heidelberg – Freiburg.
22. 10. Eröffnung der ersten württembergischen Staatsbahnstrecke Cannstatt – Eßlingen (Teilstrecke Cannstadt – Untertürkheim).
Amerikanische 2'B-Lokomotive auf der Württembergischen Staatsbahn.
2000 km Eisenbahnstrecken in Deutschland.

1846 22. 5. Einführung des Staatsbahnsystems in Bayern.
In Dresden-Neustadt wird erstmalig unter Zuhilfenahme der Schwerkraft auf abfallenden Gleisen rangiert.
Erste Eisenbahn in Polen Warschau – Tschenstochau.
15. 12. Durchgehende Verbindung Berlin – Hamburg.

1847 1. 4. Der sächsische Staat übernimmt die Sächsisch-Bayerische Eisenbahngesellschaft.
1. 5. Durchgehende Verbindung Hannover – Harburg.
15. 5. Die Köln-Mindener Eisenbahn hat die Strecke von Köln durch das Ruhrgebiet bis Hamm fertig gestellt.
9. 8. Erste Eisenbahn in der Schweiz Baden – Zürich (Spanisch-Brötli-Bahn).
29. 11.–2. 12. Versammlung des Verbandes der Privatbahngesellschaften in Hamburg. Vereinbarungen über durchgehenden Transport von Passagieren und Gütern. Umbenennung des Verbandes in Verein Deutscher Eisenbahnverwaltungen.
Eisenbahn Kopenhagen – Roskilde.
Erste Schienenverbindung durch Laschen.

1848 1. 5. Erster durchgehender Güterverkehr auf den Strecken des Vereins Deutscher Eisenbahnverwaltungen.
19. 8. Einweihung der Elbbrücke bei Magdeburg.
1. 9. Erste Eisenbahnverbindung Deutschland – Österreich über Oderberg.
1. 10. Durchgehende Verbindung Berlin – Dresden.
Erste Eisenbahn in Spanien Barcelona – Mataró.
Eisenbahnstrecke Moskau – Warschau.
Mechanische Hauptsignale mit Farbglas.
Henschel baut die erste Lokomotive »Drache« für die (hessische) Friedrich-Wilhelm-Nordbahn.

1848–1854 Bau der Semmeringbahn.

1849 Morsetelegraf bei der Hannoverschen Staatseisenbahn.
Heusinger von Waldegg, Maschinenmeister der Taunusbahn, erfindet die »Heusinger-Steuerung«, die sich allerdings erst in den 80er-Jahren durchsetzt.

1850 25. 4. Bayern und Württemberg schließen einen Staatsvertrag über den Bau der Eisenbahnstrecke Augsburg – Ulm.
14. 9. Der preußische Staat übernimmt den Betrieb der Bergisch-Märkischen Eisenbahn.
15. 10. Erste preußische Staatsbahnstrecke Neunkirchen – bayrische Grenze.
Versammmlung deutscher Eisenbahntechniker in Berlin und Beginn der Arbeit an den »Technischen Vereinbarungen«.
Das Königliche Generalpostamt in Berlin gibt das erste deutsche Kursbuch heraus.
Stephenson baut die Britanniabrücke über den Menaikanal, die erste Röhrenbrücke.
Erstes Eisenbahnfährschiff der Welt, »Liviathan« auf dem Firth of Forth (Schottland).

1851 Eisenbahnen in Schweden.
12. 5. Preußen beschließt, auf Staatskosten eine Verbindungsbahn zwischen den Berliner Bahnhöfen zu bauen.
15. 7. Im Zuge der Strecke Reichenbach/Vogtland – Plauen wird der 512 m lange und 74 m hohe Göltzschtal-Viadukt fertig gestellt.
20. 7. Durchgehende Verbindung Berlin – München.
Bayrische und sächsische Eisenbahnstrecken treffen sich bei Hof.
Erster Schnellzug zwischen Berlin und Köln. Fahrzeit 17 Stunden.
Fertigstellung der Eisenbahnlinie Moskau – Petersburg.
Erste Lokomotiven mit unterteiltem Antrieb beim Semmering-Wettbewerb.

1852 15. 5. Durchgehende Verbindung Berlin – Frankfurt/Main.
16. 11. Erste Eisenbahnverbindung zwischen Deutschland und Frankreich über Saarbrücken.
Durchghende Eisenbahnverbindung Zürich – Genf.
Eisenbahnen in Peru.

1853 2. 8. Durchgehende Verbindung Berlin – Königsberg auf der Strecke Berlin – Stettin – Kreuz – Bromberg – Dirschau – Königsberg.
Gotthard-Konferenz in Luzern.
Als erste Eisenbahn in Asien die indische Strecke Bombay – Thana eröffnet.

1854 17. 7. Eröffnung der Semmeringbahn, der ersten großen Gebirgsbahn Europas.
In Württemberg wird die Bodenseeschifffahrt verstaatlicht und der Eisenbahn angegliedert.
Erste norwegische Eisenbahn Oslo – Eidsvoll.

1855 Erste Eisenbahn in Australien (Sydney – Parramatta).
21. 2. Durchgehende Verbindung Frankfurt – Basel/Badischer Bahnhof.
Erste Eisenbahnhängebrücke über den Niagara (Verbindung USA – Kanada).
Eisenbahnverbindung über Landenge von Panama.

1856 12. 4. Die Bayerischen Ostbahnen erhalten ein Privileg zum Bau der Strecke Nürnberg – Regensburg – Passau.
20. 10. Eisenbahnverkehr zwischen Deutschland und Holland über Emmerich.
29. 10. Durchgehende Verbindung Breslau – Posen – Stettin.
Erste schwedische Staats-Eisenbahn Nora – Ervalli.
Erste Eisenbahn in Portugal Lissabon – Carregado.

1857 Erste Eisenbahnen in Ägypten und Argentinien.
Bissel erfindet die nach ihm benannte Deichselachse.

1858 17. 6. Dänemark, Hamburg und Lübeck schließen einen Vertrag über den Bau einer Eisenbahnlinie Hamburg – Lübeck.
5. 8. Die Maximiliansbahn stellt die Verbindung von Deutschland nach Österreich her (Rosenheim – Kiefersfelden).
21. 8. Auslieferung der 1000. Lokomotive von Borsig, Berlin.

1859 Die alte Kölner Dombrücke, die erste Eisenbahnbrücke über den Rhein, wird fertig gestellt.
Der Amerikaner Pullman baut die ersten Schlafwagen für Nachtschnellzüge.
Erste Wagengestelle aus Walzstahl.
König Maximilian II. von Bayern lässt sich einen »Hofzug« bauen.

1860 Erste Toiletten in Zügen, zunächst in Gepäckwagen.

1861 11. 5. Rheinbrücke bei Kehl.
Erste Lokomotive mit vier Zylindern »Vierling« von John Hasswell (besserer Massenausgleich).
Inbetriebnahme der ersten Eisenbahnverbindung Deutschlands mit Russland über Eydtkuhnen.

1862 8. 12. Rheinbrücke bei Mainz.
Der amerikanische Kongress beauftragt zwei Eisenbahngesellschaften mit dem Bau einer transkontinentalen Eisenbahn.

1863 8. 1. Eisenbahnfähre zwischen Mannheim und Ludwigshafen.
In Deutschland gibt es 3340 Lokomotiven, davon 2820 in Deutschland gebaut.
Erster Speisewagen in Amerika.
Erste Eisenbahn in Neuseeland.
Versuch eines Eisenbahnbaus in China misslingt.

1865 Die erste Eisenbahnschiffbrücke der Welt über den Rhein nach Maximiliansau wird eröffnet.
George Mortimer Pullman baut einen ersten Schlafwagen nach seinen Patenten.

1866 2. 7. Erstes Teilstück der Schwarzwaldbahn eröffnet (Offenburg – Hausach).
15. 12. Preußen übernimmt die Hannoversche Staatsbahn und die kurhessischen Bahnen.

1867 Erste deutsche D-Lok auf der Odenwaldbahn.

1869 Erste Eisenbahnfähre auf dem Bodensee.
Brunel baut die 685 m lange und 30 m hohe Royal-Albert-Bridge über die Mündung der Tamar in Cornwall.
Eisenbahn in Griechenland.
8. 5. Fertigstellung der Eisenbahnverbindung vom Atlantik zum Pazifik quer durch die USA.
Die erste brauchbare Zahnradbahn der Welt auf den Mount Washington in Amerika wird eröffnet.

1870 Deutsche Eisenbahnen fahren reichseinheitlich nach der Berliner Zeit.
Fettgasbeleuchtung in Eisenbahnzügen.
Eisenbahn in Japan.

1871 31. 5. Erste europäische Zahnradbahn auf den Rigi (Vitznau-Rigi-Bahn).
15. 7. Durchgehende Verbindung Köln – Trier.
Die deutschen Eisenbahnen richten in Berlin eine Generalsaldierungsstelle ein.
Erste europäische Fahrplankonferenz wird abgehalten.
Fertigstellung des ersten großen Alpentunnels. Der 13,7 km lange Mont-Cenis-Tunnel wurde als erster mit Maschinenbohrung vorgetrieben.
Grundsteinlegung zum Bau der Großen Sibirischen Eisenbahn in Wladiwostok.

1872 15. 10. Inbetriebnahme der Hamburger Elbbrücken.
Ausrüstung von Schnell- und Personenzügen mit durchgehender Heberlein-Bremse.
Erste Einführung des Blocksystems in Deutschland.
Einschienenbahn auf einer Ausstellung in Lyon.
Gründung der Internationalen Schlafwagen-Gesellschaft durch George Nagelmacker in Brüssel.
Erste dänische Eisenbahnfähre über den Kleinen Belt.

1873 27. 6. Nach Bismarcks vergeblichem Versuch, die Eisenbahnhoheit der deutschen Länder dem Reich zu übertragen, wird in Berlin ein Reichseisenbahnamt gegründet.
10. 11. Als erste eigentliche Gebirgsbahn in Deutschland wird die Schwarzwaldbahn in Betrieb genommen.

1874 Erste Durchgangswagen im bis dahin dem Abteilprinzip verhafteten England.
Erste Pullmanwagen in Europa.

1875 4. 1. Einheitliche Signalordnung für alle deutschen Eisenbahnen.

1876 1. 1. Verstaatlichung der Leipzig-Dresdner Eisenbahn-Compagnie.
Erste Verbunddampflokomotive des Schweizers Mallet.

1877 4. 5. Stollendurchschlag im Cochemer Tunnel, dem damals längsten zweigleisigen deutschen Eisenbahntunnel (4203 m).
Bau der mit Zahnstangen betriebenen Höllentalbahn im Schwarzwald.

1878 Hochbahn in New York.

1879 31. 5. Auf der Berliner Gewerbeausstellung führt die Firma Siemens & Halske die erste verwendbare elektrische Eisenbahn der Welt als Ausstellungsbahn vor.
Indienststellung des ersten deutschen Dampftriebwagens.
Preußen geht zum Staatsbahnsystem über.
28. 12. Einsturz der ersten Brücke über den Tay unter einem Postzug. 78 Tote. (Die Lokomotive wurde geborgen und tat unter dem Spitznamen »Der Taucher« noch 40 Jahre Dienst.)

1880 15. 6. Der neue Anhalter Bahnhof in Berlin wird eröffnet.
Erste Verbunddampflokomotive in Deutschland.
Die preußischen Staatsbahnen setzen eigene Schlafwagen ein.
Speise- und Küchenwagen der ISG in Deutschland
Erste dauerhafte Eisenbahn in China.

1881 16. 5. Eröffnung der elektrischen Straßen-Eisenbahn zwischen Lichterfelde und Groß-Lichterfelde bei Berlin.
17. 10. Erste 750-mm-Schmalspurbahn in Sachsen (Wilkau – Kirchberg).
Der 15 km lange St.-Gotthard-Tunnel wird fertig gestellt.

1882 7. 2. Inbetriebnahme der Berliner Stadtbahn mit anfänglichem 20-Minuten-Verkehr (1892 3-Minuten-Abstand).
1. 7. Inbetriebnahme der Gotthardbahn.
Erste Versuche mit elektrischer Zugbeleuchtung. Unter dem Ärmelkanal wird mit dem Tunnelbau angefangen und 1 km fertig gestellt.

1883 Vorläufer des Orient-Express Paris – Giurgiu verkehrt dreimal wöchentlich.
Dänische Eisenbahnfähre über den Großen Belt (Nyborg – Kasör).
In Chicago wird auf der Weltausstellung die erste elektrische Eisenbahn Amerikas gezeigt.

1884 24. 1. Lokalbahngesetz in Bayern.
Fertigstellung des Arlbergtunnels (10,2 km lang) und Eröffnung der Arlbergbahn.
Erste Transandenbahn (4775 m Scheitelhöhe) von Henry Meiggs.

1885 Pilatusbahn bei Luzern. Mit Steigungen bis 48 % steilste Zahnradbahn der Welt.
Erste kanadische Transkontinentalbahn erreicht den Pazifik.
Erfindung und Einführung des Krauß-Helmholtz-Drehgestells.

1886 Erste Vierzylinder-Verbundlokomotive des Franzosen Alfred de Glehn.
Einführung von Dampfheizung in Personenwagen.

1887 23. 5. Eröffnung der Höllentalbahn Freiburg – Titisee – Neustadt.
Erste Triebwagen mit Verbrennungsmotor der Maschinenfabrik Eßlingen und der Daimler-Werke.
Selbsttätige Luftdruckbremse System Westinghouse.
Berner Konvention über Wagentausch, Wagendurchlauf, Spurweiten, Konstruktionsrichtlinien.

1888 18. 8. Fertigstellung des Hauptbahnhofs in Frankfurt/Main.
Wilhelm Schmidt baut in Kassel die erste brauchbare Heißdampflokomotive.

1889 In Baltimore erreicht eine elektrische Lokomotive eine Geschwindigkeit von 185 km/h.
Rollenstromabnehmer des Amerikaners Sprague.

1890 20. 1. Zweite Verstaatlichung der mecklenburgischen Eisenbahnen.
Eröffnung der Berner Oberland-Bahnen.
Eröffnung der Brücke über den Firth of Forth (Schottland).

1891 Siemens & Halske führt den Bügelstromabnehmer ein (Lyraform).

1892 1. 5. Preußische Schnellzüge mit Durchgangswagen (D-Züge).
28. 7. In Preußen wird ein Gesetz über Privat- und Privatanschlussbahnen erlassen.
In Deutschland werden längere Schienen von 12 und 15 m verlegt.
Eisenbahnfähre über den Sund (Helsingör – Helsingborg).

1893 1. 1. Einheitliche Verkehrsordnung für die Eisenbahnen in Deutschland.
1. 4. In Deutschland wird die mitteleuropäische Zeit eingeführt.
10. 5. Eine 2'B-Dampflok der New York Central & Hudson River Railroad erreicht mit einem Zug aus vier Wagen eine Geschwindigkeit von 186,9 km/h.
1. 10. Einführung der Bahnsteigsperren in Preußen.
Eröffnung der Jungfraubahn (Berner Oberland, Schweiz).
Erster brauchbarer Dreiphasen-Synchronmotor (Drehstrom) von Ferrari.

1894 Siemens erbaut in Barmen zum Toelleturm eine erste elektrische Zahnradbahn mit Stromrückgewinnung.
Der Orient-Express verkehrt von Paris über Wien nach Konstantinopel.

1895 3. 11. Elektrische Vollbahn Meckenbeuren – Tettnang.
Gründung des ersten deutschen Speisewagenunternehmens.
Elektrische Eisenbahn zwischen Stockholm und Djursholm.

1896 Erster deutscher Speichertriebwagen in der Pfalz.
In Preußen werden Sonntagskarten zum ermäßigten Preis eingeführt.

1897 3. 7. Eisenbahnbrücke über die Wupper bei Müngsten, damals höchste Brücke Europas.
Rudolf Diesel erfindet den nach ihm benannten Motor.
Gründung der staatlichen SBB (Schweizer Bundesbahn).

1898 Von Deutschland gebaute Shantungbahn in China.
Vollendung der belgischen Kongobahn von der Küste nach Leopoldville.

1899 Gründung der »Deutschen Studiengesellschaft für elektrische Schnellbahnen«, die Versuche auf der Militäreisenbahn Marienfelde – Zossen durchführt.
Akkumulatoren-Triebwagen als Ausgangspunkt der Elektrifizierung in Italien.
Drehstromlokomotiven in der Schweiz (Burgdorf – Thun).

1900 Daimler liefert vier Triebwagen mit Vergasermotor an die württembergische Eisenbahn und einen nach Sachsen.
Der Österreicher Gölsdorf baut eine Lokomotive mit seitenverschiebbaren Kuppelachsen.
In Berlin wird zwischen dem Wannseebahnhof und Zehlendorf versuchsweise elektrischer Betrieb eingeführt.

1901 Erster brauchbarer Einphasen-Wechselstrommotor.
Versuchsweiser Gleichstrombetrieb mit Stromschiene zwischen Mailand und Varese.
Speichertriebwagen in Bayern.

1902 Drehstrombetrieb auf der italienischen Valtellina-Bahn.
Fertigstellung der Transsibirischen Eisenbahn.

1903 1. 10. Eisenbahnfährdienst zwischen Warnemünde (Deutschland) und Gedser (Dänemark). [Deutsch-Nordischer Lloyd].
Oktober Schnellfahrten von elektrischen Triebwagen auf der Militärbahnstrecke zwischen Marienfelde und Zossen bei Berlin.
Ein Triebwagen der Firma Siemens & Halske erreicht 200 km/h, einer der AEG 210 km/h.
In Berlin-Niederschöneweide verkehrt die erste Einphasen-Wechselstrom-Bahn der Welt.
Schwedische Erzbahn nach Narvik.
Baubeginn der Bagdadbahn, der Verbindung der Türkei mit dem Persischen Golf, die in der Zeit vor dem Ersten Weltkrieg zum Politikum wurde.

1904 Eine Dampflokomotive der Preußischen Staatsbahn erreicht eine Geschwindigkeit von 137 km/h.
Erste bayrische, elektrisch betriebene Eisenbahn zwischen Murnau und Oberammergau.
Dampftriebwagen in Bayern.
Vollendung der Hedschasbahn.

1905 Speichertriebwagen in Preußen.
Hermann Föttinger erfindet das »Flüssigkeitsgetriebe«, spätere Anwendung in der dieselhydraulischen Lokomotive.
Vollendung des Simplontunnels, des damals längsten Tunnels der Erde (Schweiz, 19,49 km).
1906 Die bayerische Dampflok S 2/6 erreicht eine Geschwindigkeit von 154 km/h.
5. 12. Der Hamburger Hauptbahnhof wird fertig gestellt.
1907 1. 5. Einheitliche Personen- und Gepäcktarife auf allen deutschen Bahnen.
1. 10. Elektrischer Verkehr auf der Hamburger Stadt- und Vorortbahn Blankenese – Altona – Hamburg – Olsdorf.
Erste Einphasen-Wechselstrom-Lokomotive in Deutschland, Einzelachsantrieb.
Einführung des Wittfeldtschen Speichertriebwagens.
1908 Vierachsiger Triebwagen der Preußischen Staatsbahn mit benzol-elektrischem Antrieb.
Beginn der Elektrifizierung in Holland.
Italien entscheidet sich für den Drehstrombetrieb.
Erste Dampfturbinenlok in Italien in Dienst gestellt (mechanische Kraftübertragung).
1909 9. 7. Eröffnung der Fährverbindung Saßnitz – Trelleborg.
Gasglühlicht als Beleuchtung wird in Eisenbahnwagen eingeführt.
Vollendung der belgischen Große-Seen-Bahn, die vom Kongo zum Tanganjika-See führt.
1910 In England wird die erste Dampfturbinenlokomotive mit elektrischer Kraftübertragung gebaut.
Speichertriebwagen in Russland.
Transandenbahn zwischen Chile und Argentinien.
1911 18. 1. Elektrischer Versuchsbetrieb auch in Mitteldeutschland auf der Strecke Bitterfeld – Dessau.
25. 3. In Köln ersetzt die Hohenzollernbrücke die alte Dombrücke.
In Österreich wird von Gölsdorf die erste Lokomotive mit sechs Kuppelachsen für die Tauernbahn gebaut.
1912 Erste Lokomotive für Kohlenstaubfeuerung (Torfstaubfeuerung) in Schweden.
25. 5. Die Wendelsteinbahn wird eröffnet.
Erste deutsche Diesellokomotive auf der Preußisch-Hessischen Staatsbahn.
Die zwei ersten dieselelektrischen Triebwagen der Welt werden in Schweden gebaut.
Erste deutsche Turbolokomotive. Wird auf der eisenbahntechnischen Ausstellung in Seddin gezeigt.
Erste Diesellok in den USA.
1913 13. 9. Elektrischer Betrieb auf der Wiesen- und Wehratalbahn in Baden.
1914 Dieselelektrischer Triebwagen in Deutschland (Sachsen).
1915 15. 7. Eröffnung des elektrischen Zugbetriebs in Schlesien.
1916 29. 11. Gründung der Mitropa (Mitteleuropäische Schlafwagen- und Speisewagen-AG).
Bau eines ersten Propellerwagens durch die Deutsche Versuchsanstalt für Luftfahrt.
Die Chicago, Milwaukee, St. Paul & Pacific Railroad betreibt ein 3000-km-Gleichstromnetz.
1917 Erste deutsche Lokomotive mit sechs Kuppelachsen.
1919 Bei Güterzügen wird die Kunze-Knorr-Bremse eingeführt.
1920 1. 4. Die deutschen Ländereisenbahnen gehen aufgrund eines Staatsvertrages auf das Reich über.
12. 12. Elektrifizierung der Gotthardbahn.
1921 Elektrischer Betrieb auf der Strecke Leipzig – Halle – Magdeburg.
Versuche mit Dieselloks in der UdSSR.
1922 1. 1. Schlafwagen dritter Klasse in Deutschland.
1. 11. Auf der ersten deutschen Eisenbahn Nürnberg – Fürth wird der Betrieb eingestellt.
1923 1. 6. Einführung der FD-Züge (Fernschnellzüge) in Deutschland.
1924 Bau zweier Dieselloks nach sowjetischen Plänen in Deutschland.
Erste ständige Eisenbahnfähre (nur für Güterverkehr) über den Ärmelkanal zwischen Harwich und Zeebrugge wird in Betrieb genommen.
1925 In Deutschland werden alle Güterzüge mit durchlaufender Bremse gefahren.
1926 7. 1. Einführung des Zugtelefons in Deutschland, zunächst auf der Strecke Berlin – Hamburg.
Erste Erprobung der Induktiven Zugsicherung (Indusi).
1927 1. 5. 24-Stunden-Zählung bei der Deutschen Reichsbahn.
1. 6. Der Hindenburgdamm verbindet die Insel Sylt mit dem Festland.
Fertigstellung der französischen Eisenbahn vom Ozean zum Kongo.
1928 15. 5. FFD-Zug »Rheingold« verkehrt zum ersten Mal.
15. 10. Elektrischer Betrieb auf der Berliner Stadtbahn.
Erste Kohlenstaublokomotiven in Deutschland.
Henschel baut eine Hochdrucklokomotive mit 60 atü.
Fritz von Opel erreicht mit einem raketengetriebenen Versuchswagen 253 km/h.
Erste deutsche Diesellokomotive, die von der Deutschen Reichsbahn übernommen wird. (V 3201).
In Deutschland wird die vierte Wagenklasse abgeschafft.
Die AEG hat 4000 Lokomotiven gebaut.
1929 Fertigstellung der Transpyrenäenbahn.
1930 Die Reichsbahn schafft dieselmechanische Gütertriebwagen an.
Schienenzeppelin von Kruckenberg (erreicht 1932 230 km/h).
Die UdSSR baut die »Turksib«.
1931 Fertigstellung der Bayerischen Zugspitzbahn.
Erster Bau eines dieselhydraulischen Antriebs in einem Schienenbus durch die Firma Henschel.
Französische Experimente mit luftbereiften Rädern.
1932 Bei ihrem hundertjährigen Jubiläum kann die Baldwin-Lokomotivfabrik in Philadelphia auf die Produktion von 62.000 Lokomotiven zurückblicken.
1933 15. 5. Der erste Schnelltriebwagen der Deutschen Reichsbahn »Fliegender Hamburger« wird im fahrplanmäßigen Verkehr eingesetzt.
5. 7. Eine elektrische Lokomotive der Deutschen Reichsbahn (Baureihe 04) erreicht zwischen München und Stuttgart eine Geschwindigkeit von 151 km/h.
V 16, erste serienmäßig hergestellte deutsche Diesellokomotive für den Rangierverkehr.
Im Pariser Vorortverkehr werden vierachsige Doppelstockwagen eingesetzt.
1934 Die Deutsche Reichsbahn verlegt versuchsweise 30 m lange geschweißte Schienen.
1935 August. Inbetriebnahme eines Aussichtstriebwagens »Gläserner Zug« mit Glasdach durch die Deutsche Reichsbahn.
Im Jahr des 100-jährigen Bestehens der Eisenbahn in Deutschland stellt die Deutsche Reichsbahn eine Reihe neuer Fahrzeuge vor:
Stromlinienverkleidete Schnellzuglokomotive der Baureihe 05 (2'C2'h3), die bei Probefahrten eine Geschwindigkeit von191 km/h erreicht und am 11. 5. 1936 auf der Strecke Berlin – Hamburg einen neuen Geschwindigkeitsrekord von 200,4 km/h aufstellen wird,
Henschel-Wegmann-(Stromlinien-Dampf-)Zug mit 2'C2'h2-Tenderlokomotive Baureihe 61 (Höchstgeschwindigkeit 175 km/h),
1'Do1'-Elektrolokomotive Baureihe E 18 für eine Höchstgeschwindigkeit von 175 km/h.
1936 Stromlinien-Tenderlok mit Doppelstockwagen als Wendezug auf der Lübeck-Büchener Eisenbahn.
Eisenbahnfährverbindung für den Zug »Night Ferry« über den Ärmelkanal.
1938 Verstaatlichung der Lübeck-Büchener Eisenbahn, die als Privatbahn internationalen Ver-

kehr aufgenommen hatte (Hamburg – Lübeck).
Die 2'C1'-Stromlinien-Lokomotive »Mallard« stellt mit einem 240 t wiegenden Zug den englischen Rekord für Dampflokomotiven mit 202,7 km/h auf.
Eröffnung der transiranischen Bahn, die als Verbindung vom Persischen Golf zum Kaspischen Meer im Zweiten Weltkrieg große Bedeutung bekam.

1939 Mit zwei Exemplaren der BR 06 bekommt die Reichsbahn die größte und leistungsstärkste Dampflokomotive.
Wegen des Krieges werden die meisten internationalen Verbindungen eingestellt bzw. reduziert.
In Südafrika verkehrt zwischen Pretoria und Kapstadt der »Blue Train«, der luxuriöseste Schmalspurzug der Welt.

1940 Neue Rekordfahrt einer elektrischen Lokomotive der Deutschen Reichsbahn (1'Do1') mit einer Geschwindigkeit von 201 km/h.
In Hamburg wird das S-Bahn-Netz auf Gleichstrom mit seitlicher Stromschiene umgestellt. Die ersten Triebwagen ET 174, später 471, werden in Dienst genommen.
Fertigstellung der Bagdadbahn mit dem Abschnitt Nisibin – Samarra.

1941 Dampflokomotive mit Einzelradantrieb durch Dampfmotoren von Henschel (19[10]).
In der Schweiz wird die erste Gasturbinenlok gebaut.

1942 Größte dieselelektrische Lokomotive in Deutschland V 188, zunächst für die Wehrmacht.
Kriegslokomotive 52 als Einfachbauart der BR 50 wird gebaut. Bis 1945 werden 6300 Stück fertig gestellt.
Big Boy, die größten 2'DD2'-Mallet-Lokomotiven in den USA in Dienst gestellt.

1943 BR 42, schwere Güterzuglokomotive, wird ausgeliefert.

1944 Die Schweizer elektrische Lokomotive der Bauart Ae 4/4 mit laufachslosen Drehgestellen (BLS) wird zum Vorbild für ähnliche Konstruktionen in Europa und Übersee.

1945 Kriegsereignisse haben die Eisenbahnen weitgehend zerstört. Allein in Westdeutschland sind 4700 km Bahnstrecken und 12.600 Lokomotiven zerstört oder stark beschädigt.

1946 Seit Kriegsbeginn werden umgebaute Güterwagen als Behelfspersonenwagen eingesetzt. Jetzt auch Stehwagen.
Für den Behörden- und Geschäftsverkehr gibt es Dienst-D-Züge.
März. Inoffizieller Weltrekord für Dampflokomotiven: »The Trail Blazer«, Schnellzug der Pennsylvania Railroad fährt mit Lokomotive Nr. 6100 226 km/h.

1947 Erste Eisenbahn in Albanien.

1948 Verstaatlichung der vier großen Eisenbahnlinien Großbritanniens.

1949 »Deutsche Bundesbahn« heißt der Nachfolger der Deutschen Reichsbahn in der Bundesrepublik Deutschland. Deutsche Reichsbahn in der DDR.
Gründung der Deutschen Schlafwagen- und Speisewagen-Gesellschaft (DSG) als Nachfolger der Mitropa in der Bundesrepublik Deutschland.

1950 Mit der Elektrifizierung von Fernstrecken knüpft die Bundesbahn an die Vorkriegsaktivitäten an (Nürnberg – Regensburg).
Nach Vorkriegs-Prototypen werden Personenzuglokomotiven BR 23 gebaut.
Erprobung der Schienenbusse. Ab 1952 Serienbau.
Allgemeine Einführung von Diesellokomotiven in den USA.
Die spanischen Staatsbahnen nehmen zwei in den USA gebaute Gelenkzüge »Talgo« in Betrieb.

1951 »Rheingold« zwischen Hoek van Holland und Basel wieder eingeführt.
Die DB und die DR bauen die ersten Doppelstockwagen. In der DDR erfolgt Serienbeschaffung, in der Bundesrepublik nicht.
Die französischen Staatsbahnen experimentieren bei der Elektrifizierung mit einer Frequenz von 50 Hertz.

1952 Nach Schweizer Vorbild nimmt die DB Universal-Elektrolokomotiven Bo'Bo' in Dienst.
Erster Einsatz von Liegewagen in Deutschland.

1953 Diesellokomotive der Baureihe V 200, ab 1956 Serienlieferung, wird auf der Verkehrsausstellung in München vorgestellt.

1954 Strecke Würzburg – Fürth mit elektrischem Betrieb.
Umbauprogramm für Länderbahnwagen mit Holzaufbau. 6500 Dreiachser und 1800 Vierachser.

1955 Stuttgart – Heidelberg und Freiburg – Basel elektrifiziert.
Wieder elektrische Zugförderung in der DDR.
28. 3. Mit 331 km/h stellt eine französische Elektrolok einen neuen Weltrekord auf.

1956 Freiburg – Offenburg elektrifiziert.
Bei den meisten europäischen Bahnen wird die dritte Klasse aufgehoben.
Transafrikabahn vom Indischen zum Atlantischen Ozean.

1957 Mit zwei Prototypen der Schnellzuglok BR 10 wird der Bau von Dampflokomotiven für die DB beendet.
Erste Ruhrgebietsstrecke Hamm – Dortmund – Essen – Düsseldorf elektrifiziert.
Neues europäisches Schnellverkehrsnetz durch TEE-Züge. Die DB stellt die Baureihe 11.5 (siebenteiliger Dieseltriebzug) ein.

1958 Die Höchstgeschwindigkeit in der Bundesrepublik Deutschland beträgt 140 km/h.
Die Rheinstrecke Basel – Köln ist elektrifiziert.

1959 Elektrifizierung Köln – Düsseldorf. So bekommt das Ruhrgebiet Anschluss an das übrige elektrifizierte Netz.
Die DB beschafft zur Erprobung für den Huckepackverkehr Niederflurwagen.

1960 Die Höllental- und Dreiseenbahn wird auf den normalen Betrieb mit 15.000 Volt/16 $^{2}/_{3}$ Hertz umgestellt.
Die neuen Nahverkehrswagen, auch »Silberlinge«, werden ausgeliefert.
29. 5. Elektrifizierung der Schweizerischen Bundesbahnen abgeschlossen.

1961 Die Strecke Duisburg – Oberhausen – Dortmund wird elektrifiziert.
Krauß-Maffei baut für die USA dieselhydraulische Lokomotiven von 4000 PS Leistung.
Die Schweiz setzt im internationalen TEE-Verkehr erstmalig elektrische Triebwagen (Viersystemzüge) ein.

1962 Die DB testet zwischen Bamberg und Forchheim die LBZ (Linienzugbeeinflussung).

1963 Eröffnung der Vogelfluglinie Deutschland – Skandinavien.
Die BBC (Brown, Boveri & Cie. AG) realisiert den ersten vollautomatischen Zugbetrieb ohne Lokomotivführer bei einer Industriebahn.

1964 Die Elektrifizierung der deutschen Bahnstrecken nimmt zu. Die Strecke Kaiserslautern – Ludwigshafen lässt elektrischen Verkehr von Paris bis Wien zu.
Weiter werden Hannover – Bremen und die Strecke Hamm – Hagen – Düsseldorf elektrifiziert.
In Japan ist die 515 km lange Tokaido-Linie eröffnet worden. Die supermodernen normalspurigen Züge verkehren mit einer Reisegeschwindigkeit von 210 km/h.

1965 Die vier Prototypen der Baureihe E 03 werden fertig gestellt. Demonstrationsfahrten München – Augsburg mit 200 km/h.
Der Container-Verkehr setzt sich, aus den USA kommend, immer mehr durch.
Die größte Eisenbahn-Drehbrücke der Welt über den Suezkanal wird gebaut (167 m drehbares Mittelteil).

1966 Die Deutsche Bundesbahn stellt die »Europa-Lok« E 410 in Dienst.
AEG, BBC und Krupp bauen die 4-System-Lokomotiven, die überall in Europa fahren können. Sie ist als erste deutsche Lokomotive mit stufenloser Thyristor-Steuerung ausgestattet.

1967 Der S-Bahn-Betrieb im Ruhrgebiet wird eröffnet.
In Frankreich fährt der TEE »Le Capitole« als erster Zug Europas eine fahrplanmäßige Geschwindigkeit von 200 km/h.

1968 Die Deutsche Bundesbahn teilt mit, dass die wichtigsten Hauptstrecken »unter Draht« sind.
Der erste Strecken-Neubau nach dem Zweiten Weltkrieg: die Strecke Gelsenkirchen – Buer – Haltern.
Das letzte Teilstück der Moselbahn wird stillgelegt, wie überall unrentable Nebenbahnstrecken.
Der Jangtsekiang bei Nanking (China) wird überbrückt. Mit 6770 m ist es die längste Eisenbahnbrücke der Welt.

1969 Bei der DB wird der »Personenzug« durch den »Nahverkehrszug« ersetzt.
22. 1. Ein Luftkissenzug (Aerotrain) erreicht auf dem Versuchsgelände Gometz bei Paris eine Geschwindigkeit von 450 km/h.
29. 5. In Spanien nimmt ein Talgo-Zug den Verkehr auf, der den Spurwechsel zwischen Spanien und Frankreich automatisch vornimmt.

1970 In den USA wird die staatliche AMTRACK zur Sanierung des Schienen-Reiseverkehrs gegründet.

1971 11. 10. Krauß-Maffei demonstriert in München das Versuchsfahrzeug »Transrapid 02« mit magnetischem Trag- und Führungssystem und Linearmotor.

1972 Der Rhein-Main-Flughafen wird als erster deutscher Flughafen mit einem unterirdischen Bahnhof an das Schienensystem angeschlossen.
Das »Intercity-System« wird eingeführt, zunächst mit vier Linien zweistündlich erster Klasse.
Erste Versuche mit dem Versuchsfahrzeug »Transrapid 3«.

1973 Deutscher Geschwindigkeitsrekord für Eisenbahnfahrzeuge: Eine Elektrolok der Serie 103 mit geändertem Getriebe erreicht auf einer Messfahrt 252,9 km/h.
Die DB entwickelte die Elektrotriebwagen 403/404, die nach vier Prototypen nicht weiter gebaut werden.
In der DDR wird die Reihe der sowjetischen Diesellokomotiven durch die Lieferung der 132 ergänzt.
Der 1970 bestellte Prototyp TGV 001 wird von Gasturbine auf elektrischen Antrieb umgestellt.

1974 Bau der Neubaustrecke Würzburg – Hannover.

1975 Italien experimentiert mit dem »Pendolino«, elektronisch gesteuerten Wagenkästen, die sich in die Kurve legen.
Die europäischen Länder Deutschland, Frankreich und England streben Hochgeschwindigkeitsbahnen auf Schienen an.
Die Eisenbahn-Güterfähre MS Railship I wird ab Travemünde eingesetzt.
Umspuren auf finnische Breitspur in Hanko.

1976 Die ersten Zweite-Klasse-Wagen werden in den IC eingesetzt.
Indienststellung der Universallok BR 120. Erste Lokomotive mit Drehstrom-Asynchronmotoren.

1977 Einstellung der Dampftraktion bei der DB. Das anschließende Dampfverbot auf allen Strecken ist umstritten.
In der DDR kommen sechs schwere Diesellokomotiven sowjetischer Bauart zum Einsatz.

1979 Für die TUI werden komfortable Liegewagen und Clubwagen gebaut.

1981 Februar. Der französische Hochgeschwindigkeitszug TGV erreicht im Probebetrieb eine Höchstgeschwindigkeit von 380 km/h und den Weltrekord.

1982 Zwischen Düsseldorf und dem Frankfurter Flughafen wird der Schnelltriebwagen 403/404 eingesetzt. Nur für Fluggäste.
25. 6. Der 15.442 m lange Furka-Basistunnel, der längste Schmalspurtunnel der Welt, wird eingeweiht.
15. 11. Der längste Eisenbahntunnel der Welt, der »Daishimizu«-Tunnel, 22.228 m lang zwischen Omiya und Niigata (Japan), wird eröffnet.
17. 12. Landrücken-Eisenbahntunnel bei Fulda, mit 10.748 m längster Schienentunnel Deutschlands, eröffnet.

1983 Die deutsche Bundesbahn baut bei Gmünden über den Main die mit 135 m am weitesten gespannte Brücke aus Spannbeton.

1984 InterCargo mit 88 Nacht-Güterzügen wird eingeführt.
Die Deutsche Bundesbahn verfügt über 45.000 heizbare Weichen.
Der französische Höchstgeschwindigkeitszug TGV nimmt seinen Verkehr auf.

1985 Mai. Anlässlich des 150-jährigen Jubiläums der Eisenbahn in Deutschland geht der ICE (IntercityExperimental) auf Probefahrt und erreicht 350 km/h.
Bis 1984 wurde die S-Bahn Berlin durch die DDR betrieben. 1984/85 und 1990 übernahm die BVG Teile der Linien S 1, S 2 und S 3.

1988 »Saikan«-Tunnel, 53.850 m, davon 23.300 m unter Wasser, zwischen Hauptinsel Hondo und Hokkaido (Japan) eröffnet. Der Welt längster Tunnel (Pilotstollen 1983 fertig gestellt)

1989 Es werden die ersten der bestellten 122 Triebköpfe und 723 Mittelwagen des ICE geliefert.

1991 Die EG-Richtlinie 91/440 bezeichnet ein Beförderungsmonopol als Hindernis für einen freien Transportmarkt und verlangt von den Mitgliedsländern die Trennung von Infrastruktur und Betrieb und den Zugang Dritter zum Netz.
Die Bundesregierung beschließt die Verkehrsprojekte Deutsche Einheit, von denen neun die Schiene betreffen.
Da der Güterverkehr in der DDR zurückgeht, werden Lokomotiven an die DB, nach Österreich, der Schweiz, Iran u.a.m. verkauft und verliehen.

1992 Die DB stellt Triebzüge der Reihe 610 mit Neigetechnik ein.

1993 31. 12. Die Deutsche Reichsbahn der DDR wird von der DB übernommen.

1994 Der privat finanzierte Euro-Tunnel zwischen Dover und Calais wird fertig gestellt.

1995 Die Höchstgeschwindigkeit der spanischen AVE-Züge wurde von 270 auf 300 km/h heraufgesetzt. Spanien beginnt, seine Sonder-Spurweite aufzugeben.

1996 Indienststellung der Universallok BR 101 im Fernreiseverkehr.
Für den ICE 2 übernimmt die Bahn die ersten Triebköpfe.
Der erste Triebzug der S-Bahn Berlin BR 481/482 wird geliefert.
Der letzte »Culemeyer«-Straßenroller wird von der DB außer Dienst gestellt.
TGV Duplex wird von der französischen Eisenbahn eingesetzt. Der Zwei-Stock-TGV hat 516 Sitzplätze.
Der Cisalpino (ETR.470 Pendolino) wird als Prototyp an die Cisalpino AG, Tochter der SBB, BLS und Italienischen Staatsbahnen, geliefert.

1997 Der japanische 500er aus der Shinkansen-Serie geht mit 300 km/h auf die Strecke.
Eine japanische Magnetschienenbahn erreicht 503 km/h und am 24. 12. 550 km/h. Damit ist der Rekord des französischen TGV von 515 km/h gebrochen.
Cargo-Sprinto im Plandienst.

1998 15. 9. Offizielle Eröffnung der Neubaustrecke Hannover – Berlin.
Elektrischer Doppelstock-Triebzug wird von DWA der Öffentlichkeit vorgestellt.
Der französische Thalys wird für den Verkehr von Paris nach Amsterdam, Ostende und Köln eingesetzt.

1999 ICE 3 wird ausgeliefert.
ICE T wird zum ersten Mal auf der Strecke Stuttgart – Zürich eingesetzt.
In der Schweiz wird entsprechend der EG-Richtlinie 91/440 Infrastruktur und Betrieb getrennt und der Verkehr Dritter ermöglicht.

2000 Eröffnung der Brücke/Tunnelanlage Dänemark – Schweden über den Öresund.
Die neuen Schweizer Alpentunnel durch den St. Gotthard und Simplon werden voraussichtlich 2008 und 2006 fertig gestellt.